circuitos de corrente alternada

fundamentos e prática

GILMAR BARRETO
CARLOS ALBERTO DE CASTRO JUNIOR
CARLOS ALBERTO FAVARIN MURARI
FUJIO SATO

circuitos de corrente alternada
fundamentos e prática

© 2012 Oficina de Textos

Grafia atualizada conforme o Acordo Ortográfico da Língua Portuguesa de 1990, em vigor no Brasil a partir de 2009.

CONSELHO EDITORIAL Cylon Gonçalves da Silva; José Galizia Tundisi; Luis Enrique Sánchez; Paulo Helene; Rozely Ferreira dos Santos; Teresa Gallotti Florenzano

CAPA Malu Vallim
DIAGRAMAÇÃO Casa Editorial Maluhy & Co.
PROJETO GRÁFICO Douglas da Rocha Yoshida
PREPARAÇÃO DE TEXTO Gerson Silva
REVISÃO DE TEXTO Marcel Iha

Dados Internacionais de Catalogação na Publicação (CIP)
(Câmara Brasileira do Livro, SP, Brasil)

Circuitos de corrente alternada : fundamentos e prática / Gilmar Barreto...[et al.]. – São Paulo : Oficina de Textos, 2012.

Outros autores: Carlos Alberto de Castro Junior, Carlos Alberto Favarin Murari, Fujio Sato
Bibliografia.
ISBN 978-85-7975-044-1

1. Circuitos elétricos - Análise 2. Correntes elétricas alternadas I. Barreto, Gilmar. II. Castro Junior, Carlos Alberto de. III. Murari, Carlos Alberto Favarin. IV. Sato, Fujio.

12-00911   CDD-621.31913

Índices para catálogo sistemático:
1. Correntes alternadas : Engenharia elétrica   621.31913

Todos os direitos reservados à **Editora Oficina de Textos**
Rua Cubatão, 959
CEP 04013-043 São Paulo SP
tel. (11) 3085 7933   fax (11) 3083 0849
www.ofitexto.com.br
atend@ofitexto.com.br

Sobre os Autores

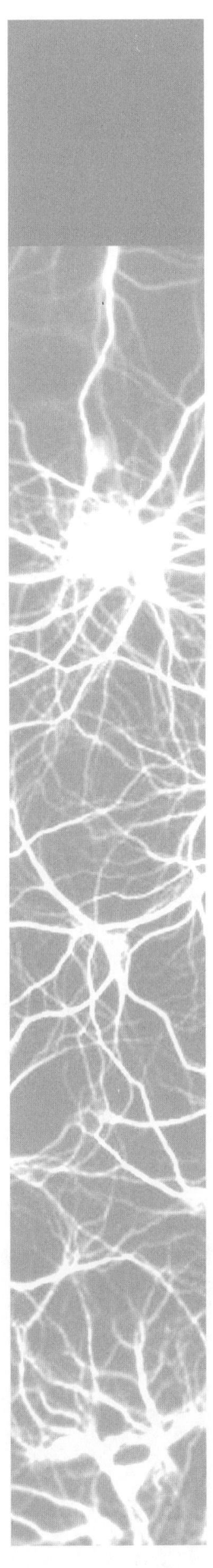

Gilmar Barreto é Engenheiro Químico pela Faculdade de Engenharia Química da Universidade Estadual de Campinas (Unicamp) e Doutor na área de Automação pela Faculdade de Engenharia Elétrica e de Computação - FEEC (Unicamp), onde atualmente é Professor, com ampla experiência no ensino de Eletrotécnica. Na pesquisa tem atuado nos seguintes temas: Modelagem Computacional de Dados, Ensino de Engenharia e Inovações Curriculares.
e-mail: gbarreto@dmcsi.fee.unicamp.br

Carlos A. F. Murari é Engenheiro Eletricista e Doutor em Sistemas de Energia Elétrica pela Faculdade de Engenharia Elétrica e de Computação - FEEC (Unicamp), onde atualmente é Professor Colaborador, tendo se dedicado ao ensino em disciplinas associadas aos temas abordados neste livro. Na pesquisa, tem atuado em métodos computacionais para o planejamento e a operação da transmissão e da distribuição de energia elétrica.
e-mail: murari@dsee.fee.unicamp.br

Carlos A. Castro é Engenheiro Eletricista e Mestre em Engenharia Elétrica pela Universidade Estadual de Campinas (Unicamp) e Doctor of Philosophy pela Arizona State University (EUA). Atualmente é Professor Associado da Faculdade de Engenharia Elétrica e de Computação da Unicamp. Tem interesse especial, tanto no ensino como na pesquisa, em análise de circuitos elétricos e sistemas elétricos de potência (particularmente estabilidade de tensão, operação e segurança de sistemas de potência, métodos de fluxo de carga e sistemas de transmissão e distribuição).
e-mail: ccastro@unicamp.br

Fujio Sato formou-se em Engenharia Elétrica na Unicamp em 1975, onde também realizou o mestrado e o doutorado (1979 e 1994). É Professor Doutor I do Departamento de Sistemas de Energia Elétrica da Faculdade de Engenharia Elétrica e de Computação da Unicamp. De 1965 a 1997 trabalhou na CPFL (Companhia Paulista de Força e Luz) nas áreas de manutenção e operação de sistemas de energia elétrica.
e-mail: sato@dsee.fee.unicamp.br

Apresentação

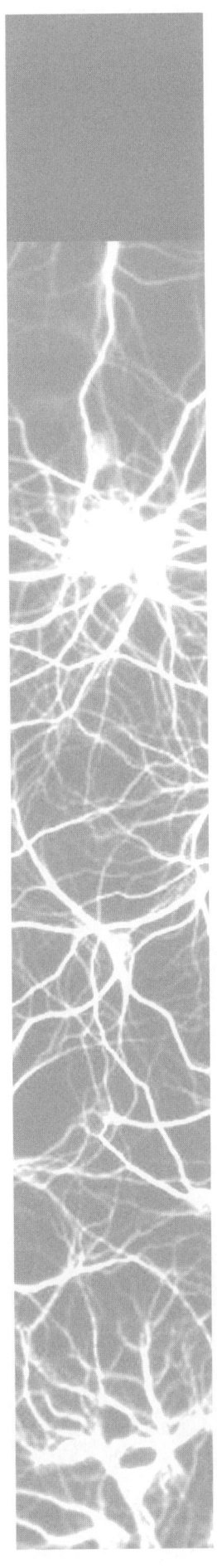

É com grande satisfação e agradecimento que me debruço na tarefa de apresentar os autores deste livro, os Professores Doutores Gilmar Barreto, Carlos Alberto de Castro Jr., Carlos Alberto Favarin Murari e Fujio Sato. Todos são profundos conhecedores e estudiosos em sistemas de energia elétrica e atuam nesta área há pelo menos 25 anos, período em que apresentaram contribuições significativas tanto no aspecto teórico como no de aplicação, advindas dos projetos de pesquisa financiados por instituições de fomento (Fapesp e CNPq), bem como pelos setores privado e governamental.

Embora sejamos colegas na Faculdade de Engenharia Elétrica e de Computação (Unicamp), atuamos profissionalmente em áreas não correlatas. Ao longo desse tempo, ficou evidenciada a preocupação e a dedicação dos autores em relação ao ensino, atividade ainda por ocupar um lugar de destaque e ter reconhecida sua importância como forma apropriada de apresentar os fundamentos e transmitir os conhecimentos, desde os conceitos mais básicos até os mais avançados. Foi em virtude dessa preocupação que os autores se propuseram a encontrar formas não convencionais de alcançar tais objetivos, sendo que o leitor encontrará exemplos disso neste livro.

A obra apresenta de forma diferenciada conceitos básicos e fundamentais na área de Eletrotécnica, pois contempla, além da parte teórica, experimentos relacionados a estes conceitos por meio de vídeos. Isso proporciona uma forma de aprendizado agradável e didática aos estudantes dos mais diversos cursos de Engenharia, de colégios técnicos ou de cursos básicos de Eletrotécnica. Além dos problemas resolvidos, os exercícios propostos ao final de cada capítulo auxiliam a fixar os principais conceitos do tema abordado.

As experiências adquiridas nas pesquisas desenvolvidas ao longo dos anos também acrescentaram contribuições significativas ao conteúdo desta obra, como o pragmatismo, uma característica associada aos autores e proporcionada pela formação em Engenharia. A incorporação de todos esses elementos não poderia deixar de resultar numa obra que certamente tornar-se-á uma importante referência na área.

Prof. Dr. Reginaldo Palazzo Junior
Faculdade de Engenharia Elétrica e de Computação - Unicamp

Prefácio

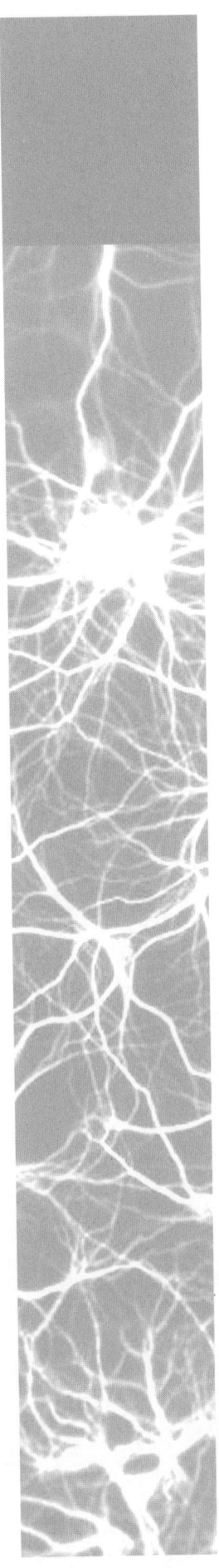

Este livro representa o resultado da experiência dos autores no ensino de disciplinas envolvendo circuitos de corrente alternada em nível de Graduação, as quais têm sido ministradas tanto para alunos do curso de Engenharia Elétrica como também para alunos de outros cursos, como Engenharia de Alimentos, Engenharia Agrícola, Engenharia de Computação, Engenharia Mecânica, Engenharia Química etc., em que é necessário o conhecimento de noções básicas de circuitos de corrente alternada.

São apresentados os tópicos fundamentais da teoria de circuitos de corrente alternada, complementados com muitos exemplos aplicativos e exercícios propostos, com respostas, ao final de cada capítulo, de forma a auxiliar o aluno em seu estudo. Diversos vídeos produzidos pelos autores, contendo demonstrações experimentais de diferentes conceitos apresentados nesta obra, podem ser encontrados na página do livro na internet (http://www.ofitexto.com.br/produto/circuitos-de-corrente-alternada.html).

O propósito desta obra é fornecer ao estudante uma fonte de referência básica do assunto, reunindo em um único volume tópicos normalmente encontrados em vários livros. Ao final de cada capítulo, são sugeridas leituras adicionais para aqueles que desejarem obter informações mais aprofundadas.

A ordenação dos capítulos é aquela que os autores acreditam ser a mais adequada para o aprendizado do estudante. O livro foi idealizado e organizado de forma a ser uma fonte de estudos para alunos tanto de cursos técnicos como de nível superior. Eventualmente, professores do ensino médio (cursos técnicos) e de graduação (nível superior) podem abordar os tópicos do livro de maneiras diferentes, a fim de se adequarem aos objetivos das respectivas disciplinas ministradas.

Pressupõe-se que os estudantes tenham conhecimentos básicos de análise de circuitos de corrente contínua, das leis de circuitos elétricos e dos bipolos que os constituem (fontes, resistores, capacitores e indutores).

No Cap. 1 são introduzidos alguns conceitos básicos que serão úteis ao longo deste livro, além de uma sucinta abordagem sobre normas de segurança pertinentes ao uso da eletricidade, assim como informações importantes sobre o uso de alguns instrumentos de medidas de grandezas elétricas. É descrito um método para obter a curva característica de bipolos resistivos dos tipos linear e não linear, abordando as condições de validade da Lei de Ohm e a obtenção dos valores das respectivas resistências elétricas.

No Cap. 2 são apresentadas as formas de ondas das grandezas elétricas tensões e correntes, com ênfase para as alternadas. Também são abordados alguns conceitos básicos para a qualificação e quantificação dessas formas de ondas. Finalmente, a utilização de um osciloscópio com dois canais é comentada.

No Cap. 3 são considerados aspectos relevantes para a compreensão das características elétricas dos bipolos resistor, indutor e capacitor. O comportamento elétrico destes bipolos é analisado por meio de simples circuitos tanto em corrente contínua (circuitos c.c.) como em corrente alternada (circuitos c.a.), particularmente com fonte de tensão senoidal, sendo apresentada a resolução de circuitos em corrente alternada no domínio do tempo por meio de uma formulação baseada em equações diferenciais.

O Cap. 4 apresenta um método eficaz para a análise de circuitos em corrente alternada, que consiste na aplicação dos conceitos de fasor e de impedância, propiciando uma maneira simples de obtenção dos valores das respectivas grandezas elétricas.

No Cap. 5, são apresentadas as grandezas elétricas associadas ao conceito de potência em circuitos c.a. monofásicos. É destacado o conceito de fator de potência e analisada a sua influência em uma instalação elétrica, principalmente industrial.

No Cap. 6, apresentam-se as conexões usuais de fontes e cargas trifásicas e definem-se valores característicos em circuitos trifásicos, sendo salientadas as diferenças entre as magnitudes das tensões e das correntes em circuitos trifásicos com cargas balanceadas e desbalanceadas, juntamente com a apresentação de métodos de resolução de circuitos trifásicos equilibrados e desequilibrados.

As potências em circuitos trifásicos são abordadas no Cap. 7, destacando-se o Teorema de Blondel e sua aplicação na obtenção da potência ativa trifásica em cargas conectadas em estrela (Y) e em triângulo (Δ); a utilização do wattímetro para obter a potência reativa em uma carga trifásica e informações básicas sobre demanda e curva de carga; a medição da energia elétrica; e a composição da fatura de energia elétrica.

No Cap. 8, analisa-se o princípio de funcionamento de um transformador e apresentam-se as relações entre tensões e correntes; a importância prática da polaridade dos enrolamentos; as características de operação de um transformador; e a associação trifásica de transformadores monofásicos.

O Cap. 9 apresenta uma breve descrição sobre a distribuição de energia elétrica em baixa tensão e abordada os seguintes tópicos: normas e regulamentos; aterramento das instalações elétricas; choque elétrico; padronização de tomadas e plugues; dispositivos de acionamento; dispositivos de proteção; e lâmpadas de uso popular. Este capítulo não contempla todas as normas e tampouco todos os dispositivos de acionamento e de proteção pertinentes às instalações elétricas em geral. Portanto, para o desempenho de atividades que envolvem o projeto, o dimensionamento e a execução de instalações elétricas, é imprescindível o conhecimento das respectivas normas e regulamentos, tanto da ABNT como das concessionárias de energia elétrica, além de consultar a literatura específica e os catálogos dos fabricantes de materiais elétricos.

Finalmente, no Cap. 10 são abordados: o motor trifásico mais utilizado na indústria (o motor de indução), o gerador de tensões e correntes alternadas (gerador c.a.) e o motor de corrente contínua (motor c.c.), além de uma importante aplicação deste tipo de motor (o Motor Universal). Para todos esses equipamentos, estabeleceram-se como objetivos entender o respectivo princípio de funcionamento e analisar suas principais características operacionais.

Os autores expressam seus agradecimentos à Editora Oficina de Textos pela oportunidade da publicação deste material, cujo conteúdo esperamos ser de grande auxílio aos estudantes e demais interessados neste tema.

Campinas, novembro de 2011

Os autores

Sumário

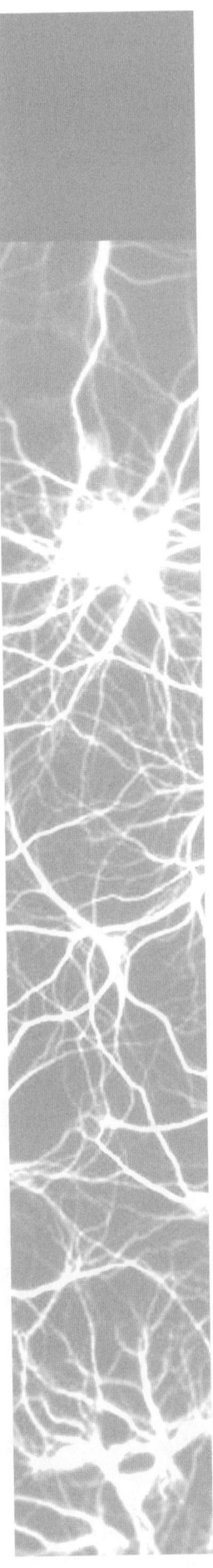

Conceitos básicos, 17

1.1 – Eletrotécnica, 17

1.2 – Geração, transmissão e distribuição de energia elétrica, 18

1.3 – Circuitos de corrente alternada, 20

1.4 – Rendimento e potência em equipamentos, 21

1.5 – Choque elétrico, 23

1.6 – Procedimentos gerais para o uso seguro de equipamentos elétricos, 23

1.7 – Procedimento para a utilização de voltímetro (medida de tensão), 24

1.8 – Procedimentos para a utilização de amperímetros (medida de corrente), 25

1.9 – Procedimento para o uso de ohmímetro (medida de resistência), 26

1.10 – Leis fundamentais, 27

1.11 – Curva característica, 29

1.12 – Especificação comercial de resistores, 30

Formas de ondas, 33

2.1 – Forma de onda contínua, 33

2.2 – Forma de onda oscilante, 34

2.3 – Classificação das formas de ondas, 34

2.4 – Valores característicos das formas de ondas alternadas, 36

2.5 – Visualização de formas de ondas no osciloscópio, 45

Resistor, indutor e capacitor em circuitos elétricos, 51

3.1 – Capacitor, 51

3.2 – Indutor, 52

3.3 – Circuito RL série com fonte c.c., 52

3.4 – Circuito RC série com fonte c.c., 55

3.5 – Comportamento elétrico em circuitos c.a., 56

3.6 – Comportamento em regime permanente do circuito RL série com fonte senoidal, 60

3.7 – Comportamento em regime permanente do resistor sob corrente senoidal, 61

3.8 – Comportamento em regime permanente do indutor sob corrente senoidal, 62

3.9 – Comportamento em regime permanente do circuito RL paralelo com fonte senoidal, 62

3.10 – Comportamento em regime permanente do circuito RC série com fonte senoidal, 65

3.11 – Comportamento em regime permanente do capacitor sob corrente senoidal, 68

3.12 – Comportamento em regime permanente do circuito RC paralelo com fonte senoidal, 69

3.13 – Comportamento em regime permanente do circuito RLC série com fonte senoidal, 70

Conceitos de fasor e impedância, 75

4.1 – Revisão básica de números complexos, 75

4.2 – Fasor, 77

4.3 – Impedância, 79

4.4 – Circuitos com impedâncias em série e/ou em paralelo, 81

4.5 – Admitância, 87

4.6 – Diagrama fasorial, 87

Potências em circuitos de corrente alternada, 97

5.1 – Conceitos básicos, 97

5.2 – Obtenção experimental das potências ativa e reativa, 109

5.3 – Fator de potência, 111

5.4 – Correção do fator de potência, 113

Circuitos Trifásicos, 129

6.1 – Fonte de tensões trifásicas, 129

6.2 – Conexões trifásicas, 133

6.3 – Circuitos equilibrados, 134

6.4 – Circuitos desequilibrados, 137

Potências em circuitos trifásicos, 151

7.1 – Potência aparente em carga trifásica, 151

7.2 – Medição da potência ativa em circuitos trifásicos, 156

7.3 – Medição da potência reativa em circuitos trifásicos, 163

7.4 – Demanda e curva de carga, 168

7.5 – Medição da energia elétrica, 170

7.6 – Composição da fatura de energia elétrica, 172

Transformadores, 179

8.1 – Introdução, 179

8.2 – Lei de Indução de Faraday, 180

8.3 – Transformador monofásico, 181

8.4 – Transformador ideal, 182

8.5 – Autotransformador monofásico, 185

8.6 – Transformador real – características de operação, 189

8.7 – Polaridade dos enrolamentos, 194

8.8 – Transformador trifásico, 195

8.9 – Transmissão e distribuição da energia elétrica, 198

Acionamento e proteção em instalações elétricas, 207

9.1 – Distribuição de energia elétrica em baixa tensão, 207

9.2 – Normas e regulamentos, 211

9.3 – Aterramento das instalações elétricas, 212

9.4 – Choque elétrico, 217

9.5 – Padronização de plugues e tomadas, 218

9.6 – Dispositivos de acionamento, 220

9.7 – Dispositivos de proteção, 223

9.8 – Orientações do Corpo de Bombeiros para o "Programa Casa Segura – Prevenção contra choques e curtos-circuitos", 225

9.9 – Lâmpadas de uso popular, 226

Motores e geradores, 235

10.1 – Conversão eletromecânica de energia, 235

10.2 – Aspectos construtivos, 236

10.3 – Princípio de funcionamento dos motores de indução e síncrono, 238

10.4 – Características elétricas, 242

10.5 – Identificação (dados de placa), 243

10.6 – Regulamentação, 246

10.7 – Acionamento de motor de indução trifásico, 248

10.8 – Princípio de funcionamento do gerador c.a., 249

10.9 – Gerador c.a. elementar, 249

10.10 – Princípio de funcionamento do motor de corrente contínua, 251

10.11 – Classificação do motor c.c., 252

10.12 – Motor universal, 253

10.13 – Características operacionais do motor c.c., 253

10.14 – Acionamento de motores de corrente contínua, 254

10.15 – Comentários gerais, 256

Conceitos básicos

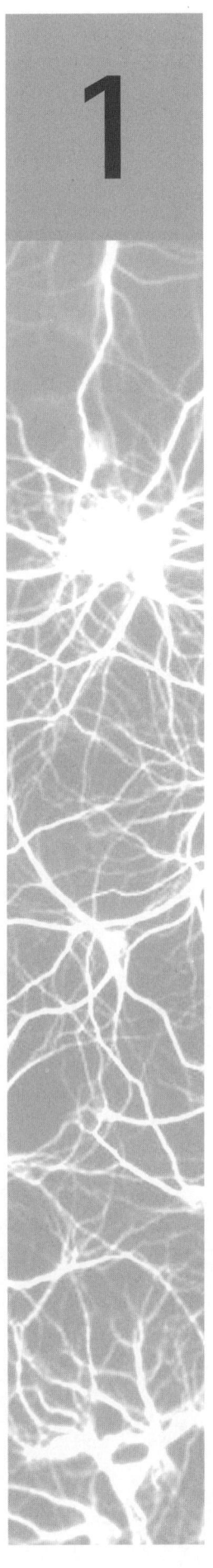

Neste capítulo são introduzidos alguns conceitos que serão úteis ao longo deste livro, além de uma abordagem sucinta sobre normas de segurança pertinentes ao uso da eletricidade e informações importantes sobre o uso de alguns instrumentos de medidas de grandezas elétricas. Como exemplo de aplicação desses instrumentos, descreve-se um método para obter a curva característica de bipolos resistivos dos tipos linear e não linear, abordando as condições de validade da Lei de Ohm e a obtenção dos valores das respectivas resistências elétricas. Entenda-se por bipolo qualquer componente conectado a um circuito elétrico por meio de um par de terminais (dois contatos elétricos).

1.1 Eletrotécnica

Em linhas gerais, Eletrotécnica pode ser conceituada como a área da Engenharia Elétrica que estuda a geração, a transmissão, a distribuição e a utilização da energia elétrica. Desde 1879, quando Thomas Alva Edison apresentou a primeira lâmpada incandescente apropriada para utilização comercial (a lâmpada incandescente foi inventada por Sir Joseph Wilson Swan em 1860), essa área vem apresentando uma evolução notável, que pode ser constatada pelo crescimento constante da demanda de energia elétrica e pelo desenvolvimento tecnológico alcançado para o seu atendimento. A sociedade moderna depende definitiva e intensamente da energia elétrica.

> Thomas Alva Edison nasceu em 11 de fevereiro de 1847, em Milan, Ohio, EUA, e faleceu em 18 de outubro de 1931 em West Orange, New Jersey, EUA. Foi o empresário e inventor que desenvolveu muitos dispositivos de fundamental interesse industrial, destacando-se o fonógrafo, o gramofone, a lâmpada elétrica incandescente, o projetor de cinema, a técnica de empacotar alimentos a vácuo e o aperfeiçoamento do telefone. Foi detentor de mais de 1.000 patentes.

> Sir Joseph Wilson Swan nasceu em 31 de outubro de 1828, em Sunderland, Durham, Inglaterra, e faleceu em 27 de maio de 1914, em Warlingham, Surrey, Inglaterra. Foi o físico e químico que, além da lâmpada incandescente, desenvolveu a chapa fotográfica seca, uma contribuição importante para a criação do moderno filme fotográfico. Ele patenteou um papel fotográfico com alta sensibilidade, revestido com uma emulsão de brometo de prata, além de um processo para a formação de fibras a partir de nitrocelulose, o que foi aproveitado pela indústria têxtil.

Será que alguém, olhando para a lâmpada acesa no teto de seu quarto, já teve a curiosidade de se questionar: "De onde vem a energia elétrica que ilumina este ambiente?". Provavelmente sim. Entretanto, se essa pergunta fosse feita no século XIX, a resposta seria diferente da de hoje, pois, naquela época, era correto afirmar que a energia elétrica era transmitida de uma determinada usina, uma vez que o sistema elétrico operava isoladamente, isto é, o que a usina gerava era transportado diretamente para um ou mais centros consumidores.

1.2 Geração, transmissão e distribuição de energia elétrica

Na Fig. 1.1 está representado um dos tipos existentes de sistema de geração, transmissão e distribuição de energia elétrica, destacando-se no quadrilátero tracejado a usina hidrelétrica, sistema mais encontrado no Brasil, responsável pela maior parte de toda a energia gerada (a letra *U* representa diferentes magnitudes de tensões).

A água é conduzida através de tubulações até seu impacto com as palhetas de uma turbina, o que a faz girar. A turbina é conectada ao eixo de uma máquina elétrica – gerador ou alternador – que em seus terminais fornece uma tensão senoidal com determinada magnitude e frequência. A turbina tem a função de converter alguma forma de energia (cinética, térmica etc.) em energia mecânica, e o gerador é responsável pela conversão da energia mecânica em energia elétrica. Existem outros tipos de usinas, como as termoelétricas, em que vapor a alta pressão substitui a água. O vapor é obtido por meio da queima de combustíveis fósseis (carvão, petróleo, gás) ou de reações nucleares (fissão a partir do urânio enriquecido, por exemplo). A energia elétrica pode ainda ser gerada por meio de outros tipos de transformação, como a partir da luz do Sol, da força do vento ou das marés.

A energia elétrica gerada nas usinas deve ser transmitida aos centros de consumo através do sistema de transmissão, composto por condutores sustentados

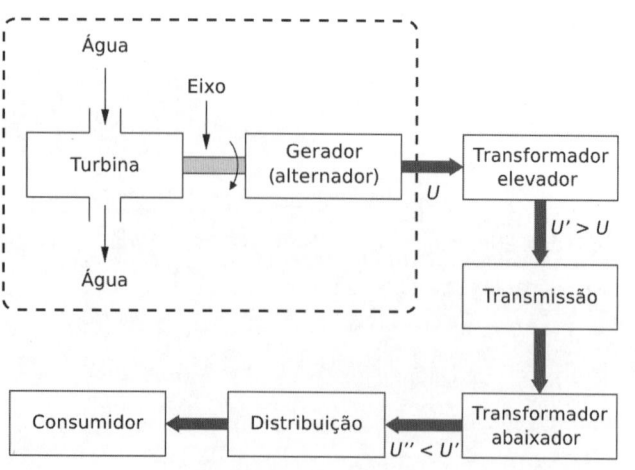

Fig. 1.1 Sistema de energia elétrica típico

por torres. Por razões técnicas e econômicas, a transmissão de energia elétrica deve ser feita a altas tensões, pelo menos uma ordem de grandeza maior do que a normalmente fornecida pelos geradores. Assim, antes de ser transmitida, a energia gerada passa por um transformador, que é um equipamento eletromagnético que transforma um nível de tensão em outro, maior ou menor, dependendo da necessidade. Se nos terminais do gerador a magnitude da tensão é de, por exemplo, 15 kV (15.000 volts), pode-se ter na saída de um transformador elevador magnitudes de tensões da ordem de 138, 230, 440 kV, e assim por diante. Para suprir energia elétrica aos consumidores, deve-se instalar o transformador abaixador, para adequar o nível de tensão aos equipamentos dos consumidores. Há consumidores – como, por exemplo, grandes indústrias – que recebem a energia elétrica em altas tensões, razão pela qual têm seus próprios transformadores abaixadores.

É fato que a energia elétrica vem sendo cada vez mais utilizada, por suas características próprias de flexibilidade e eficiência. Como consequência, a operação dos sistemas elétricos atingiu altos níveis de complexidade, com inúmeros problemas a serem enfrentados e resolvidos por engenheiros para atender à demanda, garantindo níveis aceitáveis de qualidade, confiabilidade e economia.

Portanto, hoje, a resposta à pergunta "De onde vem a energia elétrica que ilumina este ambiente?" é bem diferente da que está ilustrada na Fig. 1.1, pois a necessidade de grandes quantidades de energia e de maior confiabilidade fez com que as diversas unidades geradoras fossem interligadas, formando uma única rede elétrica, o sistema interligado. A Fig. 1.2 corresponde a um diagrama parcial da Integração Eletroenergética do sistema interligado brasileiro.

Na Fig. 1.2 pode-se constatar que há uma linha de transmissão interligando duas grandes regiões: a região Sul/Sudeste/Centro-Oeste e a região Norte/Nordeste. Trata-se de uma linha de transmissão de 500 kV, com capacidade para transportar cerca de 1.000 MW e com comprimento de 1.270 km, partindo da subestação de Imperatriz, no Maranhão, atravessando todo o Estado de Tocantins e chegando à subestação de Samambaia, no Distrito Federal. O chamado Linhão foi projetado e construído para promover o intercâmbio energético entre os sistemas Norte-Nordeste e Sul-Sudeste, possibilitando o despacho de energia nos dois sentidos, em função dos períodos de chuvas e secas nas regiões.

Apesar de uma maior complexidade tanto no seu planejamento como na sua operação, inclusive com a possibilidade de propagação de perturbações localizadas por toda a rede, um sistema interligado traz muitas vantagens, tais como: maior quantidade de unidades geradoras, necessidade de menor capacidade de reserva para as emergências, intercâmbio de energia entre regiões com diferentes sazonalidades etc. Essa prática é adotada mundialmente e, no Brasil, iniciou-se no final da década de 1950.

A finalidade de um sistema de potência é distribuir energia elétrica para uma multiplicidade de pontos, para diversas aplicações. Tal sistema deve ser projetado e operado para entregar essa energia obedecendo a dois requisitos básicos, qualidade e economia, que apesar de serem relativamente antagônicos podem ser conciliados por meio da utilização de conhecimentos técnicos e bom senso. A garantia de fornecimento da energia elétrica

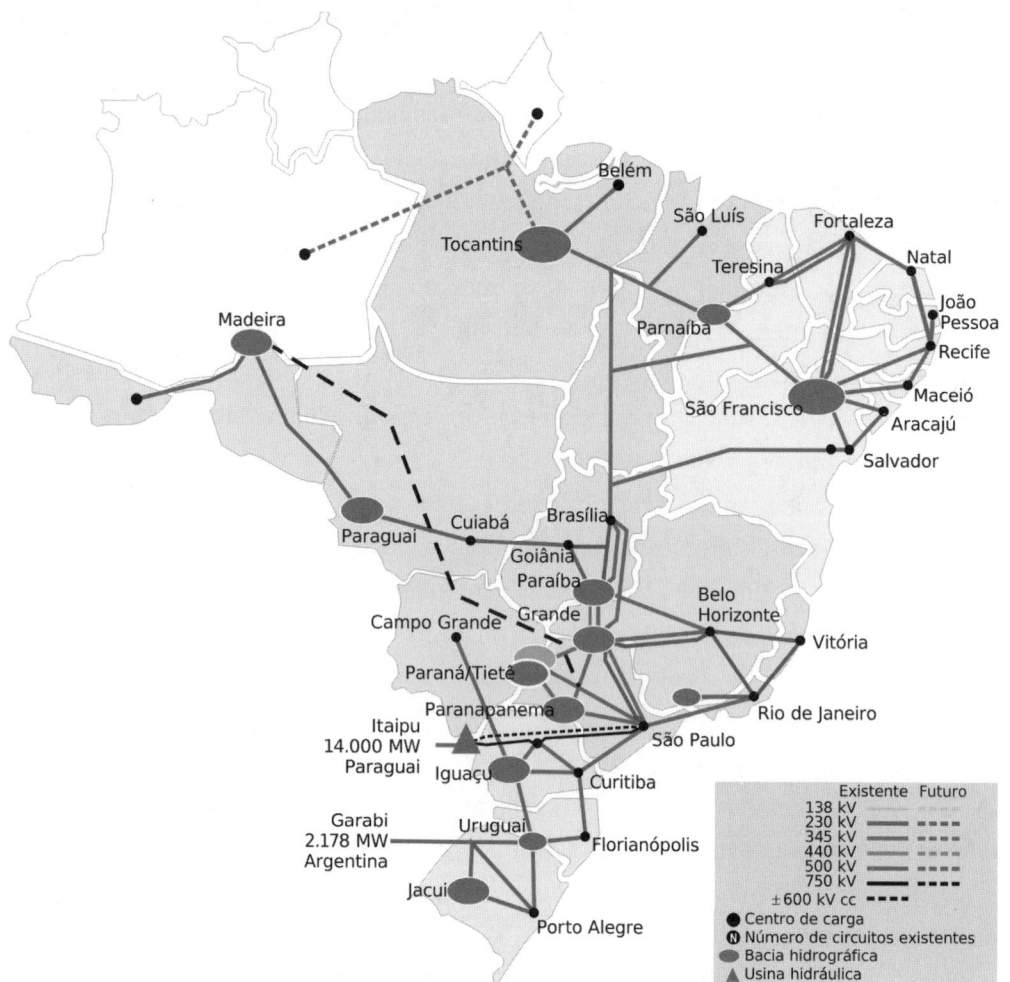

Fig. 1.2 Integração Eletroenergética Brasileira (set/2010)
Fonte: Operador Nacional do Sistema Elétrico (www.ons.org.br/conheca_sistema/mapas_sin.aspx)

pode ser aumentada com a melhoria do projeto, a previsão de uma margem de capacidade de reserva e o planejamento de circuitos alternativos para o suprimento. A subdivisão do sistema em zonas, cada uma controlada por um conjunto de equipamentos de chaveamento, em associação com um sistema de proteção, proporciona flexibilidade operativa e garante a minimização das interrupções.

Em resumo, os chamados Sistemas de Energia Elétrica são constituídos por um conjunto de equipamentos utilizados para realizar as tarefas de gerar, transmitir e distribuir energia elétrica. Eles devem ser projetados e operados de forma a atender critérios relacionados à qualidade, confiabilidade e economia do fornecimento de energia elétrica, além de causar os menores danos possíveis ao meio ambiente.

1.3 Circuitos de corrente alternada

Para que um sistema de energia elétrica opere de forma eficiente, uma grande quantidade de variáveis deve ser analisada, o que depende da obtenção de um modelo elétrico adequado para todo o sistema e do conhecimento de técnicas de solução de circuitos elétricos.

Por sua vez, os circuitos elétricos das instalações industriais devem ser analisados como tais, a fim de apresentarem alta eficiência de operação. Uma indústria recebe a energia elétrica em um determinado nível de tensão, a qual poderá ou não ser diminuída por meio de um transformador abaixador e ser aplicada sobre suas cargas (motores, iluminação etc.). Assim, deve-se assegurar que a tensão em todos os pontos da indústria esteja dentro de limites pré-especificados. Um motor, por exemplo, tem sua eficiência reduzida quando a tensão aplicada é diferente da respectiva tensão nominal (tensão normal de operação). Deve-se também otimizar a utilização da energia elétrica para minimizar os gastos, fazendo, por exemplo, uma correção adequada do fator de potência e minimizando as perdas de potência no circuito. Finalmente, deve-se ter um esquema de proteção adequado para proteger o restante da indústria no caso de um eventual defeito em algum de seus equipamentos.

Para o bom funcionamento das instalações elétricas residenciais, é fundamental que haja o correto dimensionamento da fiação e dos dispositivos de proteção, tarefa esta que requer conhecimento de cálculo de circuitos elétricos.

Todos os casos anteriormente citados são exemplos de circuitos elétricos que se enquadram em uma classe específica, a dos Circuitos de Corrente Alternada, pelo fato de quase toda a energia elétrica ser gerada, transmitida e consumida na forma de corrente alternada (c.a.), ou ac (*alternating current*). A utilização de corrente alternada baseia-se em razões principalmente econômicas, e tornou-se possível graças ao desenvolvimento do transformador. Todavia, é possível realizar a transmissão de grandes quantidades de energia elétrica utilizando corrente contínua, graças ao desenvolvimento da eletrônica de potência. Esta é, porém, limitada a certas situações especiais, em que se configura economicamente mais atrativa.

Diante do exposto, pode-se ter uma ideia clara da importância dos circuitos de corrente alternada e da razão pela qual este é o tema fundamental deste livro, escrito com o objetivo principal de apresentar a teoria básica de análise de circuitos de corrente alternada, acompanhada de diversos exemplos e de vídeos ilustrativos de experimentos que podem ser reproduzidos em instituições de ensino, tanto técnicas como universitárias. Posteriormente, os assuntos apresentados aqui podem ser desenvolvidos de forma mais aprofundada, permitindo o estudo e a solução de problemas reais (e mais complexos), como os citados anteriormente.

Portanto, o conteúdo deste livro didático visa transmitir, aos estudantes de cursos profissionalizantes na área tecnológica, noções básicas de instrumentos de medidas de grandezas elétricas e de comportamentos de circuitos em corrente alternada, tanto monofásicos como trifásicos, bem como o princípio de funcionamento e algumas características operacionais de dispositivos elétricos, tais como transformadores e motores elétricos.

1.4 Rendimento e potência em equipamentos

O rendimento de um equipamento (compressor, bomba, motor elétrico, motor de automóvel etc.) é a relação entre o trabalho que ele produz (Energia$_{saída}$) e a energia que ele consome (Energia$_{entrada}$), conforme a Eq. (1.1) e respectiva ilustração na Fig. 1.3.

Fig. 1.3 Fluxo de energia em um equipamento

$$\eta = \frac{\text{Energia}_{\text{saída}}}{\text{Energia}_{\text{entrada}}} \cdot 100\% \qquad (1.1)$$

onde η é o rendimento expresso em porcentagem

Observações:

a) Para fins de emissão da fatura para a cobrança do consumo de energia elétrica (a popular "conta de luz"), a energia consumida é medida em kWh (quilowatt-hora = 1.000 Wh), que por sua vez corresponde ao produto da potência do equipamento pelo tempo (h) em que permaneceu ligado. A potência é usualmente expressa em watts (W) ou quilowatts (kW) (quilowatt = 1.000 W).

b) Para um motor elétrico, o rendimento corresponde à relação entre a potência de eixo ou potência mecânica ($P_{\text{saída}}$) e a potência elétrica (P_{entrada}):

$$\eta = \frac{P_{\text{saída}}}{P_{\text{entrada}}} \cdot 100\% \qquad (1.2)$$

A unidade para a potência elétrica é o watt (W); para a potência mecânica há três alternativas: watt (W), cavalo-vapor (CV) e horse-power (HP), sendo 1 CV $\cong$ 736 W e 1 HP $\cong$ 746 W.

A potência elétrica é constituída pela potência mecânica mais as perdas (P_{perdas}), que incluem, por exemplo, a perda mecânica por atrito no eixo do motor e as perdas elétricas, tal como o calor gerado pela corrente que circula nas bobinas do motor.

$$P_{\text{entrada}} = P_{\text{saída}} + P_{\text{perdas}} \qquad (1.3)$$

Dessa forma, a equação do rendimento pode ser reescrita como:

$$\eta = \frac{P_{\text{saída}}}{P_{\text{saída}} + P_{\text{perdas}}} \cdot 100\% \qquad (1.4)$$

Exemplo 1.1

Considere que um determinado motor tem uma potência de eixo de 2,0 CV e que durante 2 horas o consumo de energia elétrica é de 3,68 kWh. Qual é o rendimento desse motor?

Com base na energia consumida e no tempo de operação, pode-se determinar a potência de entrada no motor:

$$P_{\text{entrada}} = \frac{3.680}{2} = 1.840 \text{ W}$$

Sabendo-se que cada cavalo-vapor (CV) corresponde a aproximadamente 736 W, utiliza-se a Eq. (1.2) para determinar o rendimento do motor:

$$\eta = \frac{2 \cdot 736}{1.840} \cdot 100\% = 80\%$$

1.5 Choque elétrico

O choque elétrico, seja por contato direto ou indireto, é um dos acidentes mais perigosos. Uma corrente elétrica da ordem de 10 mA (0,01 A) pode paralisar uma pessoa, e uma corrente da ordem de 100 mA (0,1 A) pode ser fatal. Se a pele humana está úmida ou cortada, sua resistência elétrica diminui e a corrente pode aumentar a níveis perigosos em caso de acidente.

Um exemplo típico de choque elétrico por contato indireto é o do chuveiro, pois através da água pode ocorrer a condução de corrente elétrica da resistência para a carcaça, para outras partes da instalação hidráulica e para o ser humano. Portanto, é fundamental a conexão do fio de aterramento no condutor de proteção (ver Cap. 9).

Desde que algumas medidas de segurança sejam adequadamente adotadas, a convivência diária com diversos dispositivos elétricos e eletrônicos ocorrerá sem riscos de acidentes pessoais (choques elétricos, traumatismos, entre outros) e danos materiais (queima, explosões, entre outros).

A seguir, são apresentados alguns procedimentos extremamente necessários que devem ser adotados para a realização segura dos experimentos propostos nos vídeos, bem como na convivência diária com equipamentos elétricos.

1.6 Procedimentos gerais para o uso seguro de equipamentos elétricos

1] Certifique-se do valor das tensões nas tomadas ou fontes de energia elétrica a serem utilizadas.
2] Nunca instale e acione os equipamentos sem antes ler o respectivo manual para obter as instruções adequadas sobre como instalá-los e operá-los.
3] No caso da realização de experimentos (ensaios) em laboratório ou mesmo em outros ambientes, execute-os de maneira visualmente organizada. O circuito deve ter sua montagem de tal forma que facilite ao máximo a conferência com o respectivo esquema elétrico.
4] Examine as conexões do circuito ou equipamento elétrico detalhadamente antes de colocá-lo em funcionamento. Verifique o estado geral dos equipamentos e instrumentos, fiação e bornes de conexão.
5] Antes de tocar no circuito, verifique sempre se ele está desligado e descarregado (no caso de capacitores, por exemplo) utilizando um voltímetro. Este instrumento deve ser sempre conectado em paralelo aos contatos elétricos dos componentes de um circuito nos quais se deseja medir a magnitude da tensão.
6] Evite realizar reparos em circuitos elétricos ou manusear equipamentos elétricos quando estiver cansado ou tomando medicamentos que causem sonolência.
7] Use calçado adequado para proteger os pés e não trabalhe com sapatos e roupas úmidas.

8] Evite o uso de algo que possa enroscar ou estabelecer contato elétrico inadequado (colares, anéis, pulseiras etc.).

9] Evite brincadeiras. Controle suas ações para se proteger e aos seus colegas. Mantenha sempre limpo e organizado o circuito ou equipamento elétrico.

Seja em um circuito elétrico ou durante a utilização de um equipamento, pode ser necessário conhecer e manter o controle sobre algumas grandezas elétricas próprias de sua operação, como por exemplo, tensões, correntes e potências. Nesses casos utiliza-se um instrumento de medidas de grandezas elétricas conhecido como multímetro, que pode ser do tipo analógico (valor indicado por ponteiro em escala graduada) ou digital (com mostradores numéricos) e que contempla algumas funções tais como: voltímetro, amperímetro, ohmímetro etc. Um multímetro pode, ainda, ser do tipo bancada (utilizado sobre uma superfície) ou alicate (seguro pelas mãos).

Portanto, ao utilizar um multímetro para medir uma tensão, selecione a função voltímetro; se for medir a intensidade de uma corrente, selecione amperímetro; e assim por diante. Essa escolha deve ser realizada conforme instruções específicas do fabricante do multímetro.

Uma vez escolhida a função do multímetro, siga as instruções de uso de voltímetros, amperímetros e ohmímetros apresentadas a seguir, e de outros instrumentos que ainda serão abordados, tendo em mente que os procedimentos descritos em cada caso talvez precisem ser adaptados conforme o modelo do multímetro. No caso de multímetros analógicos, em geral aplicam-se as instruções apresentadas nas próximas seções; para alguns tipos de multímetros digitais, porém, as instruções podem ser simplificadas, pois há instrumentos digitais com seleção automática de fundo de escala, bastando realizar as conexões adequadas e selecionar a função do multímetro conforme orientações do fabricante.

Lembre-se de que um multímetro instalado em uma condição de leitura errada não medirá o que você deseja, podendo causar danos ao instrumento e ao circuito elétrico. Portanto, ao se utilizar um multímetro, deve-se estar bastante atento ao tipo de medição a ser realizada (TENSÃO, CORRENTE ou RESISTÊNCIA), à forma (ALTERNADA ou CONTÍNUA), à escala adequada e à correta conexão do instrumento (SÉRIE ou PARALELO).

1.7 Procedimento para a utilização de voltímetro (medida de tensão)

Antes de conectar os terminais do voltímetro à fonte ou ao circuito:

- Estime o valor da tensão a ser medida e selecione o fundo de escala adequado para a grandeza a ser medida. Não sendo possível estimar o valor da tensão, deve-se escolher o maior fundo de escala. Esteja atento para que a tensão a ser medida não ultrapasse a capacidade máxima do instrumento.
- Selecione no instrumento o tipo de tensão a ser medida: alternada ou contínua. No caso de tensão contínua, observe a polaridade.

- Conecte os terminais do instrumento em PARALELO, ou com a fonte, ou com o equipamento, ou até mesmo com um bipolo existente em um circuito elétrico (por exemplo, um resistor), ou seja, onde se deseja efetuar a medida. Observe as conexões na Fig. 1.4.
- Caso o fundo de escala escolhido tenha sido o máximo, sem desligar a fonte, diminua o fundo de escala para um valor imediatamente acima do que está sendo medido.

Note que no Circuito 1 (Fig. 1.4) o amperímetro mede a corrente fornecida pela fonte e que circula pelo restante do circuito (equipamento e voltímetro). Se o voltímetro for considerado ideal, ou seja, com resistência interna "infinita", a leitura do amperímetro corresponderá somente à corrente no equipamento. Já no Circuito 2, o voltímetro mede a tensão fornecida pela fonte, que é a tensão total aplicada ao conjunto formado pelo equipamento e pelo amperímetro. Se o amperímetro for considerado ideal, ou seja, com resistência interna nula, a leitura do voltímetro corresponderá somente à tensão sobre o equipamento. Esse assunto é abordado com mais detalhes na seção 1.11.

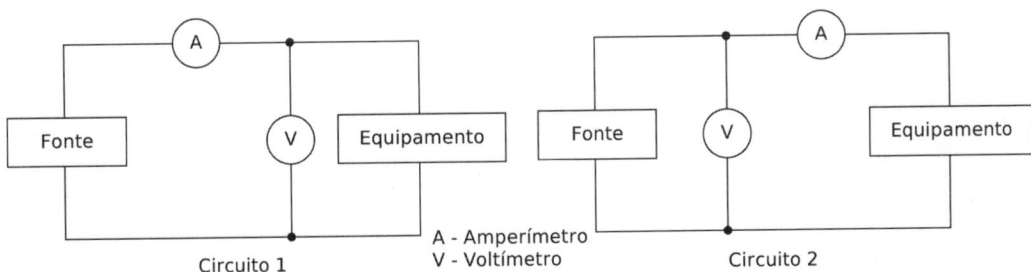

Fig. 1.4 Exemplos de conexão de voltímetro

1.8 Procedimentos para a utilização de amperímetros (medida de corrente)

i] Amperímetro inserido no circuito

Antes de conectar os terminais do instrumento ao circuito:
- Estime o valor da corrente a ser medida e selecione o fundo de escala adequado. Não sendo possível estimar o valor da corrente, selecione o maior fundo de escala. Esteja atento para que a corrente a ser medida não ultrapasse a capacidade máxima do instrumento.
- Selecione no instrumento o tipo de corrente a ser medida: alternada ou contínua. No caso de corrente contínua, observe a polaridade.
- Assegure-se de que o circuito não esteja energizado.
- Conecte os terminais do instrumento em SÉRIE, ou com a fonte, ou com um equipamento, ou até mesmo com um bipolo existente em um circuito elétrico, ou seja, onde se deseja efetuar a medida. Observe as conexões na Fig. 1.5.

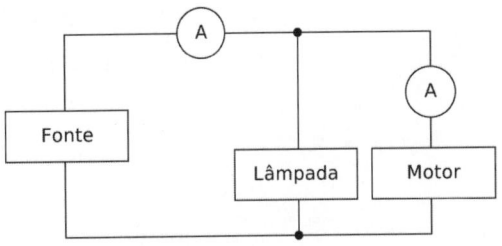

Fig. 1.5 Exemplo de conexão de amperímetro

- Energize o circuito e faça a leitura.
- Caso o fundo de escala escolhido tenha sido o máximo, desligue a fonte e diminua o fundo de escala para um valor imediatamente acima do que está sendo medido. Religue a fonte e faça a leitura.

Note que na Fig. 1.5 há um amperímetro que mede exclusivamente a corrente no motor, por estar conectado em série com ele, e o outro amperímetro mede a corrente total no circuito.

ii] Amperímetro do tipo alicate

Antes de conectar o instrumento ao circuito:

- Estime o valor da corrente a ser medida e selecione o fundo de escala adequado. Não sendo possível estimar o valor da corrente, selecione o maior fundo de escala. Esteja atento para que a corrente a ser medida não ultrapasse a capacidade máxima do instrumento.
- Se for o caso, selecione no instrumento o tipo de corrente a ser medida: alternada ou contínua.
- Conecte o instrumento no ponto do circuito onde se deseja efetuar a medida, conforme ilustrado na Fig. 1.6.
- Caso o fundo de escala escolhido tenha sido o máximo, diminua-o para um valor imediatamente acima do que está sendo medido.

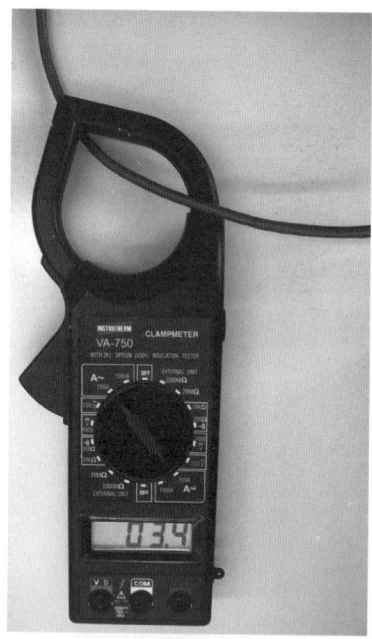

Fig. 1.6 Amperímetro do tipo alicate

1.9 Procedimento para o uso de ohmímetro (medida de resistência)

O ohmímetro é um instrumento que mede o valor da resistência elétrica de um único bipolo ou de um conjunto de bipolos conectados entre si, e conectados ou não em um circuito elétrico.

Em um ohmímetro, o princípio de funcionamento baseia-se em aplicar nos terminais de um bipolo uma tensão contínua proveniente de uma bateria interna do aparelho. Consequentemente, uma corrente elétrica circula pelo bipolo e o ohmímetro exibe no mostrador (*display*) o valor da sua resistência, que corresponde à relação entre as magnitudes da tensão e da corrente. No ohmímetro digital essa relação é realizada por um circuito eletrônico interno do instrumento, enquanto no ohmímetro analógico, por causa da interação entre campos magnéticos internos do instrumento, associados à tensão e à corrente, tem-se o movimento do ponteiro sobre uma escala devidamente graduada.

Antes de conectar o instrumento a um bipolo ou ao circuito:

- Se for medir a resistência entre dois contatos de um circuito (conhecida como resistência equivalente), assegure-se de que o circuito não esteja energizado. Lembrete: em geral, as fontes têm resistência interna.
- Se for medir a resistência de um único bipolo, retire-o do circuito e conecte-o aos terminais do ohmímetro.
- Selecione o fundo de escala adequado para a grandeza a ser lida. Se não conhecer a ordem do valor da grandeza a ser lida, selecione o maior fundo de escala.
- Após a leitura, desligue o instrumento ou, caso o ohmímetro faça parte de um multímetro, retorne a chave seletora para a posição "desliga" ou para a função amperímetro ou voltímetro. Esse procedimento evita que a bateria interna do instrumento se descarregue.

1.10 Leis fundamentais

1.10.1 Lei de Ohm

Em 1827, Georg Simon Ohm descobriu que, para certos materiais, a uma dada temperatura, a relação entre a diferença de potencial U aplicada entre dois pontos de um condutor e a corrente I que flui entre esses dois pontos é constante. Essa constante corresponde à resistência R do condutor, dada por:

$$R = \frac{U}{I} \qquad (1.5)$$

e que pode ser medida com o ohmímetro, conforme descrito na seção 1.9

A diferença de potencial é expressa em volts (V); a corrente em ampères (A) e a resistência em ohms (Ω).

> Georg Simon Ohm nasceu em 16 de março de 1789, em Erlangen, Alemanha, e faleceu em 6 de julho de 1854, em Munique, Alemanha. Foi o físico e matemático que, entre 1825 e 1827, desenvolveu a primeira teoria matemática da condução elétrica nos circuitos, que resultou na fórmula posteriormente denominada de Lei de Ohm. O reconhecimento do seu trabalho só ocorreu em 1841, quando ele recebeu da Royal Society of London a Medalha Copley, que é um prêmio no domínio das ciências.

Cuidado para não confundir o conceito de resistência com resistividade, pois esta é uma grandeza física que expressa de forma quantitativa a propriedade que os materiais têm de apresentar diferentes graus de oposição à passagem de corrente elétrica, ou seja, trata-se de uma característica do material em si e não de uma amostra (pedaço) do material. Portanto, a resistividade do cobre, por exemplo, é característica do metal cobre e não de um pedaço de fio feito de cobre, ao qual se associa o conceito de resistência, que depende do comprimento ℓ (m), da área da seção transversal A (m^2) e da resistividade ρ (Ω.m) conforme indicado na Eq. (1.6)

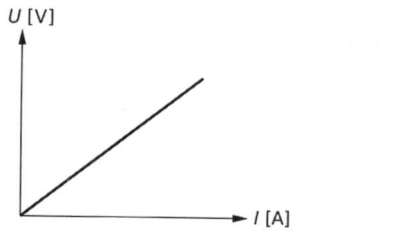

Fig. 1.7 Representação gráfica da Lei de Ohm

$$R = \frac{\rho \cdot \ell}{A} \qquad (1.6)$$

A representação gráfica da Lei de Ohm é apresentada na Fig. 1.7.

Bipolo Ôhmico, Resistor Linear ou simplesmente Resistor é aquele cuja relação tensão/corrente é constante, isto é, sua curva característica é uma reta e, portanto, satisfaz plenamente a Lei de Ohm. Este é o mais básico componente eletrônico que tem por finalidade oferecer uma oposição à passagem de corrente elétrica através de seu material. Dessa forma, é possível usar um ou mais resistores para controlar a corrente elétrica sobre os componentes desejados. Em geral, nesse bipolo há conversão de energia elétrica em energia térmica.

Os resistores podem ser fixos ou variáveis. No caso dos variáveis, são denominados potenciômetros ou reostatos, cujo valor é alterado ao girar um eixo ou deslizar um cursor.

Alguns resistores são longos e finos, com o material resistivo colocado ao centro e um terminal de metal ligado em cada extremidade. Esse tipo de encapsulamento é chamado de encapsulamento axial. Resistores usados em computadores e outros dispositivos são tipicamente muito menores, e frequentemente são utilizadas tecnologias de montagem superficial (*surface-mount technology* – SMT) sem a necessidade de um par de terminais. Resistores de maiores potências são produzidos mais robustos para dissipar calor de maneira mais eficiente, mas seguem basicamente a mesma estrutura.

Popularmente, de forma equivocada, esse bipolo é conhecido como resistência: "resistência do chuveiro", "resistência do aquecedor" etc.

Para entender o funcionamento de circuitos elétricos ou eletrônicos é fundamental conhecer as características de operação U vs I (curvas características) dos seus componentes, como descrito na próxima seção.

1.10.2 Lei dos Nós de Kirchhoff

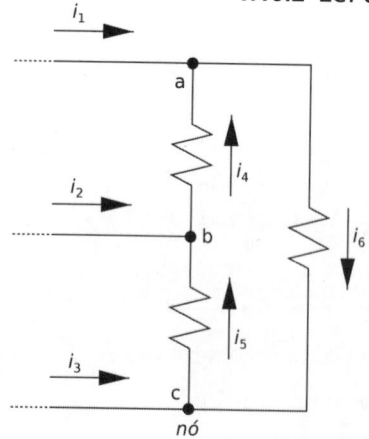

Fig. 1.8 Parte de um circuito elétrico

Parte de um circuito elétrico com três resistores está representada na Fig. 1.8. Pode-se identificar três nós elétricos nesse circuito, um dos quais é caracterizado por um ponto (contato) do circuito onde três ou mais condutores estão ligados.

A "Lei dos Nós de Kirchhoff" estabelece que em qualquer nó, a soma das correntes que saem é igual à soma das correntes que chegam.

No circuito da Fig. 1.8 tem-se:

- nó a: $i_1 + i_4 - i_6 = 0$ ou $i_1 + i_4 = i_6$
- nó b: $i_2 + i_5 - i_4 = 0$ ou $i_2 + i_5 = i_4$
- nó c: $i_3 + i_6 - i_5 = 0$ ou $i_3 + i_6 = i_5$

Gustav Robert Kirchhoff nasceu em 12 de março de 1824, em Königsberg, Alemanha, e faleceu em 17 de outubro de 1887, em Berlim, Alemanha. Foi o físico que se destacou com contribuições científicas no campo dos circuitos elétricos, na espectroscopia, na emissão de radiação dos corpos negros e na teoria da elasticidade (modelo de placas de Kirchhoff). Foi o autor de duas leis fundamentais da teoria clássica dos circuitos elétricos e da emissão térmica.

1.10.3 Lei das Malhas de Kirchhoff

No circuito elétrico da Fig. 1.9 identifica-se uma malha caracterizada por um caminho elétrico fechado.

A "Lei das Malhas de Kirchhoff" estabelece que em qualquer malha a soma das diferenças de potencial (d.d.p.) é nula.

No circuito da Fig. 1.9 tem-se:

$$-U + U_1 + U_2 = 0 \quad \text{ou} \quad U = U_1 + U_2$$

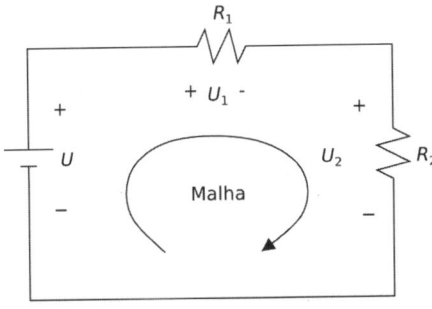

Fig. 1.9 Indicação de malha em circuito elétrico

1.11 CURVA CARACTERÍSTICA

Entre diferentes métodos para obtenção do valor da resistência, particularmente de um bipolo resistivo dos tipos linear e não linear, nesta seção aborda-se o método de obtenção da curva característica de um bipolo com um voltímetro e um amperímetro, ou seja, medindo a diferença de potencial entre seus terminais e a intensidade da corrente através dele. Os circuitos da Fig. 1.10 são adequados para essa finalidade.

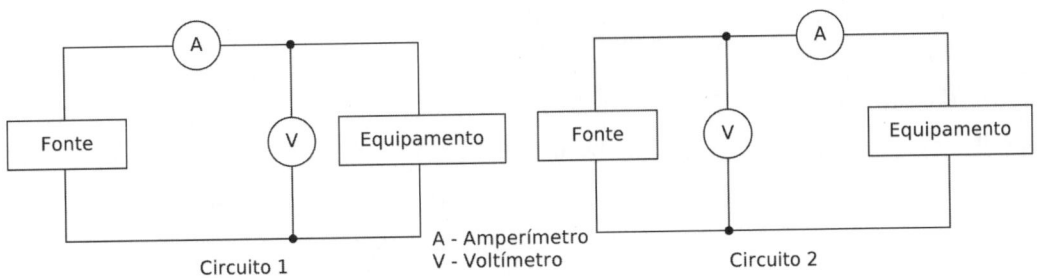

Fig. 1.10 Método do voltímetro e amperímetro

 O vídeo "Obtenção da curva característica de bipolos – Procedimento experimental" apresenta a obtenção de curva característica com base nos circuitos da Fig. 1.10

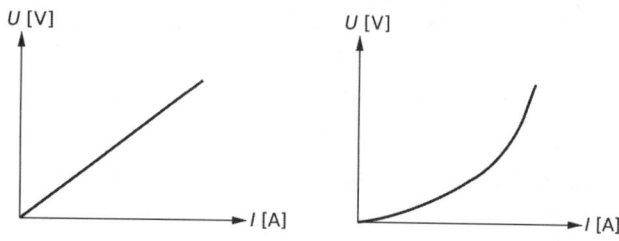

Fig. 1.11 Curvas características de bipolos

Em qualquer um dos circuitos, para cada valor de tensão há um correspondente valor de corrente, com os quais se pode traçar a curva característica do respectivo bipolo, que pode ser linear (Fig. 1.11A) ou não linear (Fig. 1.11B).

Para cada ponto da curva característica, pode-se utilizar a Eq. (1.5) para obter um valor de resistência (R), o qual é válido para um determinado ponto de operação. No caso da Fig. 1.11A, cuja curva característica corresponde a um resistor, o valor de R será único.

1.12 Especificação comercial de resistores

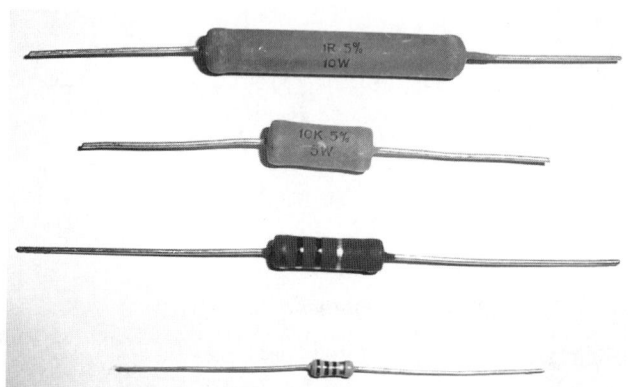

Fig. 1.12 Exemplos de resistores comerciais

Os resistores são usualmente especificados por três parâmetros – valor nominal, tolerância e potência máxima dissipada –, informados pelo fabricante no próprio resistor, seja numericamente ou por código de cores (Fig. 1.12)

Se um resistor com valor nominal 1 kΩ tem uma tolerância de 5%, isso significa que sua resistência pode assumir qualquer valor entre 950 e 1.050 Ω (1 kΩ ±5%).

Essa informação é importante, por exemplo, para selecionar o fundo de escala de um amperímetro a ser conectado em série com o resistor.

Exemplo 1.2

Considere um resistor de 1 kΩ, 10 W e tolerância de 5%.

Para selecionar o fundo de escala do amperímetro, deve-se calcular o valor da corrente que poderá circular nesse resistor, com base no menor valor possível da resistência, ou seja, 950 Ω. Assim:

$$I = \sqrt{P/R} = \sqrt{\frac{10}{950}} = 0{,}1026\,\text{A} \quad \text{ou} \quad 102{,}6\,\text{mA}$$

Selecione no amperímetro o valor de fundo de escala imediatamente acima do valor calculado.

Além de se dispor da tolerância especificada em um resistor, pode-se calcular o erro percentual ou relativo (ε) em relação a um valor de referência da grandeza, o qual pode ser o valor nominal, o valor medido ou até mesmo um valor calculado. O erro relativo também é normalmente expresso em valores percentuais, sendo definido por:

$$\varepsilon = \frac{|VG - VR|}{VR} \cdot 100\% \qquad (1.7)$$

VG – valor da grandeza
VR – valor de referência

Exemplo 1.3

Um resistor com valor nominal 1 kΩ ±5% é conectado a uma fonte c.c. cuja tensão medida com voltímetro é de 100 V. Se um amperímetro registra 97,6 mA, pode-se calcular a resistência:

$$R = \frac{100}{0,0976} = 1.024,59 \ \Omega$$

Se for considerado como valor de referência o valor nominal 1.000 Ω, o erro relativo será de:

$$\varepsilon = \frac{|R_{calc} - R_{nom}|}{R_{nom}} \cdot 100\% = \frac{|1.024,59 - 1.000|}{1.000} \cdot 100\% = 2,46\%$$

Portanto, o valor calculado apresenta um erro de 2,46% em relação ao valor nominal, abaixo da tolerância (5%).

Conectado a um ohmímetro, obtém-se para esse resistor 1.024 Ω. Ao se considerar como valor de referência a leitura do ohmímetro (instrumento confiável), pode-se avaliar a precisão do valor nominal informado pelo fabricante. Nesse caso, o erro relativo é de:

$$\varepsilon = \frac{|R_{nom} - R_{med}|}{R_{med}} \cdot 100\% = \frac{|1.000 - 1.024|}{1.024} \cdot 100\% = 2,34\%$$

Independentemente do valor de referência adotado, o importante é o valor do resistor estar no intervalo estipulado pelo fabricante.

 O vídeo "Curvas características de bipolos" destaca aspectos práticos citados nesses exemplos.

Exercícios

1.1 Na Fig. 1.1:
   a) Quais as funções dos transformadores nela representados? Justifique.
   b) Quais as funções da turbina e do gerador?

1.2 Cite vantagens e desvantagens em um sistema interligado de geração e transmissão de energia elétrica.

1.3 Em situação de choque elétrico, faz diferença a pele humana estar úmida ou cortada? Explique.

1.4 Cite exemplos de situações de choque elétrico por contato direto e por contato indireto.

1.5 Indique pelo menos mais dois procedimentos de segurança que poderiam complementar a seção 1.5

1.6 Relate um acidente elétrico do seu conhecimento e cite uma ou mais normas de segurança que poderiam ter sido adotadas para evitá-lo. (Agradecemos o envio do seu relato para um dos e-mails citados em nossas fichas biográficas)

1.7 Como deve ser selecionado o fundo de escala em um instrumento de medida de uma grandeza elétrica quando:
   a) é possível estimar o valor dessa grandeza?
   b) não é possível tal estimativa?

1.8 Cite, em sequência, os cuidados que se deve ter para a utilização de:
   a) amperímetro;
   b) voltímetro;
   c) ohmímetro

1.9 Ciente de que um amperímetro tem resistência interna da ordem de miliohms e um voltímetro tem resistência interna da ordem de megaohms, analise, sem o uso de fórmulas ou equações, qual dos circuitos da Fig. 1.4 é o mais adequado para obter a respectiva curva característica de um bipolo:
   a) com resistência elevada (megaohms);
   b) com resistência baixa (miliohms)

1.10 Deseja-se medir a tensão e a corrente em uma lâmpada conectada a uma fonte c.a. Tendo como modelo as Figs. 1.4 e 1.5, desenhe o respectivo diagrama elétrico.

1.11 A curva característica do filamento de uma lâmpada incandescente seria linear ou não linear? Justifique

Leituras adicionais

MONTICELLI, A.; GARCIA, A. *Introdução a sistemas de energia elétrica*. São Paulo: Editora da Unicamp, 2000.

KAGAN, N.; OLIVEIRA, C. C. B. de; ROBBA, E. J. *Introdução aos sistemas de distribuição de energia elétrica*. São Paulo: Edgard Blücher, 2005.

CAPUANO, F. G.; MARINO, M. A. M. *Laboratório de Eletricidade e Eletrônica*. 23. ed. São Paulo: Érica, 2007.

Formas de ondas

Neste capítulo são apresentadas as formas de ondas das grandezas elétricas tensões e correntes, com ênfase para as alternadas, e abordados alguns conceitos básicos para a qualificação e quantificação dessas formas de ondas. A utilização de um osciloscópio com dois canais é comentada.

2.1 Forma de onda contínua

O diagrama elétrico da Fig. 2.1 corresponde a um circuito em corrente contínua, composto de uma bateria ligada a um resistor (R) cujo valor mantém-se constante quando por ele circula uma corrente elétrica.

Como a bateria é considerada ideal, ou seja, tem resistência interna nula, ela fornece uma diferença de potencial U volts constante.

Se $u(t)$ for a função que representa o valor instantâneo da tensão fornecida pela fonte, então:

$$u(t) = U \quad (2.1)$$

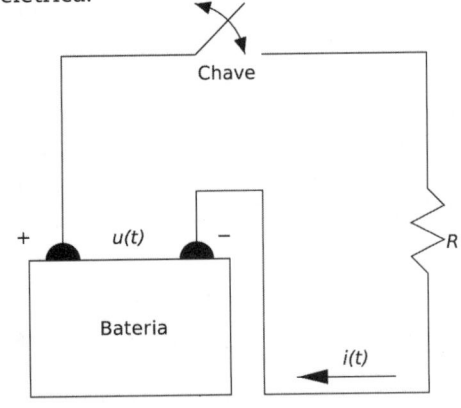

Fig. 2.1 Circuito em corrente contínua

A tensão $u(t)$ fornecida pela fonte e a corrente $i(t)$ que circula pelo circuito, em função do tempo, são mostradas na Fig. 2.2. Note que em t_0 ocorre o fechamento da chave, ou seja, a tensão da bateria é aplicada nos terminais do resistor e, em consequência, circula uma corrente pelo circuito.

Se $i(t)$ for a função que representa o valor instantâneo da corrente pelo circuito, para $t > t_0$, tem-se:

$$i(t) = \frac{u(t)}{R} \quad (2.2)$$

onde R representa a resistência do resistor.

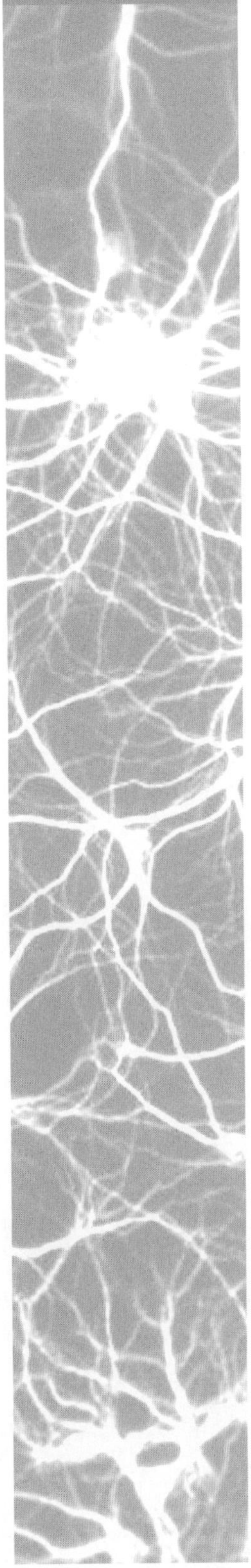

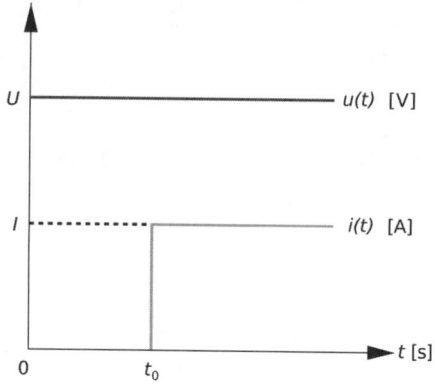

Fig. 2.2 Forma de onda contínua

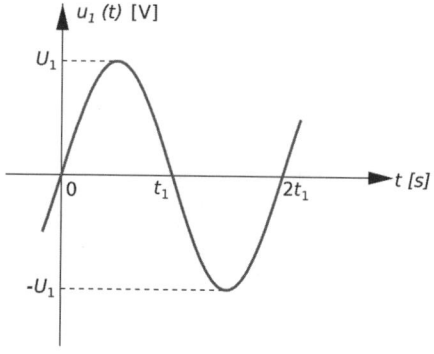

Fig. 2.3 Forma de onda senoidal

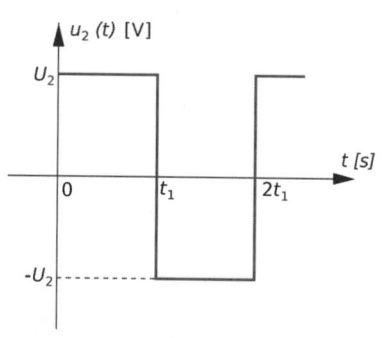

Fig. 2.4 Forma de onda quadrada

O instante $t = t_0$ registra uma transição no comportamento elétrico do circuito. Em seguida, para $t > t_0$, o circuito entra em regime permanente (ou simplesmente regime) e os valores de tensão e corrente permanecem constantes. Se a bateria for substituída por uma fonte cuja tensão é variável, ou seja, assume valores distintos para cada instante de tempo, circulará pelo resistor uma corrente também variável.

Dessa forma, em circuitos elétricos, as tensões e correntes apresentam um comportamento ao longo do tempo que pode ser caracterizado graficamente, o que corresponde ao que é, em geral, denominado forma de onda.

2.2 Forma de onda oscilante

A forma de onda de uma tensão senoidal, matematicamente expressa pela Eq. (2.3), é mostrada na Fig. 2.3.

$$u_1(t) = U_1 \cdot \text{sen}\left(\frac{\pi}{t_1} \cdot t\right) \quad (2.3)$$

E uma forma de onda quadrada é apresentada na Fig. 2.4.

A expressão matemática que define a forma de onda da Fig. 2.4 é:

$$u_2(t) = \begin{cases} U_2 & \text{para } nt_1 \leq t < (n+1)t_1 \\ -U_2 & \text{para } (n+1)t_1 \leq t < (n+2)t_1 \end{cases} \quad (2.4)$$

$n = 0, 2, 4, 6$

2.3 Classificação das formas de ondas

Três categorias de formas de ondas são de especial interesse, e suas características são apresentadas a seguir.

2.3.1 Ondas oscilatórias

As formas de ondas oscilatórias são aquelas que crescem e decrescem alternadamente ao longo do tempo, de acordo com alguma lei definida.

Na Fig. 2.5A é ilustrada uma corrente elétrica cuja forma de onda é oscilatória, matematicamente expressa por:

$$i(t) = \frac{\text{sen}(\omega \cdot t)}{e^{\beta t}} \quad (2.5)$$

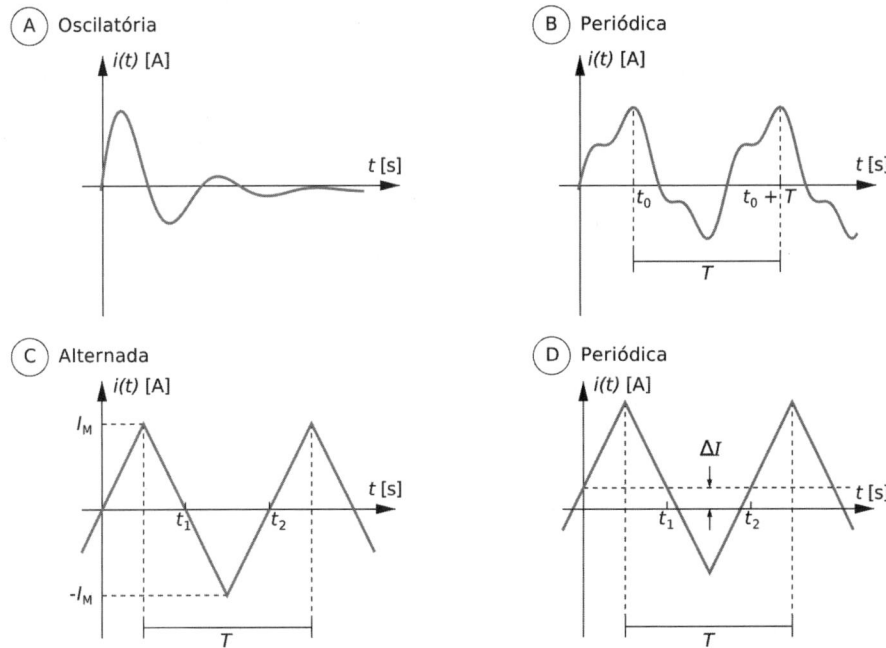

Fig. 2.5 Tipos de formas de ondas

2.3.2 Ondas periódicas

As formas de ondas periódicas correspondem a um subconjunto das formas de ondas oscilatórias para as quais os seus valores se repetem a intervalos de tempo iguais.

A Fig. 2.5B corresponde a uma corrente periódica, matematicamente expressa por:

$$i(t) = I_0 + I_1 \cdot \text{sen}(\omega \cdot t) + I_3 \cdot \text{sen}(3 \cdot \omega \cdot t + \alpha) \tag{2.6}$$

Note que os valores instantâneos da corrente se repetem a cada intervalo de tempo T, ou seja, para qualquer instante de tempo t, assim como para $t = t_0$, mostrado na Fig. 2.5B, tem-se:

$$i(t_0 + T) = i(t_0) \tag{2.7}$$

2.3.3 Ondas alternadas

As formas de ondas alternadas constituem um subconjunto das formas de ondas periódicas para as quais os respectivos valores médios são nulos.

A definição matemática de valor médio de uma forma de onda é apresentada na próxima seção. No entanto, é possível identificar uma forma de onda alternada por meio de uma interpretação intuitiva de valor médio.

Observe a Fig. 2.5C, na qual está representada uma forma de onda triangular que, evidentemente, possui as características de uma forma de onda periódica, ou seja, seus valores se repetem a intervalos de tempo T. Além disso, no intervalo $0 < t < t_1$, a corrente assume valores instantâneos positivos e no intervalo $t_1 < t < t_2$, valores instantâneos negativos. A partir de $t = t_2$, os valores instantâneos de corrente passam a se repetir, seguindo a mesma sequência do intervalo $0 < t < t_1$. Pela simples visualização do gráfico, nota-se que a área contida entre a forma de onda e o eixo das abscissas (tempo) no primeiro intervalo de tempo, $0 < t < t_1$, é igual em módulo à área correspondente ao segundo intervalo de tempo, $t_1 < t < t_2$. De acordo com a figura, a área para o primeiro intervalo de tempo é:

$$A1 = \frac{1}{2} \cdot I_M \cdot (t_1 - 0) = \frac{1}{2} \cdot I_M \cdot \Delta t \tag{2.8}$$

Para o segundo intervalo de tempo, a área é:

$$A2 = \frac{1}{2} \cdot (-I_M) \cdot (t_2 - t_1) \tag{2.9}$$

e, como $(t_2 - t_1) = \Delta t$:

$$A2 = -\frac{1}{2} \cdot I_M \cdot \Delta t = -A1 \tag{2.10}$$

Verifica-se que a soma das áreas para o intervalo de tempo $0 \leq t \leq t_2$ é igual a zero. Basicamente, o valor médio de uma forma de onda é diretamente proporcional à área total calculada para o intervalo de tempo referente ao conjunto de valores que se repetem. Como essa área é nula, o valor médio também é nulo, podendo-se, de acordo com a definição, classificar a forma de onda da Fig. 2.5C como alternada.

Na Fig. 2.5D apresenta-se uma forma de onda triangular semelhante à da Fig. 2.5C, porém deslocada verticalmente de ΔI. Nesse caso, verifica-se que o intervalo de tempo em que os valores se repetem continua o mesmo, mas as áreas para os intervalos de tempo em que a forma de onda assume valores positivos e negativos são diferentes, o que resulta em uma soma não nula. Assim, essa forma de onda não pode ser classificada como alternada, mas apenas como periódica.

2.4 Valores característicos das formas de ondas alternadas

Os valores característicos apresentados nesta seção são aplicáveis às formas de ondas alternadas (subconjunto das formas de ondas periódicas). Entre as formas de ondas alternadas, destaca-se a forma de onda senoidal, que é a utilizada comercialmente na geração, transmissão e distribuição de energia elétrica. Assim, a descrição dos valores característicos das formas de ondas alternadas é exemplificada, na maioria dos casos, por meio de formas de ondas senoidais, sem perda da generalidade.

2.4.1 Ciclo

Corresponde ao conjunto completo de valores instantâneos que se repetem a intervalos de tempo iguais. Na Fig. 2.6 é destacado, em linha contínua, um ciclo da corrente senoidal $i(t)$.

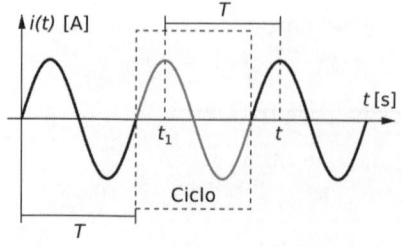

Fig. 2.6 Ciclo e período de uma forma de onda senoidal

2.4.2 Período

É o intervalo de tempo T em que ocorre um ciclo, conforme indicado na Fig. 2.6.

Definido um instante de tempo qualquer como referência (por exemplo, t_1 na Fig. 2.6), obtém-se outro instante de tempo t_2 tal que a diferença $t_2 - t_1$ seja o menor intervalo de tempo possível para o qual sempre se tem:

$$i(t_2) = i(t_1) \quad (2.11)$$

Logo, o período corresponde a:

$$T = t_2 - t_1 \quad (2.12)$$

Exemplo 2.1

Determine o período da forma de onda da tensão $u(t)$ mostrada na Fig. 2.7.

Considerando o instante de tempo $t_1 = 1$ ms como referência, de acordo com a definição apresentada para o período de uma forma de onda, obtém-se:

$$t_2 = 9\,\text{ms} \quad u(9) = u(1) = U_M$$
$$T = t_2 - t_1 = 9 - 1 = 8\,\text{ms} \quad (2.13)$$

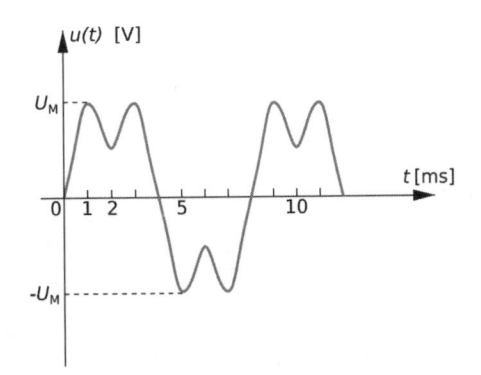

Pode-se notar no gráfico que, para $t_3 = 3$ ms, tem-se também $u(3) = u(1) = U_M$. No entanto, de acordo com a definição apresentada, o período deve corresponder ao menor intervalo de tempo possível para o qual sempre se tem $u(t_3) = u(t_1)$. Considerando os instantes t_1 e t_3, o que corresponderia a um intervalo de tempo de 2 ms, essa definição não é atendida, pois, por exemplo, $u(10) \neq u(8)$.

Fig. 2.7 Forma de onda de tensão (alternada)

2.4.3 Frequência

Medida em hertz (Hz), essa grandeza corresponde à quantidade de ciclos por unidade de tempo e, portanto, é expressa por:

$$f = \frac{1}{T} \quad (2.14)$$

em que T é o período.

Exemplo 2.2

Obtenha a frequência da forma de onda da tensão $u(t)$ mostrada na Fig. 2.7.

$$f = \frac{1}{T} = \frac{1}{8 \cdot 10^{-3}} = 125\,\text{Hz} \quad (2.15)$$

2.4.4 Velocidade angular ou frequência angular

A forma de onda de uma corrente senoidal pode ser representada tanto no plano [corrente vs. tempo] como no plano [corrente vs. ângulo], conforme ilustrado nas Figs. 2.8A e 2.8B, respectivamente.

As formas de ondas da Fig. 2.8 são, respectivamente, expressas por:

$$i(t) = I_{máx} \cdot \text{sen}(t) \qquad i(t) = I_{máx} \cdot \text{sen}(\omega \cdot t) \qquad (2.16)$$

Pode-se constatar na Fig. 2.8A que um ciclo ocorre entre os instantes de tempo $t = 0$ e $t = T$ e, portanto, o período dessa forma de onda é T.

Na Fig. 2.8B, tem-se a mesma forma de onda em função do ângulo $\omega \cdot t$, cuja unidade é radianos (rad). Note que um ciclo ocorre entre os ângulos $\omega \cdot t = 0$ e $\omega \cdot t = 2 \cdot \pi$ rad e, portanto, o período é $2 \cdot \pi$ rad.

Ao se comparar os dois gráficos para $i(t)$, constata-se que um mesmo valor instantâneo para a magnitude da corrente ocorre para o instante de tempo $t = T$ (Fig. 2.8A) e para o ângulo $\omega \cdot t = \omega T = 2 \cdot \pi$ rad (Fig. 2.8B). Assim:

$$\omega = \frac{2 \cdot \pi}{T} = 2 \cdot \pi \cdot f \qquad (2.17)$$

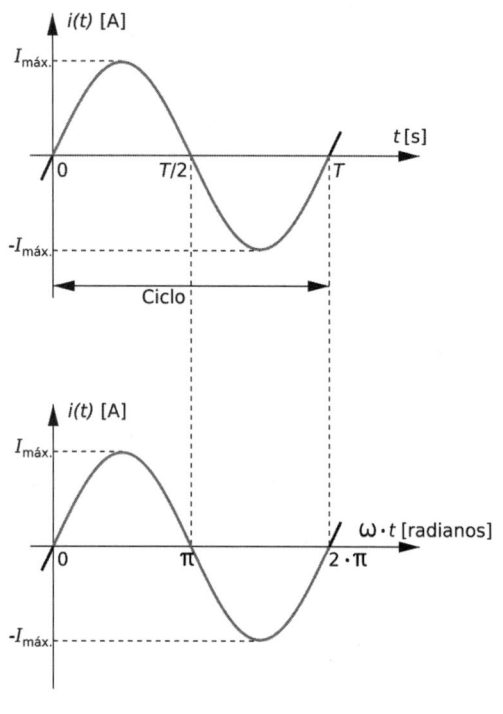

Fig. 2.8 Corrente senoidal

A grandeza ω, cuja unidade é rad/s, corresponde à velocidade (ou frequência) angular da corrente $i(t)$

Exemplo 2.3

No Brasil, a frequência da tensão senoidal gerada nas usinas (hidrelétricas ou termelétricas) é 60 Hz. Calcule o período e a velocidade angular.

$$\text{Período} \rightarrow T = \frac{1}{f} = \frac{1}{60} = 16{,}67\,\text{ms} \qquad (2.18)$$

$$\text{Velocidade angular} \rightarrow \omega = 2 \cdot \pi \cdot f = 2 \cdot \pi \cdot 60 \cong 377\,\text{rad/s} \qquad (2.19)$$

2.4.5 Valor de pico

O valor de pico corresponde ao valor instantâneo máximo que a forma de onda atinge no ciclo. Com relação à forma de onda para a corrente $i(t)$ da Fig. 2.8, o seu valor de pico corresponde a:

$$I_p = I_{máx} \qquad (2.20)$$

2.4.6 Ângulo de fase

O ângulo de fase, ou simplesmente fase, é um ângulo arbitrário definido para a forma de onda de modo a estabelecer um referencial de tempo para ela. Nas Figs. 2.9 e 2.10, há duas correntes senoidais, matematicamente expressas por:

$$i(t) = I_p \cdot \text{sen}(\omega \cdot t + \alpha)$$
$$i(t) = I_p \cdot \text{sen}(\omega \cdot t - \alpha)$$
(2.21)

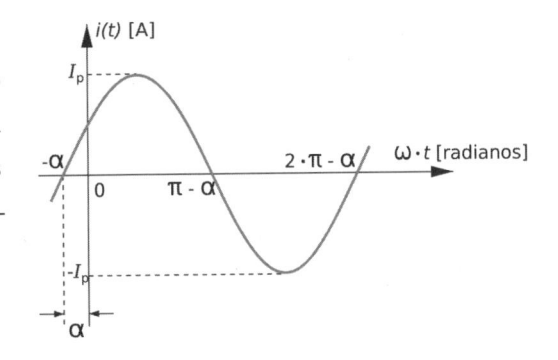

Fig. 2.9 Corrente senoidal com ângulo de fase α

Nas duas formas de ondas (Figs. 2.9 e 2.10), α corresponde ao ângulo de fase, e no instante $t = 0$, o valor instantâneo da corrente é, respectivamente:

$$i(0) = I_p \cdot \text{sen}(\alpha) \qquad i(0) = I_p \cdot \text{sen}(-\alpha) \qquad (2.22)$$

Com base na Eq. (2.21) e nas formas de ondas das Figs. 2.9 e 2.10, pode-se concluir que α corresponde ao valor do deslocamento horizontal da onda em relação à referência zero.

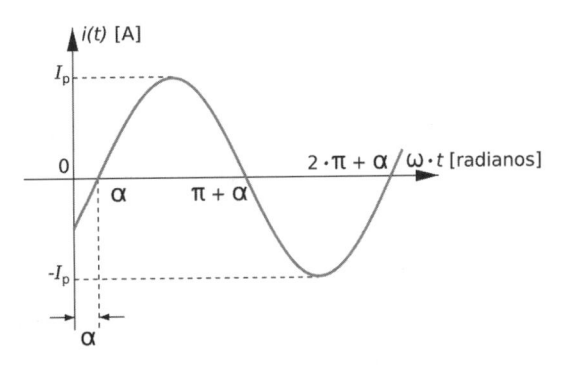

Fig. 2.10 Corrente senoidal com ângulo de fase $-\alpha$

2.4.7 Diferença de fase ou defasagem

A diferença de fase, ou simplesmente defasagem, corresponde à diferença entre os ângulos de fase de duas formas de ondas. Dadas duas formas de ondas de corrente cujas funções são:

$$i_1(t) = I_1 \cdot \text{sen}(\omega \cdot t + \alpha) \qquad (2.23)$$
$$i_2(t) = I_2 \cdot \text{sen}(\omega \cdot t + \beta) \qquad (2.24)$$

a diferença de fase φ entre elas é expressa por:

$$\varphi = |\beta - \alpha| \qquad (2.25)$$

A diferença de fase (defasagem) entre duas formas de ondas está ilustrada na Fig. 2.11.

Nesse caso, diz-se que a corrente $i_2(t)$ está adiantada de φ em relação a $i_1(t)$ ou, de outra forma, que $i_1(t)$ está atrasada de φ em relação a $i_2(t)$.

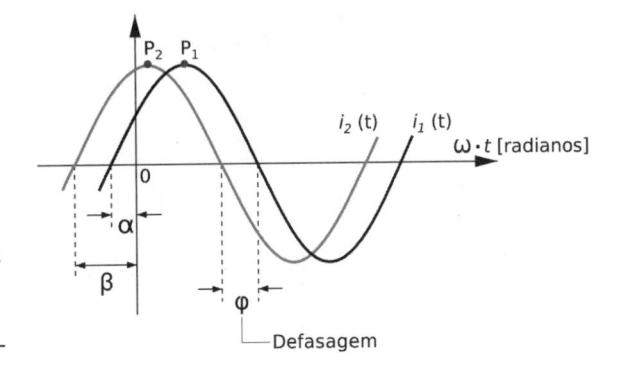

Fig. 2.11 Diferença de fase entre duas formas de ondas

A Fig. 2.11 ilustra um método simples para determinar a forma de onda que está adiantada ou atrasada. Identificam-se os picos das formas de ondas mais próximos entre si (ambos positivos ou negativos), os quais, na Fig. 2.11 correspondem aos pontos P_1 e P_2. O ponto que se encontra à esquerda do outro indica que a respectiva forma de onda está adiantada (na figura corresponde ao ponto P_2) e, portanto $i_2(t)$ está adiantada em relação a $i_1(t)$ ou ainda, $i_1(t)$ está atrasada em relação a $i_2(t)$.

Assim sendo, agora se pode entender por que na expressão (2.25) φ é calculado em módulo, pois o sinal de φ depende da referência. Se, na Fig. 2.11 $i_1(t)$ for a referência, φ é positivo, e se $i_2(t)$ for a referência, φ é negativo.

Exemplo 2.4

Considere um circuito composto por uma fonte de tensão alternada senoidal que alimenta um resistor, um indutor e um capacitor, todos conectados em paralelo, conforme indicado na Fig. 2.12.

Experimentalmente, é possível constatar que as formas de ondas da tensão e das correntes neste circuito são similares às ilustradas na Fig. 2.13.

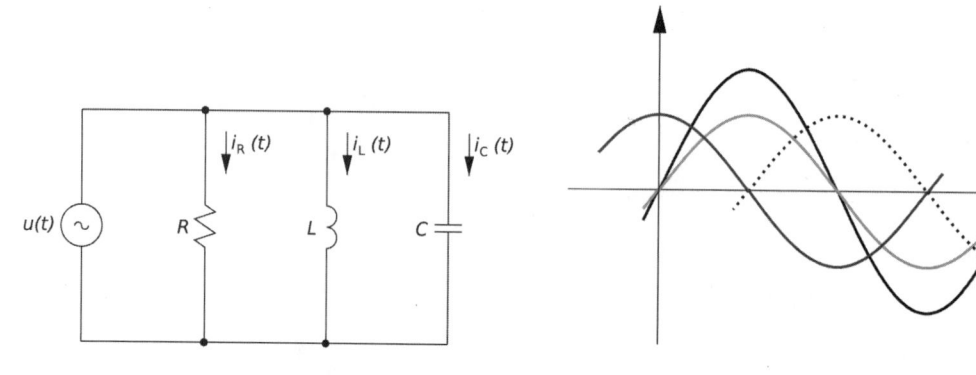

Fig. 2.12 Circuito RLC paralelo

Fig. 2.13 Formas de ondas de tensão e corrente (alternadas)

Constata-se que a corrente no resistor está em fase com a tensão da fonte; a corrente no indutor está atrasada de 90° em relação à tensão ($\varphi = -90°$) e a corrente no capacitor está adiantada de 90° em relação à tensão ($\varphi = +90°$).

Com base na Fig. 2.13, pode-se assumir como referência para o ângulo de fase a tensão fornecida pela fonte:

$$u(t) = U_p \cdot \text{sen}(\omega \cdot t) \qquad (2.26)$$

Dessa forma, as correntes pelos elementos do circuito podem ser expressas por:

$$i_R(t) = I_{R_p} \cdot \text{sen}(\omega \cdot t) \qquad (2.27)$$

$$i_L(t) = I_{L_p} \cdot \text{sen}\left(\omega \cdot t - \frac{\pi}{2}\right) \qquad (2.28)$$

$$i_C(t) = I_{C_p} \cdot \text{sen}\left(\omega \cdot t + \frac{\pi}{2}\right) \qquad (2.29)$$

Nas seções seguintes, enfatiza-se que as diferenças de fase entre tensões e correntes para um determinado circuito elétrico são bem determinadas e dependem somente dos elementos que o constituem, bastando definir como referência a fase de apenas uma das formas de ondas. Todas as outras terão suas fases determinadas em função da referência e dos elementos que constituem o circuito.

2.4.8 Valor médio

Para uma forma de onda periódica $u(t)$ de período T, pode-se obter o respectivo valor médio por meio de:

$$U_{md} = \frac{1}{T} \cdot \int_{t_0}^{t_0+T} u(t) \cdot dt \qquad (2.30)$$

Para uma forma de onda senoidal com período T:

$$u(t) = U_p \cdot \text{sen}(\omega \cdot t + \alpha) = U_p \cdot \left(\frac{2 \cdot \pi}{T} t + \alpha\right) \qquad (2.31)$$

a integral de $u(t)$ no intervalo $[t_0, t_0 + T]$ que aparece na Eq. (2.30) pode ser escrita como:

$$\int_{t_0}^{t_0+T} u(t) \cdot dt = \underbrace{\int_{t_0}^{t_0+\frac{T}{2}} u(t) \cdot dt}_{A1} + \underbrace{\int_{t_0+\frac{T}{2}}^{} u(t) \cdot dt}_{A2} \qquad (2.32)$$

Graficamente, as integrais A1 e A2 na Eq. (2.32) correspondem às áreas indicadas na Fig. 2.14.

Assim, a integral da Eq. (2.32) corresponde à área total da forma de onda em relação ao eixo das abscissas no período. Torna-se mais clara, então, a análise feita na seção 2.2.3, em que foi apresentada a forma de onda alternada e mencionado que seu valor médio é proporcional à sua área no período T. No caso de $u(t)$, definida pela Eq. (2.31), tem-se:

$$U_{md} = \frac{1}{T} \cdot (A1 + A2) = 0\,V \qquad (2.33)$$

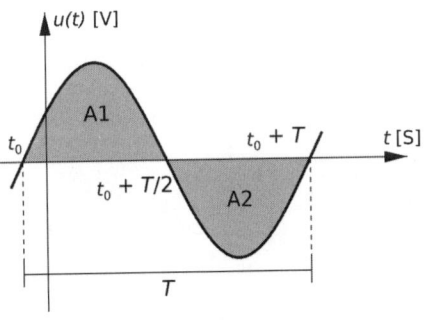

Fig. 2.14 Interpretação gráfica do valor médio

Note que esse resultado também corresponde à soma das áreas para o intervalo de tempo $t_0 \leq t \leq (t_0 + T)$.

Exemplo 2.5

Calcule o valor médio das seguintes formas de ondas periódicas:

a] $u(t) = 15 \cdot \text{sen}(\omega \cdot t)\,V$
b] $i(t) = 7 + 10 \cdot \text{sen}\left(\omega \cdot t + \frac{\pi}{6}\right)\,A$

a] A forma de onda de $u(t)$ é mostrada na Fig. 2.15.

A frequência angular é ω e o período:

$$T = \frac{2 \cdot \pi}{\omega}$$

Tendo como referência de tempo $t_0 = 0$, o valor médio de $u(t)$ é obtido por:

$$U_{md} = \frac{\omega}{2 \cdot \pi} \cdot \int_0^{\frac{2 \cdot \pi}{\omega}} 15 \cdot \text{sen}(\omega \cdot t) \cdot dt$$

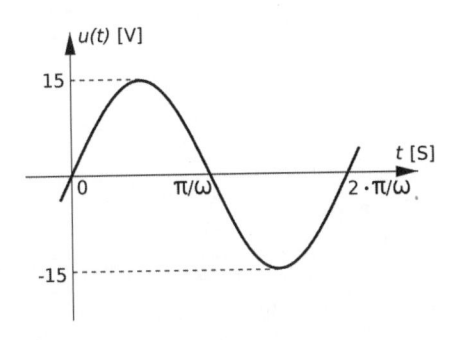

Fig. 2.15 Forma de onda de $u(t)$ (alternada)

$$U_{md} = \frac{15 \cdot \omega}{2 \cdot \pi} \cdot \left[-\frac{\cos(\omega \cdot t)}{\omega}\right]\Bigg|_0^{\frac{2\cdot\pi}{\omega}} = -\frac{15}{2 \cdot \pi} \cdot [1-1] = 0\,\text{V}$$

Assim, de acordo com a definição apresentada na seção 2.2.3, $u(t)$ é uma forma de onda alternada, pois seu valor médio é nulo, conforme se pode constatar na Fig. 2.15

b] A corrente $i(t)$ também tem período igual a $\frac{2\cdot\pi}{\omega}$, mas é uma forma de onda senoidal deslocada no eixo vertical de 7 A, conforme se pode constatar na Fig. 2.16.

Considerando também como referência de tempo $t_0 = 0$, o seu valor médio é calculado por:

$$I_{md} = \frac{\omega}{2 \cdot \pi} \cdot \int_0^{\frac{2\cdot\pi}{\omega}} \left[7 + 10 \cdot \text{sen}\left(\omega \cdot t + \frac{\pi}{6}\right)\right] \cdot dt$$

$$I_{md} = \frac{\omega}{2 \cdot \pi} \cdot \left[7 \int_0^{\frac{2\cdot\pi}{\omega}} dt + 10 \cdot \int_0^{\frac{2\cdot\pi}{\omega}} \text{sen}\left(\omega \cdot t + \frac{\pi}{6}\right) \cdot dt\right]$$

$$= \frac{7 \cdot \omega}{2 \cdot \pi} \cdot t \Bigg|_0^{\frac{2\cdot\pi}{\omega}} = 7\,\text{A}$$

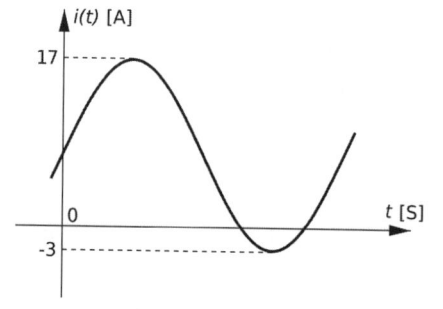

Fig. 2.16 Forma de onda de corrente (periódica)

Portanto, a corrente $i(t)$ é uma forma de onda periódica, porém não é alternada.

2.4.9 Valor eficaz

Considere o circuito em que uma lâmpada pode ser conectada a uma fonte de corrente contínua (fechando-se a chave ch1) ou a uma fonte de corrente alternada (fechando-se a chave ch2), conforme ilustrado na Fig. 2.17.

A tensão da fonte c.c. é igual a U_{cc} e a da fonte c.a. é senoidal e igual a:

$$u(t) = U_p \cdot \text{sen}(\omega \cdot t + \alpha) \quad (2.34)$$

Com a chave ch1 fechada, circula pela lâmpada uma corrente contínua de valor I_{cc}. A potência entregue a ela corresponde a:

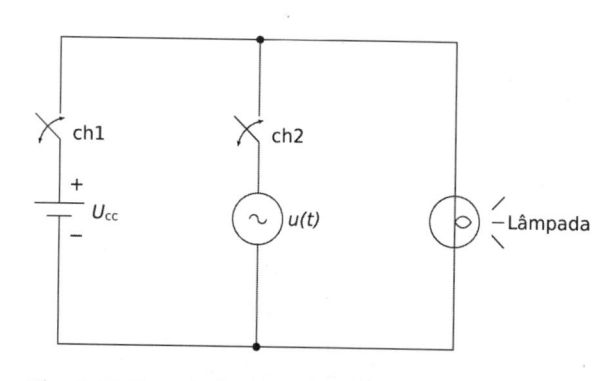

$$P_{cc} = U_{cc} \cdot I_{cc} = (R \cdot I_{cc}) \cdot I_{cc} = R \cdot I_{cc}^2 \quad (2.35)$$

Fig. 2.17 Exemplo de circuito

em que R é a resistência do filamento da lâmpada (desconsiderar a sua variação com a temperatura).

Tomando como referência um instante de tempo t_0, a energia consumida pela lâmpada em um intervalo de tempo T vale:

$$E_{cc} = \int_{t_0}^{t_0+T} P_{cc} \cdot dt = R \cdot I_{cc}^2 \int_{t_0}^{t_0+T} dt \quad \Rightarrow \quad E_{cc} = R \cdot I_{cc}^2 \cdot T \quad (2.36)$$

Com a chave ch2 fechada, circula pela lâmpada uma corrente alternada do tipo:

$$i(t) = \frac{u(t)}{R} = I_p \cdot \text{sen}(\omega \cdot t) \qquad (2.37)$$

Nesse caso, a potência entregue à lâmpada é variável no tempo, pois resulta do produto de uma tensão por uma corrente, ambas variáveis no tempo.

$$p(t) = u(t) \cdot i(t) = R \cdot i^2(t) \qquad (2.38)$$

A energia consumida pela lâmpada em um intervalo de tempo T a partir de t_0 é dada por:

$$E_{ca} = \int_{t_0}^{t_0+T} p(t) \cdot dt \qquad (2.39)$$

$$E_{ca} = R \cdot \int_{t_0}^{t_0+T} i^2(t) \cdot dt \qquad (2.40)$$

Sob a condição de que a energia consumida pela lâmpada nos dois casos seja a mesma, tem-se:

$$E_{cc} = E_{ca} \quad \Rightarrow \quad R \cdot I_{cc}^2 \cdot T = R \cdot \int_{t_0}^{t_0+T} i^2(t) \cdot dt$$

$$I_{cc} = \sqrt{\frac{1}{T} \cdot \int_{t_0}^{t_0+T} i^2(t) \cdot dt} \qquad (2.41)$$

Sendo T o período da corrente $i(t)$, o termo do lado direito da expressão anterior é denominado valor eficaz da corrente alternada $i(t)$, ou seja:

$$I_{ef} = \sqrt{\frac{1}{T} \cdot \int_{t_0}^{t_0+T} i^2(t) \cdot dt} \qquad (2.42)$$

Assim, se a fonte de corrente contínua for ajustada de tal forma que a corrente que circula pela lâmpada (I_{cc}) seja igual ao valor eficaz (I_{ef}) da corrente alternada $i(t)$, a energia consumida pela lâmpada nos dois casos será a mesma. O valor eficaz de uma forma de onda é também conhecido como valor RMS (*root-mean-square*).

Exemplo 2.6

Calcule o valor eficaz da tensão alternada:

$$u(t) = 179{,}6 \cdot \text{sen}(\omega \cdot t)\,\text{V}$$

Sendo o período de $u(t)$ igual a $\frac{2 \cdot \pi}{\omega}$, o valor eficaz ($U_{ef}$) é dado por:

$$U_{ef} = \sqrt{\frac{\omega}{2 \cdot \pi} \cdot \int_0^{\frac{2 \cdot \pi}{\omega}} u^2(t) \cdot dt} = \sqrt{\frac{1}{2 \cdot \pi} \cdot \int_0^{2 \cdot \pi} u^2(\omega \cdot t) \cdot d(\omega \cdot t)} = \sqrt{\frac{1}{2 \cdot \pi} \cdot \int_0^{2 \cdot \pi} [179{,}6 \cdot \text{sen}(\omega \cdot t)]^2 \cdot d(\omega \cdot t)}$$

$$U_{ef} = \sqrt{\frac{(179{,}6)^2}{2\cdot\pi} \cdot \int_0^{2\cdot\pi} [\text{sen}(\omega\cdot t)]^2 \cdot d(\omega\cdot t)}$$

Considerando a relação trigonométrica:

$$[\text{sen}(\omega\cdot t)]^2 = \frac{1}{2}\cdot[1 - \cos(2\omega\cdot t)]$$

o valor eficaz de $u(t)$ vale:

$$U_{ef} = \sqrt{\frac{(179{,}6)^2}{4\cdot\pi} \cdot \left[\int_0^{2\cdot\pi} d(\omega\cdot t) - \int_0^{2\cdot\pi} \cos(2\omega\cdot t)\cdot d(\omega\cdot t)\right]} = \sqrt{\frac{(179{,}6)^2}{4\cdot\pi} \cdot \left[\omega\cdot t\Big|_0^{2\cdot\pi} - \frac{\text{sen}(2\omega\cdot t)}{2}\Big|_0^{2\cdot\pi}\right]}$$

$$U_{ef} = \sqrt{\frac{(179{,}6)^2}{4\cdot\pi} \cdot [(2\cdot\pi - 0) - (0 - 0)]} = \sqrt{\frac{(179{,}6)^2}{2}} = \frac{179{,}6}{\sqrt{2}} \cong 127\,\text{V}$$

Da solução do Exemplo 2.6 conclui-se que a relação entre o valor de pico e o valor eficaz, para uma onda alternada senoidal, é:

$$\frac{U_p}{U_{ef}} = \sqrt{2} \qquad (2.43)$$

ou

$$U_{ef} = \frac{U_p}{\sqrt{2}} \qquad (2.44)$$

> O vídeo "Conceito de valor eficaz" contempla uma visão prática desse conceito.

2.4.10 Valores nominais

Equipamentos eletroeletrônicos e componentes de um circuito elétrico devem ser comercializados dispondo de informações mínimas com relação aos valores das respectivas grandezas elétricas, denominados valores nominais, tais como: magnitude da tensão, potência etc. No caso de lâmpadas, devem estar gravadas a potência e a magnitude da tensão, como, por exemplo, 100 W e 220 V, respectivamente.

Em razão disso, convencionou-se que os valores nominais das magnitudes da tensão e da corrente devem corresponder aos respectivos valores eficazes. Portanto, nos equipamentos/componentes que podem ser conectados em uma fonte c.a. ou em uma fonte c.c., o valor da tensão especificada (tensão nominal) é o mesmo para ambos os tipos de fonte, e, no caso da fonte c.a., o valor nominal corresponde ao respectivo valor eficaz.

2.5 Visualização de formas de ondas no osciloscópio

O osciloscópio é o mais versátil dos instrumentos eletrônicos de medição. Com ele, pode-se examinar qualitativa e quantitativamente os sinais elétricos, mostrando sua variação em função do tempo, amplitude, nível CC, frequência, período, fase etc. Alguns osciloscópios possuem recursos que permitem a comparação de dois ou mais sinais na tela, base de tempo atrasada, frequencímetro, leitura digital das escalas etc.

IMPORTANTE: o osciloscópio registra somente tensões. Se, por exemplo, há interesse em observar a forma de onda da corrente em um motor, deve-se conectar em série um resistor de valor conhecido, como indicado na Fig. 2.18.

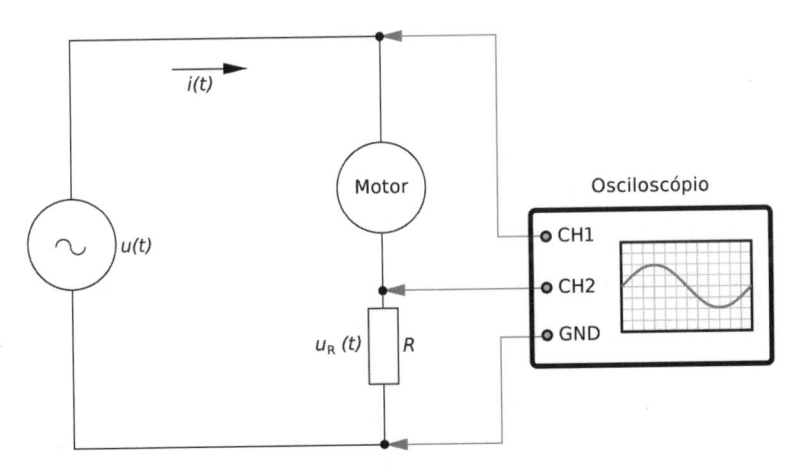

Fig. 2.18 Conexões das pontas de prova do osciloscópio

Na Fig. 2.18, tem-se uma fonte de tensão alternada que supre energia a um motor conectado em série com um resistor. O canal 1 (CH1) do osciloscópio registra a tensão fornecida pela fonte (d.d.p. entre CH1 e GND) e o canal 2 (CH2) registra a tensão nos terminais do resistor (d.d.p. entre CH2 e GND).

Como a d.d.p. (diferença de potencial) no resistor é dada por:

$$u_R(t) = R \cdot i(t) \tag{2.45}$$

conclui-se que a forma de onda da tensão no resistor difere da corrente apenas por um fator de escala, ou seja, difere apenas na amplitude e, portanto, observamos na tela do osciloscópio uma forma de onda de tensão proporcional à forma de onda da corrente, mas que conserva todas as características desta. É um procedimento usual a observação indireta de uma forma de onda de corrente através de um resistor de pequeno valor, para não interferir no comportamento elétrico dos demais componentes do circuito.

2.5.1 Medida de amplitude e frequência

Devidamente calibrado, o osciloscópio fornece no eixo vertical a medida da amplitude do sinal (volts). Se a amplitude do sinal for tal que a maior escala do controle de ganho não

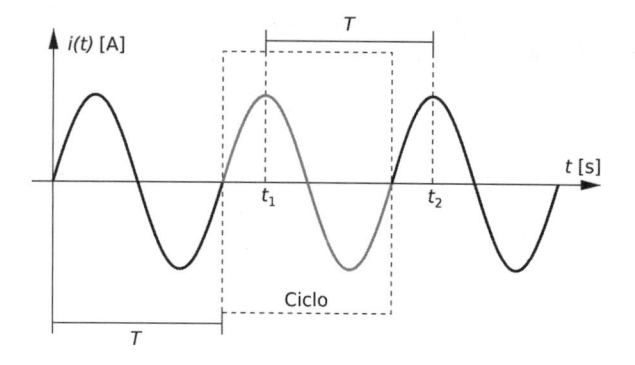

Fig. 2.19 Medida do período

é suficiente para medi-la, pode-se usar uma ponta de prova com atenuação; por exemplo, uma que reduz em 10 vezes a amplitude do sinal.

Se o osciloscópio em uso não possibilita medir a frequência f do sinal, pode-se calculá-la calibrando a escala horizontal (tempo/cm) e medindo o período T do sinal, conforme indicado na Fig. 2.19.

2.5.2 Referencial para as medidas

Nos osciloscópios, as partes metálicas (parte externa das conexões de entrada dos canais verticais, parafusos, suportes etc.) estão interconectadas, ou seja, estão em um mesmo potencial elétrico. Quando o cabo de alimentação do aparelho possui um terceiro pino (pino de terra), todas essas partes metálicas estão conectadas a ele e, portanto, as medidas correspondem às diferenças de potencial entre os pontos medidos e o terra. Deve-se cuidar para que o terminal correspondente ao terra do cabo com o qual se faz a medida (GND da ponta de prova) não seja colocado em um ponto com potencial diferente de zero, o que provocará um curto-circuito. Também se deve estar atento ao fato de que os GNDs das pontas de prova são ligados ao terceiro pino.

Uma alternativa para eliminar tal precaução é utilizar um transformador conectado entre a rede elétrica e o cabo de força (alimentação) do osciloscópio (Fig. 2.20), fazendo com que os terminais de medida do osciloscópio não estejam referenciados a qualquer potencial da rede.

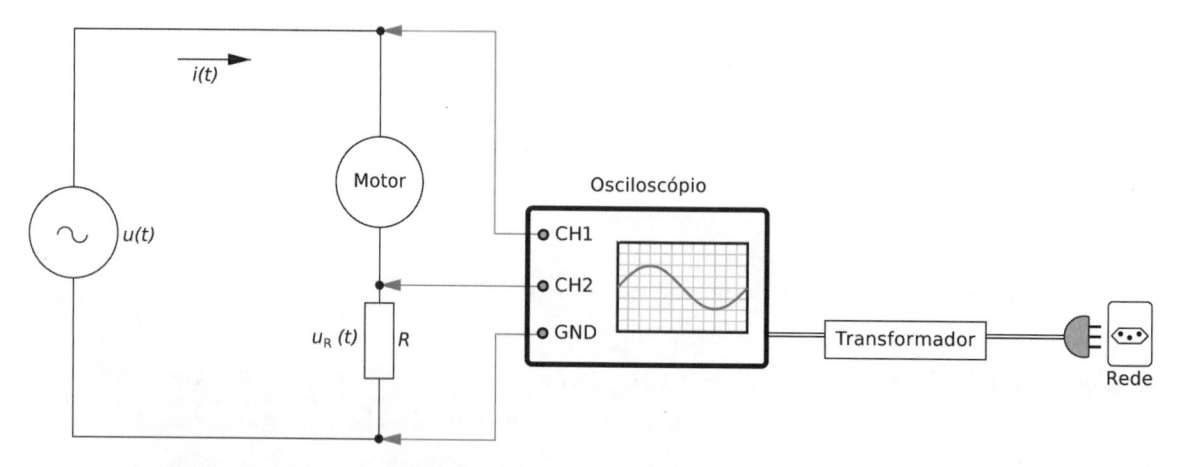

Fig. 2.20 Osciloscópio isolado da rede elétrica

2.5.3 Conexão das pontas de prova

Observe na Fig. 2.21 as conexões das pontas de prova do osciloscópio nos terminais dos componentes do circuito.

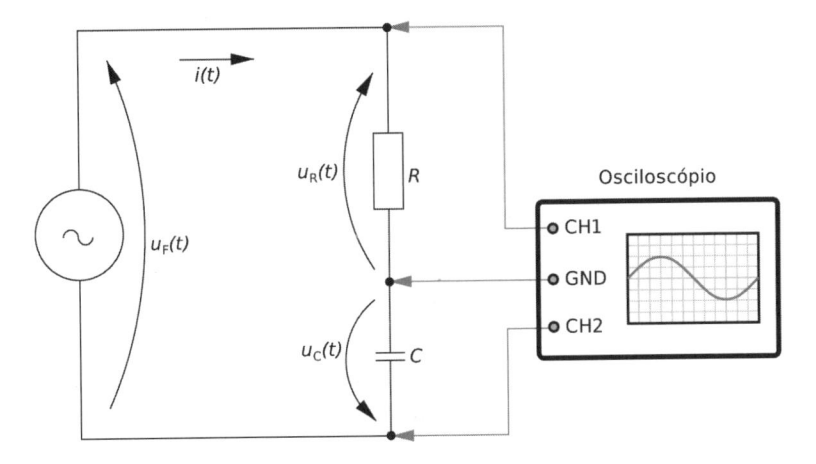

Fig. 2.21 Conexões das pontas de prova do osciloscópio

As indicações CH1 e CH2 referem-se a dois canais do osciloscópio, através dos quais poderemos observar na tela (*display*) as formas de ondas da tensão no resistor (CH1) e da tensão no capacitor (CH2). Isso é possível porque o GND está conectado entre os dois bipolos (o resistor e o capacitor).

2.5.4 Recursos para medidas de grandezas elétricas

Os fabricantes têm incorporado aos osciloscópios recursos tecnológicos para a obtenção de medidas de grandezas elétricas, tais como magnitude da tensão, frequência, valor eficaz, valor médio, defasagem entre duas formas de ondas e outras. No respectivo manual, há explicações para o uso desses recursos, em geral fáceis de assimilar.

Exercícios

Obs.: a sigla qd corresponde a um "quadradinho pontilhado" da tela do osciloscópio ilustrada nas figuras de alguns dos exercícios a seguir.

2.1 Como é possível, em um osciloscópio, observar e quantificar a corrente elétrica que circula por um determinado bipolo? Desenhe o respectivo diagrama elétrico.

2.2 Para as formas de ondas da Fig. 2.22, considere que em um osciloscópio foram realizados os seguintes ajustes na vertical e na horizontal: 5 mV/qd e 0,1 ms/qd.

Determine o valor de pico a pico e a respectiva frequência.

Resp.: 20 mV; 30 mV; 1,25 kHz

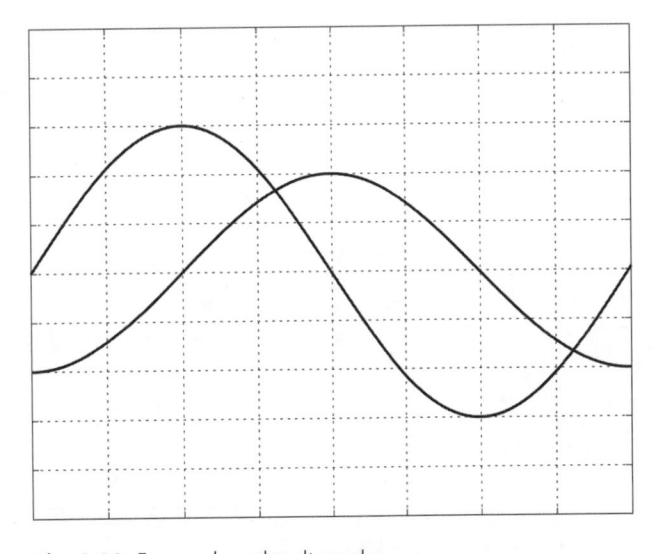

Fig. 2.22 Formas de ondas alternadas

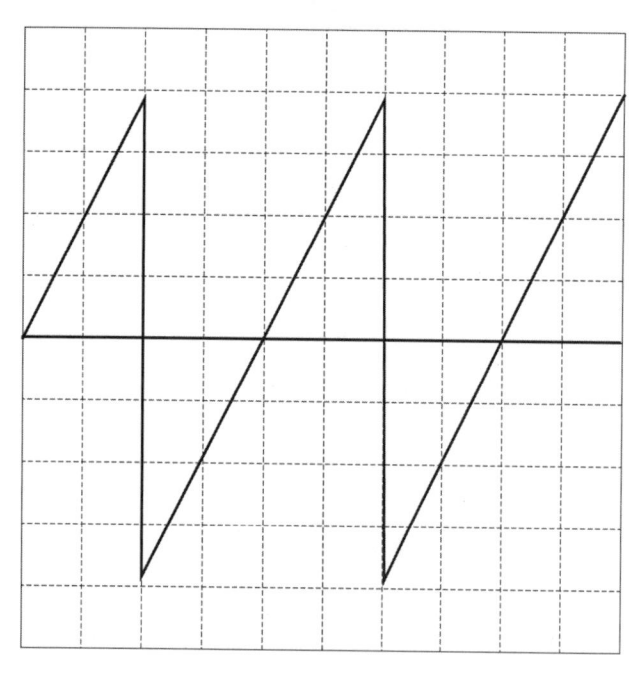

Fig. 2.23 Forma de onda alternada

2.3 Deseja-se observar, na tela de um osciloscópio, a forma de onda da tensão existente em uma tomada elétrica residencial cuja frequência é 60 Hz. Sabendo que a tela do osciloscópio tem 10 divisões horizontais (10 qd), que escala horizontal (valor inteiro) você escolheria para poder visualizar na tela dois ciclos da forma de onda?

Resp.: 4 ms/qd

2.4 Para a forma de onda da Fig. 2.23, considere que em um osciloscópio foram realizados os seguintes ajustes na vertical e na horizontal:
a) 5 V/qd e 1,0 ms/qd;
b) 15 V/qd e 0,05 ms/qd.
Determine o valor de pico a pico e a respectiva frequência.

Resp.: a) 40 V; 250 Hz b) 120 V; 5 kHz

2.5 Esboce um diagrama elétrico no qual sejam indicadas as conexões de um osciloscópio para que se possa medir a defasagem entre a corrente e a tensão em uma fonte c.a. que supre energia a um motor monofásico. Faça todas as indicações no diagrama elétrico.

2.6 Uma tensão senoidal com valor de pico 5 V e frequência 1 kHz é aplicada aos terminais de um resistor de 10 Ω. Obtenha:

a) a respectiva expressão matemática para a tensão; **Resp.:** 5 sen(6.283,18 t)
b) o seu valor eficaz e o período; **Resp.:** 3,54 V; 1,0 ms
c) o valor da potência dissipada no resistor. **Resp.:** 1,25 W

2.7 Para a montagem da Fig. 2.24:

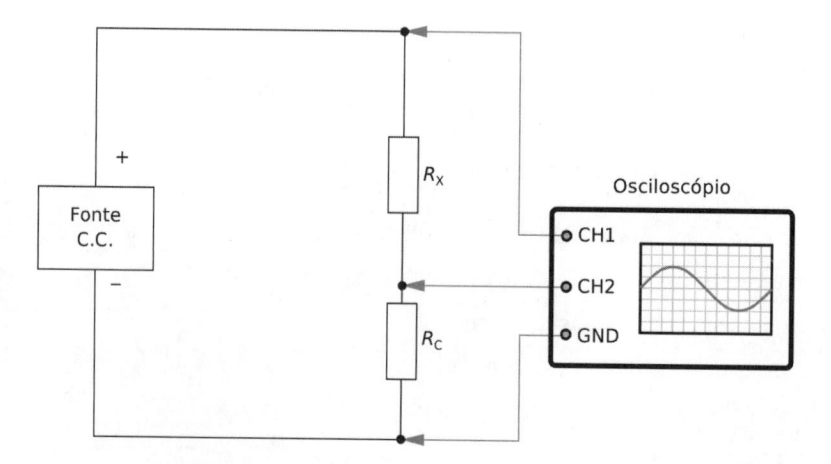

Fig. 2.24 Conexões das pontas de prova do osciloscópio

Circuitos de corrente alternada

a) Deduza uma fórmula que permita obter o valor de R_x (resistência desconhecida) em função de R_c (resistência conhecida) e dos valores medidos no osciloscópio.

b) Para as formas de ondas da Fig. 2.25, considere que no osciloscópio foi realizado o seguinte ajuste na vertical: 5 V/qd.

Se $R_c = 10\,\Omega$, determine R_x.

Resp.: 5 Ω

2.8 Na tela de um osciloscópio (Fig. 2.26), observou-se a seguinte forma de onda:

a) A partir das respectivas definições matemáticas, obtenha o valor médio e o valor eficaz dessa forma de onda. **Resp.:** 2 V; 3,46 V

b) Com os resultados do item (a), é possível graficamente, na Fig. 2.26, obter esses mesmos valores?

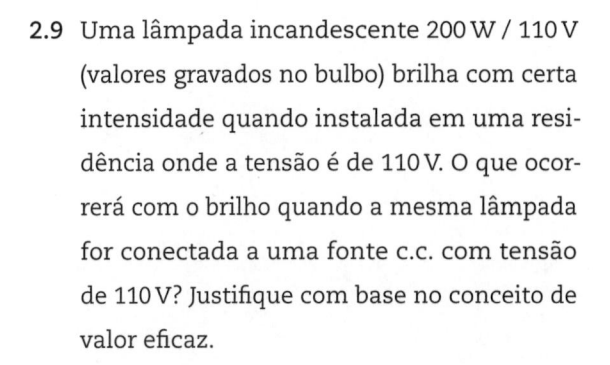

Fig. 2.25 Formas de ondas

2.9 Uma lâmpada incandescente 200 W / 110 V (valores gravados no bulbo) brilha com certa intensidade quando instalada em uma residência onde a tensão é de 110 V. O que ocorrerá com o brilho quando a mesma lâmpada for conectada a uma fonte c.c. com tensão de 110 V? Justifique com base no conceito de valor eficaz.

2.10 Nos terminais de uma fonte de tensão senoidal com amplitude máxima de 100 V, está conectado um forno resistivo. Qual seria o valor da tensão de uma bateria que, na falta de energia elétrica, suprisse a mesma potência ao forno? Justifique com base no conceito de valor eficaz. **Resp.:** 70,71 V

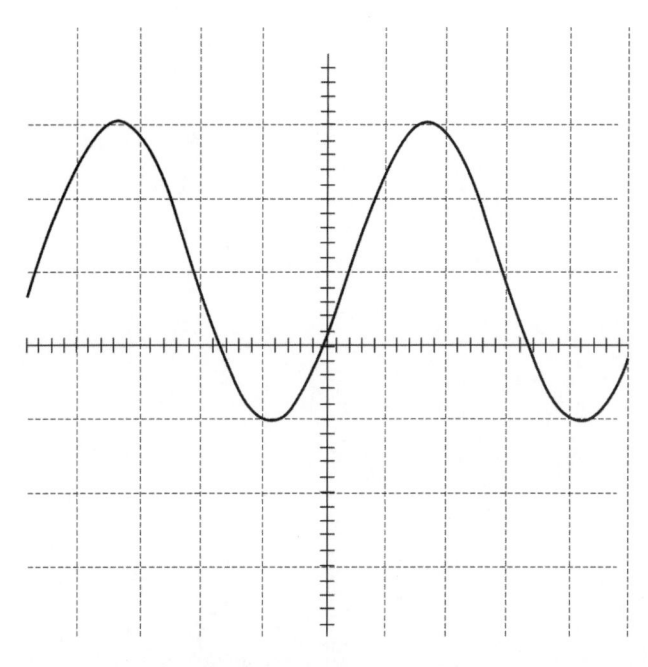

Fig. 2.26 Forma de onda periódica. Escala horizontal: 200 ms/qd Escala vertical: 2 V/qd

2.11 Um aquecedor monofásico 300 W / 110 V, composto de um resistor alojado em um refratário cônico, mantém um ambiente com temperatura de 25°C quando conectado à rede elétrica (c.a.) em uma fazenda onde a tensão é de 110 V. Se houver uma interrupção no fornecimento de energia elétrica e o aquecedor for ligado a um gerador c.c. (fonte de corrente contínua) com tensão 110 V, o que ocorrerá com a temperatura? Justifique com base no conceito de valor eficaz.

2.12 Obtenha o valor eficaz para cada uma das formas de ondas do Exemplo 2.5.

Resp.: 10,61 V; 9,95 A

Leituras adicionais

BOLTON, W. *Análise de circuitos elétricos*. São Paulo: Makron Books do Brasil, 1994.

CASTRO JR., C. A.; TANAKA, M. R. *Circuitos de corrente alternada – Um curso introdutório*. São Paulo: Editora da Unicamp, 1995.

BURIAN JR., Y; LYRA, A. C. C. *Circuitos elétricos*. São Paulo: Pearson Prentice Hall, 2006.

BARTKOWIAK, R. A. *Circuitos elétricos*. São Paulo: Makron Books do Brasil, 1994.

CAPUANO, F. G.; MARINO, M. A. M. *Laboratório de Eletricidade e Eletrônica*. 23. ed. São Paulo: Érica, 2007.

Resistor, indutor e capacitor em circuitos elétricos

3

Neste capítulo são abordados aspectos considerados relevantes para a compreensão das características elétricas dos bipolos resistor, indutor e capacitor, ilustrados na Fig. 3.1, com seus respectivos símbolos.

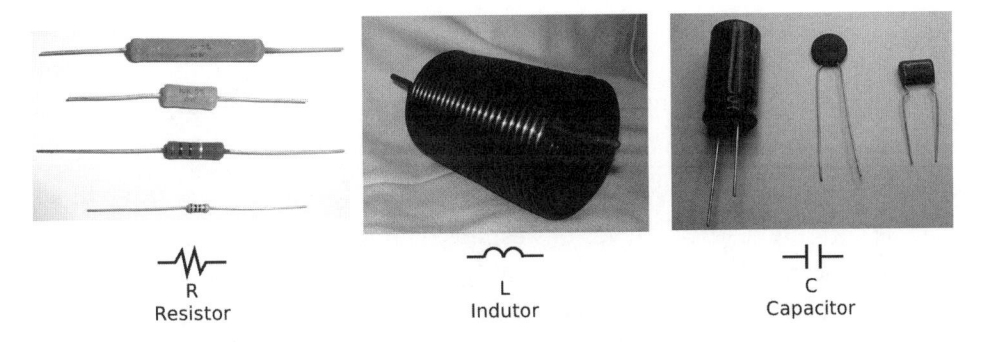

Fig. 3.1 Componentes de circuito e respectivos símbolos

O comportamento elétrico desses bipolos é analisado através de circuitos simples, tanto em corrente contínua (circuitos c.c.) como em corrente alternada (circuitos c.a.), particularmente com fonte de tensão senoidal.

Uma vez que o bipolo resistor foi apresentado no Cap. 1, nas próximas seções são descritos sucintamente os bipolos capacitor e indutor.

3.1 Capacitor

Um capacitor típico tem os terminais conectados a duas placas metálicas separadas por um dielétrico, que pode ser ar, papel, plástico ou qualquer outro material não condutor de eletricidade. Existem capacitores esféricos, cilíndricos, planos etc. (Fig. 3.1), mas com a mesma função: a de armazenar e fornecer cargas elétricas. Popularmente, esse bipolo é também denominado condensador.

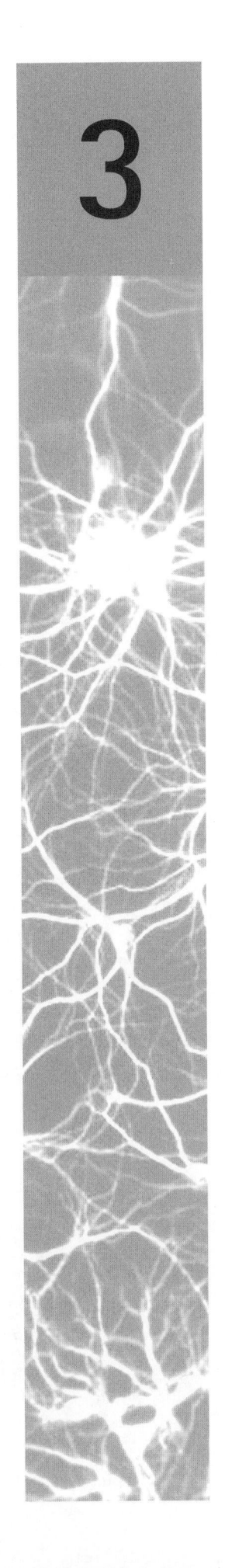

Quando os seus terminais são conectados a uma fonte c.c., devido ao dielétrico, há circulação de corrente elétrica somente durante o tempo necessário para a migração de elétrons do negativo da fonte para a respectiva placa e da outra placa para o positivo da fonte, tornando o capacitor "carregado", ou seja, com energia armazenada na forma de campo elétrico. A grandeza elétrica associada a essa capacidade de armazenar energia é a capacitância, que, embora tenha como unidade o Farad (F), na prática é normalmente expressa em microFarad (µF).

O manuseio de um capacitor exige muita cautela, pois quanto maior a sua capacitância, mais intenso será o choque elétrico se, obviamente, ele estiver carregado. Para descarregá-lo, basta conectá-lo a um resistor de valor razoável (acima de 1 kΩ).

Uma característica que difere a pilha do capacitor é que este pode descarregar toda a sua energia em milissegundos, o que o torna muito útil, por exemplo, em máquina fotográfica. Durante alguns segundos, a pilha/bateria carrega um capacitor e este descarrega toda a carga no *flash* quase instantaneamente.

Há muitas outras aplicações para esse bipolo e, no caso de sistemas de energia elétrica, há uma aplicação muito importante que é descrita no Cap. 5.

3.2 Indutor

O indutor é basicamente um fio condutor (coberto com verniz isolante) moldado na forma de círculos (espiras), formando o que é popularmente conhecido como bobina (Fig. 3.1).

Quando os seus terminais são conectados a uma fonte c.c. (por exemplo, uma pilha), há circulação de corrente elétrica através das espiras e um campo magnético é formado no interior da bobina. Se as espiras envolverem um bastão metálico (núcleo de material ferromagnético), este será magnetizado e, dessa forma, uma maior quantidade de energia será armazenada na forma de campo magnético. A grandeza elétrica associada a essa capacidade de armazenar energia é a indutância (L), que, embora tenha como unidade o henry (H), na prática é normalmente expressa em mili-henry (mH).

Uma atenção especial deve ser dada no instante do desligamento da fonte, pois a energia armazenada será responsável por manter a circulação de corrente. Com isso, se uma chave (interruptor) estiver sendo utilizada para conectar/desconectar a fonte, poderá ocorrer um arco elétrico (condução de corrente através do ar), causando danos aos contatos da chave. Para eliminar esse efeito, pode-se conectar um capacitor em paralelo com os contatos da chave, pois o capacitor tem comportamento elétrico oposto ao do indutor, como demonstrado neste capítulo.

Há muitas aplicações para esse bipolo e, no caso de sistemas de energia elétrica, a sua importância é descrita no Cap. 8, que trata de transformadores, os quais são muito úteis em circuitos de corrente alternada, tanto monofásicos como trifásicos.

3.3 Circuito RL série com fonte c.c.

Considere o circuito elétrico indicado na Fig. 3.2, denominado RL série – pois o resistor e o indutor estão conectados em série –, cuja fonte de tensão apresenta um valor constante em seus terminais (fonte c.c.).

$$u(t) = U \tag{3.1}$$

A princípio, por estar conectado a uma fonte c.c., intuiríamos que no circuito circularia uma corrente elétrica também com valor constante, a partir do instante em que a chave é fechada. Entretanto, demonstra-se a seguir que isso não ocorre exatamente dessa forma.

Com a chave fechada, a soma das tensões no indutor e no resistor deve ser igual à tensão nos terminais da fonte ("Lei das Malhas de Kirchhoff"):

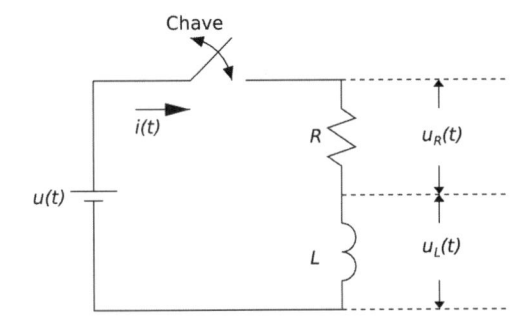

Fig. 3.2 Circuito RL série com fonte c.c.

$$u_L(t) + u_R(t) = u(t) = U \qquad (3.2)$$

As tensões nos terminais do resistor e do indutor podem ser expressas por:

$$u_L(t) = L \cdot \frac{d}{dt} i(t) \qquad u_R(t) = R \cdot i(t) \qquad (3.3)$$

Substituindo essas expressões em (3.2) e dividindo todos os termos por L tem-se:

$$\frac{d}{dt} i(t) + \frac{1}{L} \cdot R \cdot i(t) = \frac{1}{L} \cdot U \qquad (3.4)$$

A Eq. (3.4) é uma equação diferencial ordinária de primeira ordem, cuja solução é do tipo:

$$i(t) = i_{hm}(t) + i_{pr}(t) \qquad (3.5)$$

Como demonstrado adiante, a componente $i_{hm}(t)$, conhecida como solução homogênea, determina a característica transitória da corrente no circuito, tendendo a zero com o passar do tempo. Por sua vez, a componente $i_{pr}(t)$, conhecida como solução particular, determina a característica de regime permanente daquela corrente.

A parcela $i_{hm}(t)$ corresponde à resposta à entrada nula, ou seja, impõe-se $U = 0$ na Eq. (3.4):

$$\frac{d}{dt} i_{hm}(t) + \frac{R}{L} \cdot i_{hm}(t) = 0 \qquad (3.6)$$

que tem como solução:

$$i_{hm}(t) = A \cdot e^{\alpha \cdot t} \qquad (3.7)$$

que ao ser inserida em (3.6) resulta $\alpha = -R/L$. O valor de A é obtido mais adiante.

A parcela $i_{pr}(t)$ corresponde a uma corrente que tem o mesmo tipo de forma de onda da tensão da fonte, ou seja:

$$i_{pr}(t) = I \qquad (3.8)$$

Ao se introduzir em (3.4) esse valor de $i_{pr}(t)$ e sua respectiva derivada em relação a t, tem-se:

$$\frac{R}{L} \cdot I = \frac{1}{L} \cdot U \quad \rightarrow \quad I = \frac{1}{R} \cdot U \qquad (3.9)$$

Portanto:

$$i_{\text{pr}}(t) = \frac{U}{R} \tag{3.10}$$

Inserindo (3.7) e (3.10) na Eq. (3.5), tem-se que, a partir do instante de fechamento da chave, a corrente no circuito corresponde a:

$$i(t) = i_{\text{pr}}(t) + i_{\text{hm}}(t) = \frac{U}{R} + A \cdot e^{-\frac{R}{L} \cdot t} \tag{3.11}$$

O valor de A depende da condição inicial de operação do circuito, que, neste caso, corresponde ao valor da corrente no circuito, imediatamente após o fechamento da chave em $t = 0$. Assumindo-se que a corrente é nula em $t = 0$, tem-se:

$$i(0) = \frac{U}{R} + A = 0 \quad \rightarrow \quad A = -\frac{U}{R} \tag{3.12}$$

Dessa forma, a Eq. (3.4) tem como solução:

$$i(t) = \underbrace{\frac{U}{R}}_{[\text{rp}]} - \underbrace{\frac{U}{R} \cdot e^{-\frac{R}{L} \cdot t}}_{[\text{rt}]} \tag{3.13}$$

A respectiva forma de onda da corrente é mostrada na Fig. 3.3.

Ao se analisar a expressão (3.13), constata-se que a componente [rt] tende a zero com o passar do tempo e, portanto, pode-se atribuir a essa componente a seguinte denominação: característica transitória ou regime transitório da corrente nesse circuito. A componente [rt] é a responsável pela parte curvada na Fig. 3.3.

Por sua vez, a componente [rp] é uma constante e, portanto, pode-se atribuir a ela a seguinte denominação: característica de regime permanente, ou simplesmente regime permanente, da corrente nesse circuito, constatando-se que, após algum tempo, a corrente tem comportamento similar ao da tensão na fonte.

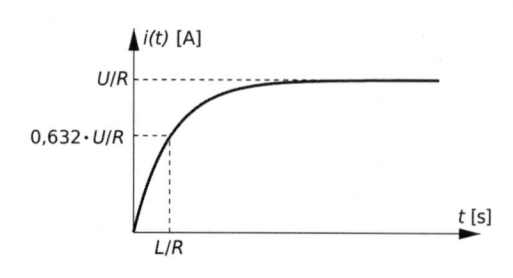

Fig. 3.3 Corrente no RL série com fonte c.c.

Ao regime transitório associa-se uma grandeza denominada constante de tempo (τ), que, para esse circuito, corresponde a:

$$\tau = \frac{L}{R} \tag{3.14}$$

Note que o valor de τ corresponde ao inverso do coeficiente que multiplica o tempo na exponencial da componente [rt] na expressão (3.13). Note também que, na Fig. 3.3, está indicado o ponto da curva para $t = \tau = L/R$, quando o valor da corrente atinge 63,2% do seu valor de regime U/R:

$$i(t) = \frac{U}{R} - \frac{U}{R} \cdot e^{-\frac{R}{L} \cdot t} = \frac{U}{R} \cdot [1 - e^{-1}] = \frac{U}{R} \cdot [1 - 0{,}368] = 0{,}632 \cdot \frac{U}{R} \tag{3.15}$$

Na prática, considera-se que, após um tempo equivalente a aproximadamente cinco constantes de tempo (5τ), o circuito passa a operar em regime permanente, pois, a partir desse instante, a componente [rt] já pode ser desprezada, em razão do seu baixo valor. Assim, a Eq. (3.13) reduz-se a:

$$i(t) = \frac{U}{R} \qquad (3.16)$$

o que nos faz concluir que, nesse circuito, após 5τ, o indutor comporta-se como um curto-circuito, como ilustrado na Fig. 3.4.

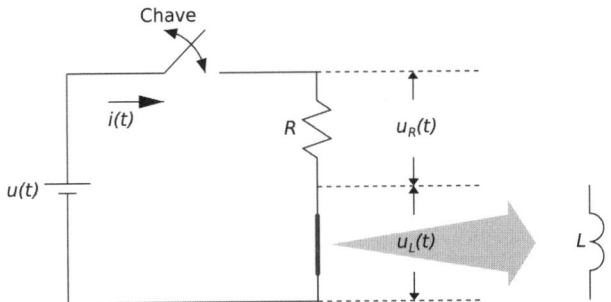

Fig. 3.4 Circuito RL série com fonte c.c. após 5τ

3.4 Circuito RC série com fonte c.c.

Análise semelhante à do circuito RL série é realizada para o circuito RC série conectado a uma fonte c.c., como mostra a Fig. 3.5.

Com base na "Lei das Malhas de Kirchhoff", tem-se:

$$u(t) = U = u_R(t) + u_C(t) \qquad (3.17)$$

A relação entre a corrente e as tensões nos terminais dos bipolos é:

$$i(t) = \frac{u_R(t)}{R} = C \cdot \frac{d}{dt} u_C(t) \qquad (3.18)$$

Fig. 3.5 Circuito RC série com fonte c.c.

Inserindo (3.18) em (3.17), obtém-se:

$$U = R \cdot C \cdot \frac{d}{dt} u_C(t) + u_C(t) \quad \rightarrow \quad \frac{d}{dt} u_C(t) + \frac{1}{R \cdot C} \cdot u_C(t) = \frac{U}{R \cdot C} \qquad (3.19)$$

Para a condição de tensão nula nos terminais do capacitor (ele está inicialmente descarregado), que vem a ser a condição inicial de operação do circuito imediatamente após o fechamento da chave em $t = 0$, a solução da Eq. (3.19) corresponde a:

$$u_C(t) = U \cdot \left[1 - e^{-\frac{1}{R \cdot C} \cdot t} \right] \qquad (3.20)$$

Portanto, a corrente no circuito é dada por:

$$i(t) = C \cdot \frac{d}{dt} u_C(t) = \frac{U}{R} \cdot e^{-\frac{1}{RC} \cdot t} \qquad (3.21)$$

A respectiva forma de onda da corrente é mostrada na Fig. 3.6. Ao se comparar a Fig. 3.6 com a Fig. 3.3, nota-se uma complementaridade entre os comportamentos elétricos dos circuitos RC série e RL série.

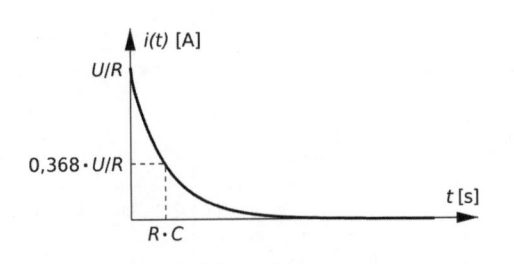

Fig. 3.6 Corrente no RC série com fonte c.c.

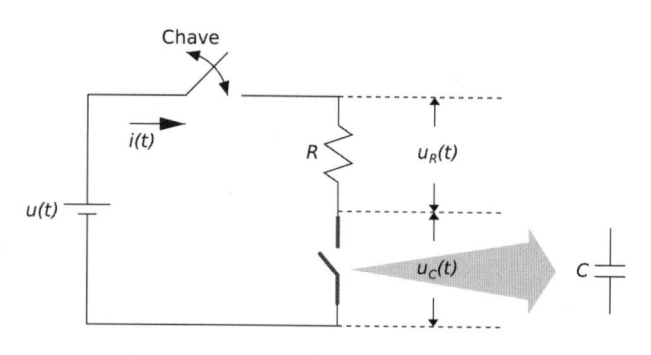

Fig. 3.7 Circuito RC série com fonte c.c. após 5τ

A respectiva constante de tempo é:

$$\tau = R \cdot C \quad (3.22)$$

que corresponde ao inverso do coeficiente que multiplica o tempo na exponencial da expressão (3.21).

Note que na figura 3.6 está indicado o ponto da curva para $t = \tau = R \cdot C$, quando o valor da corrente atinge 36,8% do seu valor de regime ($I = 0$).

Constata-se que, nesse circuito, após 5τ, o capacitor comporta-se como um circuito aberto, como ilustrado na Fig. 3.7.

3.5 Comportamento elétrico em circuitos c.a.

A Fig. 3.8 mostra o circuito elétrico da Fig. 3.2 com a fonte c.c. substituída por uma fonte c.a., em cujos terminais tem-se a forma de onda de tensão ilustrada na Fig. 3.9.

Com a chave fechada, a soma das tensões no indutor e no resistor deve ser igual à tensão nos terminais da fonte ("Lei das Malhas de Kirchhoff"):

$$u_L(t) + u_R(t) = u(t) = U_p \cdot \text{sen}(\omega \cdot t + \theta) \quad (3.23)$$

As tensões nos terminais do indutor e do resistor podem ser expressas por:

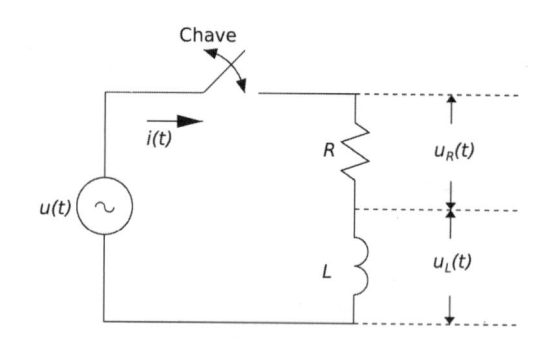

$$u_L(t) = L \cdot \frac{d}{dt} i(t) \quad (3.24)$$

$$u_R(t) = R \cdot i(t) \quad (3.25)$$

Fig. 3.8 Circuito RL série com fonte c.a.

Substituindo essas expressões em (3.23), tem-se:

$$L \cdot \frac{d}{dt} i(t) + R \cdot i(t) = U_p \cdot \text{sen}(\omega \cdot t + \theta) \quad (3.26)$$

Ao se dividir todos os termos por L, tem-se:

$$\frac{d}{dt} i(t) + \frac{1}{L} \cdot R \cdot i(t) = \frac{1}{L} \cdot U_p \cdot \text{sen}(\omega \cdot t + \theta) \quad (3.27)$$

A Eq. (3.27) é uma equação diferencial ordinária de primeira ordem, cuja solução é do tipo:

$$i(t) = i_{hm}(t) + i_{pr}(t) \quad (3.28)$$

Fig. 3.9 Tensão na fonte

- $i_{hm}(t)$ é a solução homogênea – resposta à entrada nula ($u(t) = 0$):

$$\frac{d}{dt} i_{hm}(t) + \frac{R}{L} \cdot i_{hm}(t) = 0 \quad (3.29)$$

Circuitos de corrente alternada

- $i_{pr}(t)$ é a solução particular.

Para a Eq. (3.29), tem-se como solução:

$$i_{hm}(t) = A \cdot e^{\alpha \cdot t} \tag{3.30}$$

que, ao ser inserida em (3.29), resulta $\alpha = -R/L$. O valor de A é obtido mais adiante.

Por meio da expressão (3.24), pode-se inferir que, se a corrente no circuito corresponder a uma forma de onda representada pela função seno, a tensão nos terminais do indutor corresponderá a um cosseno. Portanto, conclui-se que a solução particular de (3.27) será uma corrente que tem o mesmo tipo de forma de onda da tensão da fonte, mas defasada em relação a ela, ou seja:

$$i_{pr}(t) = I_p \cdot \text{sen}(\omega \cdot t + \theta - \varphi) \tag{3.31}$$

onde I_p e φ correspondem, respectivamente, ao valor de pico da corrente e à sua defasagem em relação à tensão da fonte.

Introduzindo na Eq. (3.27) a expressão de $i_{pr}(t)$ e sua respectiva derivada em relação a t, tem-se:

$$\omega \cdot I_p \cdot \cos(\omega \cdot t + \theta - \varphi) + \frac{R}{L} \cdot I_p \cdot \text{sen}(\omega \cdot t + \theta - \varphi) = \frac{1}{L} \cdot U_p \cdot \text{sen}(\omega \cdot t + \theta) \tag{3.32}$$

Por meio de relações trigonométricas conhecidas para $\cos(a - b)$ e $\text{sen}(a - b)$, pode-se reescrever (3.32) na forma:

$$I_p \cdot \left(\omega \cdot \text{sen}(\varphi) + \frac{R}{L} \cdot \cos(\varphi) \right) \cdot \text{sen}(\omega \cdot t + \theta)$$
$$+ I_p \cdot \left(\omega \cdot \cos(\varphi) - \frac{R}{L} \cdot \text{sen}(\varphi) \right) \cdot \cos(\omega \cdot t + \theta) = \frac{U_p}{L} \cdot \text{sen}(\omega \cdot t + \theta) \tag{3.33}$$

Ao se confrontar, respectivamente, os coeficientes de $\text{sen}(\omega \cdot t + \theta)$ e $\cos(\omega \cdot t + \theta)$ dos termos dos lados esquerdo e direito, a Eq. (3.33) pode ser decomposta em:

$$I_p \left(\omega \cdot \text{sen}(\varphi) + \frac{R}{L} \cdot \cos(\varphi) \right) = \frac{U_p}{L} \tag{3.34}$$

$$I_p \left(\omega \cdot \cos(\varphi) - \frac{R}{L} \cdot \text{sen}(\varphi) \right) = 0 \tag{3.35}$$

Da Eq. (3.35) chega-se à seguinte relação para a defasagem φ:

$$\text{tg}(\varphi) = \frac{\omega \cdot L}{R} \tag{3.36}$$

Fig. 3.10
Representação da função tangente

Em relação à Eq. (3.36), a trigonometria possibilita-nos associar $\omega \cdot L$ e R aos catetos de um triângulo retângulo, conforme ilustrado na Fig. 3.10.

A notação $|Z|$ adotada para a hipotenusa é associada a uma grandeza elétrica definida no próximo capítulo, a qual é muito importante para a análise de circuitos em corrente alternada.

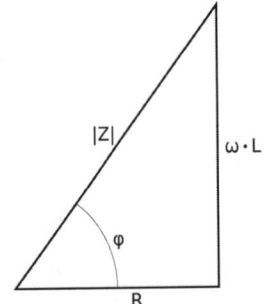

Também relacionadas ao triângulo retângulo, têm-se as seguintes expressões:

$$|Z| = \sqrt{(R)^2 + (\omega \cdot L)^2} \qquad \cos(\varphi) = \frac{R}{|Z|} \qquad \text{sen}(\varphi) = \frac{\omega \cdot L}{|Z|} \qquad (3.37)$$

que, inseridas em (3.34), resultam:

$$I_p \left(\omega \cdot \frac{\omega \cdot L}{|Z|} + \frac{R}{L} \cdot \frac{R}{|Z|} \right) = \frac{U_p}{L} \quad \rightarrow \quad I_p \left(\frac{(\omega \cdot L)^2}{|Z|} + \frac{R^2}{|Z|} \right) = U_p$$

$$I_p = \frac{U_p}{\sqrt{(R)^2 + (\omega \cdot L)^2}} = \frac{U_p}{|Z|} \qquad (3.38)$$

Inserindo (3.30), (3.31) e (3.38) na Eq. (3.28), chega-se a:

$$i(t) = A \cdot e^{\alpha \cdot t} + \frac{U_p}{|Z|} \cdot \text{sen}(\omega \cdot t + \theta - \varphi) \qquad (3.39)$$

Uma vez que o valor de A depende da condição inicial de operação do circuito, pode-se assumir que a corrente é nula em $t = 0$. Assim:

$$A \cdot e^{\alpha \cdot t} + \frac{U_p}{|Z|} \cdot \text{sen}(\omega \cdot t + \theta - \varphi) = 0 \quad \rightarrow \quad A = -\frac{U_p}{|Z|} \cdot \text{sen}(\theta - \varphi)$$

Dessa forma, a Eq. (3.27) tem como solução:

$$i(t) = \underbrace{-\frac{U_p}{|Z|} \cdot \text{sen}(\theta - \varphi) \cdot e^{-\frac{R}{L} \cdot t}}_{[rt]} + \underbrace{\frac{U_p}{|Z|} \cdot \text{sen}(\omega \cdot t + \theta - \varphi)}_{[rp]} \qquad (3.40)$$

$$|Z| = \sqrt{R^2 + (\omega \cdot L)^2} \qquad \varphi = \text{arctg}\left(\frac{\omega \cdot L}{R}\right) \qquad (3.41)$$

A componente [rt] em (3.40), que corresponde ao regime transitório, tende a zero com o passar do tempo, e a componente [rp], que é do tipo senoidal, corresponde ao regime permanente da corrente nesse circuito. Portanto, após algum tempo, a corrente tem comportamento similar ao da tensão da fonte.

Note que $i_{pr}(t)$ tem valor de pico $I_p = U_p/|Z|$ e apresenta uma defasagem φ em relação à tensão na fonte.

A constante de tempo (τ) para esse circuito corresponde a:

$$\tau = \frac{L}{R} \qquad (3.42)$$

que também corresponde ao inverso do coeficiente que multiplica o tempo na exponencial da componente [rt] da expressão (3.40).

O exemplo a seguir ilustra os regimes transitório e permanente no circuito RL série com fonte de tensão senoidal.

Exemplo 3.1

No circuito RL série da Fig. 3.3, a fonte de tensão senoidal tem valor de pico 100 V com frequência 60 Hz, o resistor é de 10 Ω e o indutor é de 300 mH. Considere que, no instante em que a chave é fechada, a tensão nos terminais da fonte é nula e crescente, e a corrente também é nula.

a] Obtenha a expressão de $i(t)$ e apresente a sua forma de onda.

b] Apresente, em um mesmo gráfico, as formas de ondas de $u(t)$ e $i(t)$ em regime permanente, explicitando a defasagem entre elas.

c] Obtenha as expressões de $u_R(t)$ e $u_L(t)$ em regime permanente e apresente as respectivas formas de ondas.

a] A frequência angular é:

$$\omega = 2 \cdot \pi \cdot f = 2 \cdot \pi \cdot 60 \cong 377 \text{ rad/s}$$

Se, para $t = 0$, a tensão nos terminais da fonte é nula e crescente, o respectivo ângulo de fase também é nulo ($\theta = 0°$). Nesse caso, a expressão para a tensão aplicada ao circuito é:

$$u(t) = 100 \cdot \text{sen}(377 \cdot t) \text{ V}$$

Substituindo na Eq. (3.18) todos os dados fornecidos, chega-se a:

$$i(t) = 0{,}881 \cdot \left[0{,}996 \cdot e^{-\frac{100}{3} \cdot t} + \text{sen}(377 \cdot t - 84{,}95°) \right] \text{ A}$$

A forma de onda de $i(t)$ está ilustrada na Fig. 3.11.

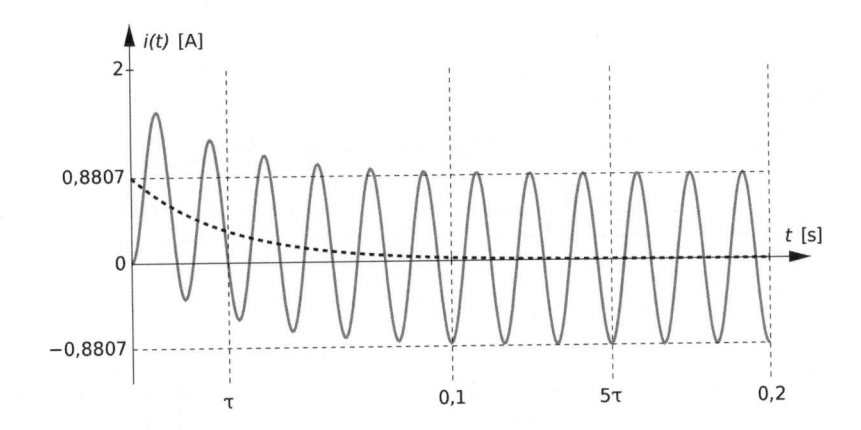

Fig. 3.11 Corrente no circuito RL série

O termo exponencial na expressão da corrente, mostrado em linha tracejada na Fig. 3.11, faz com que, nos primeiros instantes, a corrente seja deslocada em relação ao eixo horizontal. Durante o regime transitório (de 0 a 5τ), a forma de onda da corrente é do tipo oscilatória, e no regime permanente (após 5τ), é alternada (valor médio nulo).

A constante de tempo para esse circuito é:

$$\tau = \frac{L}{R} = \frac{300 \cdot 10^{-3}}{10} = 30\,\text{ms}$$

Portanto, após 150 ms ($t = 5\tau$), o termo exponencial praticamente se anula (componente transitória desprezível) e a corrente, em regime permanente, assume a forma senoidal.

b] A corrente para o circuito em regime permanente é:

$$i(t) = 0,881 \cdot \text{sen}(377 \cdot t - 84,95°)\,\text{A}$$

As formas de ondas de $u(t)$ e $i(t)$ estão ilustradas na Fig. 3.12. Ambas têm período $T = 16,67$ ms, ou seja, correspondente a $f = 60$ Hz, e a corrente está atrasada em relação à tensão de um ângulo φ igual a 84,95°. Notar que as magnitudes da tensão e da corrente estão com escalas diferentes.

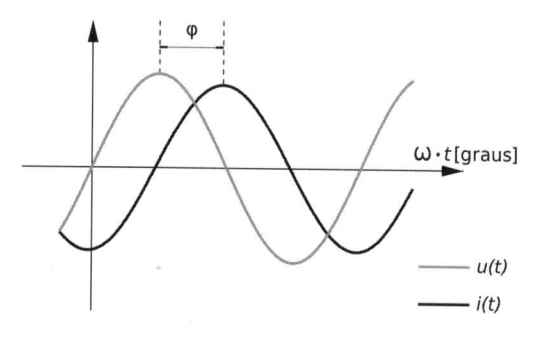

Fig. 3.12 Corrente e tensão na fonte no circuito RL série em regime permanente

c] A tensão no resistor é:

$$u_R(t) = R \cdot i(t) = 8,81 \cdot \text{sen}(377 \cdot t - 84,95°)\,\text{V}$$

e a tensão no indutor é:

$$u_L(t) = L \cdot \frac{d}{dt} i(t) = 99,61 \cdot \text{sen}(377 \cdot t + 5,05°)\,\text{V}$$

As formas de ondas de $u_R(t)$ e $u_L(t)$ estão representadas na Fig. 3.13. Também nesse caso, as magnitudes das tensões estão com escalas diferentes.

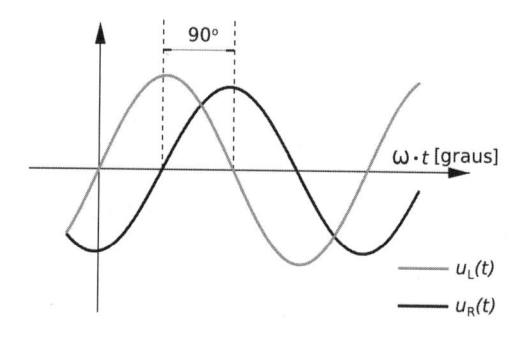

Fig. 3.13 Tensões no indutor e no resistor (circuito RL série)

A forma de onda de $u_R(t)$ sobrepõe-se à da corrente (estão em fase), e a da tensão no indutor $u_L(t)$ está adiantada de 90° em relação a $u_R(t)$ e, consequentemente, 90° adiantada em relação à corrente.

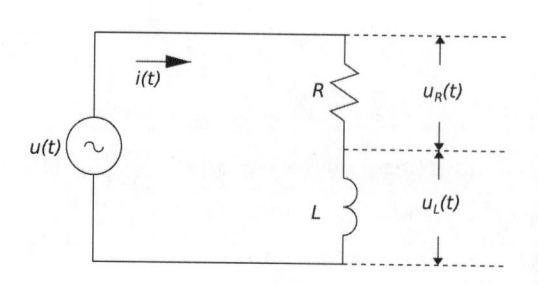

Esta análise do circuito RL série permite-nos ter uma visão completa do seu funcionamento. De agora em diante, porém, somente será realizada a análise de circuitos c.a. em regime permanente.

3.6 Comportamento em regime permanente do circuito RL série com fonte senoidal

No circuito RL série representado na Fig. 3.14, a tensão nos terminais da fonte corresponde a:

Fig. 3.14 Circuito RL série com fonte senoidal

$$u(t) = U_\text{p} \cdot \text{sen}(\omega \cdot t + \theta) \qquad (3.43)$$

e a respectiva forma de onda está ilustrada na Fig. 3.15.

Como já visto, a corrente nesse circuito, em regime permanente, é a própria solução particular da equação que o descreve. Assim, se a tensão $u(t)$ é aplicada ao circuito, a corrente em regime permanente é:

$$i(t) = I_\text{p} \cdot \text{sen}(\omega \cdot t + \theta - \varphi) \qquad (3.44)$$

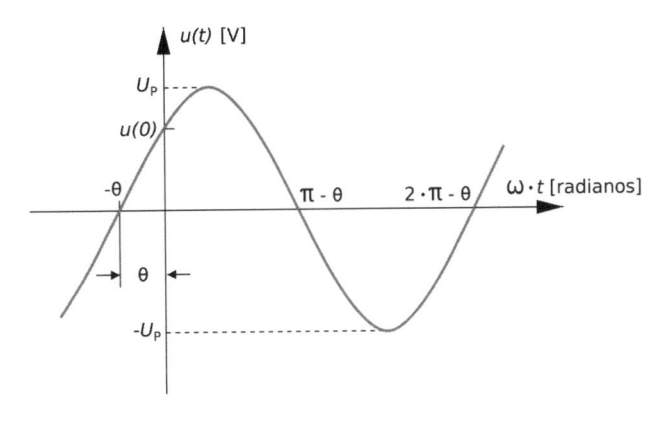

Fig. 3.15 Tensão na fonte

sendo:

$$I_\text{p} = \frac{U_\text{p}}{\sqrt{R^2 + (\omega \cdot L)^2}} \qquad \varphi = \text{arctg}\left(\frac{\omega \cdot L}{R}\right) \qquad (3.45)$$

As formas de ondas da tensão na fonte e da corrente, destacando-se a defasagem φ, estão ilustradas na Fig. 3.16.

O fato de a corrente estar atrasada em relação à tensão permite-nos afirmar que um circuito indutivo tem a característica elétrica de atrasar a corrente em relação à tensão na fonte. Além disso, a defasagem entre a tensão na fonte e a corrente, em regime permanente, independe do ângulo de fase θ, ou seja, o valor da tensão no instante em que a chave é fechada deixa de ter importância prática.

A partir do circuito RL série, pode-se analisar o comportamento elétrico individual do resistor e do indutor.

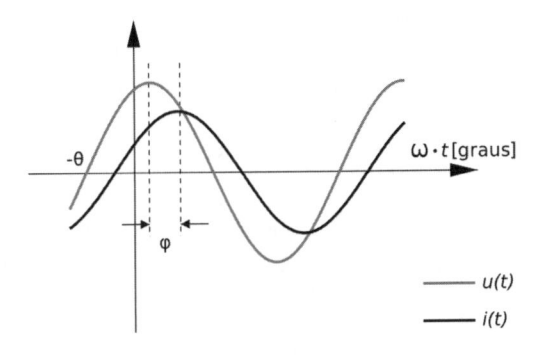

Fig. 3.16 Corrente e tensão na fonte

3.7 Comportamento em regime permanente do resistor sob corrente senoidal

Se, na análise matemática do circuito RL série, considerarmos $L = 0$, tem-se, para um circuito puramente resistivo:

$$i(t) = \frac{U_\text{p}}{R} \cdot \text{sen}(\omega \cdot t + \theta) \qquad (3.46)$$

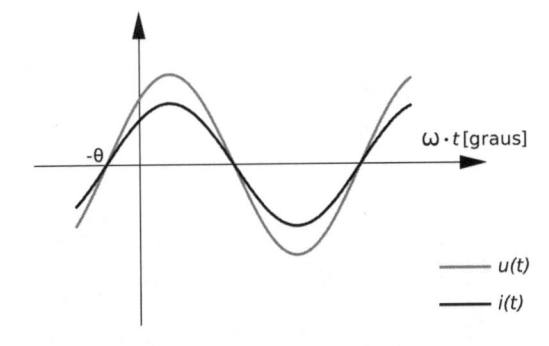

As formas de ondas da tensão na fonte (no resistor) e da corrente estão ilustradas na Fig. 3.17.

Fig. 3.17 Corrente e tensão no resistor

Portanto, constata-se que a tensão e a corrente no resistor estão em fase, e essa conclusão é válida para esse componente em qualquer circuito a que ele esteja conectado.

3.8 Comportamento em regime permanente do indutor sob corrente senoidal

Se, na análise matemática do circuito RL série, considerarmos $R = 0$, tem-se, para um circuito puramente indutivo:

$$i(t) = \frac{U_p}{\omega \cdot L} \cdot \text{sen}(\omega \cdot t + \theta - 90°) \tag{3.47}$$

As formas de ondas da corrente e da tensão no indutor estão ilustradas na Fig. 3.18. Portanto, em um indutor, constata-se que a corrente está atrasada de 90° em relação à tensão, e essa conclusão é válida para esse componente em qualquer circuito a que ele esteja conectado.

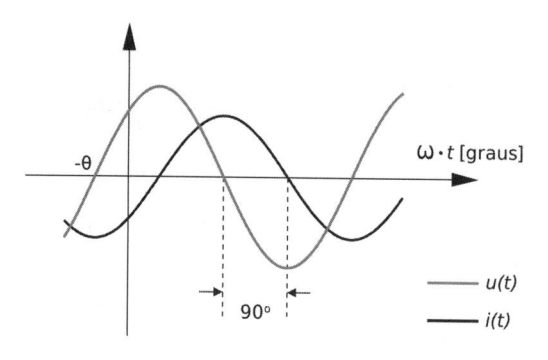

Fig. 3.18 Corrente e tensão no indutor

> O vídeo "Circuito RL série" apresenta uma análise do respectivo comportamento elétrico.

3.9 Comportamento em regime permanente do circuito RL paralelo com fonte senoidal

No diagrama elétrico da Fig. 3.19 tem-se um resistor conectado em paralelo com um indutor, e ambos conectados em paralelo com a fonte, formando o circuito RL paralelo.

A tensão nos terminais da fonte corresponde a:

$$u(t) = U_p \cdot \text{sen}(\omega \cdot t + \theta) \tag{3.48}$$

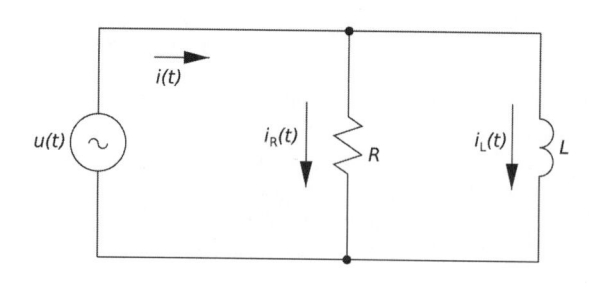

Fig. 3.19 Circuito RL paralelo

e sua forma de onda está ilustrada na Fig. 3.20.

Ao se realizar para esse circuito um desenvolvimento matemático similar ao aplicado para o circuito RL série (seção 3.6), obtém-se que, quando a tensão $u(t)$ é aplicada ao circuito RL paralelo, a corrente em regime permanente é:

$$i(t) = I_p \cdot \text{sen}(\omega \cdot t + \theta - \varphi) \tag{3.49}$$

sendo:

$$I_p = \frac{U_p}{\frac{R \cdot \omega \cdot L}{\sqrt{R^2 + (\omega \cdot L)^2}}} \qquad \varphi = \text{arctg}\left(\frac{R}{\omega \cdot L}\right) \tag{3.50}$$

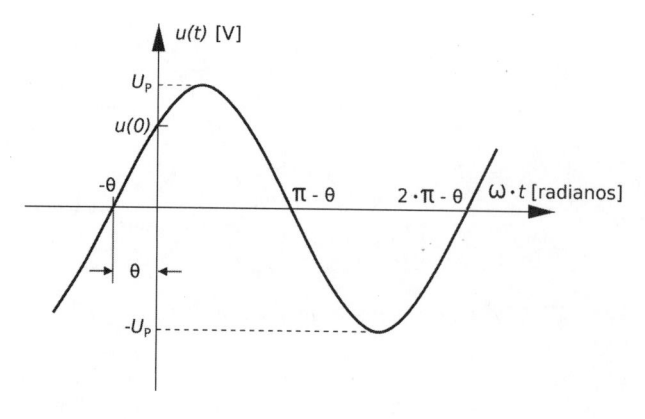

Fig. 3.20 Tensão na fonte

As formas de ondas da tensão e da corrente na fonte, destacando-se a defasagem φ, estão ilustradas na Fig. 3.21.

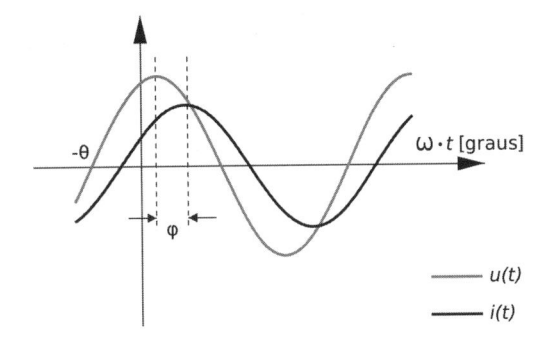

Fig. 3.21 Tensão e corrente na fonte

Exemplo 3.2

Uma fonte de tensão senoidal de valor de pico igual a 100 V e frequência 60 Hz é conectada ao circuito RL paralelo (Fig. 3.22), com resistor de 100 Ω e indutor de 300 mH. Obter a corrente na fonte em regime permanente.

A tensão na fonte corresponde a:

$$u(t) = 100 \cdot \text{sen}(377 \cdot t + \theta)\,\text{V}$$

A corrente em regime permanente fornecida pela fonte é do mesmo tipo da tensão aplicada, mas defasada de um ângulo φ:

$$i(t) = I_p \cdot \text{sen}(\omega \cdot t + \theta - \varphi) \quad (3.51)$$

A corrente no resistor vale:

$$i_R(t) = \frac{u(t)}{R} = \frac{100 \cdot \text{sen}(\omega \cdot t + \theta)}{100} = \text{sen}(\omega \cdot t + \theta)\,\text{A}$$

Note que a corrente no resistor está em fase com a tensão, como ilustrado na Fig. 3.23.

A relação entre a tensão $u(t)$ e a corrente no indutor é:

$$u(t) = L \cdot \frac{\mathrm{d}}{\mathrm{d}t} i_L(t) \quad (3.52)$$

Portanto, a corrente no indutor em regime permanente corresponde a:

$$i_L(t) = \frac{1}{L} \cdot \int u(t)\mathrm{d}t = \frac{U_p}{L} \int \text{sen}(\omega \cdot t + \theta)$$

$$= -\frac{U_p}{\omega \cdot L} \cdot \cos(\omega \cdot t + \theta) = \frac{U_p}{\omega \cdot L} \cdot \text{sen}(\omega \cdot t + \theta - 90°)$$

$$i_L(t) = \frac{100}{377 \cdot 300 \cdot 10^{-3}} \cdot \text{sen}(\omega \cdot t + \theta - 90°)$$

$$= 0{,}884 \cdot \text{sen}(\omega \cdot t + \theta - 90°)\,\text{A}$$

Note que a corrente no indutor está atrasada de 90° em relação à tensão, como ilustrado na Fig. 3.24.

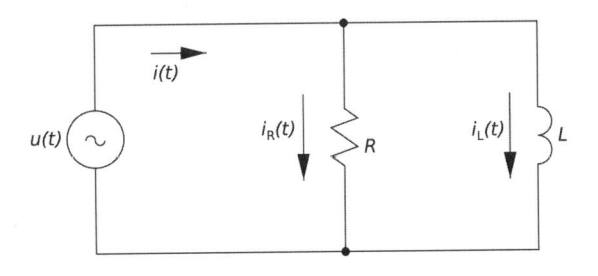

Fig. 3.22 Circuito RL paralelo

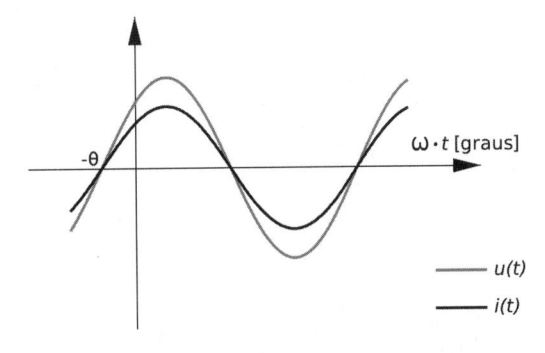

Fig. 3.23 Corrente e tensão no resistor

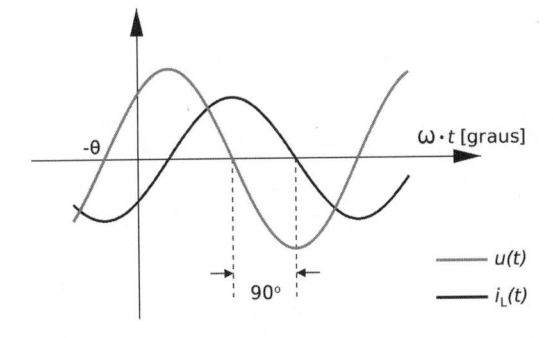

Fig. 3.24 Corrente e tensão no indutor

Assim, a corrente fornecida pela fonte é:

$$i(t) = i_R(t) + i_L(t) = \text{sen}(\omega \cdot t + \theta) + 0{,}884 \cdot \text{sen}(\omega \cdot t + \theta - 90°) \, \text{A}$$

$$i(t) = \text{sen}(\omega \cdot t + \theta) + 0{,}884 \cdot [\text{sen}(\omega \cdot t + \theta) \cdot \cos(90°) - \cos(\omega \cdot t + \theta) \cdot \text{sen}(90°)] \, \text{A}$$

$$i(t) = \text{sen}(\omega \cdot t + \theta) - 0{,}884 \cdot \cos(\omega \cdot t + \theta) \, \text{A} \qquad (3.53)$$

Retomando a Eq. (3.51):

$$i(t) = I_p \cdot \text{sen}(\omega \cdot t + \theta - \varphi) = I_p \cdot \cos(\varphi) \cdot \text{sen}(\omega \cdot t + \theta) - I_p \cdot \text{sen}(\varphi) \cdot \cos(\omega \cdot t + \theta) \quad (3.54)$$

Ao se comparar (3.54) com (3.53) tem-se:

$$I_p \cdot \cos(\varphi) = 1 \qquad (3.55)$$

$$I_p \cdot \text{sen}(\varphi) = 0{,}8842 \qquad (3.56)$$

Dividindo (3.56) por (3.55), resulta:

$$\text{tg}(\varphi) = 0{,}884 \qquad \varphi = -41{,}48°$$

E substituindo o valor de φ em (3.55), tem-se:

$$I_p = \frac{1}{\cos(-41{,}48°)} = 1{,}335 \, \text{A}$$

Portanto:

$$i(t) = 1{,}335 \cdot \text{sen}(377 \cdot t + \theta - 41{,}48°) \, \text{A}$$

Ao se analisar passo a passo a obtenção dessa corrente, constata-se que tanto o seu valor de pico como a respectiva defasagem em relação à tensão na fonte dependem do valor de pico da tensão, da frequência e dos valores dos bipolos que compõem o circuito.

Com base na análise dos circuitos RL série (Exemplo 3.1) e RL paralelo (Exemplo 3.2), pode-se inferir que, para um circuito RL genérico, a corrente fornecida pela fonte está atrasada em relação à tensão em seus terminais e a faixa de variação do ângulo de defasagem é $0° < \varphi < 90°$. O Quadro 3.1 apresenta um comparativo entre os circuitos RL série e RL paralelo.

QUADRO 3.1 Comparativo entre os circuitos RL série e RL paralelo

RL série	RL paralelo
(circuito RL série com $i(t)$, R, $u_R(t)$, L, $u_L(t)$)	(circuito RL paralelo com $i(t)$, $i_R(t)$, R, $i_L(t)$, L)
$i(t) = \dfrac{U_p}{\|Z\|} \cdot \text{sen}(\omega \cdot t + \theta - \varphi)$	$i(t) = \dfrac{U_p}{\|Z\|} \cdot \text{sen}(\omega \cdot t + \theta - \varphi)$
$\|Z\| = \sqrt{R^2 + (\omega \cdot L)^2}$	$\|Z\| = \dfrac{R \cdot \omega \cdot L}{\sqrt{R^2 + (\omega \cdot L)^2}}$
$\varphi = \text{arctg}\left(\dfrac{\omega \cdot L}{R}\right)$	$\varphi = \text{arctg}\left(\dfrac{R}{\omega \cdot L}\right)$
A corrente está atrasada em relação à tensão na fonte $0 < \|\varphi\| < 90°$	A corrente na fonte está atrasada em relação à tensão $0 < \|\varphi\| < 90°$
A corrente está atrasada de 90° em relação à tensão no indutor	A corrente no indutor está atrasada de 90° em relação à tensão

3.10 Comportamento em regime permanente do circuito RC série com fonte senoidal

No circuito RC série representado na Fig. 3.25, a tensão nos terminais da fonte corresponde a:

$$u(t) = U_p \cdot \text{sen}(\omega \cdot t + \theta) \tag{3.57}$$

e a respectiva forma de onda está ilustrada na Fig. 3.26.

Também para o circuito RC série, a corrente em regime permanente é do tipo:

$$i(t) = I_p \cdot \text{sen}(\omega \cdot t + \theta - \varphi)$$

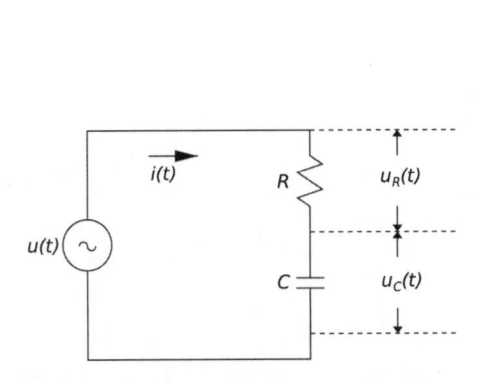

Fig. 3.25 Circuito RC série

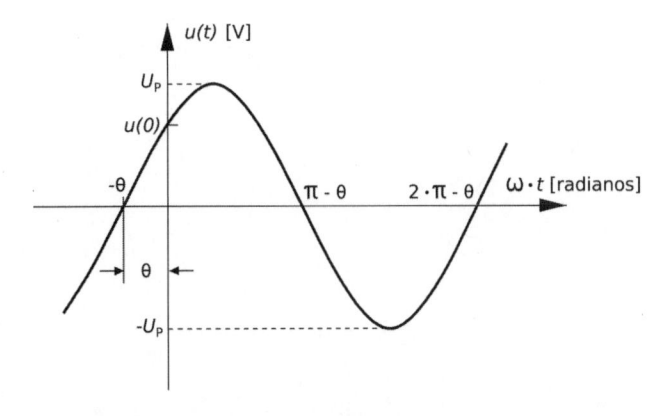

Fig. 3.26 Tensão na fonte

3 Resistor, indutor e capacitor em circuitos elétricos

Com base na "Lei das Malhas de Kirchhoff", tem-se:

$$u(t) = u_R(t) + u_C(t)$$

Derivando em relação ao tempo:

$$\frac{d}{dt}u(t) = \frac{d}{dt}u_R(t) + \frac{d}{dt}u_C(t)$$

A relação entre a corrente e as tensões nos terminais dos bipolos é:

$$i(t) = \frac{u_R(t)}{R} = C \cdot \frac{d}{dt}u_C(t)$$

Assim, a equação para o circuito resulta:

$$\frac{d}{dt}u(t) = R \cdot \frac{d}{dt}i(t) + \frac{1}{C} \cdot i(t)$$

As derivadas da tensão na fonte e da corrente em relação ao tempo são:

$$\frac{d}{dt}u(t) = \omega \cdot U_p \cdot \cos(\omega \cdot t + \theta)$$

$$\frac{d}{dt}i(t) = \omega \cdot I_p \cdot \cos(\omega \cdot t + \theta - \varphi)$$

Utilizando as expressões das tensões, correntes e suas derivadas, chega-se a:

$$\omega \cdot U_p \cdot \cos(\omega \cdot t + \theta) = \omega \cdot I_p \cdot R \cdot [\cos(\varphi) \cdot \cos(\omega \cdot t + \theta) + \operatorname{sen}(\varphi) \cdot \operatorname{sen}(\omega \cdot t + \theta)] + \frac{I_p}{C} \cdot [\cos(\varphi) \cdot \operatorname{sen}(\omega \cdot t + \theta) - \operatorname{sen}(\varphi) \cdot \cos(\omega \cdot t + \theta)]$$

que pode ser separada em duas equações, de acordo com os coeficientes de $\operatorname{sen}(\omega \cdot t + \theta)$ e $\cos(\omega \cdot t + \theta)$:

$$\omega \cdot U_p = \omega \cdot I_p \cdot R \cdot \cos(\varphi) - \frac{I_p}{C} \cdot \operatorname{sen}(\varphi) \tag{3.58}$$

$$0 = \omega \cdot I_p \cdot R \cdot \operatorname{sen}(\varphi) - \frac{I_p}{C} \cdot \cos(\varphi) \tag{3.59}$$

O valor de φ é obtido facilmente da Eq. (3.59):

$$\varphi = \operatorname{arctg}\left(-\frac{1}{\omega \cdot R \cdot C}\right)$$

Da Eq. (3.58) obtém-se:

$$I_p = \frac{U_p}{R \cdot \cos(\varphi) - \frac{1}{\omega \cdot C} \cdot \operatorname{sen}(\varphi)} \tag{3.60}$$

Considerando:

$$\cos(\varphi) = \frac{R}{\sqrt{R^2 + \left(-\frac{1}{\omega \cdot C}\right)^2}} \qquad \operatorname{sen}(\varphi) = \frac{-\frac{1}{\omega \cdot C}}{\sqrt{R^2 + \left(-\frac{1}{\omega \cdot C}\right)^2}} \tag{3.61}$$

e substituindo na Eq. (3.60), chega-se a:

$$I_p = \frac{U_p}{\sqrt{R^2 + \left(-\frac{1}{\omega \cdot C}\right)^2}} = \frac{U_p}{\sqrt{R^2 + \left(\frac{1}{\omega \cdot C}\right)^2}}$$

Assim, a expressão para a corrente em regime permanente, para o circuito RC série conectado a uma fonte senoidal, corresponde a:

$$i(t) = \frac{U_p}{\sqrt{R^2 + \left(\frac{1}{\omega \cdot C}\right)^2}} \cdot \text{sen}\left[\omega \cdot t + \theta - \text{arctg}\left(-\frac{1}{\omega \cdot R \cdot C}\right)\right] \quad (3.62)$$

O Quadro 3.2 apresenta um comparativo entre os circuitos RL série e RC paralelo.

Quadro 3.2 Comparativo entre os circuitos RL série e RC série

RL série	RC série
(circuito RL série com fonte $u(t)$, resistor R com $u_R(t)$ e indutor L com $u_L(t)$)	(circuito RC série com fonte $u(t)$, resistor R com $u_R(t)$ e capacitor C com $u_C(t)$)
$i(t) = \frac{U_p}{\|Z\|} \cdot \text{sen}(\omega \cdot t + \theta - \varphi)$	$i(t) = \frac{U_p}{\|Z\|} \cdot \text{sen}(\omega \cdot t + \theta - \varphi)$
$\|Z\| = \sqrt{R^2 + (\omega \cdot L)^2}$	$\|Z\| = \sqrt{R^2 + \left(\frac{1}{\omega \cdot C}\right)^2}$
$\varphi = \text{arctg}\left(\frac{\omega \cdot L}{R}\right)$	$\varphi = \text{arctg}\left(-\frac{1}{\omega \cdot R \cdot C}\right)$
A corrente está atrasada em relação à tensão na fonte $0 < \|\varphi\| < 90°$	A corrente está adiantada em relação à tensão na fonte $0 < \|\varphi\| < 90°$
A corrente está atrasada 90° em relação à tensão no indutor	A corrente está adiantada 90° em relação à tensão no capacitor

Exemplo 3.3

Uma fonte de tensão senoidal de valor de pico 100 V e frequência 60 Hz é conectada ao circuito RC série (Fig. 3.25) em que o resistor é de 10 Ω e o capacitor é de 50 μF. Considere que, no instante em que a fonte é ligada, a tensão nos terminais da fonte é nula e crescente e que a corrente também é nula. Obter, em regime permanente, as expressões de $i(t)$, $u_R(t)$ e $u_C(t)$.

A frequência angular é:

$$\omega = 2 \cdot \pi \cdot f = 2 \cdot \pi \cdot 60 \cong 377 \text{ rad/s}$$

Se, para $t = 0$, a tensão fornecida pela fonte é nula e crescente, o respectivo ângulo de fase também é nulo ($\theta = 0°$). Portanto, nesse caso, a expressão para a tensão aplicada ao circuito é:

$$u(t) = 100 \cdot \text{sen}(377 \cdot t)\,\text{V}$$

Substituindo na Eq. (3.27) todos os dados fornecidos, chega-se a:

$$i(t) = 1{,}852 \cdot \text{sen}(377 \cdot t + 79{,}33°)\,\text{A}$$

Constata-se que a corrente está adiantada em relação à tensão de um ângulo φ igual a 79,33°

A tensão no resistor é:

$$u_R(t) = R \cdot i(t) = 18{,}524 \cdot \text{sen}(377 \cdot t + 79{,}33°)\,\text{V}$$

e a tensão no capacitor é:

$$u_C(t) = \frac{1}{C}\int i(t)\cdot dt = 98{,}271 \cdot \cos(377 \cdot t + 79{,}33°) = 98{,}271 \cdot \text{sen}(377 \cdot t - 10{,}67°)\,\text{V}$$

A forma de onda de $u_R(t)$ sobrepõe-se à da corrente (estão em fase), e a da tensão no capacitor $u_C(t)$ está atrasada de 90° em relação a $u_R(t)$ e, consequentemente, 90° atrasada em relação à corrente.

A partir do circuito RC série, pode-se analisar o comportamento elétrico individual do capacitor.

3.11 Comportamento em regime permanente do capacitor sob corrente senoidal

Se, na análise matemática do circuito RC série, considerarmos $R = 0$, tem-se, para um circuito puramente capacitivo:

$$I_p = \omega \cdot C \cdot U_p \quad \text{e} \quad \varphi = -90° \quad \text{ou} \quad \varphi = -\frac{\pi}{2}\,\text{rad} \tag{3.63}$$

As formas de ondas da corrente e da tensão no capacitor estão ilustradas na Fig. 3.27.

Note que a corrente está adiantada de 90° em relação à tensão, o que é válido para esse componente em qualquer circuito a que ele esteja conectado.

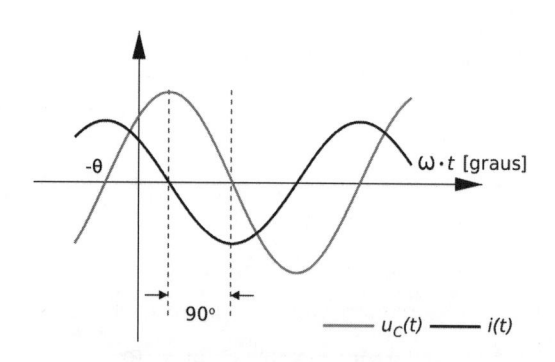

Fig. 3.27 Corrente e tensão no capacitor

O vídeo "Circuito RC série" apresenta uma análise do respectivo comportamento elétrico.

3.12 Comportamento em regime permanente do circuito RC paralelo com fonte senoidal

No diagrama elétrico da Fig. 3.28 tem-se um resistor conectado em paralelo com um capacitor, e ambos conectados em paralelo com a fonte, formando o circuito RC paralelo.

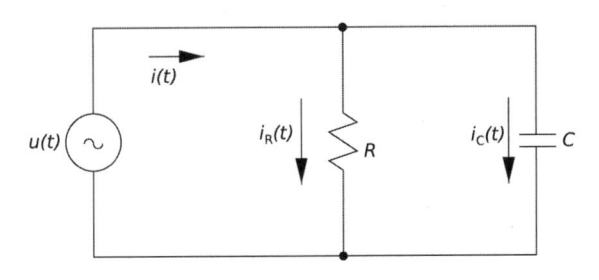

Fig. 3.28 Circuito RC paralelo

A tensão nos terminais da fonte corresponde a:

$$u(t) = U_\text{p} \cdot \text{sen}(\omega \cdot t + \theta) \quad (3.64)$$

e sua forma de onda é ilustrada na Fig. 3.29.

Ao se realizar para esse circuito um desenvolvimento matemático similar ao aplicado para o circuito RC série (seção 3.10), obtém-se que, quando a tensão $u(t)$ é aplicada ao circuito RL paralelo, a corrente em regime permanente é:

$$i(t) = I_\text{p} \cdot \text{sen}(\omega \cdot t + \theta - \varphi) \quad (3.65)$$

sendo:

$$I_\text{p} = U_\text{p} \cdot \frac{\sqrt{R^2 + \left(-\frac{1}{\omega \cdot C}\right)^2}}{\frac{R}{\omega \cdot C}} \quad (3.66)$$

$$= U_\text{p} \cdot \sqrt{\frac{1}{R^2} + (\omega \cdot C)^2}$$

$$\varphi = \text{arctg}\,(-\omega \cdot R \cdot C) \quad (3.67)$$

A corrente no resistor está em fase com a tensão, como ilustrado na Fig. 3.30.

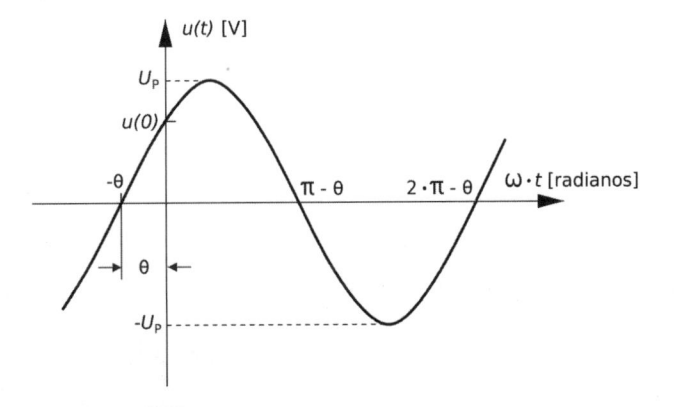

Fig. 3.29 Tensão na fonte

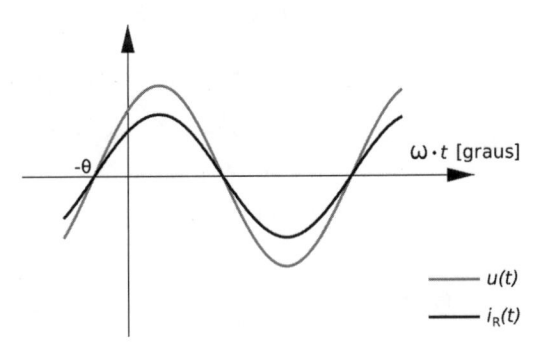

Fig. 3.30 Corrente e tensão no resistor

A corrente no capacitor está adiantada de 90° em relação à tensão, como ilustrado na Fig. 3.31.

Com base na análise dos circuitos RC série e RC paralelo, pode-se inferir que, para um circuito RC genérico, a corrente fornecida pela fonte está adiantada em relação à tensão em seus terminais e a faixa de variação do ângulo de defasagem é $-90° < \varphi < 0°$. O Quadro 3.3 apresenta um comparativo entre RC série e RC paralelo.

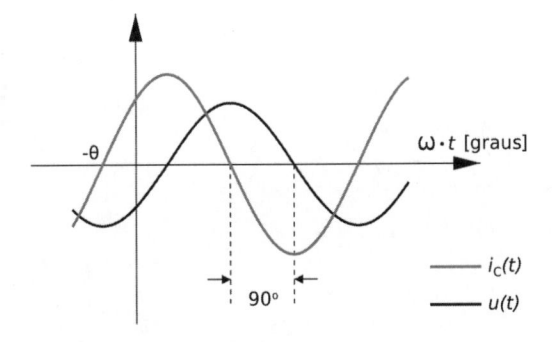

Fig. 3.31 Corrente e tensão no capacitor

Quadro 3.3 Comparativo entre RC série e RC paralelo

RC série	RC paralelo
$i(t) = \dfrac{U_p}{\|Z\|} \cdot \operatorname{sen}(\omega \cdot t + \theta - \varphi)$	$i(t) = \dfrac{U_p}{\|Z\|} \cdot \operatorname{sen}(\omega \cdot t + \theta - \varphi)$
$\|Z\| = \sqrt{R^2 + \left(\dfrac{1}{\omega \cdot C}\right)^2}$	$\|Z\| = \dfrac{1}{\sqrt{\dfrac{1}{R^2} + (\omega \cdot C)^2}}$
$\varphi = \operatorname{arctg}\left(-\dfrac{1}{\omega \cdot R \cdot C}\right)$	$\varphi = \operatorname{arctg}(-\omega \cdot R \cdot C)$
A corrente está adiantada em relação à tensão na fonte $0 < \|\varphi\| < 90°$	A corrente na fonte está adiantada em relação à tensão $0 < \|\varphi\| < 90°$
A corrente está adiantada de 90° em relação à tensão no capacitor	A corrente no capacitor está adiantada de 90° em relação à tensão

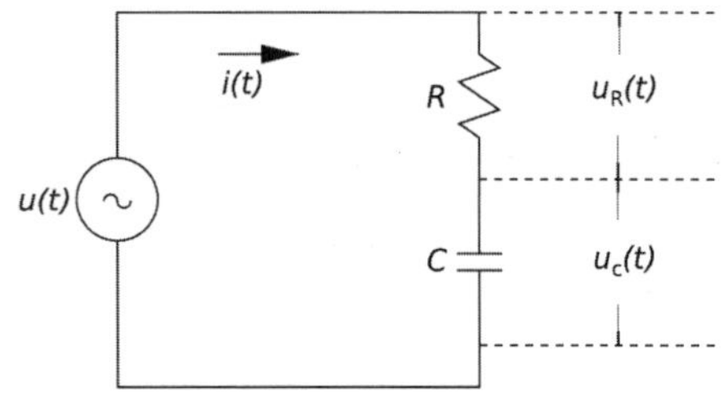

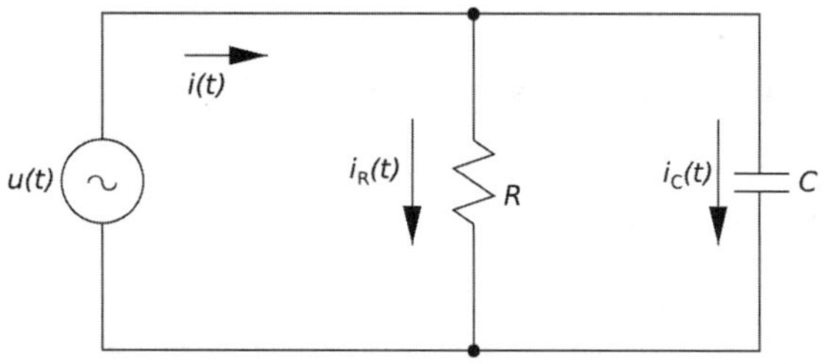

3.13 Comportamento em regime permanente do circuito RLC série com fonte senoidal

A conexão série de um resistor com um indutor e com um capacitor, formando o circuito RLC série conectado a uma fonte de tensão senoidal, está representada na Fig. 3.32.

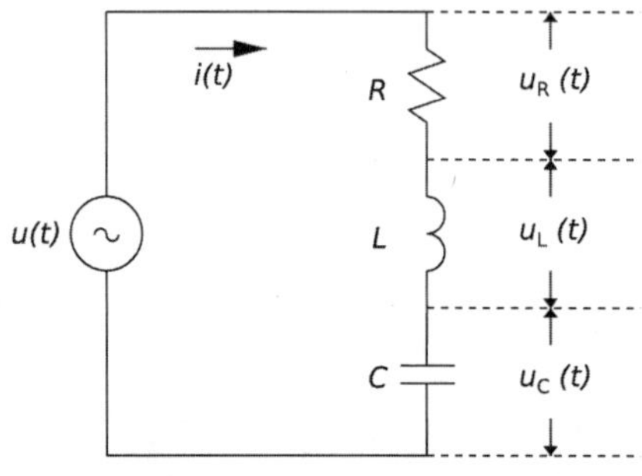

A tensão nos terminais da fonte corresponde a:

$$u(t) = U_p \cdot \operatorname{sen}(\omega \cdot t + \theta) \tag{3.68}$$

Seguindo o mesmo procedimento adotado para o estudo dos circuitos RL série e RC série, chega-se a uma corrente em regime permanente pelo circuito RLC série igual a:

$$i(t) = I_p \cdot \operatorname{sen}(\omega \cdot t + \theta - \varphi) \tag{3.69}$$

Fig. 3.32 Circuito RLC série

com:

$$I_p = \dfrac{U_p}{\sqrt{R^2 + \left(\omega \cdot L - \dfrac{1}{\omega \cdot C}\right)^2}} = \dfrac{U_p}{\sqrt{R^2 + (X_L - X_C)^2}} \tag{3.70}$$

$$\varphi = \operatorname{arctg}\left(\dfrac{\omega \cdot L - \dfrac{1}{\omega \cdot C}}{R}\right) = \operatorname{arctg}\left(\dfrac{X_L - X_C}{R}\right) \quad X_L = \omega \cdot L \quad X_C = \dfrac{1}{\omega \cdot C} \tag{3.71}$$

A faixa de variação do ângulo de defasagem é $-90° < \varphi < 90°$, ou seja, dependendo dos valores de R, L e C, o circuito pode ter sua corrente adiantada, atrasada ou em fase com a tensão da fonte.

Dependendo dos valores de L, C e da frequência, pode-se ter:

$$X_L = X_C \quad \rightarrow \quad \omega \cdot L = \frac{1}{\omega \cdot C} \quad \rightarrow \quad \omega^2 = \frac{1}{L \cdot C}$$

Nessa condição, a associação série de L e C pode apresentar o comportamento de um curto-circuito do ponto de vista da fonte, pois a magnitude da corrente no circuito estaria sendo limitada apenas pelo resistor R e, portanto, se este não existir, a fonte estará em curto-circuito.

Esse comportamento elétrico particular é denominado ressonância série e, sendo $\omega = 2 \cdot \pi \cdot f$, tem-se:

$$f = \frac{1}{2 \cdot \pi \cdot \sqrt{L \cdot C}} \tag{3.72}$$

denominada frequência de ressonância

Pode-se considerar que os circuitos RL série e RC série estudados anteriormente são casos particulares do circuito RLC série.

> O vídeo "Circuito RLC série" apresenta uma análise do respectivo comportamento elétrico.

Exercícios

3.1 Para o circuito RL série com fonte c.c. (Fig. 3.2), prove que, imediatamente após o fechamento da chave, o indutor momentaneamente se comporta como um circuito aberto e que, para $t \rightarrow \infty$, o indutor comporta-se como um curto-circuito.

3.2 Para o circuito RC série com fonte c.c. (Fig. 3.4), prove que, imediatamente após o fechamento da chave, o capacitor momentaneamente se comporta como um curto-circuito e que, para $t \rightarrow \infty$, o capacitor comporta-se como um circuito aberto.

3.3 Com base no Exemplo 3.1, como seria possível diminuir o tempo de duração do regime transitório no circuito RL série com fonte de tensão senoidal? E quais seriam as consequências nas formas de ondas da corrente e das tensões nos bipolos?

3.4 Se variarmos a frequência da tensão senoidal fornecida pela fonte ao circuito RL série, quais seriam as consequências nas formas de ondas da corrente e das tensões nos bipolos?

3.5 Esboce, em relação a um mesmo eixo de referência, as duas formas de onda que você veria na tela de um osciloscópio, correspondentes à corrente e à tensão no indutor no circuito RL série com fonte de tensão senoidal.

3.6 Esboce, em relação a um mesmo eixo de referência, as duas formas de onda que você veria na tela de um osciloscópio, correspondentes à corrente e à tensão no capacitor no circuito RC série com fonte de tensão senoidal.

3.7 Se variarmos a frequência da tensão senoidal fornecida pela fonte ao circuito RC série, quais seriam as consequências nas formas de ondas da corrente e das tensões nos bipolos?

3.8 Obtenha a expressão da corrente $i(t)$ do Exemplo 3.2 por meio das expressões (3.49) e (3.50).

3.9 Supondo circuitos alimentados por fontes senoidais com magnitude da tensão constante e frequência variável, quais das frases a seguir são válidas para o circuito RL série e para o circuito RC série?
    a) Aumentando-se a frequência, aumenta a defasagem entre tensão da fonte e corrente.
    b) Aumentando-se a frequência, diminui a defasagem entre tensão da fonte e corrente.
    c) Aumentando-se a frequência, aumenta a magnitude da corrente.
    d) Aumentando-se a frequência, diminui a magnitude da corrente.

3.10 Sob o ponto de vista do comportamento elétrico, o que há de comum entre os circuitos RL série e RL paralelo?

3.11 Sob o ponto de vista do comportamento elétrico, o que há de comum entre os circuitos RL série e RC série?

3.12 Sob o ponto de vista do comportamento elétrico, o que há de comum entre os circuitos RC série e RC paralelo?

3.13 Sob o ponto de vista do comportamento elétrico, o que há de comum entre os circuitos RL paralelo e RC paralelo?

3.14 Se variarmos a frequência da tensão senoidal fornecida pela fonte ao circuito RLC série, quais seriam as consequências nas formas de ondas da corrente e das tensões nos bipolos?

3.15 Considere o circuito RLC série conectado a uma fonte senoidal com magnitude da tensão constante e frequência variável.
    a) Em que condição a magnitude da corrente é máxima? Justifique.
    b) A característica do circuito (resistiva, capacitiva ou indutiva) varia com a frequência? Justifique.

c) É possível que a d.d.p. no resistor seja igual à magnitude da tensão da fonte? Justifique. **Resp.:** Sim

d) É possível que a d.d.p. no capacitor e/ou indutor seja maior que a magnitude da tensão da fonte? Justifique. **Resp.:** Sim

3.16 Considere o circuito RLC série (com valores desconhecidos) conectado a uma fonte senoidal com frequência ajustável.

   a) Esboce um diagrama elétrico com a quantidade mínima de instrumentos necessários para medir a defasagem entre a corrente e a tensão na fonte.

   b) Para a condição de valor abaixo da frequência de ressonância, esboce, em relação a um mesmo eixo de referência, as duas formas de onda citadas no item (a). Faça as devidas indicações e justificativas.

3.17 Considere o circuito RLC série (com valores desconhecidos) conectado a uma fonte senoidal com frequência ajustável.

   a) Esboce um diagrama elétrico com a quantidade mínima de instrumentos necessários para medir a defasagem entre a corrente e a tensão no capacitor. Explicite na figura do item (b) a obtenção dessa medida.

   b) Para a condição de valor acima da frequência de ressonância, esboce, em relação a um mesmo eixo de referência, as duas formas de onda citadas no item (a). Faça as devidas indicações e justificativas.

3.18 Considere o circuito RLC série (com valores desconhecidos) conectado a uma fonte senoidal com frequência ajustável.

   a) Esboce um diagrama elétrico com a quantidade mínima de instrumentos necessários para medir a defasagem entre a corrente e a tensão no indutor. Explicite na figura do item (b) a obtenção dessa medida.

   b) Para a condição de valor abaixo da frequência de ressonância, esboce, em relação a um mesmo eixo de referência, as duas formas de onda citadas no item (a). Faça as devidas indicações e justificativas.

Leituras adicionais

BOLTON, W. *Análise de circuitos elétricos*. São Paulo: Makron Books do Brasil, 1994.

CASTRO JR., C. A.; TANAKA, M. R. *Circuitos de corrente alternada* – Um curso introdutório. São Paulo: Editora da Unicamp, 1995.

BURIAN JR., Y; LYRA, A. C. C. *Circuitos elétricos*. São Paulo: Pearson Prentice Hall, 2006.

BARTKOWIAK, R. A. *Circuitos elétricos*. São Paulo: Makron Books do Brasil, 1994.

CAPUANO, F. G.; MARINO, M. A. M. *Laboratório de Eletricidade e Eletrônica*. 23. ed. São Paulo: Érica, 2007.

Conceitos de fasor e impedância

4

No Cap. 3 foi apresentada a resolução de circuitos em corrente alternada no domínio do tempo por meio de uma formulação baseada em equações diferenciais, a qual pode apresentar níveis de dificuldade e trabalho bastante elevados.

Neste capítulo é proposto um método alternativo para a análise de circuitos em corrente alternada, que consiste na aplicação dos conceitos de fasor e impedância, propiciando uma maneira simples de obtenção dos valores das respectivas grandezas elétricas.

4.1 Revisão básica de números complexos

O conhecimento dos números complexos e das respectivas operações matemáticas é de fundamental importância para a análise de circuitos c.a. por meio dos conceitos de fasor e impedância.

Um número complexo z é representado por um par ordenado de números reais (x, y), em que x é a parte real (Re) e y é a parte imaginária (Im) do número complexo z:

$$x = \text{Re}\{z\} \quad y = \text{Im}\{z\} \tag{4.1}$$

A representação de z no plano complexo está na Fig. 4.1, bem como do respectivo conjugado de z, o número complexo z^*, que é simétrico a z em relação ao eixo real.

Uma das expressões matemáticas para um número complexo corresponde à forma retangular:

$$z = x + j \cdot y \tag{4.2}$$

em que $j = \sqrt{-1}$.

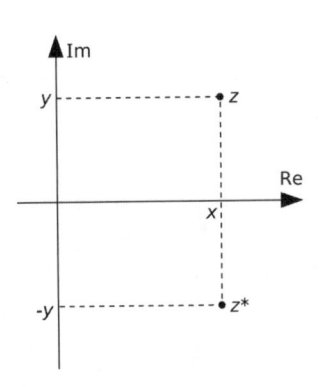

Fig. 4.1 Representação do número complexo

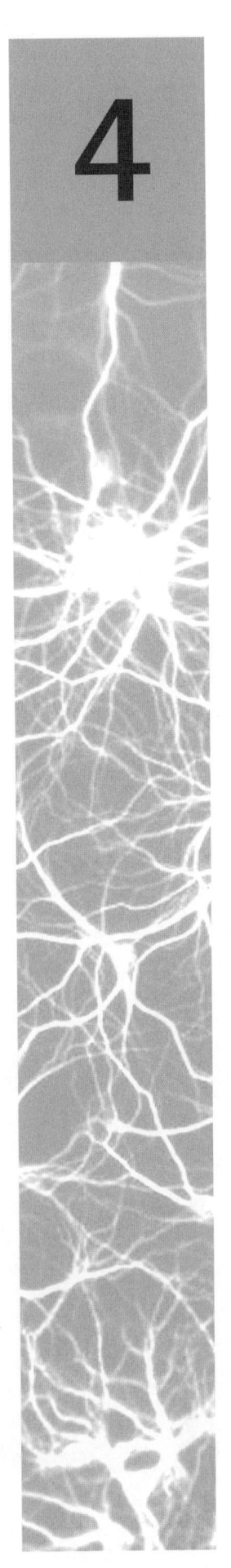

E o conjugado de z é expresso por:

$$z^* = x - j \cdot y \qquad (4.3)$$

Um número complexo também pode ser expresso na forma polar:

$$z = |z| \cdot e^{j\alpha} = |z| \angle \alpha \qquad (4.4)$$

em que:

$|z|$ é o módulo de z (distância à origem dos eixos) e α é o ângulo em relação ao eixo real.

O conjugado de z na forma polar corresponde a:

$$z* = |z| \cdot e^{-j\alpha} = |z| \angle -\alpha \qquad (4.5)$$

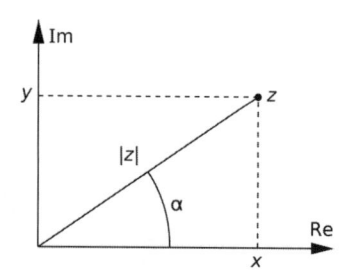

Fig. 4.2 Relação entre x, y, $|z|$ e α

Algumas relações entre o módulo e o ângulo (forma polar) e as componentes real e imaginária da forma retangular, indicadas em (4.6), são obtidas da Fig. 4.2

$$|z| = \sqrt{x^2 + y^2} \qquad \cos(\alpha) = \frac{x}{|z|} \qquad \text{sen}(\alpha) = \frac{y}{|z|} \qquad \text{tg}(\alpha) = \frac{y}{x} \qquad (4.6)$$

Portanto, por meio dessas relações, um número complexo na forma retangular pode ser convertido para a forma polar e vice-versa.

A análise de circuitos c.a. por meio dos conceitos de fasor e impedância exige apenas o conhecimento das operações aritméticas básicas com números complexos, apresentadas a seguir.

Considere os números complexos z_1 e z_2:

$$z_1 = x_1 + j \cdot y_1 = |z_1| \cdot e^{j \cdot \alpha_1} = |z_1| \angle \alpha_1 \quad \text{e} \quad z_2 = x_2 + j \cdot y_2 = |z_2| \cdot e^{j \cdot \alpha_2} = |z_2| \angle \alpha_2 \qquad (4.7)$$

Por meio desses números complexos são demonstradas as quatro operações aritméticas básicas:

- Soma

$$z_1 + z_2 = (x_1 + x_2) + j \cdot (y_1 + y_2) \qquad (4.8)$$

Regra: some as respectivas componentes reais e imaginárias dos dois números complexos.

- Subtração

$$z_1 - z_2 = (x_1 - x_2) + j \cdot (y_1 - y_2) \qquad (4.9)$$

Regra: subtraia, na ordem indicada, as respectivas componentes reais e imaginárias dos dois números complexos.

A Fig. 4.3 mostra que as operações de soma e subtração podem ser realizadas geometricamente. No caso da subtração, considera-se $z_1 - z_2 = z_1 + (-z_2)$

- Multiplicação

$$z_1 \cdot z_2 = |z_1| \cdot |z_2| \cdot e^{j \cdot (\alpha_1 + \alpha_2)}$$
$$= |z_1| \cdot |z_2| \angle (\alpha_1 + \alpha_2)$$
(4.10)

Regra: multiplique os módulos e some os ângulos, considerando-se os respectivos sinais.

- Divisão

$$\frac{z_1}{z_2} = \frac{|z_1|}{|z_2|} \cdot e^{j \cdot (\alpha_1 - \alpha_2)} = \frac{|z_1|}{|z_2|} \angle (\alpha_1 - \alpha_2) \quad (4.11)$$

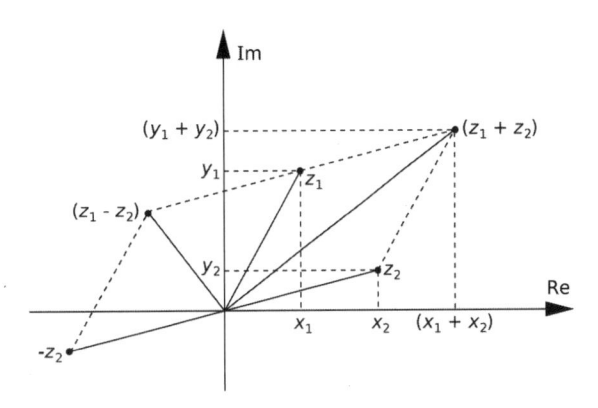

Regra: na ordem indicada, divida os módulos e subtraia os ângulos, considerando-se os respectivos sinais.

Fig. 4.3 Soma e subtração de dois números complexos

Note que a soma e a subtração devem ser realizadas com os números complexos na forma retangular e a multiplicação e a divisão, na forma polar.

4.2 Fasor

Na forma polar de um número complexo, pode-se inserir uma expressão matemática conhecida como "Fórmula de Euler", para se obter uma alternativa para a forma retangular, como demonstrado a seguir. A "Fórmula de Euler" corresponde à expressão:

$$e^{j \cdot \alpha} = [\cos(\alpha) + j \cdot \text{sen}(\alpha)] \quad (4.12)$$

que ao ser inserida em (4.13):

$$z = |z| \cdot e^{j \cdot \alpha} = |z| \angle \alpha \quad (4.13)$$

resulta em:

$$z = |z| \cdot [\cos(\alpha) + j \cdot \text{sen}(\alpha)] = |z| \cdot \cos(\alpha) + j \cdot |z| \cdot \text{sen}(\alpha) \quad (4.14)$$

sendo $|z| \cdot \cos(\alpha)$ a componente real e $|z| \cdot \text{sen}(\alpha)$ a componente imaginária de z.

Uma corrente alternada senoidal $i(t)$ tem a forma geral:

$$i(t) = I_p \cdot \text{sen}(\omega \cdot t + \theta) = \sqrt{2} \cdot I_{ef} \cdot \text{sen}(\omega \cdot t + \theta) \quad (4.15)$$

Com base na "Fórmula de Euler", pode-se inferir que $\sqrt{2} \cdot I_{ef} \cdot \text{sen}(\omega \cdot t + \theta)$ corresponde à componente imaginária do número complexo $\hat{I}$, expresso por:

$$\hat{I} = \sqrt{2} \cdot I_{ef} \cdot e^{j \cdot (\omega \cdot t + \theta)} = \sqrt{2} \cdot I_{ef} \cdot [\cos(\omega \cdot t + \theta) + j \cdot \text{sen}(\omega \cdot t + \theta)] \quad (4.16)$$

Da trigonometria, tem-se a seguinte equivalência:

$$i(t) = \sqrt{2} \cdot I_{ef} \cdot \text{sen}(\omega \cdot t + \theta) = \sqrt{2} \cdot I_{ef} \cdot \cos(\omega \cdot t + \theta - 90°) \quad (4.17)$$

Nesse caso, pode-se inferir que $\sqrt{2}\cdot I_{ef}\cdot\cos(\omega\cdot t+\theta-90°)$ é a componente real do número complexo $\hat{L}$, expresso por:

$$\hat{L} = \sqrt{2}\cdot I_{ef}\cdot e^{j\cdot(\omega\cdot t+\theta-90°)} = \sqrt{2}\cdot I_{ef}\cdot[\cos(\omega\cdot t+\theta-90°)+j\cdot\text{sen}(\omega\cdot t+\theta-90°)] \quad (4.18)$$

Portanto, conclui-se que é possível representar a corrente $i(t)$ como a componente imaginária do número complexo $\hat{J}$ ou como a componente real de $\hat{L}$.

A forma de onda $i(t)$ e a relação entre seus valores instantâneos e respectivos vetores $\hat{J}$ no plano complexo estão representadas na Fig. 4.4.

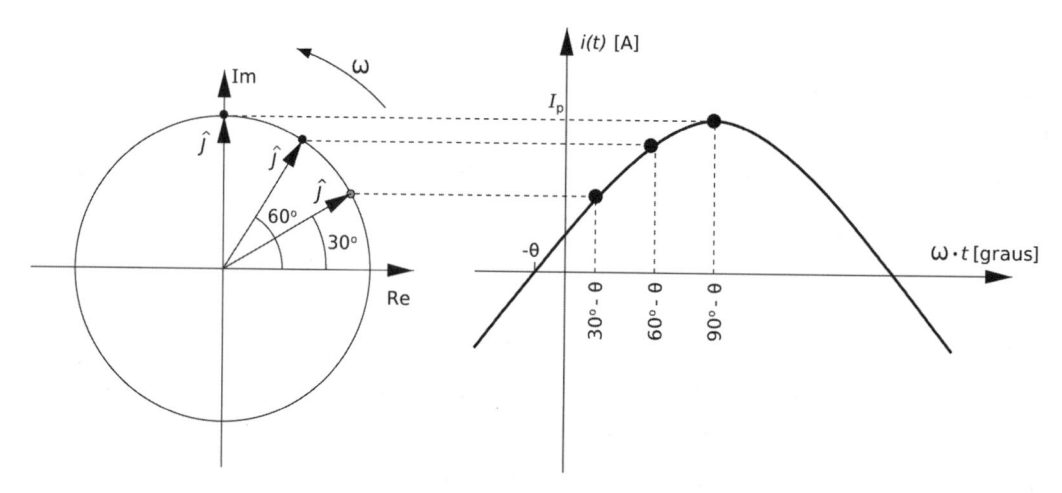

Fig. 4.4 Relação entre $i(t)$ e o vetor $\hat{J}$ no plano complexo

Na Fig. 4.4, pode-se constatar que, em um determinado instante de tempo t_i, o valor instantâneo da corrente é:

$$i(t_i) = I_p \cdot \text{sen}(\omega \cdot t_i + \theta) \quad (4.19)$$

que corresponde à projeção de $\hat{J}$ no eixo imaginário (Im) do plano complexo.

No instante de tempo t_i, o ângulo de $\hat{J}$ é igual a $(\omega \cdot t_i + \theta)$, e o módulo de $\hat{J}$ é constante ao longo do tempo e igual ao valor de pico de $i(t)$: $I_p = \sqrt{2}\cdot I_{ef}$.

Verifica-se, então, que $\hat{J}$ é um vetor girante no plano complexo, com velocidade angular ω.

Como o valor eficaz de uma forma de onda senoidal é o valor característico mais utilizado e, na maioria das aplicações industriais, a frequência é a padronizada (60 Hz), a diferenciação entre as várias formas de onda de tensões e correntes de um circuito reside em seus valores eficazes e suas respectivas fases. Assim, pode-se definir assim o fasor $\hat{I}$:

$$\hat{I} = I_{ef}\cdot e^{j\cdot\theta} = I_{ef}\angle\theta \quad (4.20)$$

Portanto, o fasor $\hat{I}$ é um número complexo que preserva as informações próprias da forma de onda e que a diferença das demais formas de onda do circuito. O fasor $\hat{I}$ é fixo no plano complexo, ao contrário de $\hat{J}$, que gira com velocidade ω. Além disso, o módulo de $\hat{I}$ corresponde a $\frac{1}{\sqrt{2}}\cdot|\hat{J}|$.

Circuitos de corrente alternada

Exemplo 4.1

Obtenha os fasores associados às formas de onda a seguir e represente-os no plano complexo:

a] $u(t) = 110 \cdot \sqrt{2} \cdot \text{sen}(\omega \cdot t + \frac{\pi}{3})$ V;

b] $i(t) = 80 \cdot \cos(\omega \cdot t - \frac{\pi}{3})$ A

a] O valor eficaz de $u(t)$ é 110 V e seu ângulo de fase é igual a $\frac{\pi}{3}$ rad.

De acordo com a definição apresentada:

$$\hat{U} = 110 \cdot e^{j \cdot \frac{\pi}{3}} = 110 \angle \frac{\pi}{3} = 55,0 + j \cdot 95,26 \, \text{V}$$

b] Para $i(t)$, tem-se:

$$i(t) = 80 \cdot \cos\left(\omega \cdot t - \frac{\pi}{3}\right) = 80 \cdot \text{sen}\left(\omega \cdot t - \frac{\pi}{3} + \frac{\pi}{2}\right)$$
$$= 80 \cdot \text{sen}\left(\omega \cdot t + \frac{\pi}{6}\right) \text{A}$$

E o respectivo fasor é:

$$\hat{I} = \frac{80}{\sqrt{2}} \cdot e^{j \cdot \frac{\pi}{6}} = \frac{80}{\sqrt{2}} \angle \frac{\pi}{6} = 48,99 + j \cdot 28,28 \, \text{A}$$

Na Fig. 4.5, tem-se a representação dos fasores da tensão e da corrente no plano complexo.

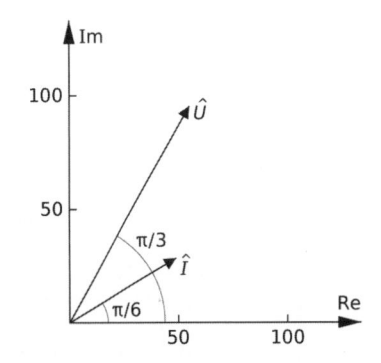

Fig. 4.5 Representação dos fasores de tensão e de corrente

4.3 Impedância

Considere que na Fig. 4.6 tem-se:

$$u(t) = \sqrt{2} \cdot U_{\text{ef}} \cdot \text{sen}(\omega \cdot t + \theta) \qquad (4.21)$$

$$i(t) = \sqrt{2} \cdot I_{\text{ef}} \cdot \text{sen}(\omega \cdot t + \theta - \varphi) \qquad (4.22)$$

Como exemplo, se na Fig. 4.6A o componente identificado pela letra Z corresponder a um RL série, tem-se, conforme deduzido no Cap. 3:

$$\varphi = \text{arctg}\left(\frac{\omega \cdot L}{R}\right) \qquad (4.23)$$

E se for um RC série:

$$\varphi = \text{arctg}\left(-\frac{1}{\omega \cdot R \cdot C}\right) \qquad (4.24)$$

O valor eficaz da corrente (I_{ef}) e sua defasagem (φ) em relação à tensão são bem definidos e dependem do valor eficaz e da frequência da tensão aplicada, bem como da característica do elemento propriamente dito (resistiva, indutiva ou capacitiva). A Fig. 4.6B mostra as formas de onda de $u(t)$ e $i(t)$ de forma genérica.

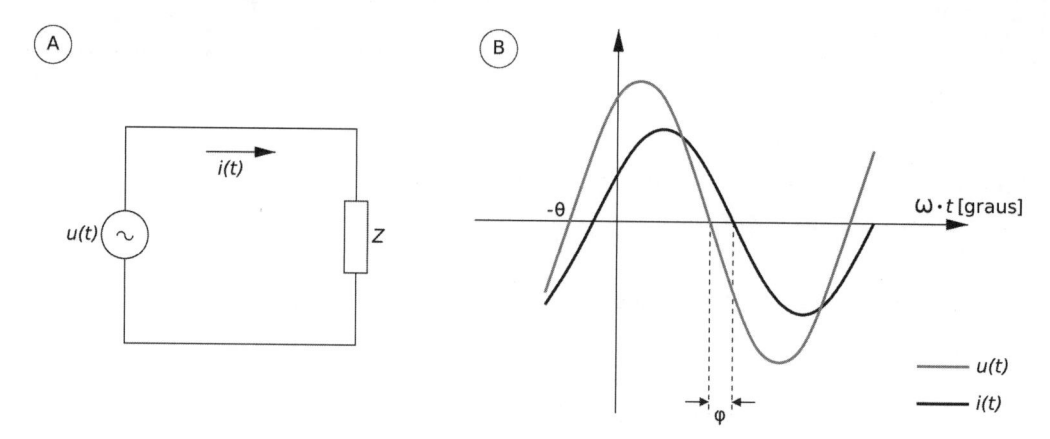

Fig. 4.6 Circuito c.a.

Os fasores associados à tensão e à corrente são:

$$\hat{U} = U_{ef}\angle\theta \quad \text{e} \quad \hat{I} = I_{ef}\angle(\theta - \varphi) \qquad (4.25)$$

Como as formas de onda de $u(t)$ e $i(t)$ são senoidais e com a mesma frequência, a diferença entre as formas de onda está nos seus valores eficazes e ângulos de fase, e essas informações básicas sobre as formas de onda são fornecidas pelos respectivos fasores.

Uma vez conhecidos os fasores da tensão e da corrente no componente **Z**, pode-se, com base na Lei de Ohm (relação U/I), definir o conceito de impedância de um bipolo:

$$Z = \frac{\hat{U}}{\hat{I}} = \frac{U_{ef}\angle\theta}{I_{ef}\angle(\theta - \varphi)} = \frac{U_{ef}}{I_{ef}}\angle\varphi = |Z|\angle\varphi \qquad (4.26)$$

A unidade da impedância (Z) é o ohm (Ω).

O módulo da impedância ($|Z|$) corresponde à relação entre os valores eficazes da tensão e da corrente, e o ângulo da impedância (φ) representa a defasagem entre os fasores da tensão e da corrente.

A seguir, aplica-se o conceito de impedância para os bipolos: resistor, indutor e capacitor.

4.3.1 Resistor (R)

Para o bipolo resistor, tem-se:

$$I_{ef} = \frac{U_{ef}}{R} \quad \text{e} \quad \varphi = 0°$$

Assim, a impedância Z_R do resistor é:

$$Z_R = \frac{\hat{U}}{\hat{I}} = \frac{U_{ef}\angle\theta}{\frac{U_{ef}}{R}\angle\theta} = R\angle 0° = R \qquad (4.27)$$

que corresponde a um número real.

4.3.2 Indutor (L)

Conforme demonstrado no Cap. 3, a corrente em um indutor está atrasada de 90° em relação à tensão ($\varphi = 90°$), e o valor eficaz da corrente em um indutor é dado por:

$$I_{ef} = \frac{U_{ef}}{\omega \cdot L}$$

A impedância Z_L do indutor é igual a:

$$Z_L = \frac{\hat{U}}{\hat{I}} = \frac{U_{ef}\angle\theta}{\frac{U_{ef}}{\omega \cdot L}\angle(\theta - 90°)} = \omega \cdot L \angle 90° = j \cdot \omega \cdot L = j \cdot X_L = X_L \angle 90° \quad (4.28)$$

em que $X_L = \omega \cdot L$ corresponde à reatância indutiva. Note que a impedância do indutor é um número complexo com parte real nula.

4.3.3 Capacitor (C)

Da mesma forma, como já demonstrado no Cap. 3, a corrente em um capacitor está adiantada de 90° em relação à tensão ($\varphi = 90°$), e o valor eficaz da corrente em um capacitor é dado por:

$$I_{ef} = \omega \cdot C \cdot U_{ef}$$

A impedância Z_C do capacitor é igual a:

$$Z_C = \frac{\hat{U}}{\hat{I}} = \frac{U_{ef}\angle\theta}{\omega \cdot C \cdot U_{ef}\angle(\theta + 90°)} = \frac{1}{\omega \cdot C}\angle -90° = -j \cdot \frac{1}{\omega \cdot C} = -j \cdot X_C = X_C \angle -90° \quad (4.29)$$

em que $X_C = 1/(\omega \cdot C)$ corresponde à reatância capacitiva. Note que a impedância do capacitor também é um número complexo com parte real nula.

4.4 Circuitos com impedâncias em série e/ou em paralelo

Métodos de análise de circuitos c.a. contendo diferentes tipos de impedâncias conectadas em série e/ou em paralelo são apresentados nos exemplos a seguir.

Exemplo 4.2

Obtenha, em cada circuito da Fig. 4.7, a impedância vista pela fonte, ou seja, a impedância total ou equivalente nos terminais da fonte.

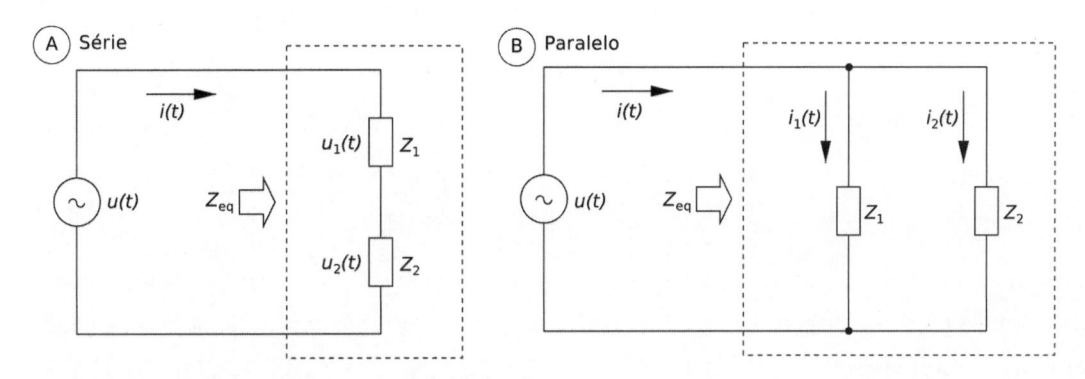

Fig. 4.7 Circuitos com impedâncias em série e em paralelo

A impedância vista pela fonte Z_{eq} é dada pela relação entre os fasores de tensão e de corrente fornecidos por ela e que também corresponde à impedância equivalente resultante do agrupamento de todas as impedâncias do circuito de maneira apropriada. Para o circuito da Fig. 4.7A, em que as impedâncias Z_1 e Z_2 estão ligadas em série, tem-se:

$$u(t) = \sqrt{2} \cdot U_{ef} \cdot \text{sen}(\omega \cdot t + \theta_1) \quad u_1(t) = \sqrt{2} \cdot U_{1ef} \cdot \text{sen}(\omega \cdot t + \theta_2) \quad u_2(t) = \sqrt{2} \cdot U_{2ef} \cdot \text{sen}(\omega \cdot t + \theta_3)$$

Aplicando-se a "Lei das Malhas de Kirchhoff" ao circuito, tem-se:

$$u(t) = u_1(t) + u_2(t)$$

Conforme o conceito de fasores, a cada uma dessas tensões podem-se associar, respectivamente, os fasores $\hat{U}$, $\hat{U}_1$ e $\hat{U}_2$, e assim:

$$\hat{U} = \hat{U}_1 + \hat{U}_2$$

ou seja, a "Lei das Malhas de Kirchhoff" também é válida na forma fasorial.

Uma vez que a impedância é a relação entre os fasores de tensão e de corrente:

$$\hat{U} = \hat{U}_1 + \hat{U}_2 = Z_1 \cdot \hat{I} + Z_2 \cdot \hat{I} = (Z_1 + Z_2) \cdot \hat{I}$$

então:

$$Z_{eq} = Z_1 + Z_2 \tag{4.30}$$

ou seja, a impedância equivalente à associação de impedâncias em série é igual à soma delas. Lembre-se de que é uma soma de números complexos.

Para o circuito da Fig. 4.7B, com Z_1 e Z_2 conectadas em paralelo, tem-se:

$$\hat{I} = \hat{I}_1 + \hat{I}_2$$

ou seja, a "Lei dos Nós de Kirchhoff" também é válida na forma fasorial.

Ao se utilizar novamente a relação entre os fasores de tensão e de corrente:

$$\hat{I} = \hat{I}_1 + \hat{I}_2$$
$$= \frac{\hat{U}}{Z_1} + \frac{\hat{U}}{Z_2} = \left[\frac{1}{Z_1} + \frac{1}{Z_2}\right] \cdot \hat{U}$$
$$= \frac{1}{Z_{eq}} \cdot \hat{U}$$

Logo:

$$\frac{1}{Z_{eq}} = \frac{1}{Z_1} + \frac{1}{Z_2} \quad \text{ou} \quad Z_{eq} = \frac{Z_1 \cdot Z_2}{Z_1 + Z_2} \tag{4.31}$$

Conclui-se que a obtenção das associações de impedâncias em circuitos de corrente alternada é idêntica àquela para associações de resistores em circuitos de corrente contínua, porém realizada com números complexos.

Exemplo 4.3

Considere o circuito da Fig. 4.8, para o qual são conhecidas as grandezas descritas na Tab. 4.1.

Tab. 4.1 Dados do circuito

$u(t)$	f	R_1	R_2	R_3	L	C
$127 \cdot \sqrt{2} \cdot \text{sen}(\omega \cdot t)$ V	60 Hz	20 Ω	50 Ω	30 Ω	100 mH	500 μF

Calcule a impedância vista pela fonte, as correntes $i(t)$, $i_1(t)$ e $i_2(t)$ e a tensão $u_{RC}(t)$ nos terminais do ramo RC.

Este problema é resolvido com maior facilidade ao se utilizar os conceitos de fasor e impedância.

Dado que R_2 e C estão ligados em série, a impedância correspondente a essa associação é:

$$Z_2 = Z_{R_2} + Z_C = R_2 - j \cdot X_C = R_2 - j \cdot \frac{1}{\omega C}$$

$$Z_2 = 50 - j \cdot \left(\frac{1}{2 \cdot \pi \cdot 60 \cdot 500 \cdot 10^{-6}}\right) = 50,0 - j \cdot 5,31 \, \Omega$$

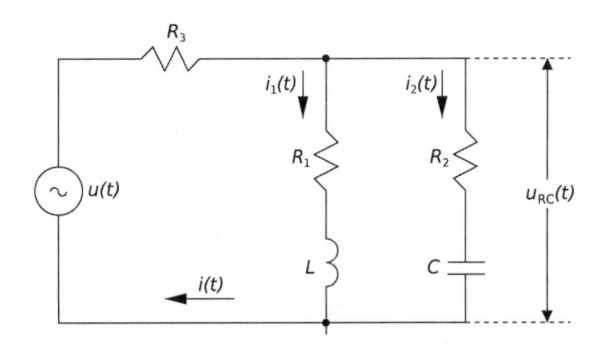

Fig. 4.8 Circuito com resistores, indutor e capacitor

Conforme demonstrado anteriormente, a impedância Z_2 pode ser expressa na forma polar:

$$Z_2 = |Z_2| \angle \alpha_2 = 50,28 \angle -6,06° \, \Omega$$

Lembrete: $|Z| = \sqrt{R^2 + X^2}$ e $\alpha = \text{arctg}\left(\frac{X}{R}\right)$.

O resistor R_1 e o indutor L também estão ligados em série. Assim, a impedância correspondente a essa associação é:

$$Z_1 = Z_{R_1} + Z_L = R_1 + j \cdot X_L = R_1 + j \cdot \omega \cdot L$$
$$Z_1 = 20 + j \cdot \left(2 \cdot \pi \cdot 60 \cdot 100 \cdot 10^{-3}\right) = 20,0 + j \cdot 37,70 \, \Omega$$

ou na forma polar:

$$Z_1 = |Z_1| \angle \alpha_1 = 42,68 \angle 62,05° \, \Omega$$

Estas impedâncias, Z_1 e Z_2, são mostradas na Fig. 4.9, em que $Z_3 = R_3 = 30 \, \Omega$.

A impedância vista pela fonte é dada por:

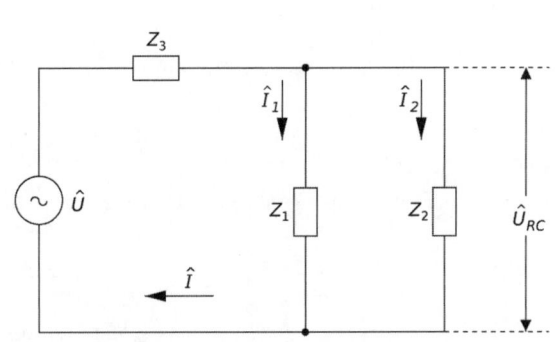

$$Z_{eq} = Z_3 + Z_1 // Z_2$$

Fig. 4.9 Circuito com impedâncias em série e em paralelo

em que $Z_1//Z_2$ indica uma associação em paralelo de Z_1 e Z_2. Assim, tem-se:

$$Z_{eq} = Z_3 + \frac{Z_1 \cdot Z_2}{Z_1 + Z_2} = 53,81 + j \cdot 14,39 = 55,70 \angle 14,97° \, \Omega$$

O fasor associado à tensão fornecida pela fonte é:

$$\hat{U} = 127 \cdot e^{j0} = 127 \angle 0° \, V$$

A corrente fornecida pela fonte vale:

$$\hat{I} = \frac{1}{Z_{eq}} \cdot \hat{U} = 2,28 \angle -14,97° \, A$$

A tensão nos terminais do ramo RC pode ser calculada por:

$$\hat{U}_{RC} = \hat{U} - Z_3 \cdot \hat{I} = 127 \angle 0° - 30 \cdot 2,2801 \angle -14,97° = 63,43 \angle 16,17° \, V$$

A tensão $\hat{U}_{RC}$ está aplicada nos terminais das impedâncias Z_1 e Z_2, pois estão conectadas em paralelo. Portanto, as respectivas correntes valem:

$$\hat{I}_1 = \frac{1}{Z_1} \cdot \hat{U}_{RC} = 1,49 \angle -45,88° \, A \qquad \hat{I}_2 = \frac{1}{Z_2} \cdot \hat{U}_{RC} = 1,26 \angle 22,23° \, A$$

As expressões das formas de onda são:

$$u_{RC}(t) = 63,43 \cdot \sqrt{2} \cdot \text{sen}(\omega \cdot t + 16,17°) \, V \qquad i(t) = 2,28 \cdot \sqrt{2} \cdot \text{sen}(\omega \cdot t - 14,97°) \, A$$

$$i_1(t) = 1,49 \cdot \sqrt{2} \cdot \text{sen}(\omega \cdot t - 45,88°) \, A \qquad i_2(t) = 1,26 \cdot \sqrt{2} \cdot \text{sen}(\omega \cdot t + 22,23°) \, A$$

Como forma de verificar a relação entre as formas de onda e os fasores, pode-se calcular a corrente total $i(t)$ como a soma de $i_1(t)$ e $i_2(t)$:

$$i(t) = i_1(t) + i_2(t) = 1,49 \cdot \sqrt{2} \cdot \text{sen}(\omega \cdot t - 45,88°) + 1,26 \cdot \sqrt{2} \cdot \text{sen}(\omega \cdot t + 22,23°) \, A$$

Ao se aplicar fórmulas da trigonometria em $\text{sen}(\omega \cdot t - 45,88°)$ e $\text{sen}(\omega \cdot t + 22,23°)$, chega-se a:

$$i(t) = i_1(t) + i_2(t) = 3,13 \cdot \text{sen}(\omega \cdot t) - 0,83 \cdot \cos(\omega \cdot t) \, A$$

e $i(t)$ pode ser expressa na forma:

$$i(t) = \sqrt{2} \cdot I_{ef} \cdot \text{sen}(\omega \cdot t + \alpha) = \sqrt{2} \cdot I_{ef} \cdot \cos(\alpha) \cdot \text{sen}(\omega \cdot t) + \sqrt{2} \cdot I_{ef} \cdot \text{sen}(\alpha) \cdot \cos(\omega \cdot t)$$

Uma comparação das duas últimas expressões resulta em:

$$\sqrt{2} \cdot I_{ef} \cdot \text{sen}(\alpha) = -0,83 \qquad \sqrt{2} \cdot I_{ef} \cdot \cos(\alpha) = 3,13$$

Dividindo uma pela outra, chega-se a:

$$\text{tg}(\alpha) = -0,27 \quad \Rightarrow \quad \alpha = -15,11°$$

$$\sqrt{2} \cdot I_{ef} \cdot \cos(-15,11°) = 3,13 \quad \Rightarrow \quad I_{ef} = 2,28 \, A$$

Exemplo 4.4

Um ou mais dos bipolos listados a seguir são conectados a uma fonte de tensão 127 V, 60 Hz. Obtenha a corrente fornecida pela fonte para cada caso.

a] $L = \frac{10}{377}$ H
b] $R = 10\,\Omega$ e $L = \frac{10}{377}$ H (conectados em série)
c] $R = 10\,\Omega$, $L = \frac{10}{377}$ H e $C = \frac{1}{7540}$ F (conectados em série)
d] $R = 10\,\Omega$, $L = \frac{10}{377}$ H e $C = \frac{1}{3770}$ F (conectados em série)
e] $R = 10\,\Omega$, $L = \frac{10}{377}$ H e $C = \frac{1}{3770}$ F (conectados em paralelo)

a] A reatância do indutor é $X_L = 10\,\Omega$ e $Z_L = j \cdot 10\,\Omega$ ou $Z_L = 10\angle 90°\,\Omega$

Adotando como referência angular a tensão da fonte, o fasor correspondente é:

$$\hat{U} = 127 \cdot e^{j0} = 127\angle 0°\,\text{V}$$

A corrente fornecida pela fonte é dada por:

$$\hat{I} = \frac{1}{Z_L} \cdot \hat{U} = 12{,}7\angle -90°\,\text{A}$$

A corrente está 90° atrasada em relação à tensão, pois a carga é puramente indutiva. Conforme já mencionado, se a carga fosse puramente capacitiva, a corrente estaria 90° adiantada em relação à tensão, e se fosse puramente resistiva, os fasores de tensão e de corrente estariam em fase.

b] A impedância total da carga é:

$$Z_{RL} = R + j \cdot X_L = 10 + j \cdot 10 = 10\sqrt{2}\angle 45°\,\Omega$$

A corrente fornecida pela fonte é:

$$\hat{I} = \frac{1}{Z_{RL}} \cdot \hat{U} = 8{,}98\angle -45°\,\text{A}$$

Ao se comparar os resultados dos itens (a) e (b), constata-se que o valor eficaz da corrente diminuiu, pois o módulo da impedância aumentou. A corrente está agora 45° atrasada em relação à tensão, ângulo de defasagem que está, como esperado, dentro do intervalo [-90°, 0°], válido para cargas indutivas.

c] A reatância do capacitor é $X_C = 20\,\Omega$. A impedância total da carga é:

$$Z_t = R + j \cdot X_L - j \cdot X_C = 10 + j \cdot 10 - j \cdot 20 = 10 - j \cdot 10 = 10\sqrt{2}\angle -45°\,\Omega$$

A corrente fornecida pela fonte é:

$$\hat{I} = \frac{1}{Z_t} \cdot \hat{U} = 8{,}98\angle 45°\,\text{A}$$

Neste caso, a corrente está adiantada de 45° em relação à tensão.

Para um circuito RLC, a defasagem entre a tensão e a corrente estará dentro do intervalo [-90°, 90°], dependendo dos valores de R, L e C. Para este exemplo, a fonte enxerga uma impedância total do tipo capacitiva.

d) A reatância do capacitor é $X_C = 10\,\Omega$. A impedância total da carga é:

$$Z_t = R + j \cdot X_L - j \cdot X_C = 10\,\Omega$$

A corrente fornecida pela fonte é:

$$\hat{I} = \frac{1}{Z_t} \cdot \hat{U} = 12{,}7\angle 0°\,A$$

O ângulo de fase da corrente é 0° e está dentro do intervalo [-90°, 90°] mencionado anteriormente. Este caso particular mostra que a tensão está em fase com a corrente, mesmo com a existência dos elementos L e C que, em princípio, causam defasagem. Neste caso, em razão dos valores de L, C e frequência, as reatâncias indutiva e capacitiva resultaram iguais e, portanto, a associação série de L e C resulta em uma impedância nula.

A associação série de L e C, neste caso, apresenta o comportamento de um curto-circuito do ponto de vista da fonte. A corrente pelo circuito é limitada apenas pelo resistor R e portanto, se ele não existisse, a fonte estaria em curto-circuito. Os valores de L, C e frequência configuram uma *ressonância série* para a qual vale a seguinte relação:

$$X_L = X_C \qquad \omega \cdot L = \frac{1}{\omega \cdot C}$$

Sendo $\omega = 2 \cdot \pi \cdot f$, tem-se $f = \frac{1}{2 \cdot \pi \cdot \sqrt{L \cdot C}}$

e) Como os três elementos formam um circuito RLC paralelo, a impedância total da carga é:

$$\frac{1}{Z_t} = \frac{1}{Z_R} + \frac{1}{Z_L} + \frac{1}{Z_C} \Rightarrow Z_t = \frac{Z_R \cdot Z_L \cdot Z_C}{Z_R \cdot Z_L + Z_R \cdot Z_C + Z_L \cdot Z_C} = 10\,\Omega$$

A corrente total vale:

$$\hat{I} = \frac{1}{Z_t} \cdot \hat{U} = 12{,}7\angle 0°\,A$$

Assim como no item anterior, a corrente está em fase com a tensão, apesar da presença de L e C.

Pode-se obter a impedância resultante somente da associação em paralelo de L e C:

$$\frac{1}{Z_{LC}} = \frac{1}{Z_L} + \frac{1}{Z_C} \Rightarrow Z_{LC} = \frac{Z_L \cdot Z_C}{Z_L + Z_C} = \frac{j \cdot X_L \cdot (-j \cdot X_C)}{j \cdot X_L - j \cdot X_C} = \frac{X_L \cdot X_C}{0}$$

O denominador nulo indica que, do ponto de vista da fonte, a associação paralela de L e C para os valores especificados comporta-se como um circuito aberto. Este é o caso da *ressonância paralela*. Observa-se, no entanto, que existe corrente por L e C:

$$\hat{I}_L = \frac{1}{j \cdot X_L} \cdot \hat{U} = 12{,}7\angle -90°\,A \qquad \hat{I}_C = \frac{1}{-j \cdot X_C} \cdot \hat{U} = 12{,}7\angle 90°\,A$$

Constate que a soma dessas duas correntes é nula.

A característica elétrica do indutor e do capacitor, analisada sob o ponto de vista de que há uma troca de energia entre eles sem a participação da fonte, é discutida no próximo capítulo.

De maneira geral, uma associação de elementos em um circuito apresenta uma impedância do tipo:

$$Z = |Z| \angle \varphi = |Z| \cdot \cos\varphi + j \cdot |Z| \cdot \text{sen}\,\varphi = R + j \cdot X \quad (4.32)$$

em que R é a resistência e X é a reatância. Se o elemento apresenta característica indutiva, o ângulo φ é positivo, e se apresenta característica capacitiva, φ é negativo.

4.5 Admitância

O inverso do valor da impedância corresponde à admitância (Y):

$$Y = \frac{1}{Z} = \frac{1}{|Z| \angle \varphi} = \frac{1}{|Z|} \angle -\varphi \quad (4.33)$$

Dado que $Z = R + j \cdot X$, tem-se:

$$Y = \frac{1}{R + j \cdot X} = G + j \cdot B \quad (4.34)$$

$$G = \frac{R}{R^2 + X^2} \quad B = \frac{-X}{R^2 + X^2} \quad (4.35)$$

em que G é a condutância e B é a susceptância. As grandezas elétricas Y, G e B têm como unidade o siemens (S).

4.6 Diagrama fasorial

A representação no plano complexo dos fasores de tensão e de corrente relativos a um circuito c.a. é denominada diagrama fasorial e constitui-se em uma importante ferramenta na análise desses circuitos. O seu traçado e a sua interpretação são mostrados através dos exemplos a seguir.

Nota: a sigla qd corresponde a um quadradinho pontilhado da tela do osciloscópio, ilustrada nas figuras de alguns dos exemplos a seguir.

Exemplo 4.5

Trace o diagrama fasorial completo, em escala, para o circuito mostrado na Fig. 4.10.

São especificados:

$$u(t) = 50 \cdot \sqrt{2} \cdot \text{sen}(\omega \cdot t)\,\text{V} \quad R = 12\,\Omega \quad X_L = 16\,\Omega$$

O fasor associado à tensão fornecida pela fonte é $\hat{U} = 50\angle 0°$ V.

Dado que o resistor e o indutor estão conectados em série, a impedância vista pela fonte vale:

$$Z = Z_R + Z_L = R + j \cdot X_L = 12 + j \cdot 16 = 20\angle 53,13° \, \Omega$$

A corrente pelo circuito corresponde a:

$$\hat{I} = \frac{\hat{U}}{Z} = \frac{50\angle 0°}{20\angle 53,13°} = 2,5\angle -53,13° \text{ A}$$

As tensões nos terminais do resistor e do indutor são calculadas por:

$$\hat{U}_R = R \cdot \hat{I} = 30\angle -53,13° \text{ V} \qquad \hat{U}_L = jX_L \cdot \hat{I} = 40\angle 36,87° \text{ V}$$

Obtidos todos os fasores de tensão e de corrente existentes no circuito, procede-se à escolha das escalas para a tensão (V/cm) e para a corrente (A/cm) de forma que no diagrama fasorial os fasores tenham tamanho razoável, ou seja, nem diminutos, nem de tamanho exagerado. É uma questão de bom senso.

O diagrama fasorial para o circuito da Fig. 4.10 é mostrado na Fig. 4.11 com as escalas de tensão e de corrente devidamente indicadas.

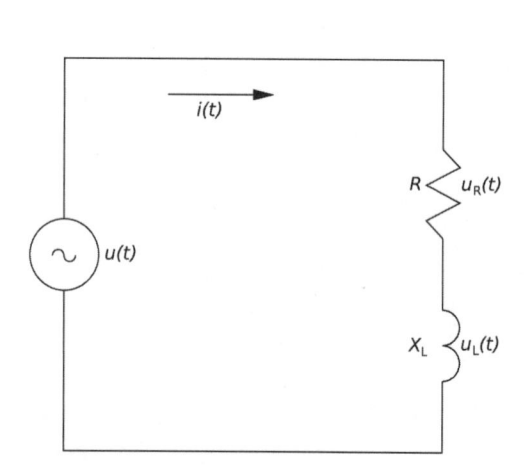

Fig. 4.10 Circuito RL série

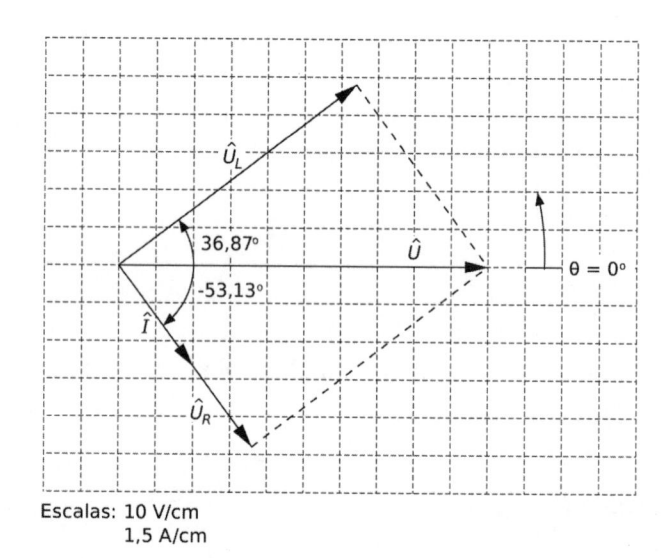

Fig. 4.11 Diagrama fasorial para o circuito RL série

Nota-se que:

- os ângulos dos fasores aumentam no sentido anti-horário;
- os fasores $\hat{U}_R$ e $\hat{I}$ estão em fase (característica do resistor);
- o fasor $\hat{I}$ está atrasado de 90° em relação ao fasor $\hat{U}_L$ (característica do indutor);
- a soma dos fasores $\hat{U}_R$ e $\hat{U}_L$ resulta em $\hat{U}$ ("Lei das Malhas de Kirchhoff" aplicada ao circuito).

Exemplo 4.6

No circuito da Fig. 4.12, o resistor é de 2 Ω e o indutor tem reatância de 5 Ω

Conhecidos $u_2(t) = 127 \cdot \sqrt{2} \cdot \text{sen}(\omega \cdot t)\,\text{V}$ e $i(t) = 10 \cdot \sqrt{2} \cdot \text{sen}(\omega \cdot t - 30°)\,\text{A}$, obtenha a tensão $u_1(t)$ e trace o diagrama fasorial completo para o circuito.

Os fasores correspondentes à tensão $u_2(t)$ e à corrente $i(t)$ são:

$$\hat{U}_2 = 127\angle 0°\,\text{V} \qquad \hat{I} = 10\angle -30°\,\text{A}$$

A impedância resultante da associação série do resistor e do indutor é obtida por:

$$Z = R + j \cdot X_L = 2 + j \cdot 5 = 5,39\angle 68,2°\,\Omega$$

A tensão $\hat{U}_1$ é calculada por:

$$\hat{U}_1 = \hat{U}_2 + Z \cdot \hat{I} = 127\angle 0° + 5,39\angle 68,2° \cdot 10\angle -30° = 172,61\angle 11,1°\,\text{V}$$

As tensões nos terminais do resistor e do indutor valem:

$$\hat{U}_R = R \cdot \hat{I} = 20\angle -30°\,\text{V} \qquad \hat{U}_L = j \cdot X_L \cdot \hat{I} = 50\angle 60°\,\text{V}$$

O diagrama fasorial completo para o circuito é mostrado na Fig. 4.13

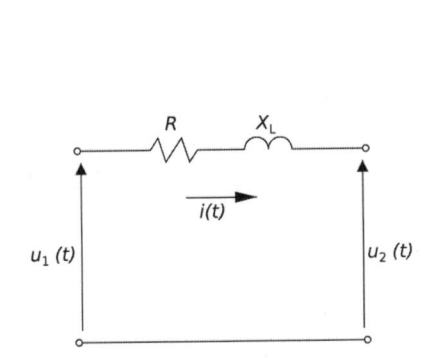

Fig. 4.12 Circuito RL do Exemplo 4.6

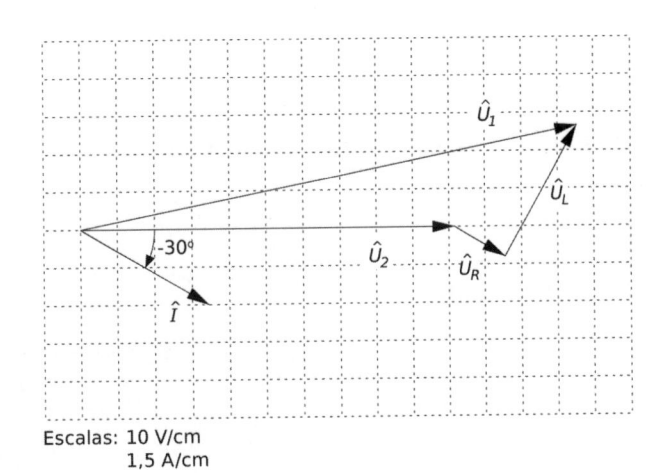

Fig. 4.13 Diagrama fasorial

Exemplo 4.7

A Fig. 4.14 mostra um circuito com a finalidade de determinar a impedância Z de um equipamento.

O resistor R é de 20 Ω

A tensão fornecida pela fonte e a tensão nos terminais do resistor R foram observadas no osciloscópio, respectivamente nos canais 1 e 2, e o resultado é mostrado na Fig. 4.15

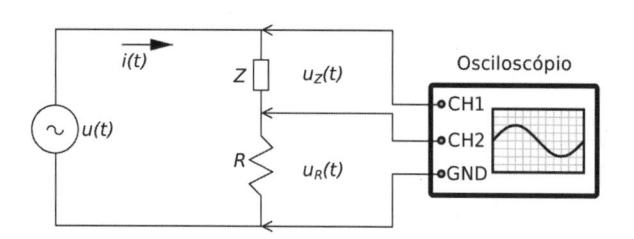

Fig. 4.14 Circuito do Exemplo 4.7

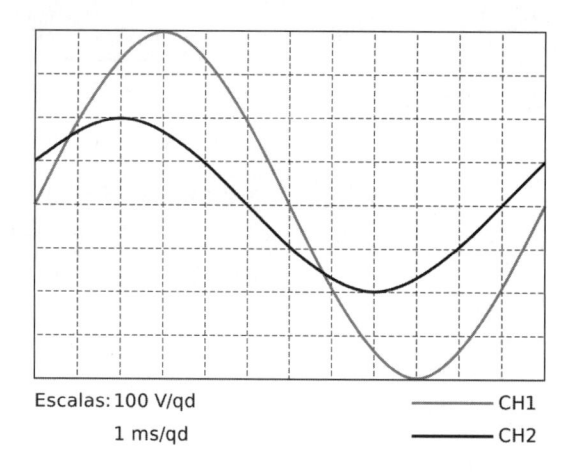

Fig. 4.15 Tensões obtidas no osciloscópio para o Exemplo 4.7

Desenhe o diagrama fasorial completo para o circuito e obtenha o valor de Z.

Com a escala vertical especificada na Fig. 4.15, obtêm-se os valores de pico das tensões $u(t)$ e $u_R(t)$:

$$U_p = 400\,\text{V} \qquad U_{Rp} = 200\,\text{V}$$

Logo, os respectivos valores eficazes são:

$$U_{ef} = \frac{400}{\sqrt{2}} = 282{,}84\,\text{V} \qquad U_{R_{ef}} = \frac{200}{\sqrt{2}} = 141{,}42\,\text{V}$$

A tensão $u_R(t)$ está adiantada em relação a $u(t)$. Observa-se na Fig. 4.15 que a diferença de fase entre as duas formas de onda é de 1 divisão, que, por sua vez, corresponde a 30°.

Ao se tomar a tensão da fonte como referência angular, os respectivos fasores são:

$$\hat{U} = 282{,}84\angle 0°\,\text{V} \qquad \hat{U}_R = 141{,}42\angle 30°\,\text{V}$$

Aplicando-se a "Lei das Malhas de Kirchhoff" para o circuito, obtém-se:

$$\hat{U}_Z = \hat{U} - \hat{U}_R = \hat{U} + (-\hat{U}_R)$$

A Fig. 4.16 mostra o diagrama fasorial em escala para o circuito, no qual a tensão $\hat{U}_Z$ é obtida graficamente por meio da expressão anterior.

Por meio da Fig. 4.16, obtém-se:

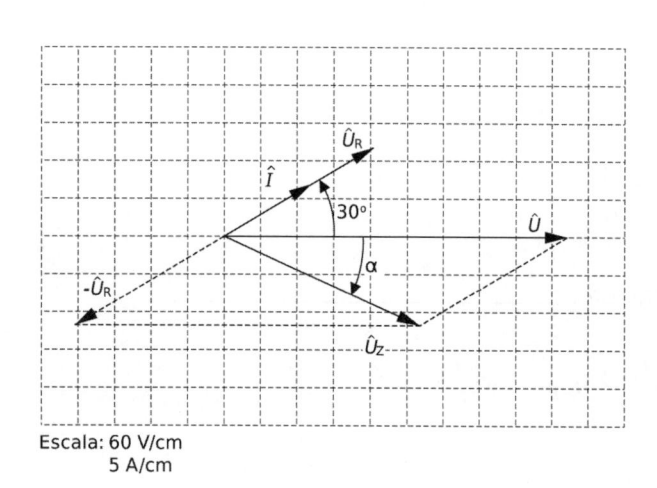

$$U_{Z_{ef}} \cong 175\,\text{V} \qquad \alpha \cong -24° \quad \rightarrow \quad \hat{U}_Z \cong 175\angle -24°\,\text{V}$$

Escala: 60 V/cm
5 A/cm

Fig. 4.16 Diagrama fasorial

o que pode ser confirmado com a resolução da equação que permite obter o valor de $\hat{U}_Z$

Circuitos de corrente alternada

A corrente $i(t)$ pelo circuito está em fase com a tensão $u_R(t)$ (característica do resistor). O fasor associado a ela é:

$$\hat{I} = \frac{\hat{U}_R}{R} = \frac{141{,}42\angle 30°}{20} = 7{,}07\angle 30°\text{ A}$$

O diagrama fasorial completo para o circuito é apresentado na Fig. 4.17.

A impedância Z do elemento desconhecido é dada por:

$$Z = \frac{\hat{U}_Z}{\hat{I}} \cong \frac{175\angle -24°}{7{,}07\angle 30°} = 24{,}75\angle -54° = 14{,}55 - j\cdot 20{,}02\ \Omega$$

Conclui-se que o elemento é do tipo capacitivo, pois sua reatância é negativa. Tal conclusão poderia também ser obtida pela observação do diagrama fasorial da Fig. 4.17, já que a corrente $\hat{I}$ aparece adiantada em relação a $\hat{U}_Z$.

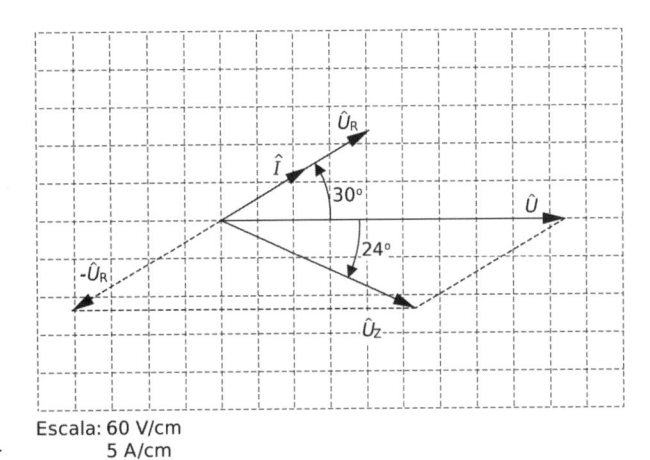

Escala: 60 V/cm
5 A/cm

Fig. 4.17 Diagrama fasorial

Exemplo 4.8

Um circuito contendo uma fonte de tensão, um motor e um resistor de 5 Ω e três voltímetros, está representado na Fig. 4.18.

As medidas obtidas pelos voltímetros são:

$$U_f = 130\text{ V} \qquad U_m = 106\text{ V} \qquad U_r = 50{,}8\text{ V}$$

a] Determine os fasores $\hat{U}_f$, $\hat{U}_m$ e $\hat{U}_r$.
b] Determine a corrente pelo circuito.
c] Calcule a impedância do motor.

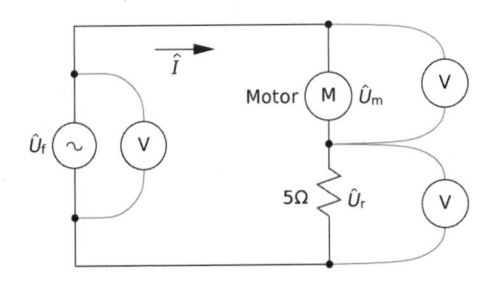

Fig. 4.18 Circuito do Exemplo 4.8

a] Os fasores $\hat{U}_f$, $\hat{U}_m$ e $\hat{U}_r$ podem ser determinados por meio das medidas realizadas e da construção de um diagrama fasorial, com a tensão da fonte como referência angular para o circuito, ou seja $\hat{U}_f = 130\angle 0°$ V.

Aplicando-se a "Lei das Malhas de Kirchhoff" para o circuito, obtém-se: $\hat{U}_f = \hat{U}_r + \hat{U}_m$. Um diagrama fasorial genérico do circuito é mostrado na Fig. 4.19.

Neste diagrama, é possível notar que:

- a corrente $\hat{I}$ está em fase com a tensão sobre o resistor $\hat{U}_r$;
- $\hat{I}$ está atrasada em relação à tensão sobre o motor $\hat{U}_m$. Naturalmente, os motores apresentam característica indutiva;

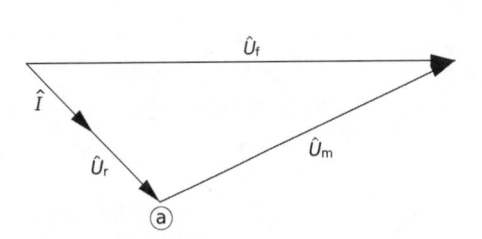

Fig. 4.19 Diagrama fasorial genérico

- o ponto **a** representa a conexão entre os fasores $\hat{U}_r$ e $\hat{U}_m$. O diagrama fasorial das tensões no circuito está ilustrado na Fig. 4.20.

Este diagrama foi construído segundo o seguinte procedimento:

1. Desenhar $\hat{U}_f$.

2. Traçar um semicírculo com centro na extremidade inicial de $\hat{U}_f$ e raio igual a $|\hat{U}_r|$. Este semicírculo é o lugar geométrico da extremidade final de $\hat{U}_r$.

3. Traçar um semicírculo com centro na extremidade final de $\hat{U}_f$ e raio igual a $|\hat{U}_m|$. Este semicírculo é o lugar geométrico da extremidade inicial de $\hat{U}_m$.

4. Os semicírculos cruzam-se em dois pontos (1 e 2). O ponto de cruzamento dos lugares geométricos indica o ponto de conexão entre $\hat{U}_r$ e $\hat{U}_m$. A decisão sobre qual dos dois pontos tomar baseia-se na análise do circuito. Como o circuito é indutivo devido à presença do motor, conclui-se que a corrente pelo circuito $\hat{I}$ deverá estar atrasada em relação à tensão da fonte $\hat{U}_f$. Além disso, $\hat{U}_r$ deverá estar em fase com $\hat{I}$ (característica do resistor). Logo, o ponto **a** da Fig. 4.19 corresponde ao ponto 2 da Fig. 4.20.

5. Desenhar os fasores $\hat{U}_r$ e $\hat{U}_m$.

Pode-se agora determinar os ângulos de $\hat{U}_r$ e $\hat{U}_m$, medindo-os diretamente no diagrama fasorial:

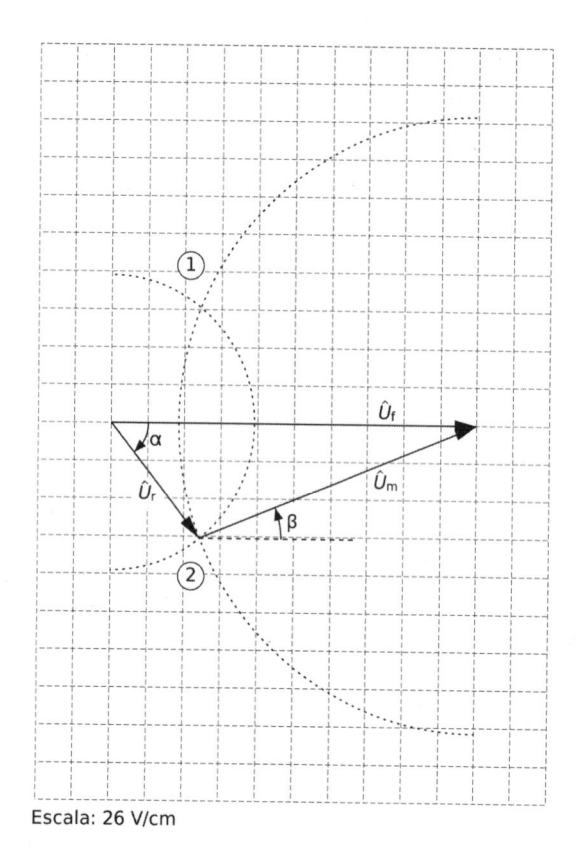

$$\hat{U}_r = 50{,}8\angle-52°\,\text{V} \quad (\alpha = 52°)$$
$$\hat{U}_m = 106\angle 22°\,\text{V} \quad (\beta = 22°)$$

Escala: 26 V/cm

Fig. 4.20 Diagrama fasorial

b) A corrente pelo circuito é obtida por:

$$\hat{I} = \frac{\hat{U}_R}{R} = \frac{50{,}8\angle-52°}{5} = 10{,}2\angle-52°\,\text{A}$$

c) A impedância do motor é obtida por:

$$Z = \frac{\hat{U}_m}{\hat{I}} \cong \frac{106\angle 22°}{10{,}2\angle-52°} = 10{,}4\angle 74° = 2{,}9 + j\cdot 10\,\Omega$$

Exercícios

4.1 Dado o número complexo $z = x + j\cdot y = |z|\angle\alpha$ obtenha $z + z*$ e $z\cdot z*$.

4.2 No circuito da Fig. 4.21 tem-se:

$$u(t) = 5\sqrt{2}\cdot\text{sen}(377\cdot t)\,\text{V} \qquad R = 1\,\text{k}\Omega \qquad C = 1\,\mu\text{F}$$

a) Obtenha os valores das tensões observadas na tela do osciloscópio.

Resp.: 7,07 V; 2,49 V

b) Esboce, em relação a um mesmo eixo de referência, um ciclo das formas de onda correspondentes a essas tensões.

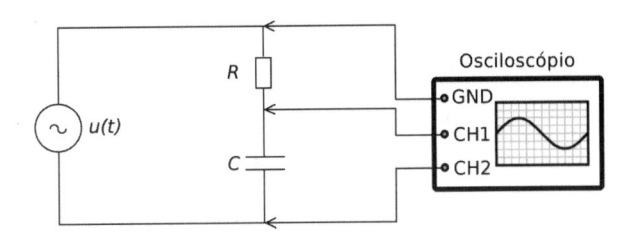

Fig. 4.21 Circuito RC série

4.3 A Fig. 4.22 mostra as formas de onda da tensão da fonte e, de forma indireta, a da corrente em um circuito RC série, no qual $R = 1\,\text{k}\Omega$ e $f = 50\,\text{Hz}$.

Considerando que a base de tensão é de 1,00 V/qd para a onda 2 e 1,52 V/qd para a onda 1:

a) Qual das formas de onda corresponde à tensão da fonte?

b) Qual é a defasagem entre a tensão e a corrente? **Resp.:** 72°

c) Qual o valor da capacitância?

Resp.: 1,05 µF

d) Qual foi a base de tempo no osciloscópio?

Resp.: 5 ms/qd

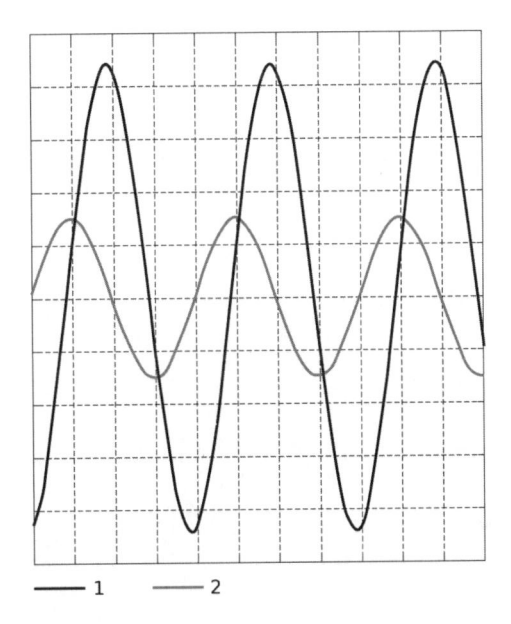

Fig. 4.22 Tela do osciloscópio

4.4 Nos terminais da fonte no circuito da Fig. 4.23, tem-se uma onda senoidal com magnitude 75 Vrms e frequência 60 Hz.

a) Quais grandezas elétricas podem ser medidas diretamente no osciloscópio?

b) Redesenhe o diagrama elétrico para que possam ser observadas as formas de onda da corrente e da tensão no gerador.

c) Para $R = 265\,\Omega$ e $C = 10\,\mu\text{F}$, obtenha a magnitude da corrente e o valor da defasagem entre a corrente e a tensão no gerador.

Resp.: 0,2 A; 45°

d) Se a frequência for aumentada, haverá aumento ou diminuição da magnitude da corrente e da defasagem? Justifique.

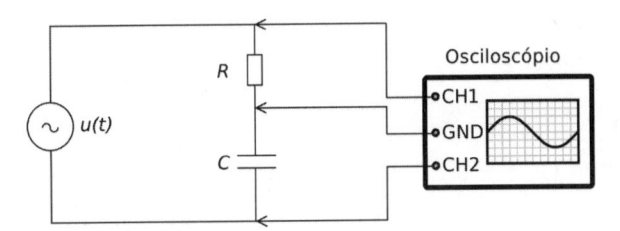

Fig. 4.23 Circuito RC série

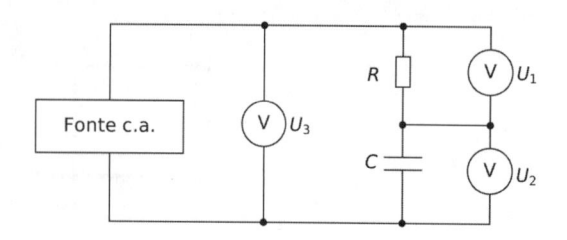

Fig. 4.24 Circuito RC série

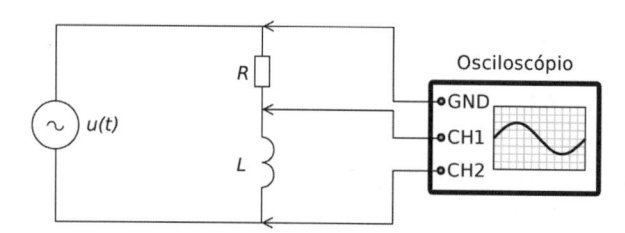

Fig. 4.25 Circuito RL série

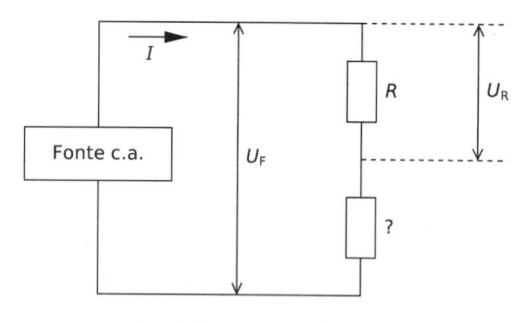

Fig. 4.26 Circuito série

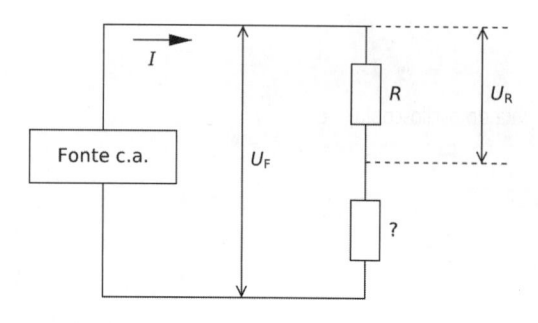

Fig. 4.27 Circuito série

4.5 No circuito da Fig. 4.24, o resistor é de 1 kΩ, e quando a frequência da fonte é ajustada em 100 Hz, as medidas nos voltímetros U_1 e U_2 indicam o mesmo valor: 7,5 V. Obtenha os valores do capacitor (μF) e da tensão U_3. **Resp.:** 1,6 μF; 10,6 V

4.6 No circuito da Fig. 4.25, tem-se:

$u(t) = 5 \cdot \sqrt{2} \cdot \text{sen}(377 \cdot t)\,\text{V} \qquad R = 50\,\Omega \qquad L = 100\,\text{mH}$

a) Obtenha os valores das tensões observadas na tela do osciloscópio.

Resp.: 7,07 V; 5,65 V

b) Esboce, em relação a um mesmo eixo de referência, um ciclo das respectivas formas de onda.

4.7 Considere o circuito da Fig. 4.26.

As medidas efetuadas são: $U_F = 50\,\text{V}$; $U_R = 30\,\text{V}$. Sabendo-se que a ddp no bipolo desconhecido é maior que 25 V, assinale certo ou errado.

a) O elemento desconhecido pode ser um resistor.

b) O elemento desconhecido pode ser um capacitor.

c) O elemento desconhecido pode ser um indutor.

d) As medidas dos voltímetros não podem estar todas corretas, pois violam uma das leis de Kirchhoff.

4.8 Considere o circuito da Fig. 4.27.

As medidas efetuadas são: $U_F = 50\,\text{V}$; $U_R = 30\,\text{V}$.

Ao dobrarmos a frequência da fonte, obtemos: $U_F = 50\,\text{V}$; $U_R = 22,5\,\text{V}$.

Com base apenas na variação do valor de U_R, pode-se concluir que o elemento desconhecido é um:

a) Resistor; b) Capacitor; c) Indutor;

d) Nada se pode concluir.

4.9 Na fonte do circuito da Fig. 4.28, tem-se uma onda senoidal 75 Vrms, 60 Hz.

a) Quais grandezas elétricas podem ser medidas diretamente no osciloscópio?

b) Redesenhe o diagrama elétrico para que se possam observar as formas de onda da corrente e da tensão no gerador.

c) Para $R = 50\,\Omega$ e $L = 100\,\text{mH}$, obtenha a magnitude da corrente e o valor da defasagem entre a corrente e a tensão no gerador. **Resp.:** 1,2 A; 37°

d) Se a frequência for aumentada, há aumento ou diminuição da magnitude da corrente e da defasagem? Justifique.

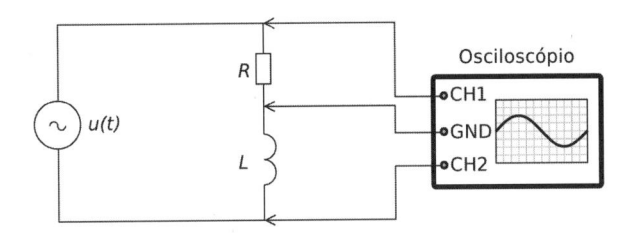

Fig. 4.28 Circuito RL série

4.10 No circuito da Fig. 4.29, quando a frequência da fonte é ajustada em 10 kHz, as tensões U_R e U_L assumem o mesmo valor: 7,5 V.

Para $R = 1\,\text{k}\Omega$, obtenha os valores de L e de U_{RL}. **Resp.:** 15,9 mH; 10,6 V

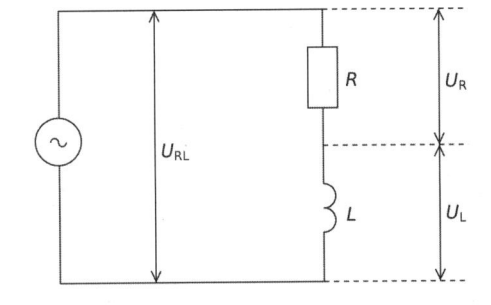

Fig. 4.29 Circuito RL série

4.11 As formas de onda da tensão na fonte e, de forma indireta, a da corrente em um circuito série, são mostradas na Fig. 4.30.

a) O circuito tem característica indutiva, capacitiva ou resistiva? Justifique.

b) Obtenha o valor da defasagem da corrente em relação à tensão. **Resp.:** 43,2°

c) Dadas as escalas 2,0 V/qd para a forma de onda da corrente e 1,0 V/qd para a forma de onda da tensão, calcule a resistência e a reatância de cada elemento do circuito, se um amperímetro registra 10 mA.
Resp.: 169,70 Ω; 160,16 Ω

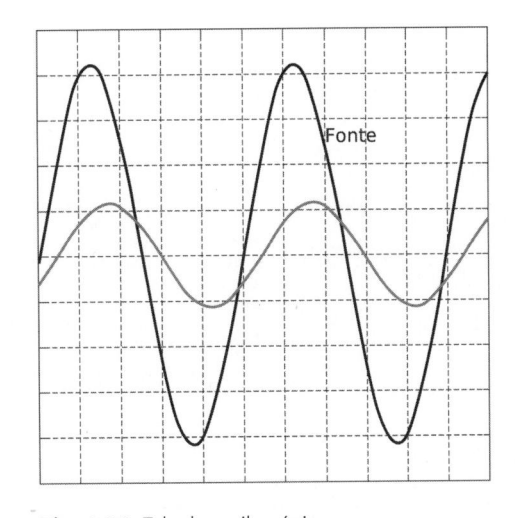

Fig. 4.30 Tela do osciloscópio

4.12 Um circuito usualmente conhecido por "filtro passa-altas" é ilustrado na Fig. 4.31.

a) Calcule as respectivas reatâncias para as frequências 500 Hz e 5 kHz.
Resp.: 125,66 Ω; 79,58 Ω; 1.256,6 Ω; 7,96 Ω

b) Justifique a denominação "filtro passa-altas".

4 Conceitos de fasor e impedância

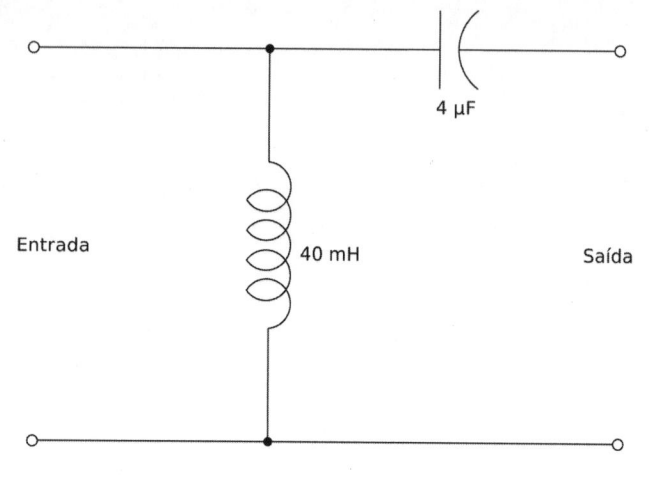

Fig. 4.31 Circuito "filtro passa-altas"

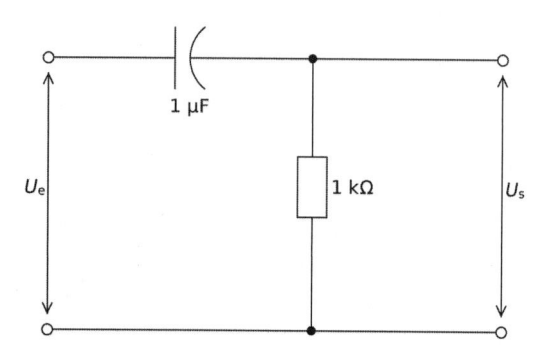

Fig. 4.32 Circuito RC série

4.13 No circuito da Fig. 4.32, determine o valor da frequência para que a relação U_s/U_e seja 0,5.

Resp.: 91,89 Hz

4.14 Um determinado tipo de reator de lâmpada fluorescente pode ser eletricamente representado por um indutor em série com um resistor. Sendo a indutância 39,8 µH e a resistência 20 Ω, para uma tensão de 80 V, 100 kHz, nos terminais do reator, calcule a corrente (forma polar). Desenhe, em escala, o respectivo diagrama fasorial com todas as tensões. Referência: um traço horizontal indicando 0°. **Resp.:** 32,02∠51,34° Ω; 2,5∠−51,34° A; 50,0 V e 62,5 V

4.15 Uma fonte c.a. supre a tensão $u(t) = 179,61.\text{sen}(377t)$ a um resistor de 12 Ω e a um indutor de 30 mH, pelos quais circula uma mesma corrente. Desenhe, em escala, o respectivo diagrama fasorial com todas as tensões. Referência: um traço horizontal indicando 0°.

Resp.: 16,49∠43,3° Ω; 92,42 V e 87,09 V

Leituras adicionais

BOLTON, W. *Análise de circuitos elétricos*. São Paulo: Makron Books do Brasil, 1994.

CASTRO JR., C. A.; TANAKA, M. R. *Circuitos de corrente alternada* – Um curso introdutório. São Paulo: Editora da Unicamp, 1995.

BURIAN JR., Y; LYRA, A. C. C. *Circuitos elétricos*. São Paulo: Pearson Prentice Hall, 2006.

BARTKOWIAK, R. A. *Circuitos elétricos*. São Paulo: Makron Books do Brasil, 1994.

Potências em circuitos de corrente alternada

5

Neste capítulo são apresentadas as grandezas elétricas associadas ao conceito de potência em circuitos c.a. monofásicos. Destaca-se o conceito de fator de potência e analisa-se a sua influência em uma instalação elétrica, principalmente industrial.

5.1 Conceitos básicos

Considere um circuito constituído por uma fonte de tensão alternada $u(t)$ que supre energia a uma carga, representada por sua impedância Z (Fig. 5.1).

Nos terminais da fonte, tem-se a tensão senoidal $u(t) = \sqrt{2} \cdot U_{ef} \cdot \text{sen}(\omega \cdot t)$, cujo respectivo fasor é $\hat{U} = U_{ef} \angle 0°$.

Genericamente, a impedância Z pode ser expressa por $Z = |Z| \angle \varphi = R + j \cdot X$. Nesse caso, a corrente em regime permanente corresponde a:

$$i(t) = \sqrt{2} \cdot I_{ef} \cdot \text{sen}(\omega \cdot t - \varphi)$$
$$= \sqrt{2} \cdot \frac{U_{ef}}{|Z|} \cdot \text{sen}(\omega \cdot t - \varphi)$$

$$\hat{I} = \frac{\hat{U}}{Z} = \frac{U_{ef} \angle 0°}{|Z| \angle \varphi} = \frac{U_{ef}}{|Z|} \angle -\varphi = I_{ef} \angle -\varphi$$

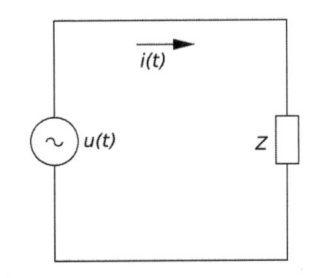

Fig. 5.1 Circuito de corrente alternada genérico

Obs.: o ângulo da impedância (φ) é também o ângulo de defasagem entre a corrente e a tensão na fonte.

A potência instantânea fornecida pela fonte e entregue à carga é dada pelo produto da tensão pela corrente:

$$p(t) = u(t) \cdot i(t) \qquad (5.1)$$

Substituindo as respectivas expressões de $u(t)$ e $i(t)$ em (5.1), tem-se:

$$p(t) = 2 \cdot U_{ef} \cdot I_{ef} \cdot \text{sen}(\omega \cdot t) \cdot \text{sen}(\omega \cdot t - \varphi) \qquad (5.2)$$

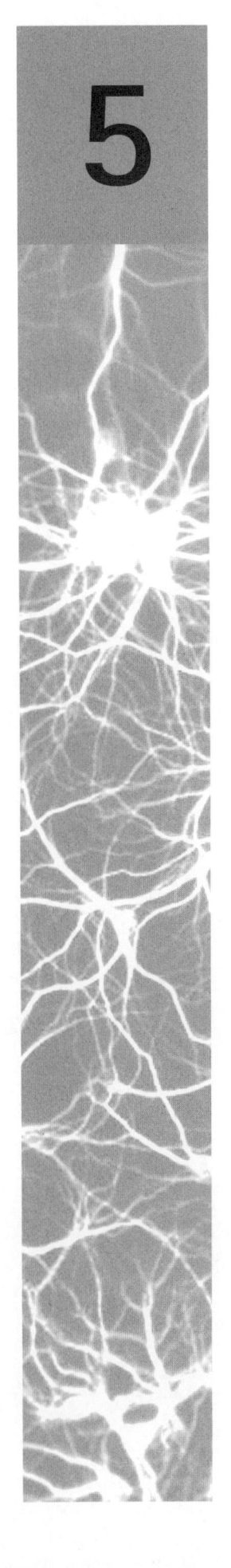

Ao se inserir $\text{sen}(\omega \cdot t - \varphi) = \cos(\varphi) \cdot \text{sen}(\omega \cdot t) - \text{sen}(\varphi) \cdot \cos(\omega \cdot t)$ na Eq. (5.2), tem-se:

$$p(t) = 2 \cdot U_{ef} \cdot I_{ef} \cdot \{\cos(\varphi) \cdot \text{sen}^2(\omega \cdot t) - \text{sen}(\varphi) \cdot \text{sen}(\omega \cdot t) \cdot \cos(\omega \cdot t)\}$$

Com as seguintes relações trigonométricas:

$$\text{sen}^2(\omega \cdot t) = \frac{1}{2} \cdot [1 - \cos(2\omega \cdot t)] \quad e \quad \text{sen}(\omega \cdot t) \cdot \cos(\omega \cdot t) = \frac{1}{2} \cdot \text{sen}(2\omega \cdot t)$$

a Eq. (5.2) pode ser reescrita na forma:

$$p(t) = \underbrace{U_{ef} \cdot I_{ef} \cdot \cos(\varphi) \cdot [1 - \cos(2\omega \cdot t)]}_{\{A\}} \underbrace{- U_{ef} \cdot I_{ef} \cdot \text{sen}(\varphi) \cdot \text{sen}(2\omega \cdot t)}_{\{B\}} \quad (5.3)$$

Note que na componente {A} há um valor constante [$U_{ef} \cdot I_{ef} \cdot \cos(\varphi)$], que multiplica uma função "senoidal" cuja frequência é o dobro da frequência da tensão, e na componente {B} há também um valor constante [$U_{ef} \cdot I_{ef} \cdot \text{sen}(\varphi)$], que multiplica uma função senoidal com frequência dupla. Assim, a potência instantânea $p(t)$ corresponde a uma forma de onda senoidal com frequência dupla somada a um valor constante.

A unidade de $p(t)$ é o watt (W).

Exemplo 5.1

Para o circuito da Fig. 5.1, calcule a potência média fornecida à carga e apresente as formas de onda das grandezas tensão, corrente e potência, considerando: $U_{ef} = 100$ V; $I_{ef} = 10$ A; $\omega = 377$ rad/s; $\varphi = 30°$.

As expressões para a tensão e a corrente são:

$$u(t) = U_p \cdot \text{sen}(\omega \cdot t) = 100 \cdot \sqrt{2} \cdot \text{sen}(377 \cdot t) \, \text{V}$$

$$i(t) = I_p \cdot \text{sen}(\omega \cdot t - \varphi) = 10 \cdot \sqrt{2} \cdot \text{sen}(377 \cdot t - 30°) \, \text{A}$$

A partir da expressão (5.3), tem-se:

$$p(t) = \underbrace{100 \cdot 10 \cdot \cos(30°) \cdot [1 - \cos(754 \cdot t)]}_{\{A\}} \underbrace{- 100 \cdot 10 \cdot \text{sen}(30°) \cdot \text{sen}(754 \cdot t)}_{\{B\}}$$

$$p(t) = \underbrace{500 \cdot \sqrt{3} \cdot [1 - \cos(754 \cdot t)]}_{\{A\}} \underbrace{- 500 \cdot \text{sen}(754 \cdot t)}_{\{B\}}$$

A Fig. 5.2 mostra as formas de onda de $u(t)$, $i(t)$ e $p(t)$, nas quais foram aplicados fatores de multiplicação para tornar adequada a visualização.

Como a forma de onda da potência instantânea tem frequência angular igual a 754 rad/s, o período corresponde a:

$$T = \frac{2 \cdot \pi}{\omega} = \frac{2 \cdot \pi}{754} = 8,33 \, \text{ms}$$

Note que esse valor corresponde à metade do período das formas de onda da tensão e da corrente, ou seja, π rad, e, portanto, a frequência de $p(t)$, 120 Hz, corresponde ao dobro da frequência das formas de onda da tensão e da corrente.

O valor médio da potência fornecida à carga é calculado por:

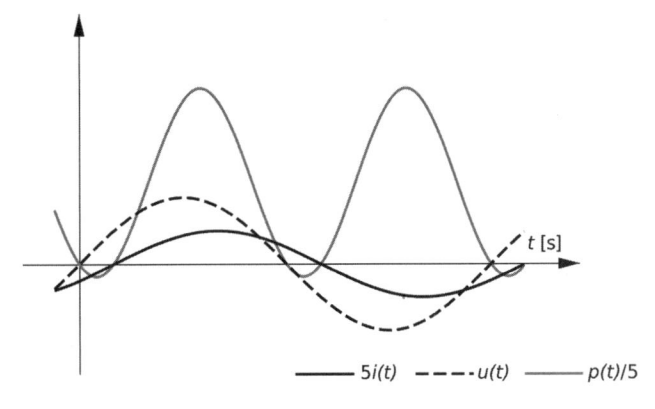

$$P_m = \frac{1}{T}\int_0^T p(t) \cdot dt$$

Fig. 5.2 Formas de onda para o Exemplo 5.1

$$P_m = \frac{1}{T}\int_0^T \left\{500 \cdot \sqrt{3} \cdot [1 - \cos(754 \cdot t)] - 500 \cdot \text{sen}(754 \cdot t)\right\} dt$$

$$P_m = \frac{1}{T}\left\{\int_0^T 500 \cdot \sqrt{3} \cdot dt - \int_0^T \left[500 \cdot \sqrt{3} \cdot \cos(754 \cdot t)\right] \cdot dt - \int_0^T [500 \cdot \text{sen}(754 \cdot t)] \cdot dt\right\}$$

$$P_m = \frac{1}{T}\left\{500 \cdot \sqrt{3} \cdot T - 0 - 0\right\} = 500 \cdot \sqrt{3}\,\text{W}$$

Em termos genéricos:

$$P_m = \frac{1}{T}\int_0^T p(t) \cdot dt = \frac{1}{\pi}\int_0^\pi p(\omega \cdot t) \cdot d(\omega \cdot t) = U_{ef} \cdot I_{ef} \cdot \cos(\varphi)$$

A unidade de P_m é o watt (W).

Portanto, a potência média corresponde ao valor constante da componente {A} da Eq. (5.3).

A forma de onda da potência instantânea $p(t)$ dada pela Eq. (5.3) depende dos valores eficazes da tensão e da corrente, bem como dos valores da frequência e da impedância da carga. Analisemos a expressão da potência para diferentes tipos da impedância na Fig. 5.1.

5.1.1 Impedância resistiva

No caso de a impedância Z corresponder a uma carga puramente resistiva na Fig. 5.1, tem-se:

$$X = 0 \qquad |Z| = R \qquad \varphi = 0°$$

A expressão da potência dada pela Eq. (5.3) reduz-se a:

$$p(t) = \underbrace{U_{ef} \cdot I_{ef} \cdot \cos(\varphi) \cdot [1 - \cos(2\omega \cdot t)]}_{\{A\}} \qquad (5.4)$$

Note que a componente {B} da Eq. (5.3) é nula.

As formas de onda da tensão, da corrente e da potência instantânea para uma impedância resistiva estão representadas na Fig. 5.3.

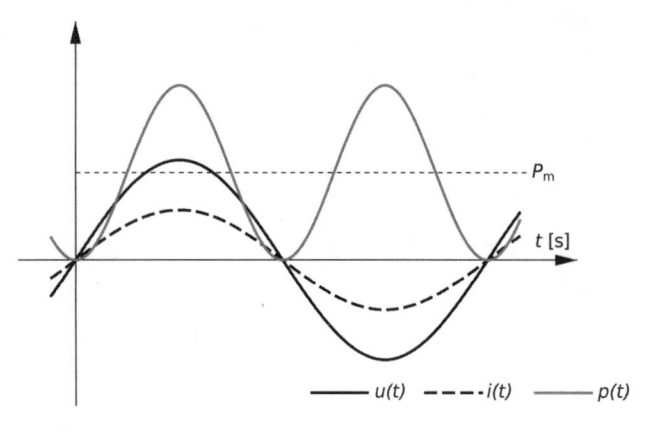

Fig. 5.3 Formas de onda para uma carga puramente resistiva

Pode-se observar que $p(t)$ tem o dobro da frequência de $u(t)$ e $i(t)$ e é sempre maior ou igual a zero. Associando-se ao sinal positivo de $p(t)$ o consumo de potência pela carga, pode-se afirmar que a energia que o resistor recebe da fonte é totalmente consumida, isto é, convertida em energia térmica.

Pode-se obter facilmente o valor médio da potência fornecida pela fonte por meio da expressão:

$$P_m = U_{ef} \cdot I_{ef} \cdot \cos(\varphi)$$

Como $\varphi = 0°$ (impedância resistiva), a potência média corresponde a:

$$P_m = U_{ef} \cdot I_{ef}$$

5.1.2 Impedância indutiva

No caso de a impedância Z corresponder a uma carga puramente indutiva na Fig. 5.1, tem-se:

$$R = 0 \quad |Z| = X_L = \omega \cdot L \quad \varphi = 90° \quad \text{ou} \quad \varphi = \frac{\pi}{2} \text{ rad}$$

A expressão da potência instantânea é:

$$p(t) = \underbrace{-U_{ef} \cdot I_{ef} \cdot \text{sen}(2\omega \cdot t)}_{\{B\}} \quad (5.5)$$

Note que tanto a componente {A} da Eq. (5.3) como o valor médio da potência são nulos.

As formas de onda da tensão, da corrente e da potência para uma carga puramente indutiva estão representadas na Fig. 5.4.

Note que a corrente está atrasada de 90° em relação à tensão e que a potência instantânea para o indutor assume valores positivos e negativos ao longo do tempo. No intervalo de tempo em que a potência assume valores positivos – que corresponde a um quarto de ciclo da tensão –, o indutor recebe energia da fonte, e no intervalo de tempo seguinte, em que a potência assume valores negativos, o indutor fornece energia à fonte. Assim, o indutor é considerado um elemento armazenador de energia, no sentido de que a energia armazenada durante um período de tempo é totalmente devolvida à fonte no período de tempo seguinte.

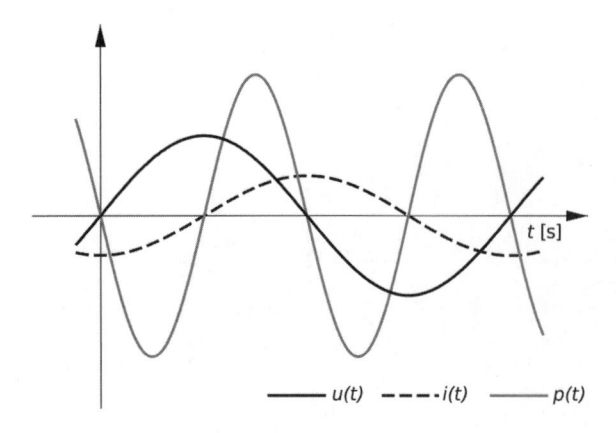

Fig. 5.4 Formas de onda para uma carga puramente indutiva

5.1.3 Impedância capacitiva

No caso de a impedância Z corresponder a uma carga puramente capacitiva na Fig. 5.1, tem-se:

$$R = 0 \qquad |Z| = X_C = \frac{1}{\omega \cdot C} \qquad \varphi = -90° \quad \text{ou} \quad \varphi = -\frac{\pi}{2}\,\text{rad}$$

A expressão da potência instantânea é:

$$p(t) = \underbrace{U_{ef} \cdot I_{ef} \cdot \text{sen}(2\omega \cdot t)}_{\{B\}} \qquad (5.6)$$

Como ocorre para a carga puramente indutiva, também são nulos a componente {A} da Eq. (5.3) e o valor médio da potência instantânea.

As formas de onda das grandezas tensão, corrente e potência para uma carga puramente capacitiva estão representadas na Fig. 5.5.

Note que, nesse caso, a corrente está adiantada de 90° em relação à tensão e que a potência instantânea para o capacitor também assume valores positivos e negativos ao longo do tempo. No intervalo de tempo em que a potência assume valores positivos – que corresponde a um quarto de ciclo da tensão –, o capacitor recebe energia da fonte, e no intervalo de tempo seguinte, em que a potência assume valores negativos, o capacitor fornece energia à fonte. Assim, o capacitor também é considerado um elemento armazenador de energia, no sentido de que a energia armazenada durante um período de tempo é totalmente devolvida à fonte no período de tempo seguinte.

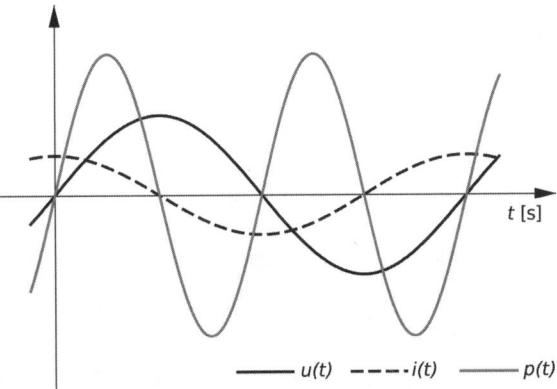

Fig. 5.5 Formas de onda para uma carga puramente capacitiva

5.1.4 Circuito RLC série

No caso de a impedância Z da Fig. 5.1 corresponder a uma conexão série de um resistor, um indutor e um capacitor, as formas de onda da tensão, da corrente e da potência podem ser, por exemplo, como as mostradas na Fig. 5.6.

Nesse caso, a corrente está adiantada em relação à tensão de um ângulo φ, indicando que a carga apresenta um comportamento predominantemente capacitivo. No entanto, φ pode variar de −90° a 90°, dependendo dos valores de R, L e C e da frequência.

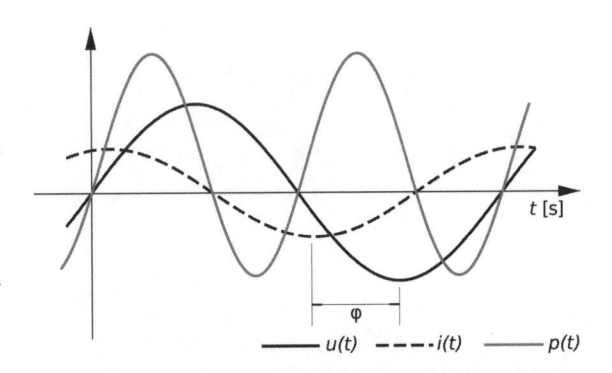

Fig. 5.6 RLC série com comportamento predominantemente capacitivo

A potência assume valores positivos e negativos ao longo do tempo, e o valor médio da potência fornecida corresponde ao valor constante da componente {A} da Eq. (5.3):

$$P_m = U_{ef} \cdot I_{ef} \cdot \cos(\varphi)$$

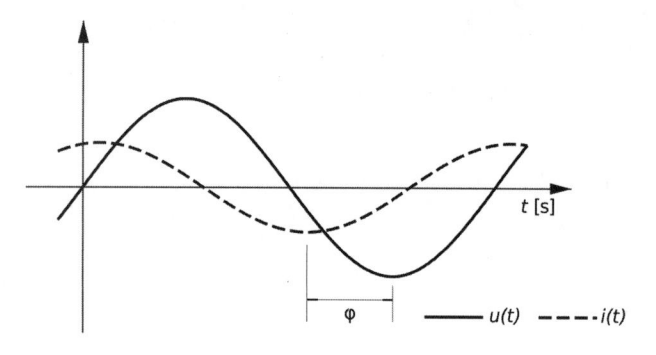

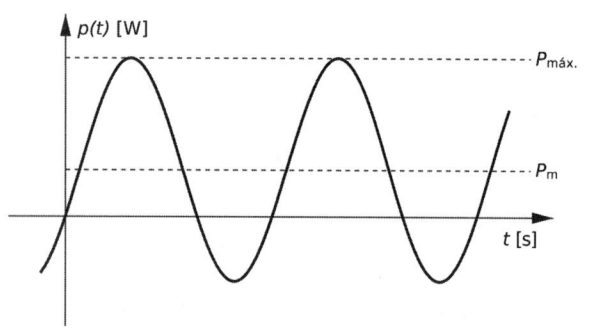

Fig. 5.7 RLC série com comportamento predominantemente capacitivo

Durante o intervalo de tempo em que os valores de potência são positivos, a carga recebe energia da fonte. Para o intervalo de tempo em que a potência assume valores negativos, a carga devolve energia à fonte, como resultado da presença de elementos armazenadores de energia na composição da carga.

Ao se comparar a área sob a parte positiva da curva $p(t)$ com a área contida na parte negativa, conclui-se que a energia fornecida pela fonte é maior que a energia que lhe é devolvida, indicando que, ao longo do tempo, há uma energia líquida que é consumida pela carga, em razão da existência de bipolos resistivos na composição desta. Esse aspecto é destacado na Fig. 5.7, que é a mesma Fig. 5.6, mas da qual separamos a curva $p(t)$ das curvas de tensão e corrente.

No entanto, a análise e as definições apresentadas a seguir são gerais e válidas para qualquer circuito de corrente alternada.

Retomando a expressão da potência instantânea (Eq. 5.3):

$$p(t) = \underbrace{U_{ef} \cdot I_{ef} \cdot \cos(\varphi) \cdot [1 - \cos(2\omega \cdot t)]}_{\{A\} \text{ ou } p_A(t)} \underbrace{- U_{ef} \cdot I_{ef} \cdot \text{sen}(\varphi) \cdot \text{sen}(2\omega \cdot t)}_{\{B\} \text{ ou } p_R(t)}$$

a componente {A}, representada por $p_A(t)$, passa a ser denominada potência ativa instantânea, ao passo que a componente {B}, correspondente a $p_R(t)$, é denominada potência reativa instantânea. Os respectivos valores médios de $p_A(t)$ e $p_R(t)$ são:

$$P_{Am} = U_{ef} \cdot I_{ef} \cdot \cos(\varphi) = P_m$$

$$P_{Rm} = 0$$

Simplificando, define-se:

$$P = P_{Am} = U_{ef} \cdot I_{ef} \cdot \cos(\varphi) = P_m \quad (5.7)$$

como a potência ativa, que corresponde ao valor médio de $p_A(t)$ e de $p(t)$.

Define-se também:

$$Q = U_{ef} \cdot I_{ef} \cdot \text{sen}(\varphi) \quad (5.8)$$

como a potência reativa, que corresponde ao valor de pico de $p_R(t)$.

Assim, a Eq. (5.3) pode ser reescrita como:

$$p(t) = \underbrace{P \cdot [1 - \cos(2\omega \cdot t)]}_{\{A\}} \underbrace{- Q \cdot \text{sen}(2\omega \cdot t)}_{\{B\}} \quad (5.9)$$

No Cap. 4 foi apresentada a análise de tensões e correntes em circuitos c.a. por meio do conceito de fasores. Vale lembrar que, na representação fasorial, somente são explicitadas as características particulares dessas grandezas elétricas, ou seja, seus valores eficazes e seus ângulos de fase, já que as formas de onda e a frequência de todas elas são as mesmas. Dessa forma, tem-se uma maneira simples de obtenção dos valores das tensões e correntes em circuitos c.a., o que também é possível na análise da potência, utilizando-se para isso os fasores da tensão e da corrente.

A Eq. (5.9) corresponde à forma geral da potência instantânea para um circuito de corrente alternada. Somente os valores de P e Q mudam conforme as características de cada circuito, já que dependem dos valores eficazes da tensão e da corrente e também da defasagem entre elas. Assim, se P e Q forem conhecidos, a potência instantânea também o será, bastando substituir seus respectivos valores na Eq. (5.9).

Considerando como referência angular o ângulo de fase da tensão na fonte da Fig. 5.1, os fasores associados à tensão e à corrente são:

$$\hat{U} = U_{ef} \angle 0° \qquad \hat{I} = I_{ef} \angle -\varphi$$

Enquanto a Eq. (5.1) corresponde a uma expressão para a potência no domínio do tempo, analogamente, no domínio dos números complexos, define-se o número complexo S, denominado potência complexa, como:

$$S = \hat{U} \cdot \hat{I}^* \qquad (5.10)$$

Lembrete: o símbolo $*$ indica o conjugado de um número complexo.

Substituindo as expressões dos fasores da tensão e da corrente em (5.10), tem-se:

$$S = U_{ef} \angle 0° \cdot \left(I_{ef} \angle -\varphi \right)^*$$

$$S = U_{ef} \angle 0° \cdot I_{ef} \angle \varphi = U_{ef} \cdot I_{ef} \angle \varphi$$

$$S = U_{ef} \cdot I_{ef} \cdot \cos(\varphi) + j \cdot U_{ef} \cdot I_{ef} \cdot \text{sen}(\varphi)$$

Ao se retomar as expressões definidas para a potência ativa e para a potência reativa:

$$P = U_{ef} \cdot I_{ef} \cdot \cos(\varphi) \qquad Q = U_{ef} \cdot I_{ef} \cdot \text{sen}(\varphi)$$

a expressão para a potência complexa resulta:

$$S = P + j \cdot Q$$

ou ainda:

$$S = |S| \angle \varphi \qquad |S| = U_{ef} \cdot I_{ef} = \sqrt{P^2 + Q^2} \qquad \text{tg}(\varphi) = \frac{Q}{P}$$

$|S|$ é denominado potência aparente.

As respectivas unidades são:
- Potência complexa (S) e potência aparente (|S|): volt-ampère (VA)
- Potência ativa (P): watt (W)
- Potência reativa (Q): volt-ampère reativo (VAr)

Em circuitos para os quais as potências atingem valores altos, utiliza-se o quilovolt-ampère (kVA), que é igual a 10^3 VA, e o megavolt-ampère (MVA), que corresponde a 10^6 VA. Da mesma forma, são utilizados: kW, MW, kVAr e MVAr.

A potência aparente é a grandeza utilizada no dimensionamento de instalações elétricas industriais e de equipamentos em geral (transformadores, motores etc.); a potência ativa é associada à energia que, ou nos circuitos ou nos equipamentos, é convertida em outras formas: mecânica, térmica, acústica etc.; e a potência reativa é associada aos campos elétricos e/ou magnéticos necessários em determinados equipamentos, como, por exemplo, nos motores.

Inserindo a "Lei de Ohm" nas expressões $P = U_{ef} \cdot I_{ef} \cdot \cos(\varphi)$ e $Q = U_{ef} \cdot I_{ef} \cdot \text{sen}(\varphi)$, pode-se deduzir as relações:

$$P = R \cdot I_{ef}^2 \qquad Q = X \cdot I_{ef}^2 \tag{5.11}$$

Essas expressões tornam claras as relações existentes entre as potências ativa e reativa e os elementos do circuito. A potência ativa é relacionada com a presença de elementos resistivos, ao passo que a potência reativa é relacionada com a presença de elementos reativos (indutores e capacitores).

Exemplo 5.2

Considere um circuito RL série conectado a uma fonte de tensão alternada no qual:

$$u(t) = 100 \cdot \sqrt{2} \cdot \text{sen}(\omega \cdot t)\,\text{V} \qquad R = 10\,\Omega \qquad L = \frac{1}{37,7}\,\text{H}$$

Obtenha na fonte:

a] a corrente $i(t)$;
b] a potência $p(t)$;
c] as potências: complexa, ativa e reativa;
d] e trace o triângulo de potências.

a] Considerando a tensão fornecida pela fonte como a referência angular, tem-se:

$$\hat{U} = 100\angle 0° = 100\,\text{V}$$

Para a frequência de 60 Hz, a impedância do circuito vale:

$$Z = 10 + j \cdot 377 \cdot \frac{1}{37,7} = 10 + j \cdot 10 = 10 \cdot \sqrt{2}\angle 45°\,\Omega$$

A corrente no circuito vale:

$$\hat{I} = \frac{\hat{U}}{Z} = \frac{100\angle 0°}{10 \cdot \sqrt{2}\angle 45°} = 5 \cdot \sqrt{2}\angle -45°\,\text{A}$$

E no domínio do tempo, tem-se:

$$i(t) = \sqrt{2} \cdot 5 \cdot \sqrt{2} \cdot \text{sen}(\omega \cdot t - 45°) = 10 \cdot \text{sen}(\omega \cdot t - 45°)\,\text{A}$$

Note que o ângulo de 45° da impedância total da carga também é o ângulo da defasagem entre a corrente e a tensão na fonte.

b] Utilizando as definições das potências ativa e reativa, obtém-se:

$$P = U_{ef} \cdot I_{ef} \cdot \cos(\varphi) = 100 \cdot 5 \cdot \sqrt{2} \cdot \cos 45° = 500\,\text{W}$$

$$Q = 100 \cdot 5 \cdot \sqrt{2} \cdot \text{sen}\, 45° = 500\,\text{VAr}$$

A partir da expressão (5.7), obtém-se:

$$p(t) = 500 \cdot [1 - \cos(2\omega \cdot t)] - 500 \cdot \text{sen}(2\omega \cdot t)\,\text{W}$$

c] Por meio da expressão (5.8), obtém-se:
- potência complexa:
  $S = \hat{U} \cdot \hat{I}^* = 500 \cdot \sqrt{2}\angle 45°\,\text{VA}$;
- potência aparente: $|S| = 500 \cdot \sqrt{2}\,\text{VA}$;
- ângulo de defasagem entre a corrente e a tensão na fonte: $\varphi = 45°$.

d] O triângulo de potências (Fig. 5.8) corresponde à representação das potências ativa, reativa e complexa no plano complexo.

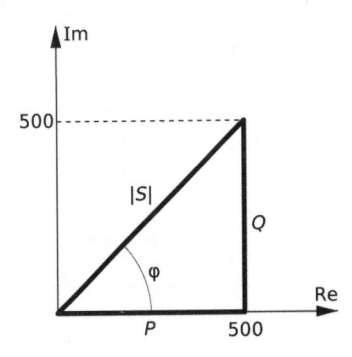

Fig. 5.8 Triângulo de potências para o Exemplo 5.2

Exemplo 5.3

Repita o Exemplo 5.2, acrescentando um capacitor de $\frac{1}{7.540}$ F em série com o resistor e o indutor.

a] A inserção do capacitor resulta em um circuito RLC série cuja impedância total é:

$$Z = 10 + j \cdot 377 \cdot \frac{1}{37,7} - j \cdot \frac{7.540}{377} = 10 - j \cdot 10 = 10 \cdot \sqrt{2}\angle -45°\,\Omega$$

Observe que o ângulo da impedância é negativo, indicando que o circuito apresenta um comportamento predominantemente capacitivo.

A corrente fornecida pela fonte vale:

$$\hat{I} = \frac{\hat{U}}{Z} = \frac{100\angle 0°}{10 \cdot \sqrt{2}\angle -45°} = 5 \cdot \sqrt{2}\angle 45°\,\text{A}$$

E no domínio do tempo, tem-se:

$$i(t) = \sqrt{2} \cdot 5 \cdot \sqrt{2} \cdot \text{sen}\,[\omega \cdot t - (-45°)] = 10 \cdot \text{sen}(\omega \cdot t + 45°)\,\text{A}$$

A corrente está adiantada de 45° em relação à tensão.

b] Aplicando-se as definições das potências ativa e reativa:

$$P = U_{ef} \cdot I_{ef} \cdot \cos(\varphi) = 100 \cdot 5 \cdot \sqrt{2} \cdot \cos(-45°) = 500\,\text{W}$$

$$Q = 100 \cdot 5 \cdot \sqrt{2} \cdot \text{sen}(-45°) = -500\,\text{VAr}$$

Note que, diferentemente do Exemplo 5.2, a potência reativa resultou em um valor negativo. Por quê?

A partir da expressão (5.7), obtém-se:

$$p(t) = 500 \cdot [1 - \cos(2\omega \cdot t)] + 500 \cdot \text{sen}(2\omega \cdot t)\,\text{W}$$

c] Por meio da expressão (5.8), obtém-se:
- a potência complexa:
  $S = \hat{U} \cdot \hat{I}^* = 500 \cdot \sqrt{2}\angle{-45°}$ VA;
- a potência aparente: $|S| = 500 \cdot \sqrt{2}$ VA;
- o ângulo de defasagem entre a corrente e a tensão na fonte: $\varphi = -45°$.

d] O respectivo triângulo de potências é mostrado na Fig. 5.9.

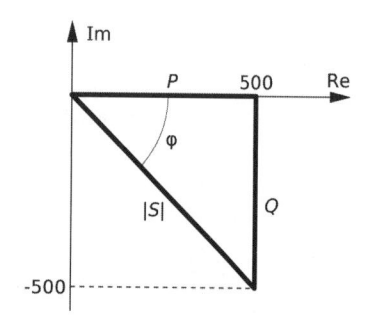

Fig. 5.9 Triângulo de potências para o Exemplo 5.3

Ao se comparar os resultados dos Exemplos 5.2 e 5.3, nota-se que a potência ativa é sempre positiva e que, dependendo da composição da carga em termos de seus elementos armazenadores de energia, a potência reativa pode assumir valores positivos ou negativos. Isso é um resultado direto da mudança de sinal do ângulo da impedância Z.

Para um circuito c.a. genérico como o da Fig. 5.1, o ângulo de defasagem entre a tensão e a corrente está contido no intervalo entre –90° e 90°. Assim, a potência ativa P em um circuito sempre apresenta valores maiores ou iguais a zero, pois, para esse intervalo de ângulos, $\cos(\varphi) \geq 0$. Como a potência ativa está relacionada com a dissipação de potência nos elementos resistivos do circuito, associa-se um valor positivo de potência ativa ao consumo de potência pela carga ou ao fornecimento de potência ativa da fonte para a carga.

A potência reativa Q pode apresentar valores positivos (cargas indutivas) ou valores negativos (cargas capacitivas). Associa-se um valor positivo de potência reativa ao consumo de reativos pela carga indutiva, ou ao fluxo de reativos da fonte para a carga indutiva. Analogamente, associa-se um valor negativo de potência reativa ao consumo de reativos pela fonte, ou ao fluxo de reativos da carga capacitiva para a fonte, sendo que esse comportamento é o inverso do que ocorre com a carga indutiva.

A Fig. 5.10 ilustra a discussão precedente. Não se deve, no entanto, perder de vista os fenômenos físicos envolvidos na operação dos elementos armazenadores de energia, apesar da nomenclatura utilizada na prática.

Uma característica importante na análise de circuitos c.c. e c.a. é que a potência fornecida por uma fonte a várias cargas é igual à soma das potências fornecidas a cada uma delas, independentemente da forma como elas estão ligadas. Esse fato é destacado nos exemplos a seguir.

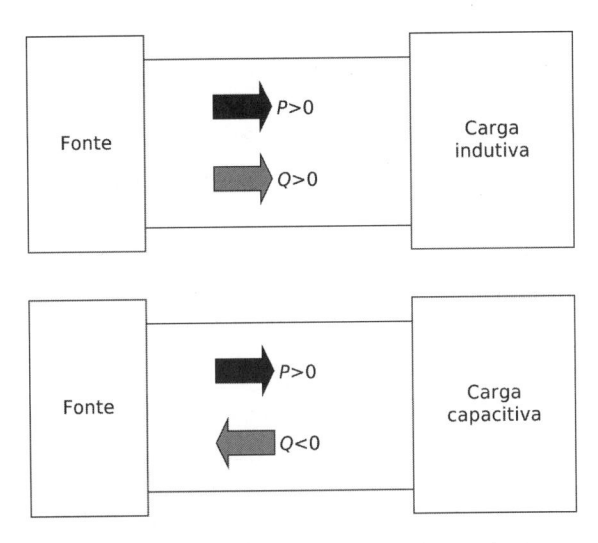

Fig. 5.10 Fluxos das potências ativa e reativa em circuito c.a.

Exemplo 5.4

Obtenha expressões para a potência complexa fornecida pela fonte nos dois circuitos ilustrados na Fig. 5.11.

As potências fornecidas às impedâncias Z_1 e Z_2 no circuito série valem:

$$S_1 = \hat{U}_1 \cdot \hat{I}^* = (Z_1 \cdot \hat{I}) \cdot \hat{I}^* = Z_1 \cdot I^2$$
$$S_2 = \hat{U}_2 \cdot \hat{I}^* = (Z_2 \cdot \hat{I}) \cdot \hat{I}^* = Z_2 \cdot I^2$$

Aplicando-se a "Lei das Malhas de Kirchhoff" ao circuito série, tem-se:

$$\hat{U} = \hat{U}_1 + \hat{U}_2$$

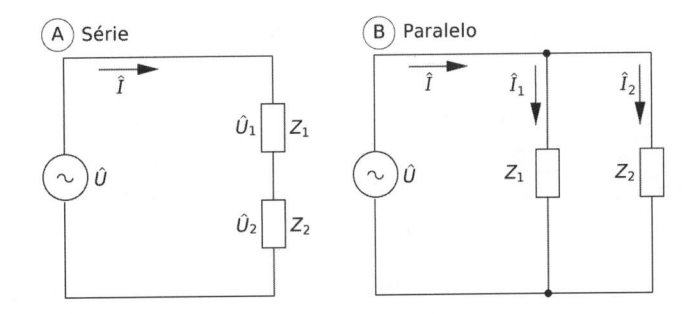

Fig. 5.11 Circuitos série e paralelo com dois bipolos

A potência fornecida pela fonte é igual a:

$$S = \hat{U} \cdot \hat{I}^* = (\hat{U}_1 + \hat{U}_2) \cdot \hat{I}^* = \hat{U}_1 \cdot \hat{I}^* + \hat{U}_2 \cdot \hat{I}^* = S_1 + S_2$$

Portanto, a potência fornecida pela fonte é igual à soma das potências entregues a cada carga.

As potências fornecidas às impedâncias Z_1 e Z_2 no circuito paralelo valem:

$$S_1 = \hat{U} \cdot \hat{I}_1^* = \hat{U} \cdot \left(\frac{\hat{U}}{Z_1}\right)^* = \frac{U^2}{Z_1^*} \qquad S_2 = \hat{U} \cdot \hat{I}_2^* = \hat{U} \cdot \left(\frac{\hat{U}}{Z_2}\right)^* = \frac{U^2}{Z_2^*}$$

Aplicando-se a "Lei dos Nós de Kirchhoff" ao circuito paralelo, tem-se:

$$\hat{I} = \hat{I}_1 + \hat{I}_2$$

A potência fornecida pela fonte é igual a:

$$S = \hat{U} \cdot \hat{I}^* = \hat{U} \cdot \left(\hat{I}_1 + \hat{I}_2\right)^* = \hat{U} \cdot \hat{I}_1^* + \hat{U} \cdot \hat{I}_2^* = S_1 + S_2$$

Dos resultados obtidos, conclui-se que a potência fornecida pela fonte é igual à soma das potências fornecidas a cada elemento do circuito, independentemente do tipo de ligação desses elementos.

Exemplo 5.5

Para o circuito paralelo da Fig. 5.11B, considere:

$$\hat{U} = 100\angle 0° = 100\,\text{V} \quad Z_1 = 10\angle 30°\,\Omega \quad Z_2 = 5\angle -30°\,\Omega$$

Obtenha a corrente na fonte e as potências tanto nas impedâncias como na fonte.

As potências fornecidas a cada impedância valem:

$$S_1 = \frac{U^2}{Z_1^*} = \frac{100^2}{10\angle -30°} = 1.000\angle 30° = 866{,}03 + j \cdot 500{,}0\,\text{VA}$$

$$P_1 = 866{,}03\,\text{W} \quad \text{e} \quad Q_1 = 500{,}0\,\text{VAr (indutivo)}$$

$$S_2 = \frac{U^2}{Z_2^*} = \frac{100^2}{5\angle 30°} = 2.000\angle -30° = 1.732{,}05 - j \cdot 1.000\,\text{VA}$$

$$P_2 = 1.732{,}05\,\text{W} \quad \text{e} \quad Q_2 = -1.000\,\text{VAr (capacitivo)}$$

As correntes em cada impedância são iguais a:

$$\hat{I}_1 = \frac{\hat{U}}{Z_1} = \frac{100}{10\angle 30°} = 10\angle -30°\,\text{A}$$

$$\hat{I}_2 = \frac{\hat{U}}{Z_2} = \frac{100}{5\angle -30°} = 20\angle 30°\,\text{A}$$

A corrente na fonte corresponde a:

$$\hat{I} = \hat{I}_1 + \hat{I}_2 = 25{,}9808 + j \cdot 5{,}00 = 26{,}458\angle 10{,}89°\,\text{A}$$

A potência total fornecida pela fonte vale:

$$S = \hat{U} \cdot \hat{I}^* = 100 \cdot (25{,}9808 - j \cdot 5{,}00) = 2.598{,}08 - j \cdot 500{,}0\,\text{VA}$$

ou, de outra forma:

$$S = P + j \cdot Q = S_1 + S_2 = P_1 + P_2 + j \cdot (Q_1 + Q_2) = 2.598{,}08 - j \cdot 500{,}0\,\text{VA}$$

Exemplo 5.6

Três cargas monofásicas estão conectadas à rede elétrica de uma indústria com tensão de 220 V, 60 Hz:

- 1 motor de 2 HP, 220 V, operando com eficiência de 75% e fator de potência 0,85 atrasado;
- 1 aquecedor resistivo de 3 kW, 220 V;
- 1 equipamento de 3 kVA, 220 V, com fator de potência 0,65 adiantado.

Obtenha o fator de potência global e a corrente total, justificando o respectivo comportamento global: indutivo, resistivo ou capacitivo.

Para o motor:
- potência mecânica em watts: $2 \cdot 746 = 1.492$ W (1 HP $\cong$ 746 W)
- potência ativa: $P_1 = 1.492/0,75 = 1.989,33$ W
- potência reativa: $Q_1 = P_1 \cdot \text{tg}(\varphi) = 1.232,88$ VAr

Obs.: a potência reativa é positiva porque o motor é uma carga indutiva.

Para o aquecedor:
- potência ativa: $P_2 = 3.000$ W
- potência reativa: $Q_2 = 0$ VAr

Para o equipamento de 3 kVA:
- potência aparente: $|S_3| = 3.000,0$ VA
- potência ativa: $P_3 = |S_3| \cdot \cos(\varphi) = 1.950,0$ W
- potência reativa: $Q_3 = |S_3| \cdot \text{sen}(\varphi) = -2.279,80$ VAr (capacitivo)

$$P_{total} = 1.989,33 + 3.000,0 + 1.950,0 = 6.939,33 \text{ W}$$

$$Q_{total} = 1.232,88 - 2.279,80 = -1.046,92 \text{ VAr}$$

$$\text{tg}(\varphi) = Q_{total}/P_{total} = -0,151 \quad \cos(\varphi) = 0,989$$

$$P_{total} = |U| \cdot |I| \cdot \cos(\varphi) \quad |I| = 31,89 \text{ A} \quad \hat{I} = 31,89 \angle 8,59° \text{ A} \quad \hat{U} = 220 \angle 0° \text{ V}$$

Conclui-se que, sendo $Q_{indutivo} < Q_{capacitivo}$, o circuito tem comportamento capacitivo, ou então, dado que a corrente na fonte está adiantada em relação à tensão na fonte, o circuito tem comportamento capacitivo.

5.2 Obtenção experimental das potências ativa e reativa

5.2.1 Potência ativa

A potência ativa consumida por uma impedância Z pode ser medida por meio de um instrumento denominado wattímetro. Nesta seção é descrita a utilização do wattímetro eletrodinâmico (Fig. 5.12).

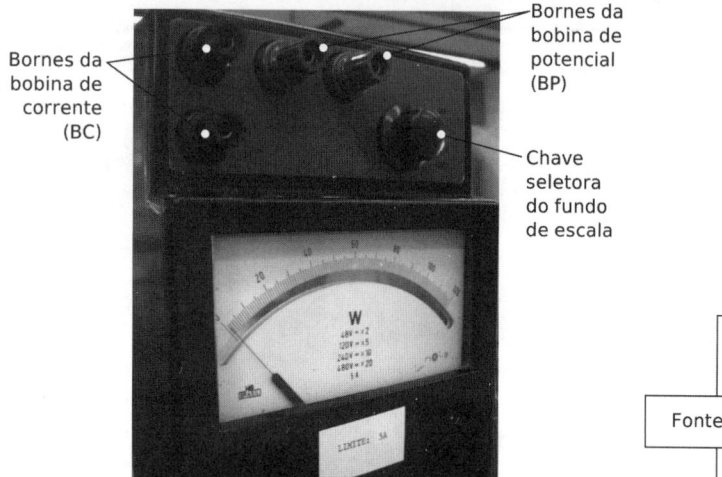

Fig. 5.12 Wattímetro eletrodinâmico

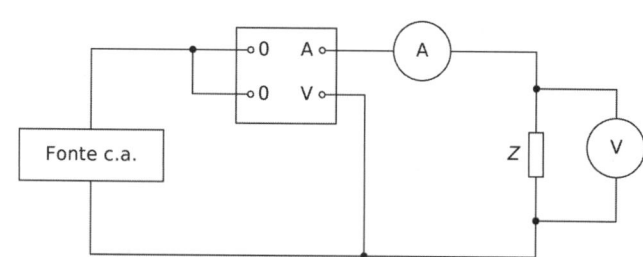

Fig. 5.13 Representação padronizada do wattímetro eletrodinâmico

A Fig. 5.13 mostra a representação padronizada desse tipo de wattímetro, em um diagrama elétrico. Os terminais da BC correspondem aos contatos superiores identificados por 0 e **A** e os da BP são os contatos inferiores identificados por 0 e **V**.

O wattímetro eletrodinâmico, ou eletromecânico, é composto de:

- uma bobina de corrente (BC), que é conectada em série com o bipolo, constituída por um número pequeno de espiras de fio de grande diâmetro, de forma que sua resistência seja desprezível quando comparada com a do bipolo;
- uma bobina de potencial (BP), que é conectada em paralelo com a fonte ou com o bipolo, constituída por um grande número de espiras de fio de pequeno diâmetro, de forma que sua resistência seja muito alta quando comparada com a do bipolo.

As correntes que circulam pela BC e pela BP geram campos magnéticos, os quais interagem, resultando em uma força mecânica que deflete o ponteiro do wattímetro, cuja escala é ajustada para indicar o valor da potência em watts (W). Observe que na Fig. 5.13 há uma mesma ligação da fonte em dois bornes do wattímetro, sendo um da BC e o outro da BP. Esses dois bornes têm alguma marca (por exemplo, • ou 0), e essa conexão com a fonte deve ser realizada para que a deflexão do ponteiro ocorra de forma correta.

5.2.2 Potência reativa

A medição da potência reativa pode ser realizada com um equipamento similar ao wattímetro, denominado varímetro. Porém, como na prática, em vez de varímetros, é mais comum se ter voltímetros, amperímetros e wattímetros, frequentemente se opta pelo cálculo da potência reativa a partir dos valores de tensão, corrente e potência ativa. Assim, para obter a potência reativa fornecida a uma carga, pode-se medir a tensão, a corrente e a potência ativa por meio da conexão apropriada dos equipamentos de medição e realizar o seguinte cálculo:

$$Q = \sqrt{(U \cdot I)^2 - P^2} \qquad (5.12)$$

5.3 Fator de potência

Considere o circuito indutivo ilustrado na Fig. 5.14, com os seguintes fasores associados à tensão e à corrente:

$$\hat{U} = U_{ef}\angle\alpha \qquad \hat{I} = I_{ef}\angle(\alpha - \varphi)$$

O respectivo diagrama fasorial é ilustrado na Fig. 5.15.

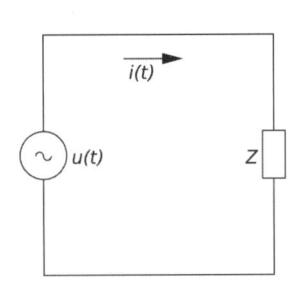

Fig. 5.14 Circuito indutivo

A potência complexa fornecida à carga é igual a $S = \hat{U} \cdot \hat{I}^* = U_{ef} \cdot I_{ef}\angle\varphi$, em que o ângulo da potência φ corresponde à defasagem entre os fasores da tensão e da corrente. A potência aparente é dada pelo módulo da potência complexa, ou seja, pelo produto dos valores eficazes da tensão e da corrente. A potência ativa entregue à carga é dada por:

$$P = |S| \cdot \cos(\varphi) = U_{ef} \cdot I_{ef} \cdot \cos(\varphi) \qquad (5.13)$$

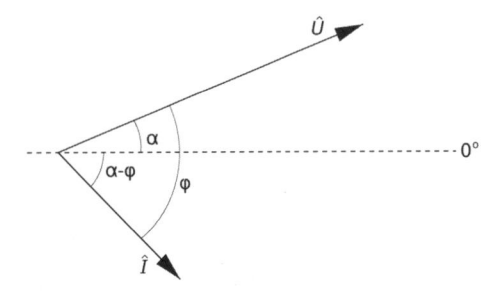

Fig. 5.15 Diagrama fasorial

Como o ângulo φ está compreendido entre –90° e 90°, o valor de $\cos(\varphi)$ varia entre 0 e 1. Assim, a potência ativa, que corresponde à potência dissipada nos elementos resistivos do circuito, pode variar entre 0 e 100% da potência aparente $|S|$. Portanto, $\cos(\varphi)$ pode ser interpretado como um fator que define a parcela da potência aparente que é dissipada nos elementos resistivos do circuito. Esse fator é denominado fator de potência. Da definição de potência ativa, tem-se:

$$fp = \cos(\varphi) = \frac{P}{|S|} = \frac{P}{U_{ef} \cdot I_{ef}} \qquad (5.14)$$

O fator de potência é o cosseno do ângulo de defasagem entre a tensão e a corrente na fonte, e pode ser explicitado em porcentagem, bastando multiplicar por 100.

Exemplo 5.7

Para o circuito da Fig. 5.14 tem-se: $\hat{U} = 100\angle 0° = 100$ V e $\hat{I} = 2\angle -\varphi$ A

Determine S, $|S|$, P, Q e o fator de potência para as seguintes situações:

a] $\varphi = 0°$ (carga resistiva);

b] $\varphi = 30°$ (carga indutiva);

c] $\varphi = -30°$ (carga capacitiva).

A partir das seguintes relações:

$$S = U \cdot I^* = P + j \cdot Q \qquad |S| = \sqrt{P^2 + Q^2} \qquad \cos(\varphi) = \frac{P}{|S|}$$

obtêm-se as grandezas solicitadas.

a) $\varphi = 0°$ (carga resistiva)

$$S = 200\angle 0°\,\text{VA} \quad \rightarrow \quad \begin{cases} |S| = 200\,\text{VA} \\ P = 200\,\text{W} \\ Q = 0\,\text{VAr} \\ fp = \cos(\varphi) = 1 \quad \text{ou} \quad fp = 100\% \end{cases}$$

b) $\varphi = 30°$ (carga indutiva)

$$S = 200\angle 30°\,\text{VA} \quad \rightarrow \quad \begin{cases} |S| = 200\,\text{VA} \\ P = 173,2\,\text{W} \\ Q = 100\,\text{VAr} \\ fp = \cos(\varphi) = 0,866 \quad \text{ou} \quad fp = 86,6\% \end{cases}$$

c) $\varphi = -30°$ (carga capacitiva)

$$S = 200\angle -30°\,\text{VA} \quad \rightarrow \quad \begin{cases} |S| = 200\,\text{VA} \\ P = 173,2\,\text{W} \\ Q = -100\,\text{VAr} \\ fp = \cos(\varphi) = 0,866 \quad \text{ou} \quad fp = 86,6\% \end{cases}$$

Conclusões válidas para o Exemplo 5.7:

- a potência aparente é a mesma para os três casos;
- nos itens (b) e (c), somente 86,6% da potência aparente é dissipada no elemento resistivo do circuito;
- é satisfeita a convenção da Fig. 5.10, pois o valor da potência reativa é positivo para a carga indutiva e negativo para a carga capacitiva;
- numericamente, o fator de potência é o mesmo para as cargas indutiva e capacitiva, pois ambas têm, em valor absoluto, o mesmo ângulo de impedância.

Convenção para fator de potência

Para tornar explícita a diferença entre as características das cargas, diz-se que, para uma carga indutiva, o fator de potência é indutivo ou atrasado, indicando que a corrente está atrasada em relação à tensão, e que, para a carga capacitiva, o fator de potência é capacitivo ou adiantado, indicando que a corrente está adiantada em relação à tensão.

5.4 Correção do fator de potência

Considere o circuito c.a. mostrado na Fig. 5.16, no qual:

$$\hat{U} = 440\angle 0° \, \text{V} \quad Z_m = 100\angle 30° \, \Omega \quad Z_c = -j \cdot 300 \, \Omega$$

Com a chave aberta, a corrente na fonte é a que circula na carga (Z_m):

$$\hat{I}_f = \hat{I}_m = \frac{\hat{U}}{Z_m} = \frac{440\angle 0°}{100\angle 30°} = 4{,}4\angle -30° \, \text{A}$$

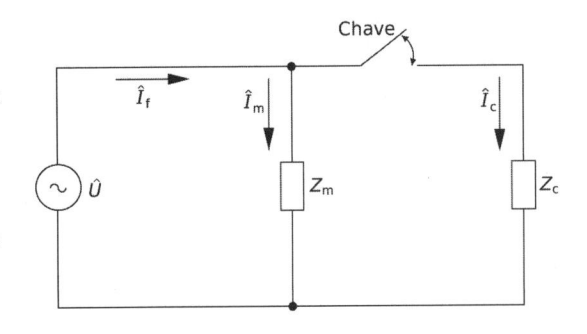

Fig. 5.16 Circuito paralelo

Note que a corrente está atrasada em relação à tensão, pois a carga é indutiva e a potência complexa suprida pela fonte é igual à potência exigida pela carga:

$$S_f = S_m = \hat{U} \cdot \hat{I}_f^* = 440\angle 0° \cdot 4{,}4\angle 30° = 1.936\angle 30° = \underbrace{1.676{,}625}_{P} + j \cdot \underbrace{968{,}00}_{Q} \, \text{VA}$$

Como $Q > 0$, conclui-se que a fonte está suprindo potência reativa de 968 VAr, necessária para o funcionamento da carga, além da potência ativa de aproximadamente 1,7 kW.

Com a chave fechada, a corrente na carga não se altera, pois a tensão aplicada sobre ela permanece a mesma (circuito paralelo).

A corrente no capacitor (Z_c) vale:

$$\hat{I}_c = \frac{\hat{U}}{Z_c} = \frac{440\angle 0°}{300\angle -90°} = 1{,}4667\angle 90° \, \text{A}$$

E a corrente na fonte pode ser calculada por:

$$\hat{I}_f = \hat{I}_m + \hat{I}_c = 3{,}8804\angle -10{,}89° \, \text{A}$$

Observe que a conexão do capacitor em paralelo resultou em um valor menor da corrente na fonte, e que o ângulo de atraso dessa corrente em relação à tensão na fonte também diminuiu.

A potência complexa no capacitor vale:

$$S_c = \hat{U} \cdot \hat{I}_c^* = \hat{U} \cdot \left[\frac{\hat{U}}{Z_c}\right]^* = \frac{U^2}{Z_c^*} = \frac{440^2}{300\angle 90°} = 645{,}3333\angle -90° = -j \cdot 645{,}3333 \, \text{VA}$$

Note que a potência complexa na carga (S_m) não se altera com o fechamento da chave e que, no capacitor, não há componente relativa à potência ativa, e o valor negativo da potência reativa calculada indica que o capacitor fornece potência reativa ao circuito.

A potência complexa fornecida pela fonte é igual a:

$$S_f = \hat{U} \cdot \hat{I}_f^* = 440\angle 0° \cdot 3{,}8804\angle 10{,}89° = 1.707{,}376\angle 10{,}89° = 1.676{,}629 + j \cdot 322{,}564 \, \text{VA}$$

Como o capacitor não consome potência ativa, a fonte continua fornecendo os mesmos 1,7 kW que são consumidos pela carga, a qual necessita de uma potência reativa de 968 VAr, sendo que a fonte fornece aproximadamente 322,6 VAr e o capacitor supre aproximadamente 645,3 VAr. Na realidade, ocorre um intercâmbio de energia entre o indutor que compõe a carga, o capacitor e a fonte. A cada quarto de ciclo de tensão, as parcelas de energia fornecidas pela fonte e pelo capacitor são armazenadas no indutor, que as devolve no quarto de ciclo de tensão seguinte.

Deve-se observar que o indutor e o capacitor se complementam no que diz respeito ao intercâmbio de energia. Isso pode ser confirmado por meio da análise das Figs. 5.4 e 5.5 e explica o fato de que a corrente na fonte diminui com a inclusão do capacitor, embora a corrente na carga não se altere. A Fig. 5.17 mostra os fluxos de potência com a chave aberta e fechada.

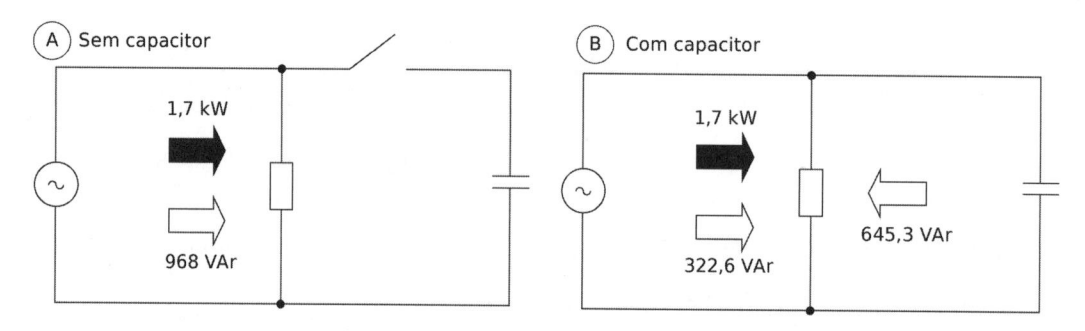

Fig. 5.17 Fluxos de potência ativa e reativa

Se o capacitor for trocado por outro, tal que $Z_C = -j \cdot 150\,\Omega$, tem-se:

$$\hat{I}_C = \frac{\hat{U}}{Z_C} = \frac{440\angle 0°}{150\angle -90°} = 2{,}933\angle 90°\,\text{A}$$

E a corrente na fonte pode ser calculada por:

$$\hat{I}_f = \hat{I}_m + \hat{I}_C = 3{,}880\angle 10{,}89°\,\text{A}$$

Note que, com o novo capacitor, a corrente na fonte estará adiantada em relação à tensão. A potência complexa nesse capacitor vale:

$$S_C = \hat{U} \cdot \hat{I}_C^*$$
$$= \hat{U} \cdot \left[\frac{\hat{U}}{Z_C}\right]^* = \frac{U^2}{Z_C^*} = \frac{440^2}{150\angle 90°}$$
$$= 1.290{,}667\angle -90° = -j \cdot 1.290{,}667\,\text{VA}$$

E a potência complexa fornecida pela fonte é igual a:

$$S_f = \hat{U} \cdot \hat{I}_f^* = 440\angle 0° \cdot 3{,}8804\angle -10{,}89°$$
$$= 1707{,}3760\angle -10{,}89°$$
$$= 1676{,}6291 - j \cdot 322{,}5644\,\text{VA}$$

Uma vez que o capacitor não consome potência ativa, a fonte continua fornecendo os mesmos 1,7 kW que são consumidos pela carga, a qual também continua demandando 968 VAr de potência reativa. Porém, com o novo capacitor, a fonte deve absorver 322,6 VAr de potência reativa, enquanto o capacitor supre 1.290,7 VAr. Na Fig. 5.18 tem-se a representação dos novos fluxos de potência reativa.

Os diagramas fasoriais completos estão na Fig. 5.19.

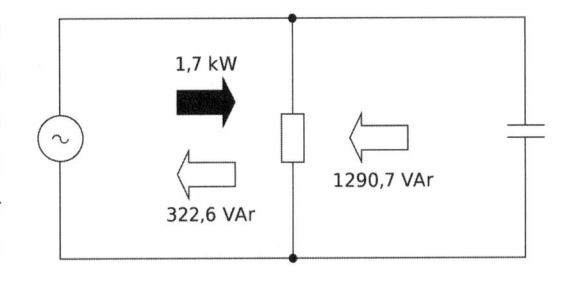

Fig. 5.18 Fluxos de potência ativa e reativa

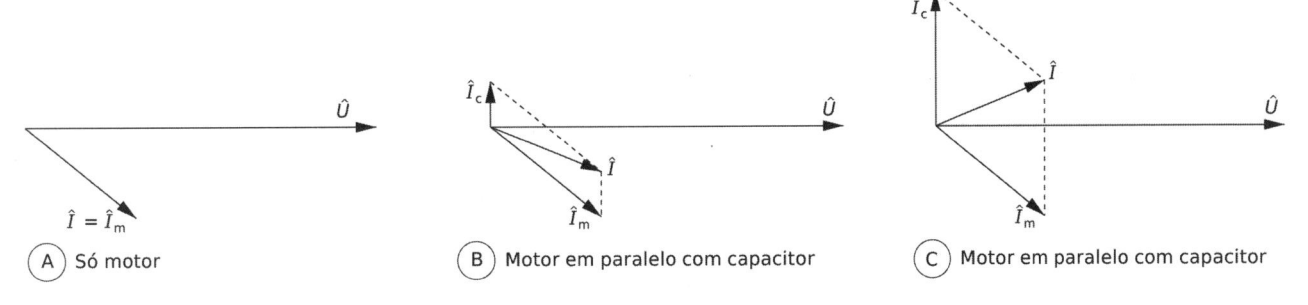

(A) Só motor
(B) Motor em paralelo com capacitor
(C) Motor em paralelo com capacitor

Fig. 5.19 Diagramas fasoriais

Observe que quanto menor for a reatância do capacitor, maior será a corrente por ele, a qual, somada à corrente na carga, resulta em uma corrente total na fonte que pode refletir um comportamento indutivo, resistivo ou capacitivo da combinação carga-capacitor.

A partir dos diagramas da Fig. 5.19, é possível concluir que, dependendo da combinação carga-capacitor, a fonte pode suprir ou absorver potência reativa, ao passo que a potência ativa fornecida pela fonte é constante, independentemente do capacitor conectado. A relação $S_f = S_m + S_c$ é sempre válida.

No circuito da Fig. 5.16, com a chave aberta, sabe-se que a fonte deve suprir uma potência ativa de 1,7 kW e uma potência reativa de 968 VAr. Se assumirmos que o capacitor a ser conectado em paralelo deve fornecer toda a potência reativa requerida pela carga, a fonte será responsável somente pelo fornecimento de potência ativa e, portanto:

$$S_C = -j \cdot 968 \, \text{VA}$$

Assim, pode-se calcular a corrente no capacitor:

$$\hat{I}_C = \left(\frac{S_C}{\hat{U}}\right)^* = 2,2 \angle 90° \, \text{A}$$

e a sua respectiva impedância:

$$Z_C = \frac{\hat{U}}{\hat{I}_C} = -j \cdot 200 \, \Omega \qquad X_C = 200 \, \Omega$$

Dessa forma, tem-se o valor da reatância do capacitor capaz de suprir toda a potência reativa que a carga indutiva necessita, e sabendo-se o valor da frequência, pode-se obter o valor da capacitância, pois $Q_C = U^2/X_C = U^2 \cdot \omega \cdot C$

Considere que no circuito da Fig. 5.16, com a chave aberta, a tensão aplicada pela fonte tem um valor eficaz de 15 kV e a carga é do tipo indutiva, com $P = 1$ MW e $Q = 1$ MVAr. Esta é a situação normalmente encontrada em instalações industriais, onde a indústria representa uma carga indutiva para a concessionária de energia elétrica, por causa da instalação de motores, equipamentos de refrigeração, iluminação fluorescente, transformadores, condicionadores de ar etc. A potência complexa proveniente da rede elétrica (S_r) é igual à potência complexa da carga (S_Z):

$$S_r = S_Z = P + j \cdot Q = 1 + j \cdot 1 = \sqrt{2} \angle 45° \text{ MVA}$$

O fator de potência global é igual ao cosseno do ângulo de defasagem entre a tensão aplicada e a corrente total, ou, ainda, igual ao cosseno do ângulo da potência complexa S_r. Assim:

$$fp = \cos(\varphi) = \frac{P}{|S_r|} = \cos(45°) = 0{,}707$$

O valor eficaz da corrente total é:

$$I_{ef} = \frac{P}{U_{ef} \cdot fp} = \frac{|S_r|}{U_{ef}} = \frac{\sqrt{2} \cdot 10^6}{15 \cdot 10^3} = 94{,}3 \text{ A}$$

A transmissão de potência da rede elétrica (fonte) para a carga através de um condutor ideal está representada na Fig. 5.20.

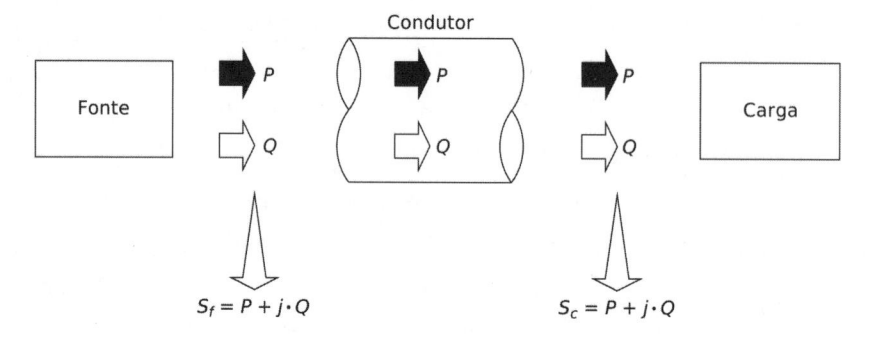

Fig. 5.20 Fluxo das potências ativa e reativa para uma carga

Por meio dos cálculos realizados, percebe-se que, quanto maior a potência reativa suprida pela fonte, menor o valor do fator de potência. Como a fonte é projetada para atender à potência aparente requerida, um baixo fator de potência significa que uma pequena porcentagem da potência aparente fornecida pela fonte corresponderá à potência ativa, referente à dissipação de potência nos elementos resistivos do circuito. Percebe-se também que, quanto mais baixo o fator de potência, maior a corrente nos condutores, nos quais há perdas do tipo Joule ($R \cdot I^2$). Portanto, quanto maior a corrente, maiores as perdas na transmissão da potência da fonte para a carga. Finalmente, quanto maior a corrente, maior a queda de tensão nos condutores e menor a tensão aplicada sobre a carga, pois os condutores têm suas próprias impedâncias.

Tendo em vista os fatos apresentados, conclui-se que é vantajosa a elevação do fator de potência da instalação. Com o fechamento da chave e, portanto, com a conexão de um ou mais capacitores em paralelo, pode-se conseguir que a fonte forneça somente a potência ativa, ao passo que a potência reativa necessária ao funcionamento da carga é suprida pelos capacitores.

O circuito alterado, no qual é inserida uma fonte de potência reativa, é ilustrado na Fig. 5.21.

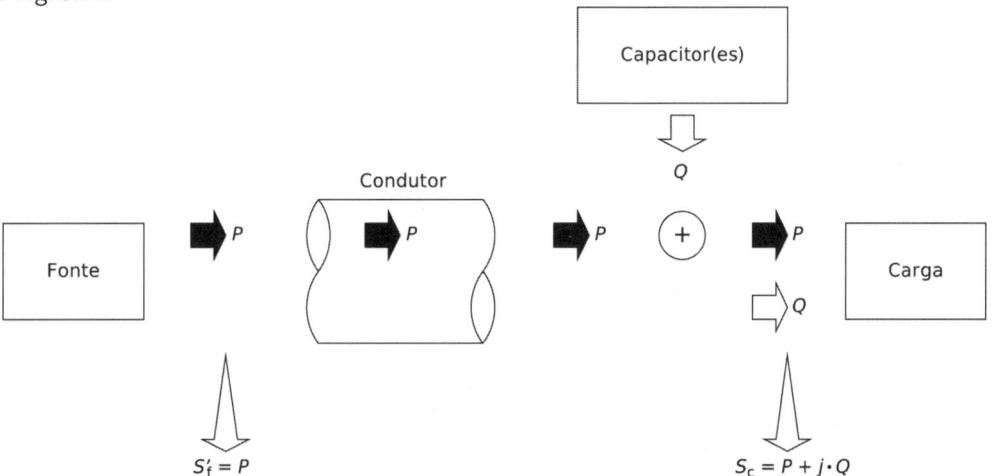

Fig. 5.21 Fluxo das potências ativa e reativa para a carga com a conexão de capacitor(es) em paralelo

A nova potência aparente fornecida pela rede elétrica será $\left|S'_r\right| = P = 1$ MVA, que é menor que a potência aparente fornecida anteriormente.

O novo fator de potência global será:

$$fp' = \frac{P}{\left|S'_r\right|} = 1{,}0$$

E a corrente total passa a ser:

$$I'_{ef} = \frac{\left|S'_f\right|}{U_{ef}} = \frac{1 \cdot 10^6}{15 \cdot 10^3} = 66{,}7 \text{A}$$

que é menor que a corrente fornecida anteriormente. A diminuição da corrente deve-se à eliminação da componente de potência reativa que era transferida da fonte para a carga.

O procedimento adotado para a elevação do fator de potência de uma instalação, que consiste na inserção de uma fonte de potência reativa (capacitor em paralelo), é denominado de correção do fator de potência.

Deve-se notar que não há alteração no modo de operação da carga, garantindo-se as mesmas potências ativa e reativa de que ela necessita, sendo que a potência reativa pode ser fornecida por outra fonte (capacitor em paralelo), cuja instalação implica custos adicionais. Há, portanto, uma compensação entre a economia obtida com a fonte e os condutores e os gastos de instalação de fontes de potência reativa. Sabe-se que fatores de potência altos visam a um aumento da eficiência de utilização dos sistemas de geração e transmissão de energia elétrica existentes.

No Brasil, a Agência Nacional de Energia Elétrica (Aneel) estabelece, por meio da resolução nº 414 de 9 de setembro de 2010, que o fator de potência deve ser no mínimo 0,92 capacitivo durante 6 horas da madrugada e no mínimo 0,92 indutivo durante as outras 18 horas do dia. No momento, essa resolução deve ser cumprida pelo setor industrial, e quem a descumpre está sujeito a uma espécie de multa, que leva em conta o fator de potência medido e a energia consumida ao longo de um mês. Nesse caso, a respectiva fatura do consumo de energia elétrica passa a ser calculada da seguinte forma:

$$\text{Valor a pagar} = \text{custo da energia consumida} \cdot \frac{0{,}92}{fp_{\text{ind}}} \tag{5.15}$$

Esse cálculo pode resultar em um acréscimo considerável no valor a ser pago.

Exemplo 5.8

Considere o circuito alimentado em 60 Hz mostrado na Fig. 5.22, em que um motor de uma indústria é submetido a testes de desempenho.

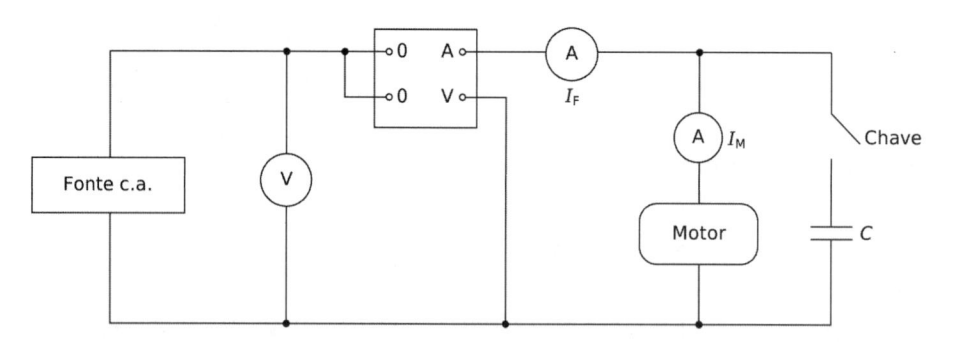

Fig. 5.22 Circuito para o Exemplo 5.8

Note que na Fig. 5.22 tem-se a representação padronizada de um wattímetro em um diagrama elétrico. As medidas obtidas foram: 127 V; 5 A; 500 W.

a) Calcule as potências aparente e reativa fornecidas ao motor.
b) Calcule a impedância do motor e apresente o diagrama fasorial.
c) Obtenha as leituras nos amperímetros e no wattímetro após o fechamento da chave, com a conexão de um capacitor de 33 µF em paralelo com o motor.
d) Apresente o diagrama fasorial para a nova situação.

a) As potências aparente e reativa fornecidas ao motor são calculadas por:

$$|S| = U \cdot I = 127 \cdot 5 = 635 \, \text{VA} \qquad Q = \sqrt{|S|^2 - P^2} = 391{,}4 \, \text{VAr}$$

A potência reativa apresenta valor positivo, pois o motor é um equipamento de característica indutiva.

b] O módulo da impedância do motor é facilmente calculado por: $|Z| = \frac{U}{I} = 25,4\,\Omega$

O ângulo da impedância é dado por: $\text{tg}(\varphi) = \frac{Q}{P}$ → $\varphi = 38,1°$

E, assim, a impedância corresponde a $Z = 25,4\angle 38,1°\,\Omega$

Tomando-se a tensão de entrada como referência angular, pode-se obter o fasor de corrente: $\hat{I} = 5\angle -38,1°\,A$.

Portanto, a corrente está atrasada em relação à tensão.

O respectivo diagrama fasorial está na Fig. 5.23.

Fig. 5.23 Diagrama fasorial para o circuito do Exemplo 5.8

c] A impedância do capacitor é:

$$Z_C = -j \cdot \frac{1}{\omega \cdot C} = -j \cdot \frac{1}{377 \cdot 33 \cdot 10^{-6}} = 80,4\,\Omega$$

Após o fechamento da chave, circula pelo capacitor a corrente:

$$\hat{I}_C = \frac{\hat{U}}{Z_C} = \frac{127\angle 0°}{80,4\angle -90°} = 1,58\angle 90°\,A$$

Como a tensão de entrada permanece a mesma, a corrente pelo motor também não se altera (I_M cte.), mas a corrente de entrada (I_F), cujo valor eficaz é medido pelo amperímetro, vale:

$$\hat{I}_F = 5\angle -38,1° + 1,58\angle 90° = 4,21\angle -20,9°\,A$$

A potência lida no wattímetro é:

$$P = U_{ef} \cdot I_{ef} \cdot \cos(\varphi) = 127 \cdot 4,21 \cdot \cos(20,9°) = 500\,W$$

ou seja, a inserção do capacitor não altera a potência lida no wattímetro. Na realidade, esse resultado já era esperado, pois se sabe que o capacitor não consome potência ativa.

d] O diagrama fasorial, após o fechamento da chave, é mostrado na Fig. 5.24.

O ângulo de defasagem entre a tensão e a corrente diminuiu após a entrada do capacitor em operação. A corrente pelo capacitor está sempre 90° adiantada em relação à tensão sobre ele. Assim, a soma dos fasores das correntes pelo capacitor e pela carga resulta em um fasor cuja extremidade está sobre a linha pontilhada mostrada na Fig. 5.24. Essa linha define o lugar geométrico da extremidade do fasor da corrente de entrada.

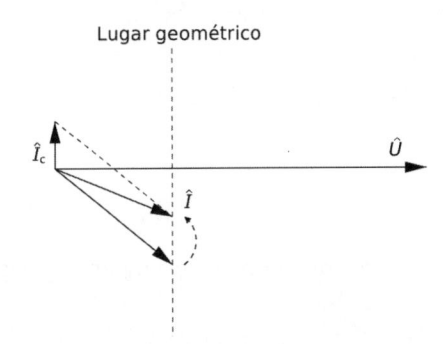

Fig. 5.24 Diagrama fasorial para o circuito do Exemplo 5.8 – chave fechada

Exemplo 5.9

Uma indústria é alimentada pela empresa distribuidora de energia elétrica, conforme mostra a Fig. 5.25.

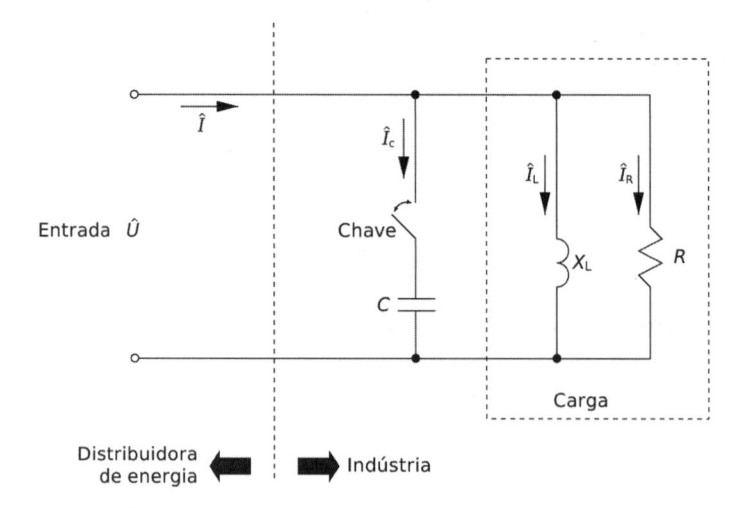

Fig. 5.25 Circuito para o Exemplo 5.9

A tensão é de 15 kV, 60 Hz, e sua carga total é representada por um circuito RL paralelo:

$$R = 100\,\Omega \qquad X_L = 150\,\Omega$$

A indústria dispõe de um banco de capacitores para a correção do fator de potência, os quais podem ser postos em operação por meio do fechamento de uma chave.

a] Com a chave aberta, determine as potências ativa, reativa e aparente fornecidas pela fonte, bem como a corrente $\hat{I}$ e o fator de potência na entrada da indústria.

b] Determine o valor do capacitor a ser inserido para que o fator de potência na entrada passe a ser igual a 0,92 indutivo e obtenha as novas potências e a corrente $\hat{I}$.

a] As correntes pelo circuito são calculadas por:

$$\hat{I}_R = \frac{\hat{U}}{R} = \frac{15 \cdot 10^3 \angle 0^0}{100} = 150\angle 0^\circ\,\text{A}$$

$$\hat{I}_L = \frac{\hat{U}}{X_L \angle 90^0} = \frac{15 \cdot 10^3 \angle 0^0}{150 \angle 90^0} = 100\angle -90^\circ\,\text{A}$$

$$\hat{I} = \hat{I}_R + \hat{I}_L = 150 - j \cdot 100 = 180{,}3\angle -33{,}7^\circ\,\text{A}$$

A potência complexa entregue pela distribuidora é:

$$S = \hat{U} \cdot \hat{I}^* = 15 \cdot 10^3 \angle 0^\circ \cdot 180{,}3\angle 33{,}7^\circ = 2{,}70\angle 33{,}7^\circ\,\text{MVA}$$

Logo:

$$S = 2{,}70\angle 33{,}7°\,\text{MVA} \rightarrow \begin{cases} |S| = 2{,}70\,\text{MVA} \\ P = 2{,}25\,\text{MW} \\ Q = 1{,}50\,\text{MVAr} \\ fp = \cos(33{,}7°) = 0{,}832 \quad \text{indutivo} \end{cases}$$

O triângulo de potências para essa situação é mostrado na Fig. 5.26.

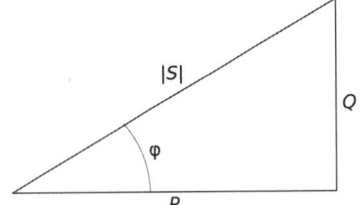

Fig. 5.26 Triângulo de potências com a chave aberta

b] Com o fechamento da chave, a potência fornecida à carga continua a mesma, pois a tensão aplicada sobre ela se mantém e o capacitor inserido no circuito não consome potência ativa:

$$P = 2{,}25\,\text{MW}$$

Com relação à potência reativa, esta será fornecida em parte pelo capacitor e em parte pela fonte. O novo ângulo da potência complexa é obtido a partir do fator de potência desejado:

$$\varphi' = \cos^{-1} 0{,}92 = \pm 23{,}1°$$

Como se deseja um fator de potência indutivo, adota-se $\varphi' = -23{,}1°$

Conhecidos os valores de P e φ', podem-se determinar os novos valores das potências aparente e reativa fornecidas pela fonte:

$$|S'| = \frac{P}{fp'} = \frac{2{,}25 \cdot 10^6}{0{,}92} = 2{,}45\,\text{MVA}$$

$$Q' = |S'| \cdot \text{sen}(\varphi') = 2{,}45 \cdot 10^6 \cdot \text{sen}(23{,}1°) = 0{,}96\,\text{MVAr}$$

A nova potência aparente é menor que a anterior. A potência reativa a ser fornecida pelo capacitor ΔQ é determinada pela diferença entre as potências reativas fornecidas pela fonte depois e antes de sua inserção:

$$\Delta Q = Q' - Q = 0{,}96 - 1{,}50 = -0{,}54\,\text{MVAr}$$

O triângulo de potências para o circuito com o capacitor corresponde ao triângulo interno na Fig. 5.27, na qual está representada a parcela de potência reativa fornecida por ele (ΔQ).

Pode-se obter o valor do capacitor a partir da potência reativa ΔQ que ele deve fornecer ao circuito.

Para uma tensão $\hat{U} = U_{ef}\angle\alpha$, a corrente no capacitor corresponde a $\hat{I} = I_{ef}\angle(\alpha + 90°)$.

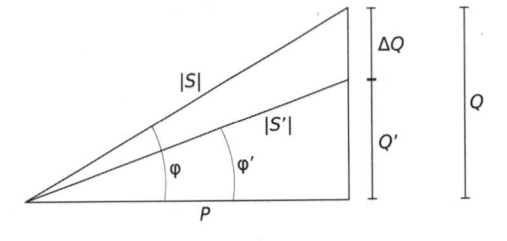

Fig. 5.27 Triângulos de potências (sem e com capacitor)

A potência complexa fornecida ao capacitor vale:

$$S_{cap} = U_{ef} \cdot I_{ef} \angle -90° \rightarrow \begin{cases} P_{cap} = 0 \\ Q_{cap} = -U_{ef} \cdot I_{ef} \end{cases}$$

Definindo Z_c como a impedância do capacitor, tem-se:

$$I_{ef} = \frac{U_{ef}}{|Z_c|} = \frac{U_{ef}}{X_c} = \omega \cdot C \cdot U_{ef}$$

A potência reativa no capacitor vale, então:

$$Q_{cap} = -\omega \cdot C \cdot U_{ef}^2$$

Finalmente, o valor do capacitor é:

$$C = -\frac{Q_{cap}}{\omega \cdot U_{ef}^2} \tag{5.16}$$

Aplicando-se essa equação ao Exemplo 5.9, obtém-se $C = 6,4\,\mu F$.

E a corrente fornecida pela fonte vale $163,3 \angle -23,1°$ A, sendo portanto, menor que a corrente total na carga.

A Fig. 5.28 mostra os fasores de tensão e corrente antes e depois da correção do fator de potência, e nela se pode notar o efeito da ligação do capacitor em paralelo com a carga.

A corrente $\hat{I}_c$ no capacitor, adiantada de 90° em relação à tensão, soma-se à corrente pela carga, resultando uma nova corrente total $\hat{I}'$. Pode-se notar também que $\varphi' < \varphi$,

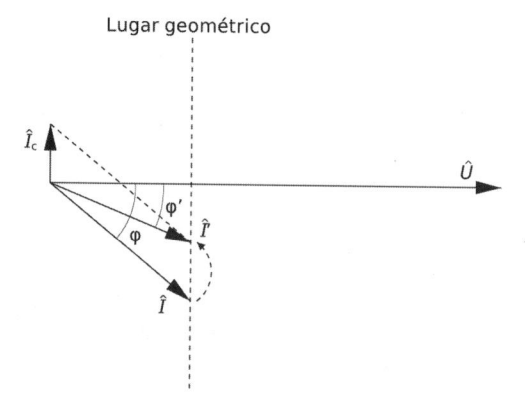

Fig. 5.28 Diagrama fasorial para o Exemplo 5.9

o que significa um aumento do fator de potência. Quanto maior o valor do capacitor, maior a corrente $\hat{I}_c$, fazendo com que a defasagem entre $\hat{U}$ e $\hat{I}'$ diminua ainda mais. A extremidade do fasor da corrente segue o lugar geométrico representado pela linha pontilhada da Fig. 5.28. O valor mínimo de $\hat{I}'$ ocorre para um determinado valor de $\hat{I}_c$ para o qual a defasagem entre $\hat{U}$ e $\hat{I}'$ é nula, ou seja, o circuito passa a apresentar um comportamento resistivo.

Aumentando-se ainda mais o valor do capacitor, a corrente $\hat{I}'$ passa a crescer novamente, ficando adiantada em relação a $\hat{U}$. Nesse caso, a defasagem entre $\hat{U}$ e $\hat{I}'$ começa a aumentar e, portanto, o fator de potência diminui. A partir de então, o circuito passa a apresentar um comportamento capacitivo.

O método de obtenção do valor do capacitor por meio da análise do triângulo de potências é válido quando a mesma tensão é aplicada ao capacitor e à carga, ou seja, quando as duas impedâncias estão em paralelo. Esta é a situação usual. É possível corrigir o fator de potência acrescentando capacitores em série com a carga; no entanto, isso não é feito na prática. A correção do fator de potência com a ligação de capacitor em série resulta em um aumento da corrente fornecida pela fonte e em um aumento da tensão na carga, podendo, portanto, causar danos aos equipamentos. No entanto, a instalação de capacitores em série, também chamada de compensação série, é utilizada em outras situações na operação de sistemas elétricos de potência.

O procedimento descrito no Exemplo 5.9 é frequentemente realizado em indústrias, cuja carga é fortemente indutiva. No caso de instalações residenciais, só é medida e cobrada a potência ativa consumida, pois a potência reativa apresenta valores desprezíveis do ponto de vista da empresa distribuidora de energia.

A correção do fator φ de potência implica também a diminuição da queda de tensão e das perdas de potência ativa em linhas de transmissão. Conforme já demonstrado, a correção do fator de potência resulta na diminuição da corrente. Assim, a queda de tensão na linha será menor. As perdas de potência ativa na linha de transmissão, que representam basicamente o aquecimento do condutor pela passagem de corrente por ele, são dadas por $P_T = R \cdot I_{ef}^2$.

A potência de perdas na linha de transmissão também depende da corrente. Se a corrente diminui com a correção do fator de potência, as perdas na linha também diminuem.

Conclui-se, pois, que a correção do fator de potência aumenta a eficiência e a qualidade de operação de uma instalação, liberando a capacidade de fornecimento das fontes, melhorando o perfil de tensões, por meio da diminuição das quedas de tensão, reduzindo as perdas e também os gastos com as contas de consumo de energia elétrica.

> O vídeo "Correção do fator de potência" apresenta um procedimento prático para um motor monofásico.

Exercícios

5.1 Comparando as Eqs. (5.5) e (5.6) e as Figs. 5.4 e 5.5, comente sobre o comportamento elétrico do capacitor e do indutor sob o ponto de vista da energia armazenada.

5.2 Em um motor monofásico com fator de potência 0,4 são conectados, em paralelo, capacitores de 1 μF, e obtém-se a tabela:

quantidade de capacitores	0	1	2	3	4	5	6	7	8	9
cos φ	0,4	0,5	0,6	0,7	0,8	0,9	1,0	0,9	0,8	0,7

a) Sendo φ a defasagem entre a tensão e a corrente na fonte de alimentação, caracterize o comportamento elétrico (indutivo, resistivo ou capacitivo) desse circuito. Justifique.

b) O que ocorre com o rendimento do motor à medida que se aumenta o valor do capacitor conectado em paralelo? Justifique.

c) O que ocorre com a magnitude da corrente no motor à medida que se aumenta o valor do capacitor conectado em paralelo? Justifique.

5.3 Você, como engenheiro(a), foi chamado(a) para verificar se a potência de uma lâmpada incandescente comum correspondia ao valor nominal. Estando disponíveis um wattímetro, uma fonte c.a. variável, dois voltímetros e dois amperímetros, desenhe um diagrama elétrico padronizado com a instrumentação mínima necessária para fazer essa verificação.

5.4 Você, como engenheiro(a) recém-contratado(a) de uma indústria, foi encarregado(a) de determinar, por meio de instrumentos de medidas, a potência ativa suprida a um motor monofásico em uma determinada parte do processo.
   a) Apresente um diagrama elétrico padronizado para fazer essa determinação.
   b) Como você determinaria a potência reativa?
   c) Como você determinaria o respectivo fator de potência?
   d) Caso você obtenha um fator de potência próximo de 0,6 indutivo, como melhoraria esse valor?

5.5 Cite, no mínimo, duas vantagens que justifiquem a correção do fator de potência em uma instalação elétrica.

5.6 Das quatro grandezas: Potência Complexa, Potência Aparente, Potência Ativa e Potência Reativa, qual delas corresponde à grandeza elétrica:
   a) utilizada no dimensionamento de instalações elétricas industriais e também de equipamentos em geral (transformadores, motores etc.)?
   b) que, nos circuitos em geral, é convertida em outras formas de potência: mecânica, térmica, acústica etc.?
   c) associada à energia necessária para formar os campos eletromagnéticos necessários em determinados equipamentos, como, por exemplo, nos motores?

5.7 Quais as denominações técnicas das grandezas elétricas medidas em:
   a) VA, kVA, MVA etc.?
   b) W, kW, MW etc.?

5.8 No circuito da Fig. 5.29, o voltímetro indica 127 V e o amperímetro, 1 A. Assinale as afirmações corretas, as erradas e as que não permitem alguma conclusão. Justifique.
   a) Se a carga for um resistor, a potência ativa vale 127 W.
   b) Se a carga for um resistor, a potência aparente pode ser qualquer valor entre 0 e 127 VA.
   c) Se a carga for uma lâmpada incandescente, a potência ativa vale 127 W.
   d) Se a carga for um motor monofásico, a potência ativa é menor que 127 W.

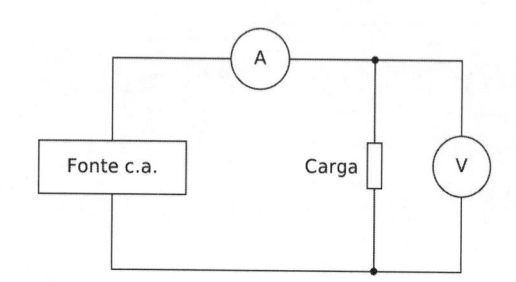

Fig. 5.29 Circuito do Exercício 5.8

e) Se a carga for um motor monofásico, a potência aparente vale 127 VA.

f) Se a carga for um capacitor, a potência reativa vale 127 VAr.

g) Se a carga for um motor monofásico, a potência ativa pode ser obtida se também for medido o ângulo de defasagem entre a corrente e a tensão.

5.9 Um determinado equipamento está conectado a uma fonte senoidal monofásica, sendo $u(t) = 311,127 \cdot \text{sen}(377 \cdot t + 20°)$ V e $i(t) = 70,711 \cdot \text{sen}(377 \cdot t \cdot 15°)$ A.

a) Obtenha o fator de potência e a potência ativa. **Resp.:** 0,819; 9,01 kW

b) O fator de potência obtido no item (a) atende ao mínimo exigido atualmente no Brasil? Se não atende, o que você recomendaria para atingir o valor mínimo? Apresente todos os cálculos da sua proposta. **Resp.:** 135,41 μF

c) Com relação ao item (b), há alguma redução na corrente? Se houver, qual é o percentual de redução? **Resp.:** 11%; 44,52 A

d) Trace o diagrama fasorial, 40 V/cm e 6 A/cm, para os fasores de tensão e correntes do item (b). Referência: um traço horizontal indicando 0°.

5.10 Esboce um diagrama elétrico padronizado e descreva o respectivo procedimento experimental para obter a potência ativa em um motor elétrico 220 V/5 A/60 Hz, dispondo somente de um osciloscópio com dois canais e um resistor 15 A/60 mV.

5.11 Uma fonte c.a. supre uma tensão de 220 V, 60 Hz, à impedância $6,0 + j \cdot 8,0 \Omega$.

Obtenha a corrente na impedância e a corrente na fonte após a conexão em paralelo de um capacitor de 137 μF. **Resp.:** 22,0∠−53,13° A; 14,6∠−25,30° A

5.12 As impedâncias 27,5∠60° Ω e 22,0∠30° Ω têm em seus terminais a mesma tensão: 220 V, 60 Hz. Determine as magnitudes de todas as correntes, os valores de todas as potências e o fator de potência global.

Resp.: 8,0 A; 10,0 A; 17,39 A; 3.826,80 VA; 2.785,30 W; 2.624,22 VAr; 0,728

5.13 Diante da realidade do setor elétrico brasileiro, sob o risco de "apagão", as indústrias têm adquirido geradores movidos por motor a diesel. Você, como engenheiro(a) encarregado(a) de especificar a compra desse tipo de gerador, encontra um anúncio com as seguintes especificações de um gerador monofásico:

MARCA: Mitsubishi modelo 6.700	POTÊNCIA: 6.700 W
TENSÃO: 220 V (tensão eficaz nominal)	CORRENTE: 35 A (valor eficaz nominal)
ACENDE ATÉ 380 LÂMPADAS DO TIPO ECONÔMICA – 15 W (fluorescente compacta)	

Sabendo que o valor do fator de potência desse tipo de lâmpada é 0,5, você concorda com as especificações do anúncio? Justifique. Se for o caso, refaça as especificações, considerando que a carga pode ser qualquer uma.

5.14 No circuito mostrado na Fig. 5.30, o motor [M] tem uma potência elétrica de 1,0 kW, com fator de potência 75% e rendimento 80%.

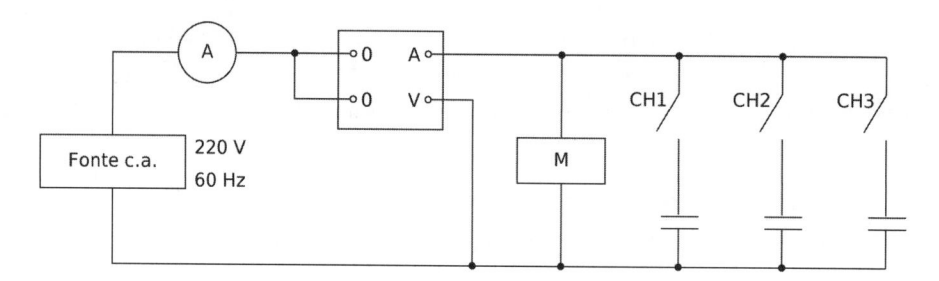

Fig. 5.30 Motor em paralelo com capacitor

As capacitâncias associadas às chaves CH1, CH2 e CH3 estão em ordem crescente de valores.

Complete a tabela a seguir:

Chave Fechada	I (A)	P (W)	P_{eixo} (HP)	Q (VAr)	$\cos\varphi$	Indutivo ou capacitivo? Justifique.
Nenhuma	6,06					
Só CH1	5,35					
Só CH2	4,78					
Só CH3	6,25					

5.15 Por meio de um único diagrama fasorial, explique por que um capacitor conectado a um motor (carga indutiva) pode melhorar (aumentar) o fator de potência.

5.16 Quatro cargas estão conectadas na rede elétrica de uma indústria cuja tensão é de 220 V, 60 Hz:
- um motor de 4 HP, 220 V, com eficiência de 75% e fator de potência 0,8 atrasado;
- um motor de 6 HP, 220 V, com eficiência de 80% e fator de potência 0,85 atrasado;
- um chuveiro de 4 kW, 220 V;
- um equipamento com potência aparente de 1 kVA, 220 V e fator de potência 0,75 adiantado.

Obtenha o fator de potência global e a corrente total, justificando o respectivo comportamento global: indutivo, resistivo ou capacitivo.

$$1\,\text{HP} \cong 746\,\text{W}$$

Resp.: 0,927; 70,24 A

5.17 Na Fig. 5.31 estão indicadas três cargas: uma lâmpada de 100 W, um chuveiro de 5.500 W e um motor cuja impedância é $4,209 + j \cdot 3,157\,\Omega$.

Supondo fio ideal (resistência desprezível em relação às cargas), obtenha, na forma polar, a corrente total, supondo todas as cargas ligadas. **Resp.:** 64,03∠−23,070° A

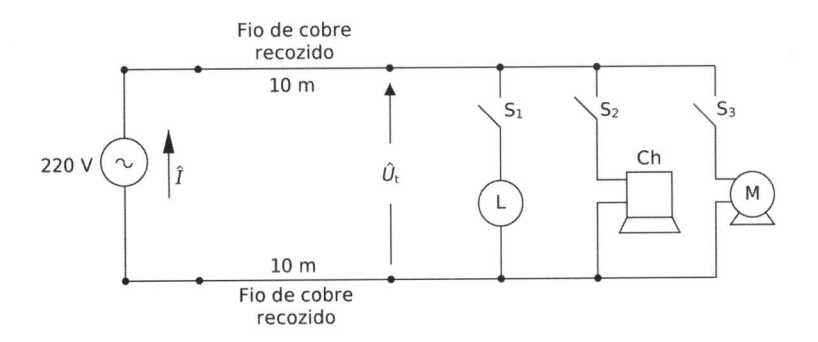

Fig. 5.31 Três cargas em paralelo

5.18 O motor indicado na Fig. 5.32 apresenta uma impedância de $4,209 + j \cdot 3,157\ \Omega$.

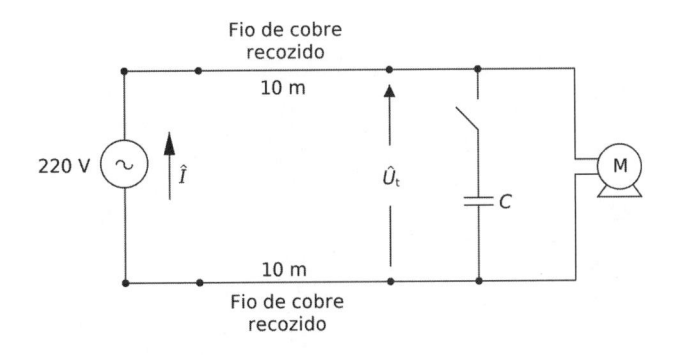

Fig. 5.32 Motor em paralelo com capacitor

Calcule:
a) a corrente na fonte na forma polar; **Resp.:** 41,8∠−36,870° A
b) o fator de potência do motor; **Resp.:** 0,8
c) a corrente na fonte após a instalação de um capacitor (chave fechada) para atingir o valor mínimo do fator de potência estabelecido no Brasil;
Resp.: 36,35 ∠-23,070° A
d) as perdas por efeito Joule nos fios, antes e após a instalação do capacitor, considerando que a resistência total é de 0,0344 Ω. **Resp.:** 60,1 W; 45,4 W

5.19 A Fig. 5.33 mostra um motor elétrico e os valores medidos da potência ativa e da corrente em funcionamento normal. Um capacitor foi instalado para a correção do fator de potência para o valor fixado pela resolução n° 414 da Aneel.

Calcule:
a) a potência reativa do capacitor e selecione o mais adequado de acordo com a tabela; **Resp.:** 5,0 kVAr

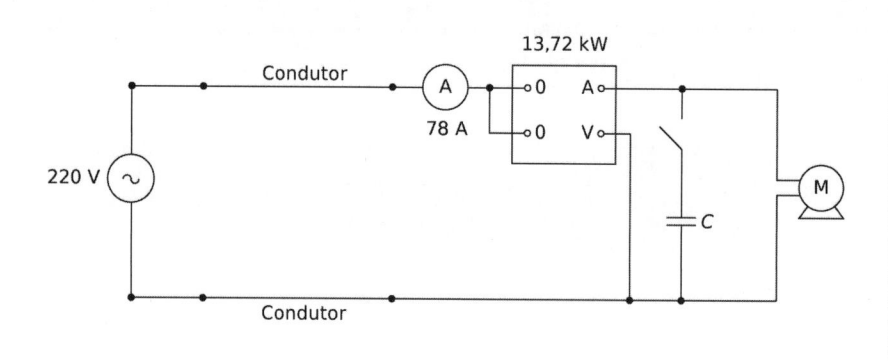

Fig. 5.33 Motor em paralelo com capacitor

b) as correntes (forma polar) no capacitor selecionado e no condutor;

Resp.: 22,73∠90° A; 66,87∠−21,15° A

c) a capacitância do capacitor selecionado. **Resp.:** 274,0 µF

d) Trace os triângulos de potências conforme a Fig. 5.27.

Leituras adicionais

BOLTON, W. *Análise de circuitos elétricos*. São Paulo: Makron Books do Brasil, 1994.

CASTRO JR., C. A.; TANAKA, M. R. *Circuitos de corrente alternada – Um curso introdutório*. São Paulo: Editora da Unicamp, 1995.

BURIAN JR., Y; LYRA, A. C. C. *Circuitos elétricos*. São Paulo: Pearson Prentice Hall, 2006.

BARTKOWIAK, R. A. *Circuitos elétricos*. São Paulo: Makron Books do Brasil, 1994.

Circuitos Trifásicos

6

Na prática, quase toda energia elétrica é gerada e transmitida por circuitos trifásicos, e uma parcela dos consumidores, principalmente industriais, utiliza equipamentos trifásicos. Portanto, este capítulo é dedicado à análise desse tipo de circuito, iniciando pelas conexões usuais de fontes e cargas trifásicas. São definidos valores característicos em circuitos trifásicos e salientadas as diferenças entre as magnitudes das tensões e das correntes em circuitos trifásicos com cargas balanceadas e desbalanceadas. Apresentam-se métodos de resolução de circuitos trifásicos equilibrados e desequilibrados.

6.1 Fonte de tensões trifásicas

Uma fonte de energia elétrica trifásica pode ser entendida como uma composição de três fontes monofásicas senoidais, defasadas e ligadas eletricamente, como mostra a Fig. 6.1.

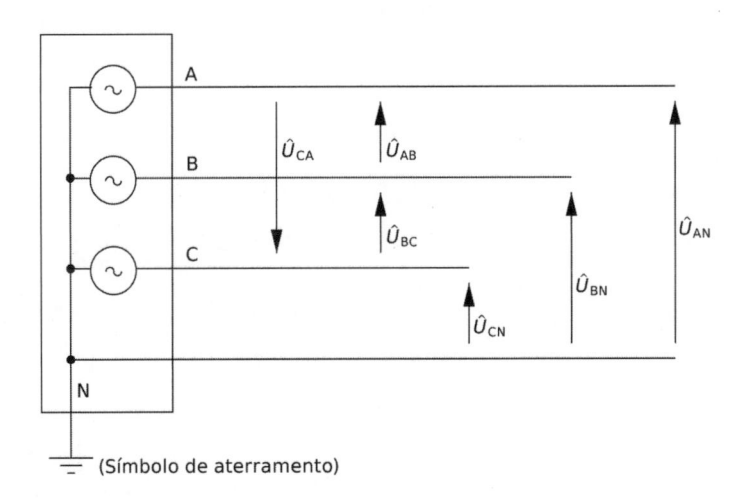

Fig. 6.1 Fonte trifásica

Os condutores A, B e C são denominados fases, às quais associam-se tensões medidas em relação ao terminal comum, chamado de neutro (N), que geralmente é aterrado (potencial zero). Essas tensões são denominadas tensões de fase. A Fig. 6.2 ilustra um voltímetro medindo o valor eficaz da tensão de fase $\hat{U}_{CN}$.

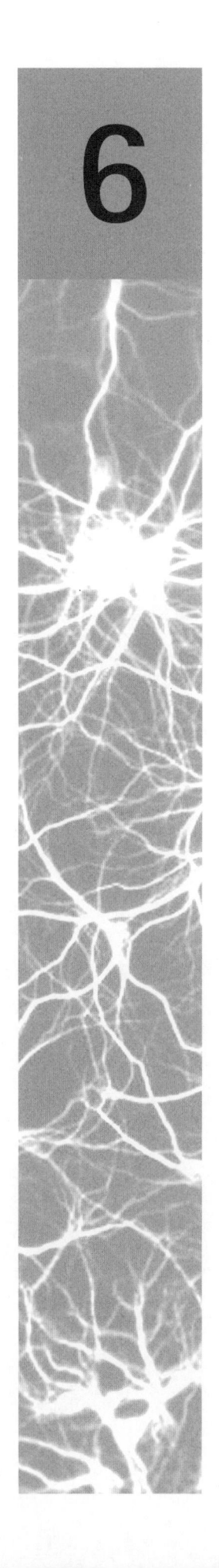

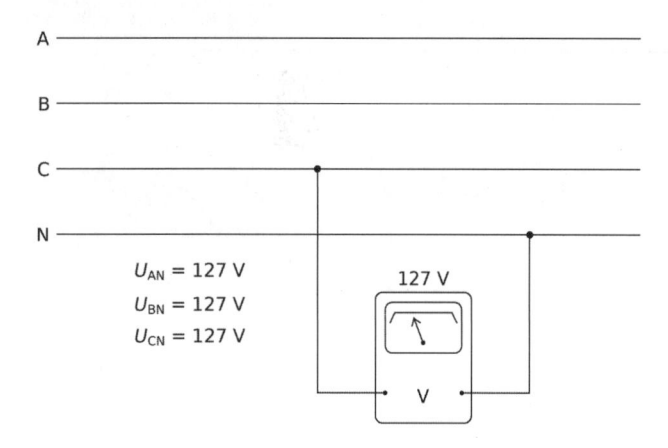

Fig. 6.2 Conceito de tensão de fase

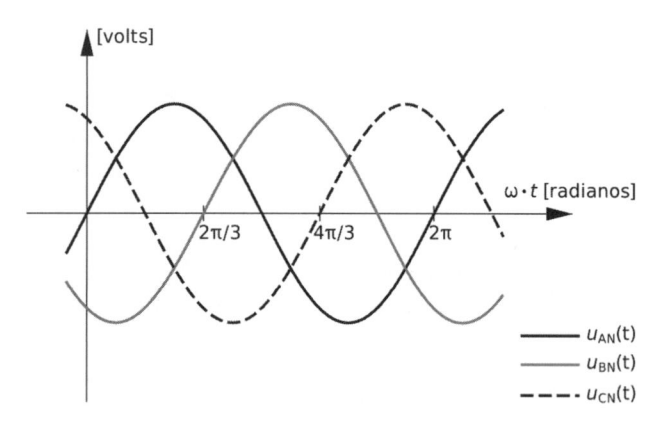

$U_{AN} = 127$ V
$U_{BN} = 127$ V
$U_{CN} = 127$ V

Fig. 6.3 Formas de onda trifásicas

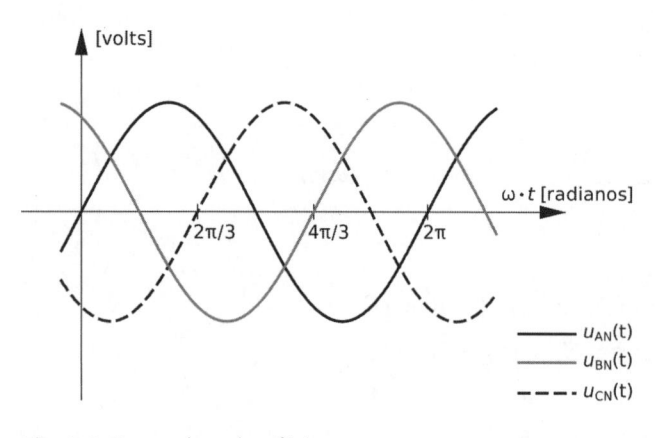

Fig. 6.4 Formas de onda trifásicas

Notação: a letra maiúscula com acento circunflexo corresponde ao fasor e a letra maiúscula sem acento corresponde ao valor eficaz da grandeza elétrica.

No domínio do tempo, as tensões de fase são expressas por:

$$u_{AN}(t) = \sqrt{2} \cdot U_{AN} \cdot \text{sen}(\omega \cdot t + \alpha_a) \quad (6.1)$$

$$u_{BN}(t) = \sqrt{2} \cdot U_{BN} \cdot \text{sen}(\omega \cdot t + \alpha_b) \quad (6.2)$$

$$u_{CN}(t) = \sqrt{2} \cdot U_{CN} \cdot \text{sen}(\omega \cdot t + \alpha_c) \quad (6.3)$$

Se as tensões de fase tiverem o mesmo valor eficaz (U), ou seja:

$$U_{AN} = U_{BN} = U_{CN} = U$$

e estiverem defasadas entre si de 120°:

$$\alpha_b = \alpha_a - 120° \quad \text{e} \quad \alpha_c = \alpha_b - 120°$$

diz-se que a fonte trifásica é equilibrada, que é o desejável para todas as fontes trifásicas, como ilustrado na Fig. 6.3.

Considerando-se a tensão de fase $\hat{U}_{AN}$ como referência, como indica a Fig. 6.3, e adotando-se a notação fasorial, em uma fonte trifásica equilibrada tem-se:

$$\hat{U}_{AN} = U\angle 0° \quad (6.4)$$

$$\hat{U}_{BN} = U\angle{-120°} \quad (6.5)$$

$$\hat{U}_{CN} = U\angle{-240°} = U\angle 120° \quad (6.6)$$

É possível termos as três tensões senoidais na sequência indicada na Fig. 6.4 (compare com a Fig. 6.3). Nesse caso:

$$\hat{U}_{AN} = U\angle 0° \quad (6.7)$$

$$\hat{U}_{BN} = U\angle{-240°} = U\angle 120° \quad (6.8)$$

$$\hat{U}_{CN} = U\angle{-120°} \quad (6.9)$$

Para diferenciar a Fig. 6.3 da Fig. 6.4, diz-se que na primeira as tensões estão na sequência de fases ABC e na outra, na sequência de fases ACB.

Exemplo 6.1

Considere que nos terminais da fonte trifásica da Fig. 6.1 têm-se as tensões ilustradas na Fig. 6.5.

$$u_{AN}(t) = \sqrt{2} \cdot U \cdot \text{sen}(\omega \cdot t)$$
$$u_{BN}(t) = \sqrt{2} \cdot U \cdot \text{sen}(\omega \cdot t - 120°)$$
$$u_{CN}(t) = \sqrt{2} \cdot U \cdot \text{sen}(\omega \cdot t + 120°)$$

Qual seria o valor da tensão medida por um voltímetro conectado aos terminais A e B da fonte?

A tensão entre os terminais A e B pode ser obtida pela aplicação da "Lei das Malhas de Kirchhoff":

Fig. 6.5 Formas de onda trifásicas

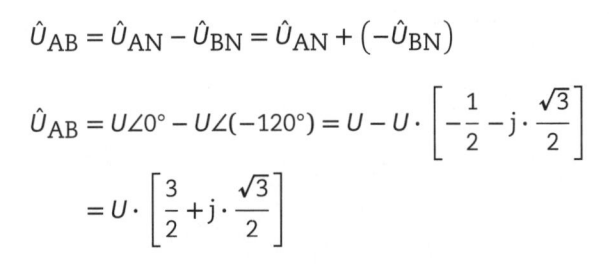

$$\hat{U}_{AB} = \hat{U}_{AN} - \hat{U}_{BN} = \hat{U}_{AN} + (-\hat{U}_{BN})$$

$$\hat{U}_{AB} = U\angle 0° - U\angle(-120°) = U - U \cdot \left[-\frac{1}{2} - j \cdot \frac{\sqrt{3}}{2}\right]$$

$$= U \cdot \left[\frac{3}{2} + j \cdot \frac{\sqrt{3}}{2}\right]$$

$$\hat{U}_{AB} = \sqrt{3} \cdot U \cdot \left[\frac{\sqrt{3}}{2} + j \cdot \frac{1}{2}\right]$$

$$= \sqrt{3} \cdot U \cdot [\cos 30° + j \cdot \text{sen } 30°] = \sqrt{3} \cdot U\angle 30°$$

A obtenção gráfica da tensão $\hat{U}_{AB}$ é apresentada no diagrama fasorial da Fig. 6.6.

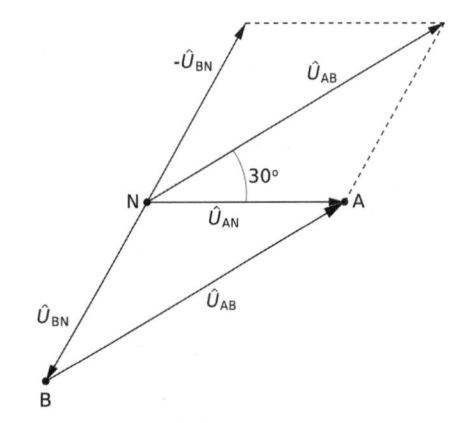

Fig. 6.6 Obtenção gráfica de $\hat{U}_{AB}$

Conclusão: a tensão entre os terminais A e B apresenta um valor eficaz $\sqrt{3}$ vezes maior e está 30° adiantada em relação à tensão de fase $\hat{U}_{AN}$.

A diferença entre duas tensões de fase, denominada tensão de linha, também é senoidal, porém com amplitude $\sqrt{3}$ vezes maior, e o ângulo de fase, dependente das tensões consideradas. A Fig. 6.7 ilustra um voltímetro medindo o valor eficaz da tensão de linha $\hat{U}_{BC}$.

$$\hat{U}_{AB} = \hat{U}_{AN} - \hat{U}_{BN} = \sqrt{3} \cdot U\angle 30° \quad (6.10)$$
$$\hat{U}_{BC} = \hat{U}_{BN} - \hat{U}_{CN} = \sqrt{3} \cdot U\angle -90° \quad (6.11)$$
$$\hat{U}_{CA} = \hat{U}_{CN} - \hat{U}_{AN} = \sqrt{3} \cdot U\angle 150° \quad (6.12)$$

CONVENÇÃO:

a] Para a sequência de fases ABC:

Observando esta notação $\widehat{AB}$ $\widehat{BC}$ $\widehat{CA}$, as tensões de linha são denotadas por:

$$\hat{U}_{AB} \quad \hat{U}_{BC} \quad \hat{U}_{CA}$$

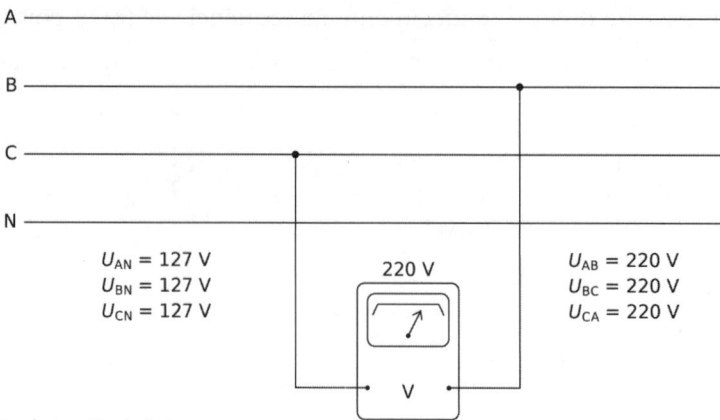

Fig. 6.7 Conceito de tensão de linha

$U_{AN} = 127$ V
$U_{BN} = 127$ V
$U_{CN} = 127$ V

220 V

$U_{AB} = 220$ V
$U_{BC} = 220$ V
$U_{CA} = 220$ V

b) Para a sequência de fases ACB:

Observando esta notação $\overparen{AC}\ \overparen{CB}\ \overparen{BA}$ as tensões de linha são denotadas por:

$$\hat{U}_{AC} \quad \hat{U}_{CB} \quad \hat{U}_{BA}$$

As tensões podem ser representadas fasorialmente como ilustrado na Fig. 6.8.

(A) Sequência de fases ABC

(B) Sequência de fases ACB

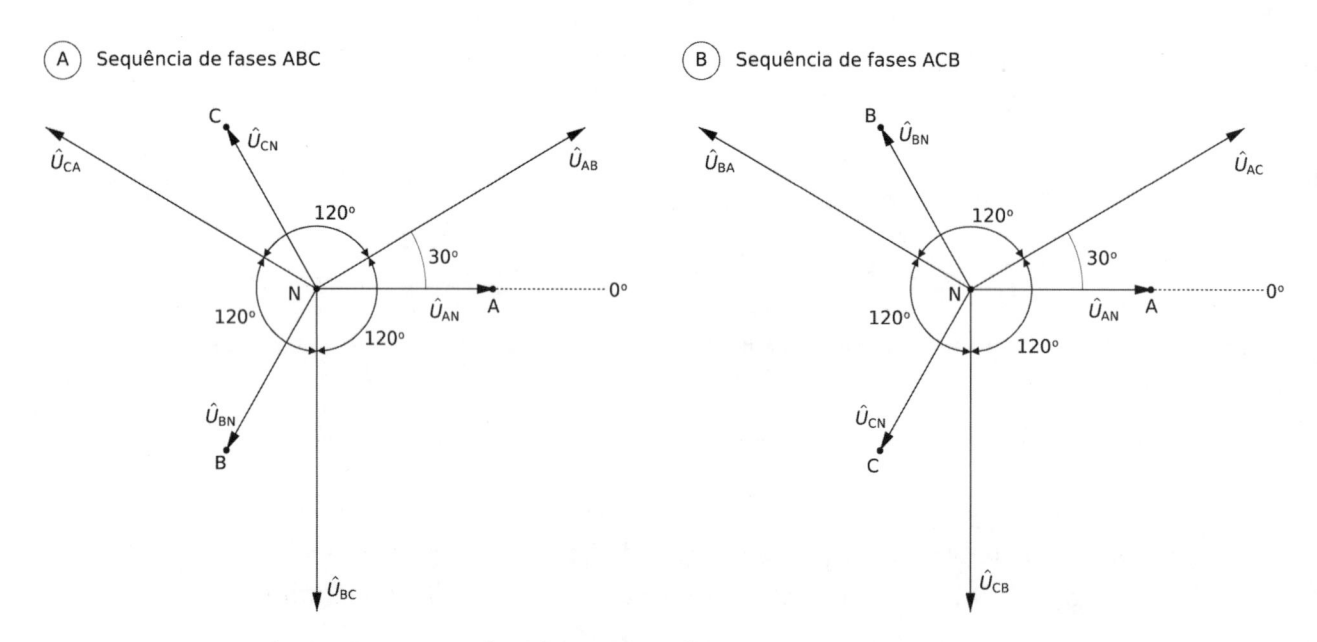

Fig. 6.8 Representação fasorial das tensões trifásicas

Observe que, em uma fonte trifásica equilibrada, tanto a soma das tensões de linha como a soma das tensões de fase são nulas, em qualquer instante de tempo t.

Sabemos que a fase de uma forma de onda é um valor arbitrário, que tem a finalidade de estabelecer um referencial de tempo para a forma de onda. No entanto, a diferença de fases (defasagem) entre duas formas de onda é bem definida e tem importância fundamental na análise de um circuito trifásico.

É fundamental, além disso, o conhecimento da sequência de fases, pois em um motor trifásico, por exemplo, o sentido de rotação é determinado pela sequência de fases, como veremos no Cap. 10. A sequência de fases também é importante quando há necessidade de conectar entre si dois ou mais circuitos trifásicos que tenham a mesma frequência e a mesma tensão (magnitude e ângulo).

A magnitude e o ângulo de fase das correntes dependem da carga conectada aos terminais do gerador, como comentado a seguir.

> Os vídeos "Tensões trifásicas" e "Conexões residenciais na rede elétrica" apresentam uma visão prática dos conceitos apresentados neste item.

6.2 Conexões trifásicas

Basicamente, tanto as fontes como as cargas trifásicas podem ser conectadas, formando as seguintes ligações:

- Estrela ou Y com neutro
- Estrela ou Y sem neutro
- Triângulo ou Δ (delta)

A Fig. 6.6 ilustra os tipos de conexões para cargas trifásicas. Para cada tipo são apresentados dois modelos de diagrama elétrico das ligações das três impedâncias.

Se as três impedâncias da carga forem iguais ($Z_1 = Z_2 = Z_3$), a carga trifásica é denominada equilibrada; caso contrário, é denominada desequilibrada.

Considerando que todas as fontes trifásicas são equilibradas, um circuito trifásico é denominado equilibrado se a carga for equilibrada, e denominado desequilibrado se a carga for desequilibrada.

A análise de circuitos trifásicos não apresenta novidades do ponto de vista da teoria de análise de circuitos. Assim, as principais características dos circuitos trifásicos para os diferentes tipos de carga são apresentadas nas próximas seções por meio de exemplos numéricos.

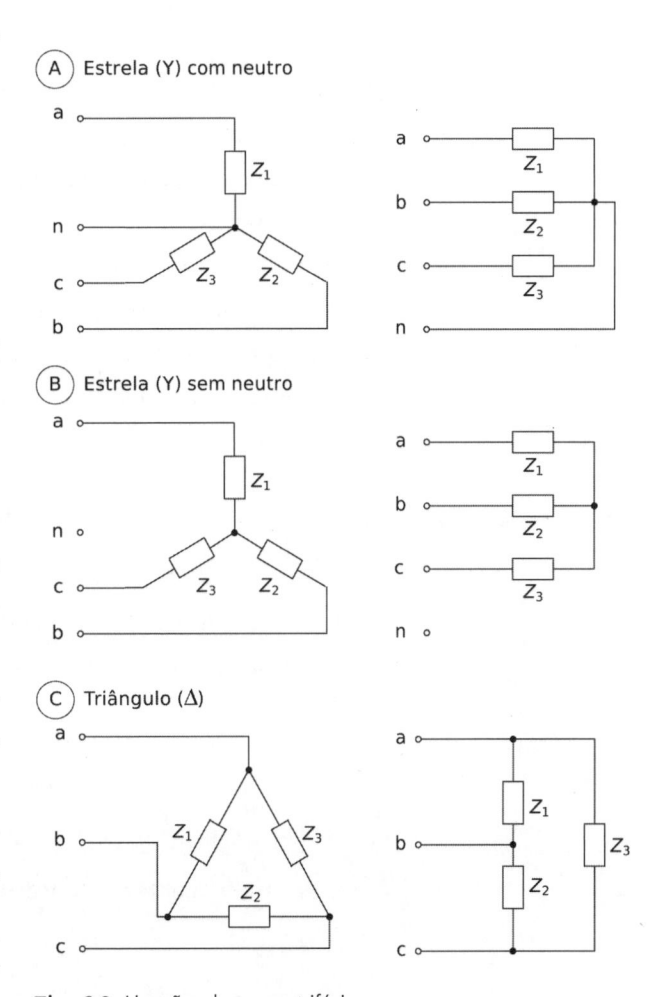

Fig. 6.9 Ligações de cargas trifásicas

6.3 Circuitos equilibrados

6.3.1 Carga equilibrada em estrela (Y)

Considere o circuito trifásico mostrado na Fig. 6.10.

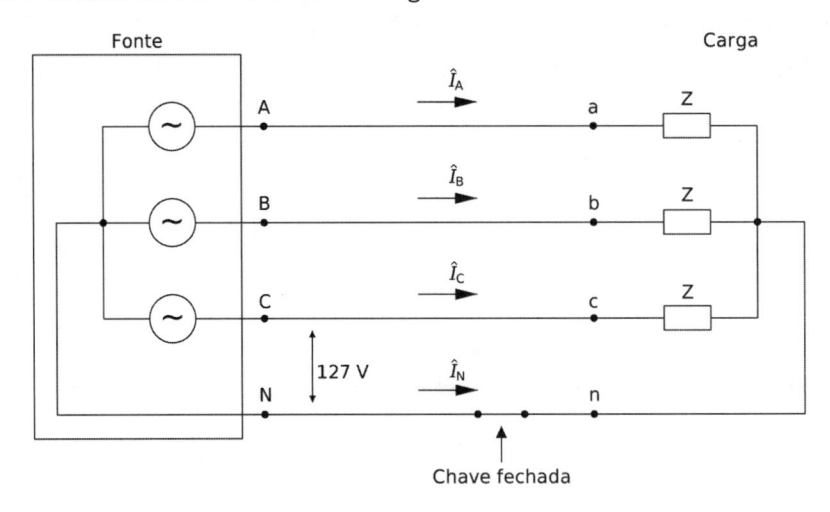

Fig. 6.10 Carga equilibrada em Y com neutro

Notação: as letras maiúsculas A, B, C e N indicam os terminais da fonte e as letras minúsculas a, b, c e n indicam os terminais da carga.

As correntes nas fases A, B, C são denominadas correntes de linha, e $\hat{I}_N$ é a corrente no condutor neutro.

A carga trifásica tem, em cada fase, uma resistência de 120 Ω em série com uma reatância indutiva de 160 Ω. A tensão de fase é igual a 127 V.

Considerando a sequência de fases ABC e a tensão de fase $\hat{U}_{AN}$ como referência angular, as tensões de fase fornecidas pela fonte são iguais a:

$$\hat{U}_{AN} = 127\angle 0° \text{ V}$$
$$\hat{U}_{BN} = 127\angle -120° \text{ V}$$
$$\hat{U}_{CN} = 127\angle 120° \text{ V}$$

Se admitirmos as fases A, B e C e também o fio neutro como ideais, não havendo, portanto, queda de tensão nesses condutores, as tensões de fase nos terminais da carga são:

$$\hat{U}_{an} = \hat{U}_{AN} = 127\angle 0° \text{ V}$$
$$\hat{U}_{bn} = \hat{U}_{BN} = 127\angle -120° \text{ V}$$
$$\hat{U}_{cn} = \hat{U}_{CN} = 127\angle 120° \text{ V}$$

Pode-se também obter as tensões de linha:

$$\hat{U}_{ab} = \sqrt{3} \cdot 127\angle 30° = 220\angle 30° \text{ V}$$
$$\hat{U}_{bc} = \sqrt{3} \cdot 127\angle -90° = 220\angle -90° \text{ V}$$
$$\hat{U}_{ca} = \sqrt{3} \cdot 127\angle 150° = 220\angle 150° \text{ V}$$

Se cada uma das impedâncias que compõem a carga vale:

$$Z = R + j \cdot X = 120 + j \cdot 160 = 200\angle 53{,}13° \, \Omega$$

as correntes de linha são obtidas por meio de:

$$\hat{I}_A = \frac{\hat{U}_{an}}{Z} = \frac{127\angle 0°}{200\angle 53{,}13°} = 0{,}635\angle -53{,}13° \, A$$

$$\hat{I}_B = \frac{\hat{U}_{bn}}{Z} = \frac{127\angle -120°}{200\angle 53{,}13°} = 0{,}635\angle -173{,}13° \, A$$

$$\hat{I}_C = \frac{\hat{U}_{cn}}{Z} = \frac{127\angle 120°}{200\angle 53{,}13°} = 0{,}635\angle 66{,}87° \, A$$

As correntes de linha têm o mesmo valor eficaz e são defasadas de 120° umas das outras. Assim, para uma carga equilibrada, basta calcular a corrente em uma das fases, e as outras são determinadas simplesmente considerando as defasagens apropriadas.

A Fig. 6.11 mostra o diagrama fasorial com as tensões e as correntes na carga.

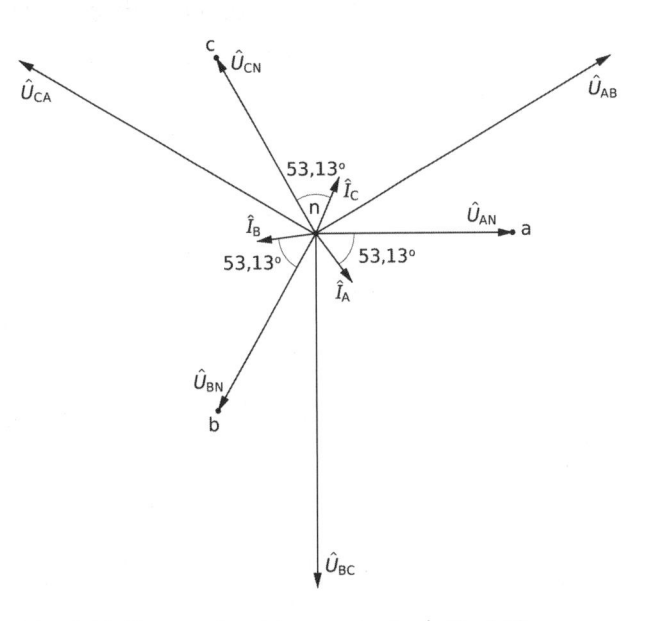

Fig. 6.11 Diagrama fasorial para o circuito da Fig. 6.10

6.3.2 Carga equilibrada em triângulo (Δ)

Observe o circuito trifásico mostrado na Fig. 6.12.

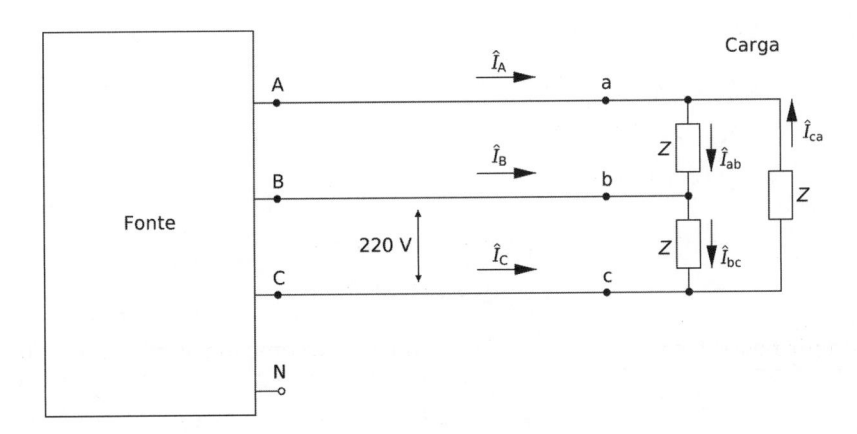

Fig. 6.12 Carga equilibrada em Δ

As correntes nas fases A, B, C são denominadas correntes de linha, e as correntes nas impedâncias da conexão Δ são denominadas correntes de fase.

CONVENÇÃO:

a) Para a sequência de fases ABC: $\overparen{ABBCCA}$ ⇒ $\hat{I}_{ab}$ $\hat{I}_{bc}$ $\hat{I}_{ca}$
b) Para a sequência de fases ACB: $\overparen{ACCBBA}$ ⇒ $\hat{I}_{ac}$ $\hat{I}_{cb}$ $\hat{I}_{ba}$

A carga trifásica tem, em cada fase, uma resistência de 120 Ω em série com uma reatância indutiva de 160 Ω, e a tensão de linha é igual a 220 V.

Considerando a tensão de linha $\hat{U}_{AB}$ como referência angular, tem-se:

$$\hat{U}_{AB} = 220\angle 0°\,\text{V}$$
$$\hat{U}_{BC} = 220\angle -120°\,\text{V}$$
$$\hat{U}_{CA} = 220\angle 120°\,\text{V}$$

Se cada uma das impedâncias que compõem a carga vale:

$$Z = R + j \cdot X = 120 + j \cdot 160 = 200\angle 53,13°\,\Omega$$

as correntes de fase são obtidas por meio de:

$$\hat{I}_{ab} = \frac{\hat{U}_{AB}}{Z} = \frac{220\angle 0°}{200\angle 53,13°} = 1,1\angle -53,13°\,\text{A}$$

$$\hat{I}_{bc} = \frac{\hat{U}_{BC}}{Z} = \frac{220\angle -120°}{200\angle 53,13°} = 1,1\angle -173,13°\,\text{A}$$

$$\hat{I}_{ca} = \frac{\hat{U}_{CA}}{Z} = \frac{220\angle 120°}{200\angle 53,13°} = 1,1\angle 66,87°\,\text{A}$$

As correntes de fase têm os mesmos valores eficazes e estão defasadas de 120° umas das outras. Consequentemente, a soma das três correntes é igual a zero.

As correntes de linha são obtidas pela aplicação da "Lei dos Nós de Kirchhoff" nos nós a, b e c.

Para o nó a, tem-se:

$$\hat{I}_A + \hat{I}_{ca} - \hat{I}_{ab} = 0$$
$$\hat{I}_A = \hat{I}_{ab} - \hat{I}_{ca} = 0,2279 - j \cdot 1,8916 = 1,9053\angle -83,13°\,\text{A}$$

De forma similar, obtêm-se para as outras fases:

$$\hat{I}_B = 1,9053\angle 156,87°\,\text{A}$$
$$\hat{I}_C = 1,9053\angle 36,87°\,\text{A}$$

As correntes de linha também têm seus valores eficazes iguais e estão defasadas de 120° umas das outras. Pode-se observar facilmente que a soma das correntes de linha é igual a zero.

O respectivo diagrama fasorial completo está na Fig. 6.13.

A relação entre corrente de linha e corrente de fase é:

$$\frac{\hat{I}_A}{\hat{I}_{ab}} = \frac{1,9053\angle -83,13°}{1,1\angle -53,13°} = \sqrt{3}\angle -30°$$

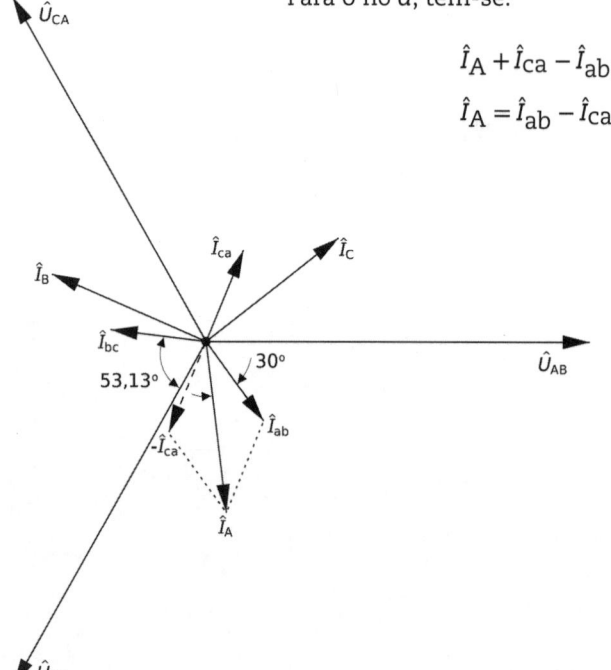

Fig. 6.13 Diagrama fasorial para o circuito da Fig. 6.12

Conclusão: para a carga Δ-equilibrada, a corrente de linha tem um valor eficaz $\sqrt{3}$ vezes maior que o da corrente de fase e está atrasada de 30°.

$$\left|\hat{I}_\ell\right| = \sqrt{3} \cdot \left|\hat{I}_f\right|$$

ATENÇÃO: essa relação é válida somente para carga Δ-equilibrada.

6.4 Circuitos desequilibrados

6.4.1 Carga desequilibrada em triângulo (Δ)

O circuito da Fig. 6.14 é composto por uma fonte trifásica de 230 V de tensão de linha, sequência de fases ACB, que alimenta uma carga desequilibrada em triângulo.

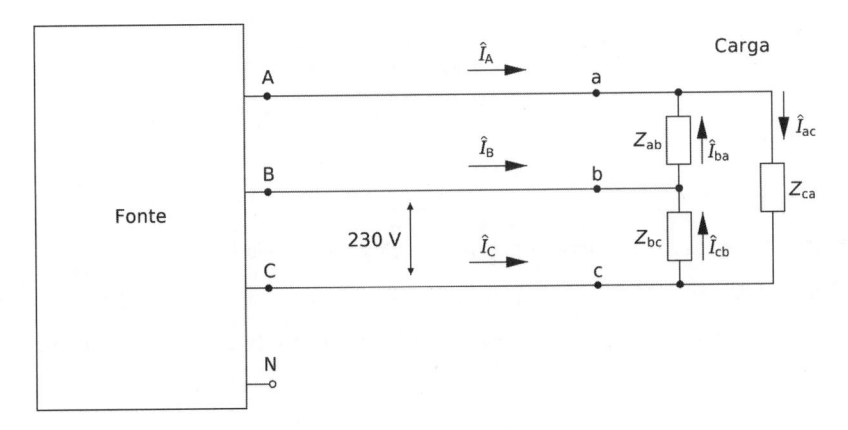

Fig. 6.14 Carga desequilibrada em Δ

As impedâncias por fase valem:

$$Z_{ab} = 100 + j \cdot 100\sqrt{3} = 200\angle 60° \, \Omega$$

$$Z_{bc} = 100 - j \cdot 100 = 100\sqrt{2}\angle -45° \, \Omega$$

$$Z_{ca} = 150 = 150\angle 0° \, \Omega$$

Para a sequência de fases ACB e tensão de linha $\hat{U}_{ba}$ como referência angular, as tensões de linha valem:

$$\hat{U}_{ba} = 230\angle 0° \, \text{V}$$

$$\hat{U}_{cb} = 230\angle 120° \, \text{V}$$

$$\hat{U}_{ac} = 230\angle -120° \, \text{V}$$

As correntes de fase são iguais a:

$$\hat{I}_{ba} = \frac{\hat{U}_{ba}}{Z_{ab}} = \frac{230\angle 0°}{200\angle 60°} = 1{,}15\angle -60° \, \text{A}$$

$$\hat{I}_{cb} = \frac{\hat{U}_{cb}}{Z_{bc}} = \frac{230\angle 120°}{100\sqrt{2}\angle -45°} = 1{,}6263\angle 165° \, \text{A}$$

$$\hat{I}_{ac} = \frac{\hat{U}_{ac}}{Z_{ca}} = \frac{230\angle-120°}{150} = 1{,}5333\angle-120°\,\text{A}$$

Observe que, nesse caso, não há uma relação constante entre os valores das correntes de linha e de fase. Seus valores dependem das impedâncias de cada fase.

Aplicando-se a "Lei dos Nós de Kirchhoff" nos nós a, b e c (Fig. 6.14), as correntes de linha são calculadas por:

$$\hat{I}_A = \hat{I}_{ac} - \hat{I}_{ba} = -1{,}3416 - j\cdot 0{,}3320 = 1{,}3820\angle-166{,}10°\,\text{A}$$
$$\hat{I}_B = \hat{I}_{ba} - \hat{I}_{cb} = 2{,}1459 - j\cdot 1{,}4168 = 2{,}5714\angle-33{,}43°\,\text{A}$$
$$\hat{I}_C = \hat{I}_{cb} - \hat{I}_{ac} = -0{,}8043 + j\cdot 1{,}7488 = 1{,}9249\angle 114{,}70°\,\text{A}$$

Pode-se constatar que a soma das correntes de linha é igual a zero. A Fig. 6.15 mostra o respectivo diagrama fasorial.

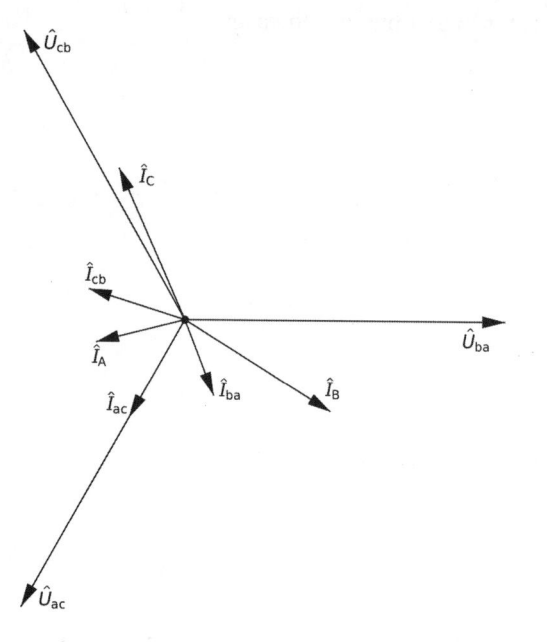

Fig. 6.15 Diagrama fasorial para o circuito da Fig. 6.14

6.4.2 Carga desequilibrada em estrela (Y) com neutro

A Fig. 6.16 apresenta um circuito em que uma carga desequilibrada em estrela com neutro é conectada a uma fonte trifásica equilibrada, cujas tensões de fase são iguais a 100 V.

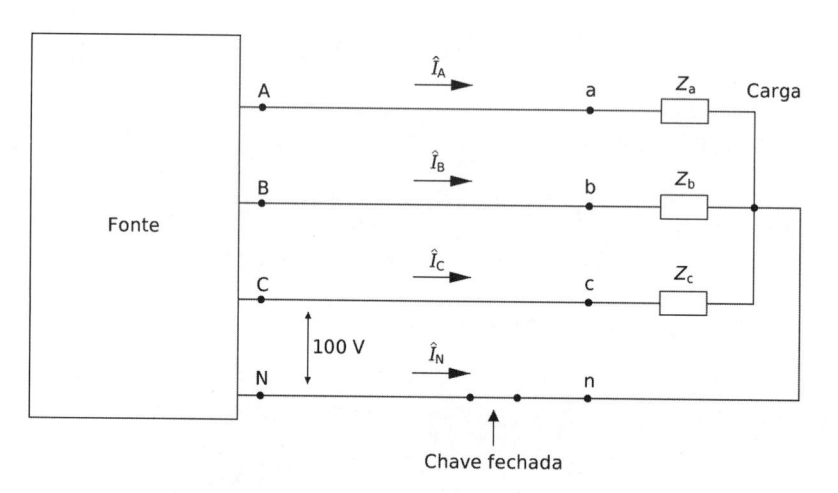

Fig. 6.16 Carga desequilibrada em Y com neutro

As impedâncias da carga por fase valem:

$$Z_a = 100 = 100\angle 0°\,\Omega$$
$$Z_b = 30 - j\cdot 40 = 50\angle-53{,}13°\,\Omega$$
$$Z_c = 50 + j\cdot 50 = 50\sqrt{2}\angle 45°\,\Omega$$

Para a sequência de fases ABC e tensão de fase $\hat{U}_{an}$ como referência angular, na carga têm-se:

$$\hat{U}_{an} = 100\angle 0° \text{ V}$$
$$\hat{U}_{bn} = 100\angle -120° \text{ V}$$
$$\hat{U}_{cn} = 100\angle 120° \text{ V}$$
$$\hat{U}_{ab} = 100\sqrt{3}\angle 30° \text{ V}$$
$$\hat{U}_{bc} = 100\sqrt{3}\angle -90° \text{ V}$$
$$\hat{U}_{ca} = 100\sqrt{3}\angle 150° \text{ V}$$

Como o ponto neutro da carga *n* está conectado ao ponto neutro da fonte *N*, ambos estão no mesmo potencial. Assim, as tensões de fase sobre a carga são iguais às tensões de fase fornecidas pela fonte, considerando-se condutores ideais.

As correntes de linha valem:

$$\hat{I}_A = \frac{\hat{U}_{an}}{Z_a} = \frac{100\angle 0°}{100} = 1,0\angle 0° \text{ A}$$

$$\hat{I}_B = \frac{\hat{U}_{bn}}{Z_b} = \frac{100\angle -120°}{50\angle -53,13°} = 2,0\angle -66,87° \text{ A}$$

$$\hat{I}_C = \frac{\hat{U}_{cn}}{Z_c} = \frac{100\angle 120°}{50\sqrt{2}\angle 45°} \cong 1,4\angle 75° \text{ A}$$

A corrente no condutor neutro é obtida pela aplicação da "Lei dos Nós de Kirchhoff" para o ponto *n* (neutro da carga):

$$\hat{I}_N = -\left(\hat{I}_A + \hat{I}_B + \hat{I}_C\right) \quad (6.13)$$

$$\hat{I}_N \cong -2,15 + j \cdot 0,47 = 2,20\angle 167,60° \text{ A}$$

Um diagrama fasorial parcial com a representação das tensões de fase e das correntes de linha e no condutor neutro é mostrado na Fig. 6.17.

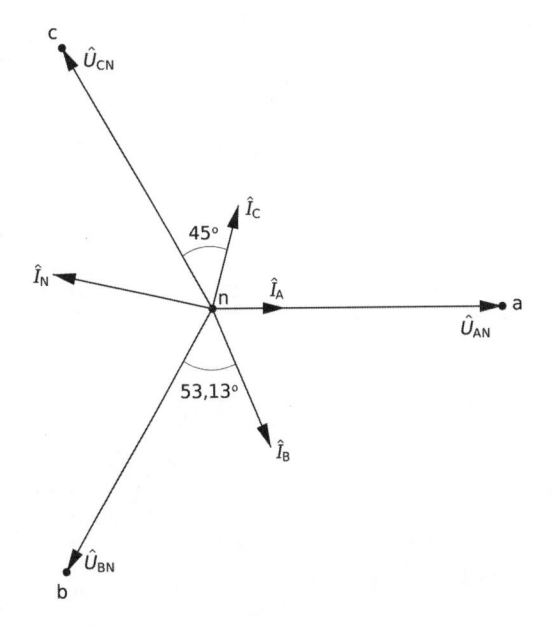

Fig. 6.17 Diagrama fasorial para o circuito da Fig. 6.16

Exemplo 6.2

Uma instalação residencial recebe três fases e o neutro da concessionária de energia elétrica. Em um determinado instante somente uma geladeira e um chuveiro estão ligados, com ilustrado na Fig. 6.18.

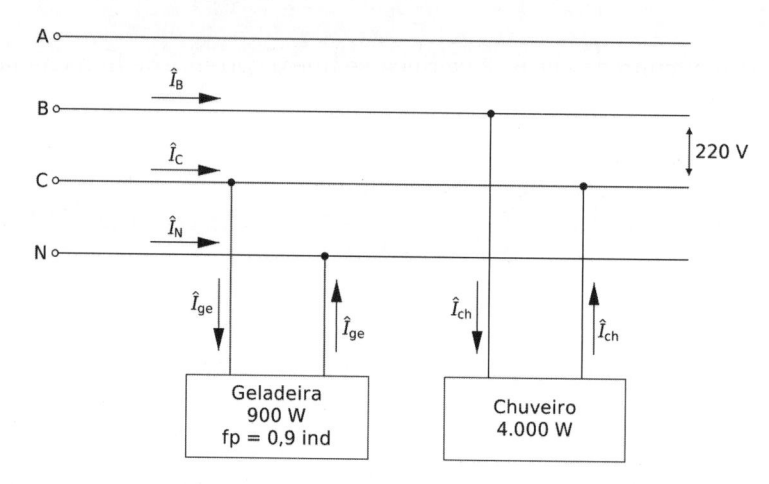

Fig. 6.18 Circuito residencial com duas cargas

Obtenha as correntes consumidas pelos equipamentos e as correntes de linha e no neutro.

Para a tensão de fase $\hat{U}_{BN}$ como referência angular e a sequência de fases ABC, têm-se as seguintes tensões de fase:

$$\hat{U}_{AN} = 127\angle 120°\,\text{V}$$

$$\hat{U}_{BN} = 127\angle 0°\,\text{V}$$

$$\hat{U}_{CN} = 127\angle -120°\,\text{V}$$

A tensão de linha entre as fases B e C é:

$$\hat{U}_{BC} = 127\sqrt{3}\angle 30° = 220\angle 30°\,\text{V}$$

A partir dos dados fornecidos para a geladeira, pode-se calcular:

$$|S_{ge}| = \frac{P_{ge}}{fp} = \frac{900}{0,9} = 1,0\,\text{kVA}$$

$$Q_{ge} = \sqrt{|S_{ge}|^2 - P_{ge}^2} = 435,9\,\text{VA}$$

$$S_{ge} = P_{ge} + j \cdot Q_{ge} = 900 + j \cdot 435,9 = 1,0\angle 25,8°\,\text{kVA}$$

A tensão de fase $\hat{U}_{CN}$ é aplicada sobre a geladeira. Logo, a corrente por ela vale:

$$\hat{I}_{ge} = \left(\frac{S_{ge}}{\hat{U}_{CN}}\right)^* = \left[\frac{1000\angle 25,8°}{127\angle -120°}\right]^* = 7,9\angle -145,8°\,\text{A}$$

O chuveiro é um equipamento puramente resistivo e, portanto, apresenta fator de potência unitário. Logo:

$$S_{ch} = 4,0\angle 0°\,\text{kVA}$$

E a corrente no chuveiro é dada por:

$$\hat{I}_{ch} = \left(\frac{S_{ch}}{\hat{U}_{BC}}\right)^* = \left[\frac{4000\angle 0°}{220\angle 30°}\right]^* = 18,2\angle 30°\,\text{A}$$

Ao se observar o circuito da Fig. 6.18, verifica-se que a corrente de linha na fase *B* é igual à corrente no chuveiro.

Aplicando-se a "Lei dos Nós de Kirchhoff" à fase *C*, tem-se:

$$\hat{I}_C = \hat{I}_{ge} - \hat{I}_{ch} = 7,9\angle-145,8° - 18,2\angle 30° = 26,1\angle-148,7° \text{ A}$$

A corrente no condutor neutro pode ser calculada por:

$$\hat{I}_N = -\left(\hat{I}_A + \hat{I}_B + \hat{I}_C\right) = -\hat{I}_{ge} = 7,9\angle 34,2° \text{ A}$$

A constatação de que a corrente no neutro é o negativo da corrente na geladeira poderia ser feita pela simples observação da Fig. 6.18. A existência da corrente no neutro é a expressão do desequilíbrio da carga.

6.4.3 Carga desequilibrada em estrela (Y) sem neutro

A Fig. 6.19 apresenta um circuito em que uma carga desequilibrada em estrela sem neutro (chave aberta) é conectada a uma fonte trifásica equilibrada. Note que esse circuito corresponde ao da Fig. 6.16 com a chave aberta. Recebe a denominação de carga em estrela sem neutro aquela em que o seu ponto neutro não está conectado ao ponto neutro da fonte.

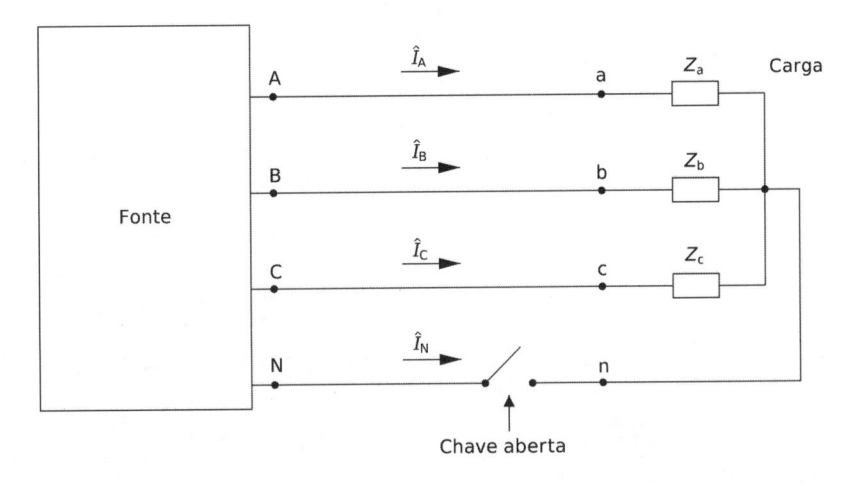

Fig. 6.19 Carga desequilibrada em Y sem neutro

Para a análise desse circuito, considere que:
- a fonte trifásica é equilibrada e, portanto, os valores definidos para as tensões de fase e de linha fornecidas pela fonte continuam os mesmos definidos anteriormente;
- as tensões de linha aplicadas sobre a carga são iguais às tensões de linha fornecidas pela fonte; portanto, são equilibradas. No entanto, pelo fato de os respectivos neutros da carga *n* e da fonte *N* não estarem conectados, haverá uma diferença de potencial entre esses dois pontos, provocada pelo desequilíbrio da carga trifásica, levando à conclusão de

que as tensões de fase aplicadas à carga não serão iguais às tensões de fase fornecidas pela fonte;

- por causa da não conexão dos neutros, a corrente no neutro, que expressa o desequilíbrio da carga, é obviamente nula. Assim, aplicando-se a "Lei dos Nós de Kirchhoff" para o ponto neutro da carga, tem-se:

$$\hat{I}_A + \hat{I}_B + \hat{I}_C = 0$$

Ao se considerar esses aspectos, conclui-se que as tensões de fase sobre as impedâncias da carga se ajustarão de forma que a "Lei dos Nós de Kirchhoff" aplicada ao ponto *n* seja satisfeita, o que só é possível com a existência de uma diferença de potencial entre os pontos *n* e *N*. Nesse caso, o desequilíbrio das tensões de fase sobre a carga é a expressão do desequilíbrio da carga.

As características de um circuito com carga desequilibrada em estrela sem neutro tornam a sua resolução mais trabalhosa que a dos demais tipos de carga.

Um método de resolução é o das equações de malhas, que corresponde a determinar um sistema de equações das malhas do circuito e resolvê-lo, de forma a obter os valores das correntes de malha.

No circuito da Fig. 6.20 estão indicadas duas malhas e suas respectivas correntes de malha, $\hat{I}_1$ e $\hat{I}_2$.

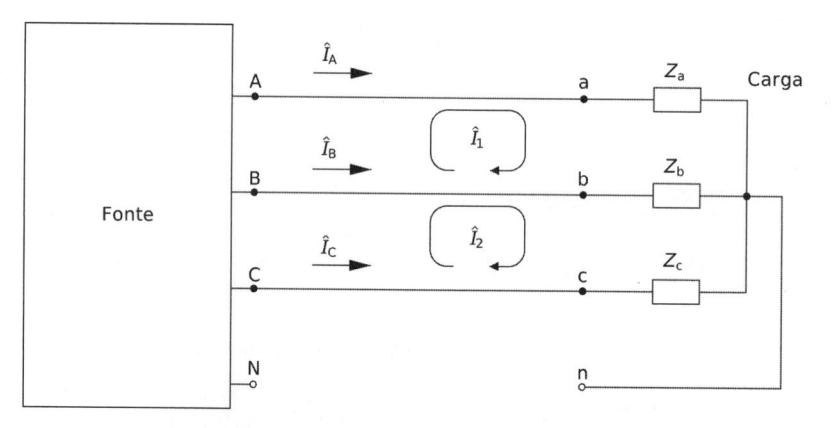

Fig. 6.20 Circuito com duas malhas de corrente

Aplicando-se a "Lei das Malhas de Kirchhoff" para as duas malhas, obtém-se o seguinte sistema de equações:

$$\hat{U}_{AB} - Z_a\hat{I}_1 - Z_b(\hat{I}_1 - \hat{I}_2) = 0$$
$$\hat{U}_{BC} - Z_b(\hat{I}_2 - \hat{I}_1) - Z_c\hat{I}_2 = 0$$

A solução desse sistema de equações possibilita obter $\hat{I}_1$ e $\hat{I}_2$ e, a partir deles, tem-se, conforme se pode extrair da Fig. 6.20:

$$\hat{I}_A = \hat{I}_1$$
$$\hat{I}_B = \hat{I}_2 - \hat{I}_1$$
$$\hat{I}_C = -\hat{I}_2$$

As tensões de fase na carga são facilmente calculadas em função das correntes de linha e das impedâncias de fase, e a diferença de potencial entre os neutros pode ser obtida a partir da Fig. 6.19:

$$\hat{U}_{nN} = \hat{U}_{AN} - \hat{U}_{an}$$

O diagrama fasorial das tensões para a situação de carga Y-desequilibrada sem neutro é apresentado na Fig. 6.21.

Um segundo método para a obtenção das grandezas elétricas em uma carga Y desequilibrada sem neutro é o denominado deslocamento de neutro.

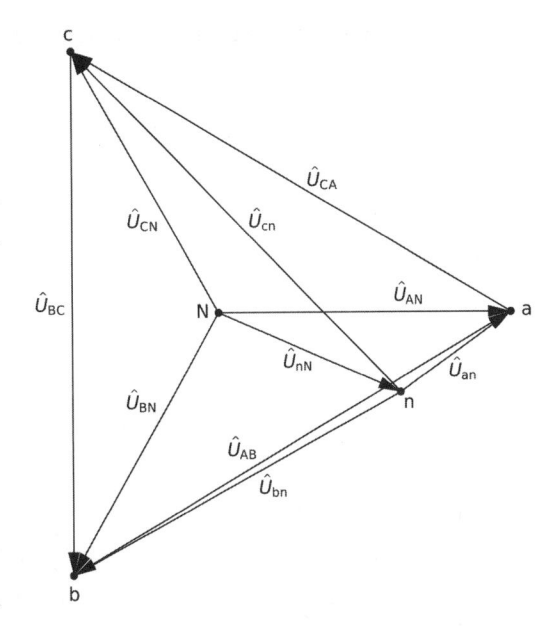

Fig. 6.21 Diagrama fasorial para Y desequilibrada sem neutro

Se a carga fosse equilibrada, o ponto neutro da carga (n) estaria no mesmo potencial que o ponto neutro da fonte (N). No caso de a carga ser desequilibrada, o neutro da carga desloca-se em relação ao neutro da fonte. Esse deslocamento está ilustrado no diagrama fasorial da Fig. 6.21.

O método do deslocamento de neutro baseia-se na obtenção, primeiramente, da diferença de potencial entre os pontos neutros e, em seguida, das demais tensões e correntes. A expressão que fornece a diferença de potencial entre os neutros é:

$$\hat{U}_{nN} = \frac{Y_a \cdot \hat{U}_{AN} + Y_b \cdot \hat{U}_{BN} + Y_c \cdot \hat{U}_{CN}}{Y_a + Y_b + Y_c} \qquad (6.14)$$

onde Y_a, Y_b e Y_c correspondem às admitâncias da carga, calculadas pelo inverso das respectivas impedâncias $\left[\frac{1}{Z}\right]$.

Tendo-se $\hat{U}_{nN}$, pode-se então obter as tensões de fase na carga:

$$\hat{U}_{an} = \hat{U}_{AN} - \hat{U}_{nN} \qquad (6.15)$$
$$\hat{U}_{bn} = \hat{U}_{BN} - \hat{U}_{nN} \qquad (6.16)$$
$$\hat{U}_{cn} = \hat{U}_{CN} - \hat{U}_{nN} \qquad (6.17)$$

e tendo-se as tensões de fase, podem-se calcular as correntes de linha (Lei de Ohm).

As expressões (6.15) a (6.17) podem ser reescritas na forma:

$$\hat{U}_{AN} = \hat{U}_{an} + \hat{U}_{nN} \qquad (6.18)$$
$$\hat{U}_{BN} = \hat{U}_{bn} + \hat{U}_{nN} \qquad (6.19)$$
$$\hat{U}_{CN} = \hat{U}_{cn} + \hat{U}_{nN} \qquad (6.20)$$

Com a soma das expressões (6.18) a (6.20), tem-se:

$$\hat{U}_{AN} + \hat{U}_{BN} + \hat{U}_{CN} = \hat{U}_{an} + \hat{U}_{bn} + \hat{U}_{cn} + 3 \cdot \hat{U}_{nN}$$

Considerando que:

$$\hat{U}_{AN} + \hat{U}_{BN} + \hat{U}_{CN} = 0$$

conclui-se que:

$$\hat{U}_{nN} = -\frac{1}{3} \cdot \left(\hat{U}_{an} + \hat{U}_{bn} + \hat{U}_{cn}\right) \tag{6.21}$$

A utilização do método do deslocamento de neutro resulta em uma quantidade menor de cálculos.

É importante destacar que, na realidade, espera-se que nunca ocorra um desligamento (rompimento) do condutor neutro em qualquer instalação elétrica, pois isso pode resultar em tensões de fase muito altas ou muito baixas, comprometendo as condições de operação de equipamentos conectados entre uma fase e o neutro, sob pena de serem danificados, dependendo da localização do rompimento.

O rompimento do condutor neutro não afeta as condições de operação de equipamentos que estejam conectados entre fases, como é o caso, por exemplo, de um chuveiro conectado entre duas fases, pois se considera que as tensões fornecidas pela companhia distribuidora são equilibradas e independem da carga conectada.

> O vídeo "Carga trifásica em estrela desequilibrada" demonstra os conceitos apresentados neste item

Exercícios

6.1 Qual é a sequência de fases em cada diagrama fasorial da Fig. 6.8? Considere o sentido de giro dos fasores anti-horário e observe o giro dos fasores a partir da referência 0°.

6.2 Resolva o Exemplo 6.1 para a sequência de fases ACB. Comente o resultado.

6.3 Aplicando a "Lei dos Nós de Kirchhoff" para o ponto N, obtenha a corrente no condutor neutro e, com base no resultado, comente o que ocorrerá se a chave mostrada na Fig. 6.10 for aberta, interrompendo a conexão entre os neutros.

6.4 Se, em uma ligação Y-4fios, a carga for equilibrada, há circulação de corrente no condutor neutro? E se a carga for desequilibrada? Justifique.

6.5 Para uma ligação Y-4fios com carga desequilibrada, esboce um diagrama fasorial que ilustre a obtenção gráfica do valor da corrente (forma polar) no condutor neutro.

6.6 Em uma ligação Y-3fios, há tensão (d.d.p.) entre o neutro da carga (n) e o da fonte (N) nas situações de carga equilibrada e de carga desequilibrada? Justifique.

6.7 Para uma ligação Y-3fios com carga desequilibrada, esboce um diagrama fasorial que ilustre a existência de uma tensão (d.d.p.) entre o neutro da carga (n) e o da fonte (N).

6.8 A tensão medida no voltímetro indicado na Fig. 6.22 é de 220 V.

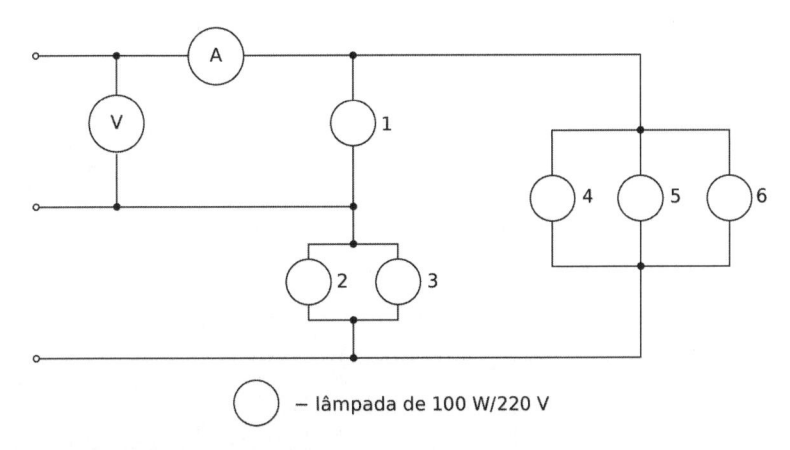

Fig. 6.22 Carga desequilibrada em Δ

○ – lâmpada de 100 W/220 V

Quais das afirmações a seguir são verdadeiras? Justifique.
 a) Se a lâmpada 1 queimar, a leitura no amperímetro será nula.
 b) Se a lâmpada 1 queimar, a leitura no voltímetro será nula.
 c) Se as lâmpadas 3, 4 e 5 queimarem, o sistema ficará equilibrado.
 d) Se as lâmpadas 2 e 3 queimarem, a leitura no voltímetro será maior.
 e) Se as lâmpadas 3, 4 e 5 queimarem, a leitura no amperímetro diminuirá.

6.9 Para uma ligação Y-4fios com carga equilibrada e outra com carga desequilibrada, comente sobre as possíveis alterações nos valores das correntes e das tensões de linha e de fase, se ocorrer um desligamento do condutor neutro. Justifique.

6.10 Com relação à Fig. 6.23:
 a) Quais as denominações de cada uma das tensões indicadas?
 b) Qual o tipo e a característica da conexão trifásica representada nessa figura?

6.11 Sabendo que o circuito ilustrado na Fig. 6.24 tem tensão de linha de 220 V e carga desequilibrada, quais das afirmações a seguir são verdadeiras? Justifique.

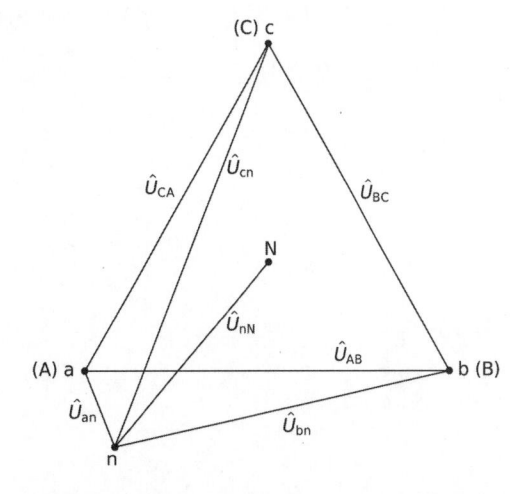

Fig. 6.23 Fasores das tensões em circuito trifásico

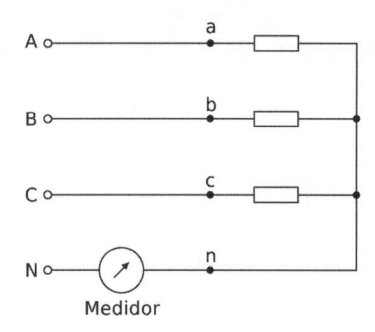

Fig. 6.24 Carga Y desequilibrada

a) Se o medidor for um amperímetro, a sua indicação não é nula e as tensões de fase na carga são iguais entre si.
b) Se o medidor for um amperímetro, a sua indicação não é nula e as tensões de fase na carga são desiguais entre si.
c) Se o medidor for um amperímetro, a sua indicação é nula.
d) Se o medidor for um voltímetro, a sua indicação é nula.
e) Se o medidor for um voltímetro, a sua indicação não é nula e as tensões de fase na carga são iguais entre si.
f) Se o medidor for um voltímetro, a sua indicação não é nula e as tensões de fase na carga são desiguais entre si.

6.12 Em uma instalação elétrica composta de quatro condutores 220/127 V, estão operando simultaneamente:

fase A – um chuveiro 4.000 W/127 V

fase B – uma torneira elétrica 3.000 W/127 V

fase C – um ferro de passar roupas 1.000 W/127 V

Para a sequência de fases ABC, obtenha, na forma polar, a corrente no condutor neutro. **Resp.:** 20,84 ∠139,1° A

6.13 Em uma instalação elétrica composta de três condutores 220 V, estão operando simultaneamente:

fase A – um chuveiro 4.000 W/127 V

fase B – uma torneira elétrica 3.000 W/127 V

fase C – um ferro de passar roupas 1.000 W/127 V

Para a sequência de fases ABC, obtenha, na forma polar, a d.d.p. entre os neutros.
Resp.: 42,0 ∠139,1° V

6.14 Considere o circuito representado na Fig. 6.25.

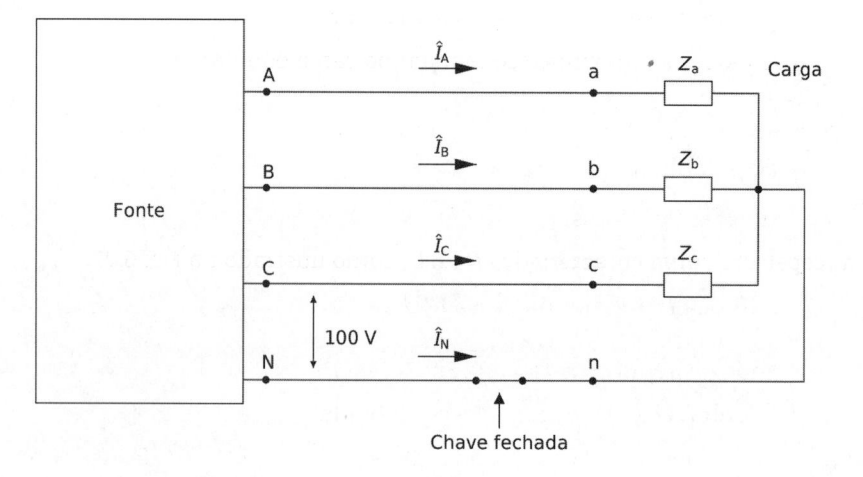

Fig. 6.25 Carga desequilibrada em Y

Com $Z_a = 100\,\Omega$; $Z_b = 30 - j \cdot 40\,\Omega$ e $Z_c = 50 + j \cdot 50\,\Omega$, para a sequência de fases ABC e $\hat{U}_{AB}$ como referência angular:

a) Obtenha, na forma polar, os valores de todas as correntes de linha.

b) Representando todas as tensões, obtenha graficamente o valor da corrente (forma polar) no condutor neutro. Escala (50 V/cm e 0,5 A/cm).

6.15 Considere o circuito representado na Fig. 6.26.

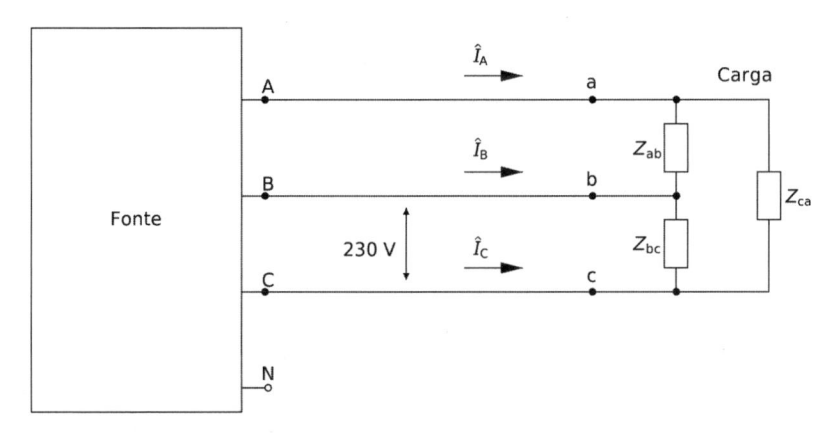

Fig. 6.26 Carga desequilibrada em Δ

Com $Z_{ab} = 100 + j \cdot 100\sqrt{3}\,\Omega$; $Z_{bc} = 100 - j \cdot 100\,\Omega$ e $Z_{ca} = 150\,\Omega$, para a sequência de fases ACB e $\hat{U}_{AC}$ como referência angular:

a) Obtenha, na forma polar, os valores de todas as correntes.

b) Trace, em escala (50 V/cm e 0,5 A/cm), o respectivo diagrama fasorial com todas as tensões e correntes.

6.16 Deseja-se projetar uma estufa para secagem por meio da conexão adequada de 15 resistores de potência com valores nominais 1.000 W/220 V. A instalação elétrica é composta de quatro condutores 220/127 V.

a) Esboce o respectivo diagrama de ligações para garantir que a potência dissipada seja a máxima e se tenha uma carga equilibrada.

b) Obtenha as magnitudes de todas as correntes. **Resp.:** 4,55 A; 22,73 A; 39,37 A

c) Obtenha o valor da potência total. **Resp.:** 15.000 W

6.17 Considere a ligação de três lâmpadas incandescentes para as quais é fornecida a respectiva curva característica P vs. U, como ilustrado na Fig. 6.27.

Calcule as magnitudes das correntes de linha para:

a) todas as lâmpadas acesas; **Resp.:** 0,472 A nas três fases

b) duas lâmpadas acesas e uma apagada.

Resp.: 0,409 A em duas fases e 0 A na outra

6.18 Verifique graficamente a validade da Eq. (6.21).

A Diagrama elétrico

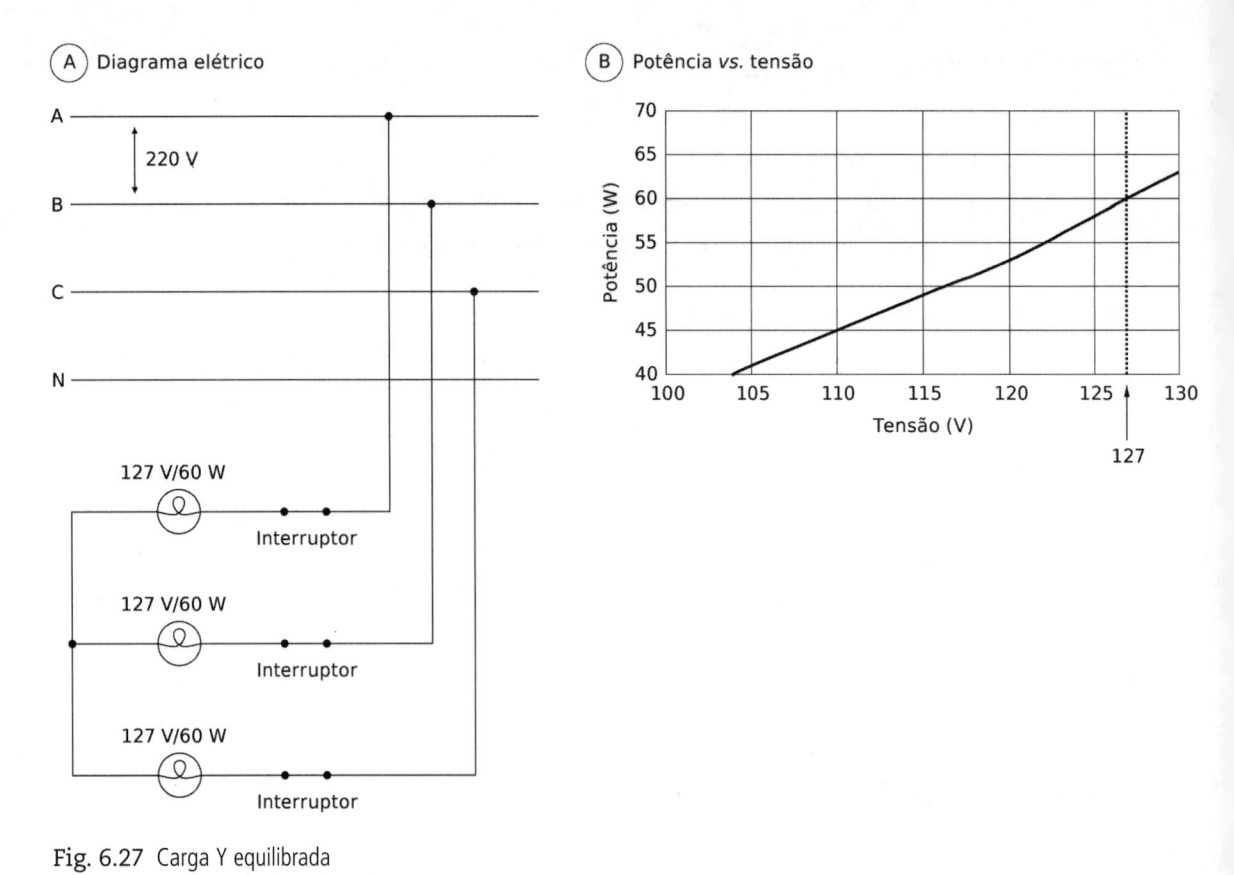

B Potência vs. tensão

Fig. 6.27 Carga Y equilibrada

6.19 Obtenha graficamente o fasor da corrente no condutor neutro (Fig. 6.28).

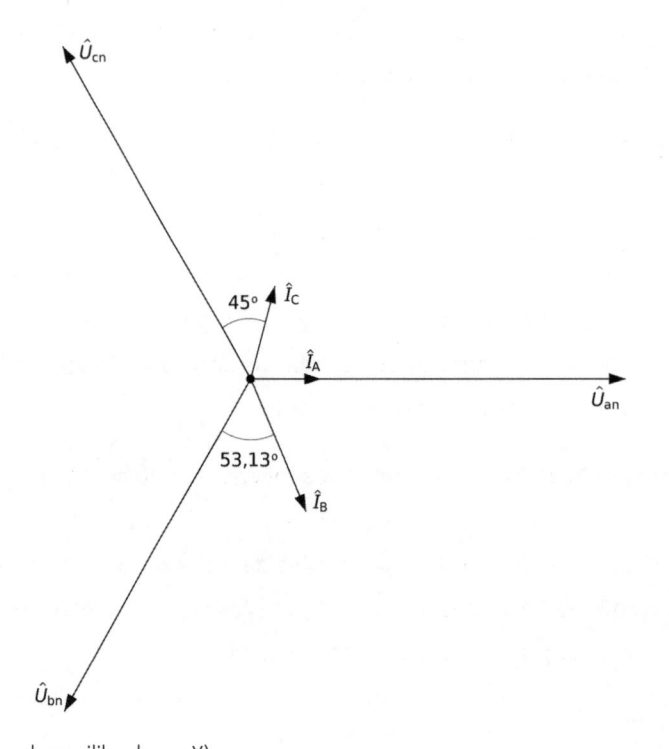

Fig. 6.28 Diagrama fasorial (carga desequilibrada em Y)

Leituras adicionais

BOLTON, W. *Análise de circuitos elétricos*. São Paulo: Makron Books do Brasil, 1994.

CASTRO JR., C. A.; TANAKA, M. R. *Circuitos de corrente alternada* – Um curso introdutório. São Paulo: Editora da Unicamp, 1995.

BURIAN JR., Y; LYRA, A. C. C. *Circuitos elétricos*. São Paulo: Pearson Prentice Hall, 2006.

BARTKOWIAK, R. A. *Circuitos elétricos*. São Paulo: Makron Books do Brasil, 1994.

Potências em circuitos trifásicos

7

Neste capítulo, são abordadas as potências em circuitos trifásicos, destacando-se o Teorema de Blondel e a sua aplicação na obtenção da potência ativa trifásica em cargas conectadas em estrela (Y) e em triângulo (Δ); a utilização do wattímetro para obter a potência reativa em uma carga trifásica; e informações básicas sobre demanda e curva de carga, medição da energia elétrica e composição da fatura de energia elétrica.

7.1 Potência aparente em carga trifásica

Para as duas cargas trifásicas ilustradas na Fig. 7.1, uma ligada em Y e a outra em Δ, a potência trifásica fornecida corresponde à soma das potências entregues individualmente a cada impedância da respectiva carga.

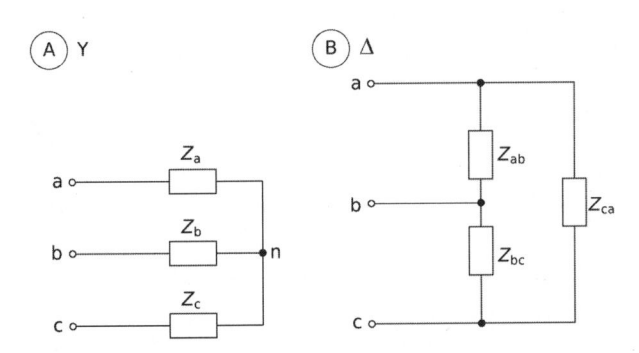

Fig. 7.1 Cargas trifásicas

Para a carga em Y, a potência complexa trifásica fornecida ($S_{3\varphi}^{Y}$) é obtida por:

$$S_{3\varphi}^{Y} = S_a + S_b + S_c = \hat{U}_{an} \cdot \hat{I}_A^* + \hat{U}_{bn} \cdot \hat{I}_B^* + \hat{U}_{cn} \cdot \hat{I}_C^* \qquad (7.1)$$

Para a carga em Δ, a potência trifásica ($S_{3\varphi}^{\Delta}$) é obtida por:

$$S_{3\varphi}^{\Delta} = S_{ab} + S_{bc} + S_{ca} = \hat{U}_{ab} \cdot \hat{I}_{ab}^* + \hat{U}_{bc} \cdot \hat{I}_{bc}^* + \hat{U}_{ca} \cdot \hat{I}_{ca}^* \qquad (7.2)$$

A unidade da potência complexa trifásica é o volt-ampère (VA).

As Eqs. (7.1) e (7.2) são gerais, ou seja, igualmente válidas para cargas trifásicas equilibradas ou desequilibradas. Entretanto, pode-se dispor de outras equações para o caso particular de cargas trifásicas equilibradas.

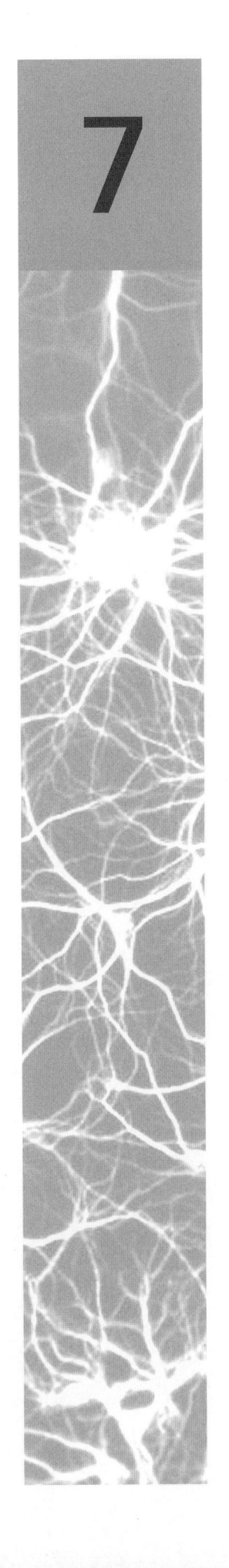

7.1.1 Potências aparente, ativa e reativa em cargas trifásicas equilibradas

Considere que as tensões aplicadas nos terminais das impedâncias da Fig. 7.1 sejam:

(a) Y $\Rightarrow$	$\hat{U}_{an} = U_f \angle 0°$	$\hat{U}_{bn} = U_f \angle -120°$	$\hat{U}_{cn} = U_f \angle 120°$
(b) $\Delta \Rightarrow$	$\hat{U}_{ab} = U_\ell \angle 30°$	$\hat{U}_{bc} = U_\ell \angle -90°$	$\hat{U}_{ca} = U_\ell \angle 150°$

$$U_\ell = \sqrt{3} \cdot U_f$$

Notação: o subscrito f representa o valor de fase e o subscrito ℓ representa o valor de linha. A letra maiúscula sem acento corresponde ao valor eficaz e a letra maiúscula com acento circunflexo corresponde ao fasor da grandeza elétrica.

No caso de cargas equilibradas, considere que as impedâncias sejam iguais a:

$$Z = |Z| \angle \varphi$$

Para a carga em Y, as correntes de linha são obtidas por:

$$\hat{I}_A = \frac{\hat{U}_{an}}{Z} = I_\ell \angle -\varphi$$

$$\hat{I}_B = \frac{\hat{U}_{bn}}{Z} = I_\ell \angle (-\varphi - 120°)$$

$$\hat{I}_C = \frac{\hat{U}_{cn}}{Z} = I_\ell \angle (-\varphi + 120°)$$

e a potência aparente trifásica fornecida pela fonte corresponde a:

$$S_{3\varphi}^Y = U_f \angle 0° \cdot I_\ell \angle \varphi + U_f \angle -120° \cdot I_\ell \angle (\varphi + 120°) + U_f \angle 120° \cdot I_\ell \angle (\varphi - 120°)$$

$$S_{3\varphi}^Y = 3 \cdot U_f \cdot I_\ell \angle \varphi = 3 \cdot \left(\frac{U_\ell}{\sqrt{3}}\right) \cdot I_\ell \angle \varphi = \sqrt{3} \cdot U_\ell \cdot I_\ell \angle \varphi \qquad (7.3)$$

Para a carga em Δ, as correntes de fase são obtidas por:

$$\hat{I}_{ab} = \frac{\hat{U}_{ab}}{Z} = I_f \angle (30° - \varphi)$$

$$\hat{I}_{bc} = \frac{\hat{U}_{bc}}{Z} = I_f \angle (-90° - \varphi)$$

$$\hat{I}_{ca} = \frac{\hat{U}_{ca}}{Z} = I_f \angle (150° - \varphi)$$

e a potência aparente trifásica fornecida pela fonte corresponde a:

$$S_{3\varphi}^\Delta = 3 \cdot U_\ell \cdot I_f \angle \varphi = 3 \cdot U_\ell \cdot \left(\frac{I_\ell}{\sqrt{3}}\right) \angle \varphi = \sqrt{3} \cdot U_\ell \cdot I_\ell \angle \varphi \qquad (7.4)$$

Das Eqs. (7.3) e (7.4) constata-se que, para cargas trifásicas equilibradas (Y ou Δ), a potência complexa trifásica fornecida corresponde a:

$$S_{3\varphi} = \sqrt{3} \cdot U_\ell \cdot I_\ell \angle \varphi \qquad (7.5)$$

Portanto, a potência complexa trifásica fornecida a uma carga trifásica equilibrada (Y ou Δ) depende dos valores da tensão de linha, da corrente de linha e do ângulo da impedância da carga.

É importante ressaltar que φ é o ângulo da impedância da carga, e não o ângulo entre a tensão de linha e a corrente de linha.

As potências ativa e reativa trifásicas valem:

$$P_{3\varphi} = \sqrt{3} \cdot U_\ell \cdot I_\ell \cdot \cos(\varphi) \qquad (7.6)$$

$$Q_{3\varphi} = \sqrt{3} \cdot U_\ell \cdot I_\ell \cdot \text{sen}(\varphi) \qquad (7.7)$$

Exemplo 7.1

Uma carga indutiva trifásica equilibrada está conectada a uma fonte de tensão trifásica de 220 V, conforme mostra a Fig. 7.2. A corrente de linha medida é de 5 A e a potência ativa trifásica fornecida é de 900 W.

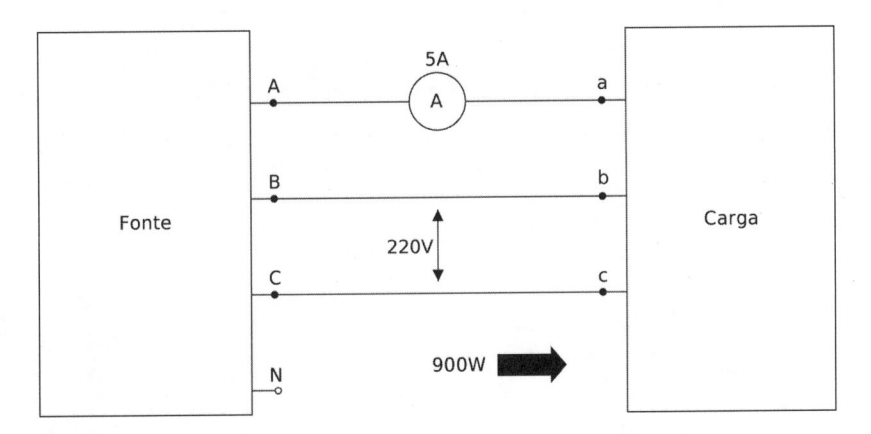

Fig. 7.2 Circuito trifásico com carga indutiva

a] Obtenha as potências aparente, complexa e reativa e o fator de potência da carga.
b] Determine o valor da impedância para os casos em que a carga está conectada em Y e em Δ.

a] As grandezas pedidas são calculadas por:

$$|S_{3\varphi}| = \sqrt{3} \cdot U_\ell \cdot I_\ell = \sqrt{3} \cdot 220 \cdot 5 = 1.905,26 \, \text{VA}$$

$$\text{fp} = \cos(\varphi) = \frac{P_{3\varphi}}{|S_{3\varphi}|} = \frac{900}{1.905,3} = 0,47 \quad \rightarrow \quad \varphi = 61,8°$$

$$S_{3\varphi} = |S_{3\varphi}| \angle \varphi = 1.905,26 \angle 61,8° \, \text{VA}$$

$$Q_{3\varphi} = |S_{3\varphi}| \cdot \text{sen}(\varphi) = 1.679,30 \, \text{VAr}$$

b) Supondo que a carga está conectada em Y, a respectiva impedância é obtida por:

$$Z_Y = \frac{\hat{U}_{an}}{\hat{I}_A} \cdot \frac{\hat{U}^*_{an}}{\hat{U}^*_{an}} = \frac{U^2_{an}}{S^*_a} = \frac{[U_{ab}/\sqrt{3}]^2}{S^*_{3\varphi}/3} = \frac{U^2_{ab}}{S^*_{3\varphi}} = \frac{220^2}{1.905,3\angle-61,8°} = 25,4\angle 61,8° \, \Omega$$

Entretanto, se a carga estiver conectada em Δ, a respectiva impedância vale:

$$Z_\Delta = \frac{\hat{U}_{ab}}{\hat{I}_{ab}} \cdot \frac{\hat{U}^*_{ab}}{\hat{U}^*_{ab}} = \frac{U^2_{ab}}{S^*_{ab}} = \frac{U^2_{ab}}{S^*_{3\varphi}/3} = \frac{3 \cdot U^2_{ab}}{S^*_{3\varphi}} = \frac{3 \cdot 220^2}{1.905,3\angle-61,8°} = 76,2\angle 61,8° \, \Omega$$

A relação entre as impedâncias Z_Δ e Z_Y é:

$$\frac{Z_\Delta}{Z_Y} = 3$$

Conclusão: quando a carga é equilibrada, o valor da impedância em Δ corresponde ao triplo do valor da impedância em Y, o que nos permite converter uma carga Δ equilibrada em uma carga Y equilibrada e vice-versa. Na literatura técnica, isso é conhecido como relação de transformação estrela-triângulo (Y–Δ).

Exemplo 7.2

Uma fonte trifásica de 13,8 kV alimenta uma carga trifásica equilibrada em Y com impedância $Z_C = 200 + j \cdot 50 \, \Omega$ por fase, através de uma linha de transmissão com impedância $Z_{LT} = j \cdot 10 \, \Omega$ por fase, conforme ilustrado na Fig. 7.3.

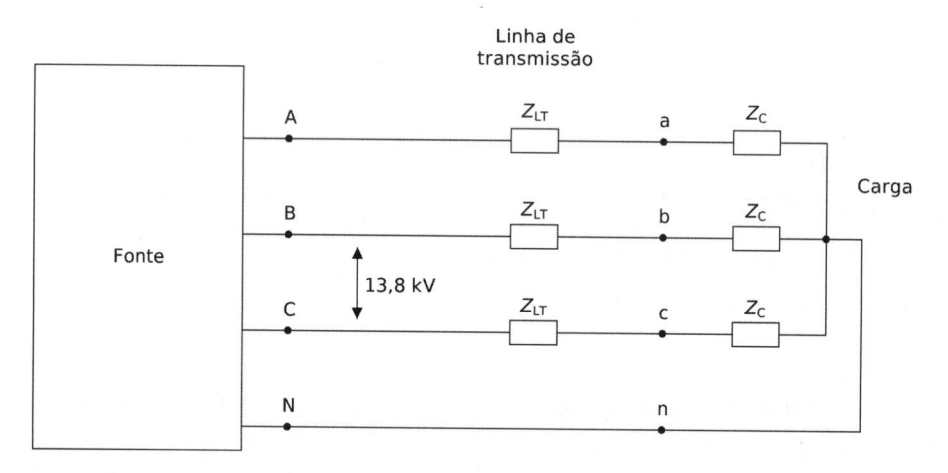

Fig. 7.3 Circuito trifásico com carga equilibrada

Obs.: em circuitos trifásicos de transmissão de energia elétrica com altas tensões, o efeito resistivo da linha de transmissão é muito menor que o efeito indutivo e, portanto, pode ser desconsiderado, como neste exemplo.

Pede-se:

a) a corrente de linha;
b) a tensão na carga e a queda de tensão na linha de transmissão;

c] a potência aparente entregue à carga;
d] a potência aparente fornecida pela fonte;
e] as potências ativa e reativa na linha de transmissão;
f] o fator de potência da carga e o fator de potência visto pela fonte.

Como a carga é equilibrada, podem-se calcular somente as tensões e correntes para uma das fases. As tensões e correntes das outras fases podem ser obtidas simplesmente levando em conta as defasagens apropriadas, já que seus valores eficazes são os mesmos. Assim, basta definir uma das tensões de fase na fonte, como, por exemplo:

$$\hat{U}_{AN} = \frac{13,8}{\sqrt{3}} \angle 0° \, kV$$

Portanto, em relação à fase A, tem-se:
a] Corrente de linha:

$$\hat{I}_A = \frac{\hat{U}_{AN}}{Z_C + Z_{LT}} = 38,16 \angle -16,7° \, A$$

b] Tensão de fase na carga:

$$\hat{U}_{an} = Z_C \cdot \hat{I}_A = 7,87 \angle -2,66° \, kV$$

A queda de tensão ($\hat{U}_{LT}$) na linha de transmissão é dada por:

$$\hat{U}_{LT} = \hat{U}_{AN} - \hat{U}_{an} = 381,6 \angle 73,3° \, V$$

O diagrama fasorial para a fase A, sem escala, é ilustrado na Fig. 7.4.

Fig. 7.4 Diagrama fasorial para a fase A

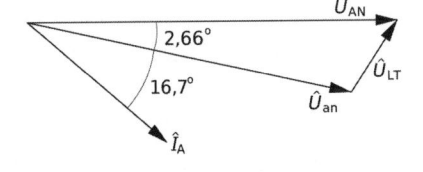

Com base na expressão (7.3), calculam-se:
c] Potência aparente entregue à carga:

$$|S_C| = 3 \cdot U_{an} \cdot I_A = 900,96 \, kVA$$

d] Potência aparente fornecida pela fonte:

$$|S_F| = 3 \cdot U_{AN} \cdot I_A = 912,41 \, kVA$$

e] Potência complexa na linha de transmissão:

$$S_{LT} = 3 \cdot \hat{U}_{LT} \cdot \hat{I}_A^* = 43,69 \angle 90° \, kVA$$

e, portanto:

$$P_{LT} = 0 \, W \qquad Q_{LT} = 43,69 \, kVAr$$

Naturalmente, não há consumo de potência ativa pela linha, já que ela é composta apenas por uma reatância indutiva. A perda de potência na linha corresponde a pouco mais de 4% da potência fornecida pela fonte.

O fator de potência da carga é igual ao cosseno do ângulo de defasagem entre a tensão de fase $\hat{U}_{an}$ e a corrente de linha $\hat{I}_A$:

$$fp_{carga} = \cos\left[\angle \hat{U}_{an} - \angle \hat{I}_A\right] = \cos\left[(-2{,}66°) - (-16{,}7°)\right] = 0{,}970$$

e também corresponde ao cosseno do ângulo da impedância da carga, ou seja:

$$fp_{carga} = \cos\left[\text{arctg}\left(\frac{X_C}{R_C}\right)\right] = \cos\left[\text{arctg}\left(\frac{50}{200}\right)\right] = 0{,}970$$

O fator de potência visto pela fonte é igual ao cosseno do ângulo de defasagem entre a tensão de fase $\hat{U}_{AN}$ e a corrente de linha $\hat{I}_A$:

$$fp_{fonte} = \cos\left(\angle \hat{U}_{AN} - \angle \hat{I}_A\right) = \cos\left[0° - (-16{,}7°)\right] = 0{,}958$$

O fator de potência visto pela fonte é igual ao cosseno do ângulo da impedância da carga em série com a impedância da linha. Como a impedância da linha é puramente indutiva, sua presença resulta em um fator de potência visto pela fonte menor que o fator de potência da carga.

7.2 Medição da potência ativa em circuitos trifásicos

7.2.1 Circuito trifásico com carga em Y

A Fig. 7.5 representa uma carga trifásica em Y com neutro (Y-4fios), para a qual se deseja obter a potência ativa trifásica consumida.

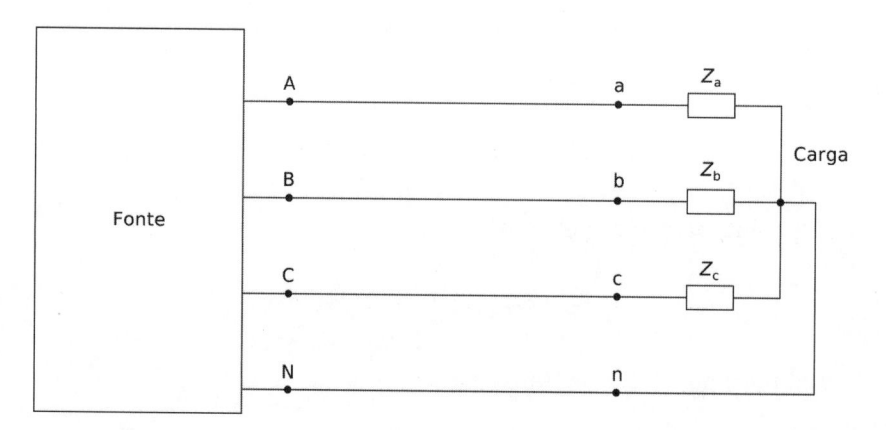

Fig. 7.5 Carga trifásica Y-4fios

A potência ativa trifásica consumida pela carga é igual à soma das potências ativas em cada fase:

$$P_{3\varphi} = P_A + P_B + P_C = U_{an} \cdot I_A \cdot \cos(\varphi_a) + U_{bn} \cdot I_B \cdot \cos(\varphi_b) + U_{cn} \cdot I_C \cdot \cos(\varphi_c)$$

em que φ_a, φ_b e φ_c são os ângulos das impedâncias das respectivas fases.

A potência ativa na impedância da fase A é obtida por meio da colocação de um wattímetro da maneira mostrada na Fig. 7.6.

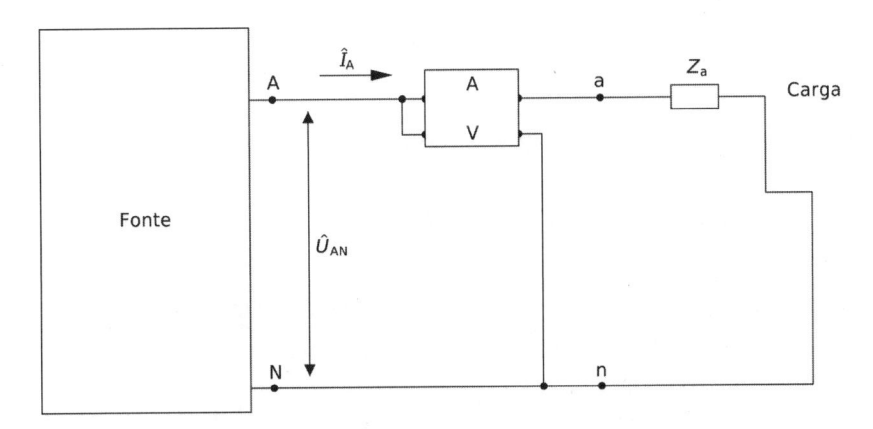

Fig. 7.6 Conexão de um wattímetro

Com base na Fig. 7.6, tem-se que a indicação do wattímetro corresponde a:

$$P_A = U_{AN} \cdot I_A \cdot \cos(\varphi_a) = \text{Re}\left\{\hat{U}_{AN} \cdot \hat{I}_A^*\right\}$$

Se outros dois wattímetros forem conectados às outras fases da carga, como indicado na Fig. 7.7, a potência ativa trifásica será dada pela soma das leituras dos três wattímetros.

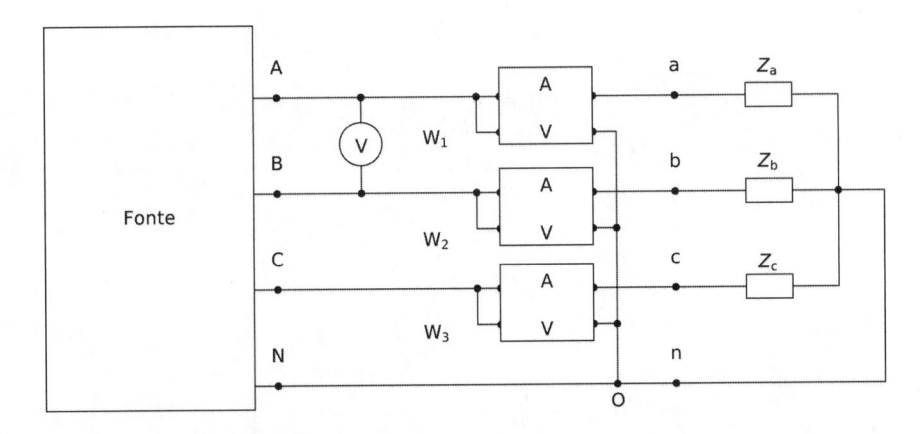

Fig. 7.7 Conexão dos wattímetros para carga Y-4fios

Em particular, se a carga for Y-equilibrada, basta um único wattímetro conectado conforme a Fig. 7.6, o qual medirá um terço da potência total. Assim, multiplica-se a leitura por três para se obter a potência ativa trifásica consumida.

7.2.2 Circuito trifásico a 3 fios – carga Δ ou Y-3fios

Para cargas cujas impedâncias estão conectadas em Δ ou Y sem neutro, a conexão dos wattímetros corresponde ao ilustrado na Fig. 7.8.

Não havendo conexão entre o neutro da carga e o neutro da fonte, o ponto comum das bobinas de potencial dos wattímetros (O) terá um potencial arbitrário. As indicações dos três wattímetros correspondem a:

$$P_1 = \text{Re}\left\{\hat{U}_{AO} \cdot \hat{I}_A^*\right\} \quad P_2 = \text{Re}\left\{\hat{U}_{BO} \cdot \hat{I}_B^*\right\} \quad P_3 = \text{Re}\left\{\hat{U}_{CO} \cdot \hat{I}_C^*\right\}$$

A soma das leituras dos três wattímetros corresponde a:

$$\sum_{i=1}^{3} P_i = P_1 + P_2 + P_3 = \text{Re}\left\{\hat{U}_{AO} \cdot \hat{I}_A^* + \hat{U}_{BO} \cdot \hat{I}_B^* + \hat{U}_{CO} \cdot \hat{I}_C^*\right\}$$

Considere somente a fase A do circuito trifásico (Fig. 7.9). Na malha destacada, pode-se desconsiderar a pequena d.d.p. na bobina de corrente e, assim, obter:

$$\hat{U}_{On} + \hat{U}_{AO} - \hat{U}_{an} = 0 \quad \rightarrow \quad \hat{U}_{AO} = \hat{U}_{an} - \hat{U}_{On}$$

Expressões semelhantes são obtidas para as demais fases:

$$\hat{U}_{BO} = \hat{U}_{bn} - \hat{U}_{On}$$

$$\hat{U}_{CO} = \hat{U}_{cn} - \hat{U}_{On}$$

Dessa forma, a soma das leituras dos três wattímetros pode ser expressa por:

$$\sum_{i=1}^{3} P_i = \text{Re}\left\{(\hat{U}_{an} - \hat{U}_{On}) \cdot \hat{I}_A^* + (\hat{U}_{bn} - \hat{U}_{On}) \cdot \hat{I}_B^* + (\hat{U}_{cn} - \hat{U}_{On}) \cdot \hat{I}_C^*\right\}$$

Como a soma das correntes de linha é igual a zero, chega-se finalmente a:

$$\sum_{i=1}^{3} P_i = \text{Re}\left\{\hat{U}_{an} \cdot \hat{I}_A^* + \hat{U}_{bn} \cdot \hat{I}_B^* + \hat{U}_{cn} \cdot \hat{I}_C^*\right\} = P_{3\varphi}$$

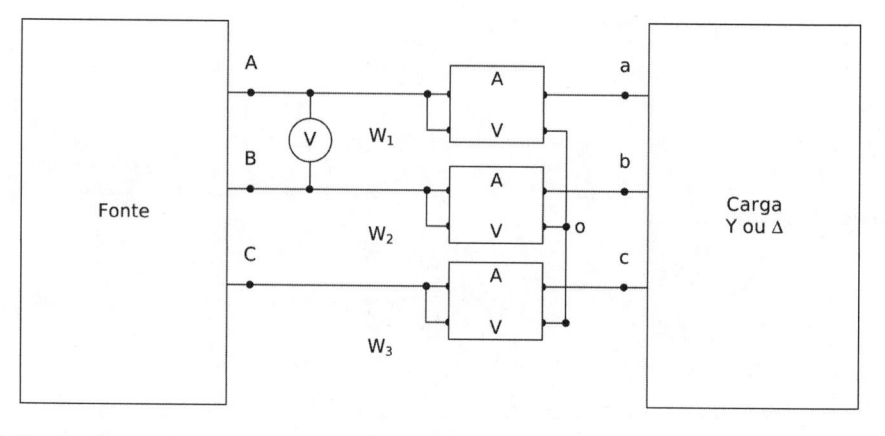

Fig. 7.8 Ligação dos wattímetros para carga Y-3fios ou Δ

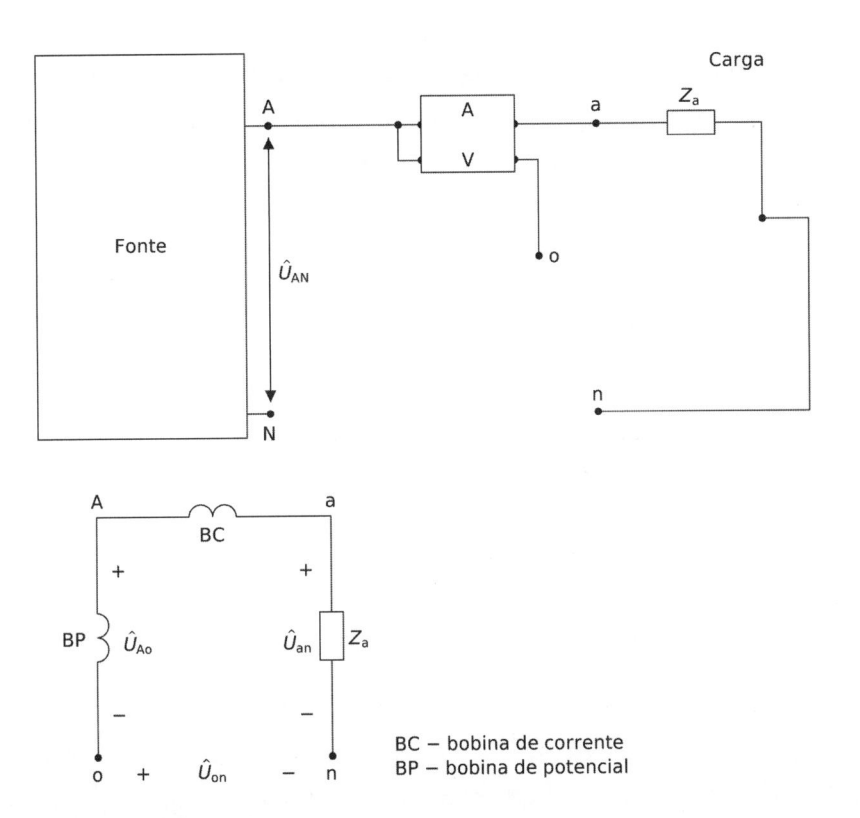

Fig. 7.9 Fase A da carga Y-3fios ou Δ

Conclusão: a soma das leituras dos três wattímetros fornece a potência ativa trifásica na carga, independentemente do potencial do ponto O.

Como o potencial do ponto O não tem influência no resultado final, pode-se atribuir a ele um potencial em particular e, portanto, pode-se conectar o ponto O a uma das fases, como, por exemplo, na fase B. Nesse caso, o wattímetro 2, que originalmente media:

$$P_2 = \text{Re}\left\{\hat{U}_{BO} \cdot \hat{I}_B^*\right\}$$

agora nada indicará (valor zero), pois a diferença de potencial aplicada em sua bobina de potencial será nula. Portanto, o wattímetro 2 pode ser retirado do circuito, conforme ilustrado na Fig. 7.10. Note o ponto O conectado na fase B.

A soma das leituras indicadas pelos wattímetros W_1 e W_3 será:

$$P_1 + P_3 = \text{Re}\left\{\hat{U}_{AB} \cdot \hat{I}_A^* + \hat{U}_{CB} \cdot \hat{I}_C^*\right\}$$

Considerando que:

$$\hat{U}_{AB} = \hat{U}_{An} - \hat{U}_{Bn}$$
$$\hat{U}_{CB} = \hat{U}_{Cn} - \hat{U}_{Bn}$$

tem-se:

$$P_1 + P_3 = \text{Re}\left\{\left(\hat{U}_{An} - \hat{U}_{Bn}\right) \cdot \hat{I}_A^* + \left(\hat{U}_{Cn} - \hat{U}_{Bn}\right) \cdot \hat{I}_C^*\right\}$$
$$P_1 + P_3 = \text{Re}\left\{\hat{U}_{An} \cdot \hat{I}_A^* - \hat{U}_{Bn} \cdot \left(\hat{I}_A^* + \hat{I}_C^*\right) + \hat{U}_{Cn} \cdot \hat{I}_C^*\right\}$$

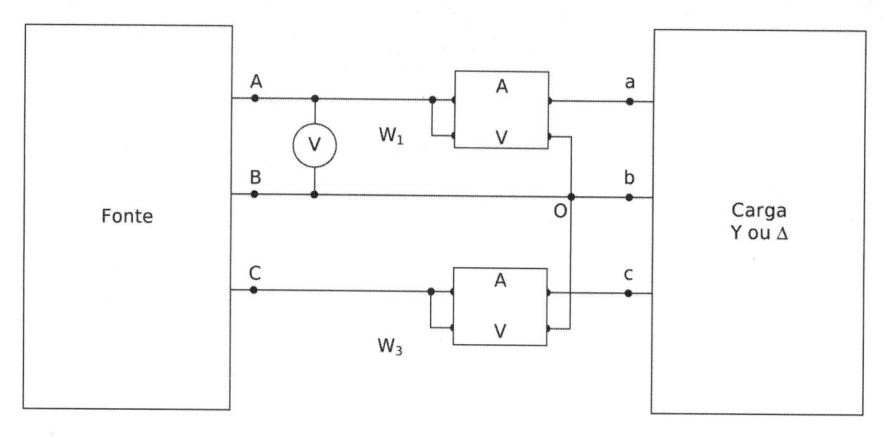

Fig. 7.10 Ligação dos wattímetros para carga Y-3fios ou Δ

Como $\hat{I}_A^* + \hat{I}_C^* = -\hat{I}_B^*$:

$$P_1 + P_3 = \text{Re}\left\{\hat{U}_{An} \cdot \hat{I}_A^* + \hat{U}_{Bn} \cdot \hat{I}_B^* + \hat{U}_{Cn} \cdot \hat{I}_C^*\right\} = P_{3\varphi}$$

Mostrou-se que é possível obter a potência ativa trifásica consumida por uma carga Y-4fios utilizando três wattímetros, e para o caso de uma carga Y-3fios ou Δ, apenas dois wattímetros são suficientes. Em geral, a potência ativa entregue a uma carga com n fios pode ser obtida com a utilização de (n-1) wattímetros.

O teorema de Blondel formaliza o chamado método dos (n-1) wattímetros:

"Se a energia é fornecida a uma carga polifásica através de n fios, a potência ativa total na carga é dada pela soma algébrica das leituras de n wattímetros, ligados de tal maneira que cada um dos n fios contenha uma bobina de corrente de um wattímetro, estando a correspondente bobina de potencial ligada entre este fio e um ponto comum a todas as bobinas de potencial, o ponto O. Se este ponto estiver conectado a um dos n fios, bastam (n-1) wattímetros."

André Eugène Blondel nasceu em 28 de agosto de 1863, em Chaumont, França, e faleceu em 15 de novembro de 1938, em Paris. Foi o engenheiro e físico que inventou o oscilógrafo eletromecânico e propôs o lúmen e outras unidades de medida para uso em fotometria. Ele propôs o método dos (n-1) wattímetros em um artigo no International Electric Congress, em Chicago, 1893.

Exemplo 7.3

Uma carga Y desequilibrada é conectada a uma fonte trifásica com tensão de 220 V (Fig. 7.10).
As respectivas impedâncias valem:

$$Z_a = 100\,\Omega \quad Z_b = 200\,\Omega \quad Z_c = 100\,\Omega$$

Obtenha a potência ativa trifásica na carga; as leituras em cada wattímetro e, por meio delas, a potência ativa trifásica.

Considerando que as tensões fornecidas pela fonte correspondem a:

$$\hat{U}_{AN} = 127\angle 0° \text{ V} \qquad \hat{U}_{AB} = 220\angle 30° \text{ V}$$
$$\hat{U}_{BN} = 127\angle -120° \text{ V} \qquad \hat{U}_{BC} = 220\angle -90° \text{ V}$$
$$\hat{U}_{CN} = 127\angle 120° \text{ V} \qquad \hat{U}_{CA} = 220\angle 150° \text{ V}$$

a tensão entre os pontos neutros da carga e da fonte será:

$$\hat{U}_{nN} = \frac{Y_a \cdot \hat{U}_{AN} + Y_b \cdot \hat{U}_{BN} + Y_c \cdot \hat{U}_{CN}}{Y_a + Y_b + Y_c} = 25,4\angle 60° \text{ V}$$

e as tensões de fase na carga são obtidas por:

$$\hat{U}_{an} = \hat{U}_{AN} - \hat{U}_{nN} = 116,4\angle -10,9° \text{ V}$$
$$\hat{U}_{bn} = \hat{U}_{BN} - \hat{U}_{nN} = 152,4\angle -120° \text{ V}$$
$$\hat{U}_{cn} = \hat{U}_{CN} - \hat{U}_{nN} = 116,4\angle 130,9° \text{ V}$$

As correntes de linha valem:

$$\hat{I}_A = \frac{\hat{U}_{an}}{Z_a} = 1,16\angle -10,9° \text{ A}$$
$$\hat{I}_B = \frac{\hat{U}_{bn}}{Z_b} = 0,76\angle -120° \text{ A}$$
$$\hat{I}_C = \frac{\hat{U}_{cn}}{Z_c} = 1,16\angle 130,9° \text{ A}$$

Finalmente, as potências por fase e a potência trifásica podem ser obtidas por:

$$P_A = R_a \cdot I_A^2 = 135,5 \text{ W}$$
$$P_B = R_b \cdot I_B^2 = 116,2 \text{ W}$$
$$P_C = R_c \cdot I_C^2 = 135,5 \text{ W}$$
$$P_{3\varphi} = P_A + P_B + P_C = 387,2 \text{ W}$$

A leitura em cada wattímetro corresponde a:

$$P_1 = \text{Re}\left\{\hat{U}_{AB} \cdot \hat{I}_A^*\right\} = 193,6 \text{ W}$$
$$P_3 = \text{Re}\left\{\hat{U}_{CB} \cdot \hat{I}_C^*\right\} = 193,6 \text{ W}$$
$$P_{3\varphi} = P_1 + P_3 = 387,2 \text{ W}$$

Conclusão: a soma das leituras nos wattímetros corresponde à potência ativa trifásica da carga.

As leituras nos wattímetros W_1 e W_3 da Fig. 7.10 podem ser expressas por:

$$P_1 = Re\left\{\hat{U}_{AB} \cdot \hat{I}_A^*\right\} = U_{AB} \cdot I_A \cos\left(\angle \hat{U}_{AB} - \angle \hat{I}_A\right) = U_{AB} \cdot I_A \cos\gamma_1$$

$$P_3 = Re\left\{\hat{U}_{CB} \cdot \hat{I}_C^*\right\} = U_{CB} \cdot I_C \cos\left(\angle \hat{U}_{CB} - \angle \hat{I}_C\right) = U_{CB} \cdot I_C \cos\gamma_3$$

Essas expressões auxiliam no entendimento do conceito de soma algébrica.

Dependendo da característica da carga e, portanto, dos ângulos de defasagem γ_1 e γ_3 entre as tensões e correntes, as leituras P_1 e P_3 podem apresentar valores positivos ou negativos. Caso sejam utilizados wattímetros analógicos, os ponteiros podem tender a defletir à esquerda do zero (início da escala). Nesse caso, deve-se:

- inverter a ligação da bobina de potencial do(s) wattímetro(s) em que há essa tendência;
- atribuir sinal negativo à(s) respectiva(s) leitura(s); e
- realizar a soma algébrica das leituras dos wattímetros, e a potência ativa trifásica da carga corresponderá ao valor absoluto do resultado dessa soma.

Um diagrama fasorial referente ao circuito da Fig. 7.10, contendo as tensões e correntes na fonte de tensão, para o caso particular em que a carga é equilibrada ($Z_a = Z_b = Z_c$), é apresentado na Fig. 7.11.

Para a sequência de fases ABC e tensão de fase $\hat{U}_{AN}$ como referência angular, as leituras nos wattímetros W_1 e W_3 correspondem a:

$$P_1 = Re\left\{\hat{U}_{AB} \cdot \hat{I}_A^*\right\} = Re\left\{U_\ell \angle 30° \cdot [I_\ell \angle -\varphi]^*\right\}$$

$$P_1 = Re\left\{U_\ell \cdot I_\ell \angle (\varphi + 30°)\right\} = U_\ell \cdot I_\ell \cos(\varphi + 30°) \tag{7.8}$$

$$P_3 = Re\left\{\hat{U}_{CB} \cdot \hat{I}_C^*\right\} = Re\left\{U_\ell \angle 90° \cdot [I_\ell \angle 120° - \varphi]^*\right\}$$

$$P_3 = Re\left\{U_\ell \cdot I_\ell \angle (\varphi - 30°)\right\} = U_\ell \cdot I_\ell \cos(\varphi - 30°) \tag{7.9}$$

Nota-se que os valores de potência indicados pelos wattímetros podem ser positivos ou negativos, dependendo do ângulo da impedância, ou seja, do fator de potência da carga. Se $\varphi > 60°$ ou $\varphi < -60°$, uma das leituras será negativa. Então, se o fator de potência da carga for menor que 50%, em um dos wattímetros o ponteiro tenderá a defletir à esquerda do zero da escala. Assim, deve-se inverter a ligação da respectiva bobina de potencial para se poder realizar a medida. No entanto, para a obtenção da potência ativa trifásica da carga, deve-se lembrar que a leitura daquele wattímetro é negativa e realizar a soma algébrica de todas as medidas. A potência ativa trifásica corresponderá ao valor absoluto dessa soma.

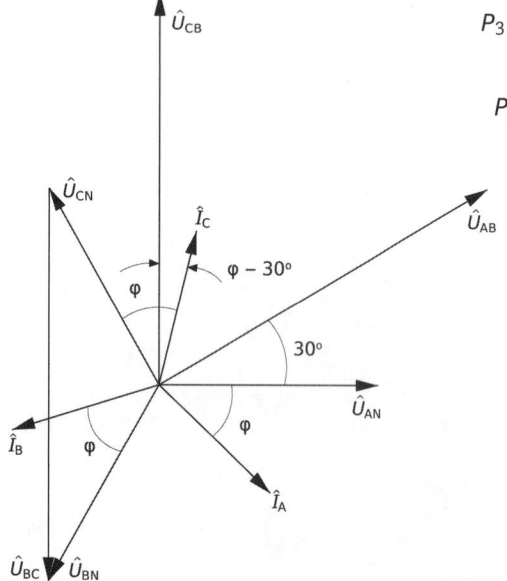

Fig. 7.11 Diagrama fasorial para carga equilibrada a 3 fios

Exemplo 7.4

Um motor de indução trifásico – largamente empregado na prática por sua robustez de operação e baixo custo – está funcionando em vazio, ou seja, sem carga mecânica acoplada ao seu eixo, conectado a uma rede elétrica 220 V. A Fig. 7.12 mostra o circuito equivalente, em que o motor é modelado como uma carga trifásica equilibrada em triângulo com impedância de $50\angle 80°\,\Omega$ por fase.

Para a sequência de fases ABC, obter os valores das potências lidas em cada wattímetro e da potência ativa trifásica no motor.

A corrente de linha no motor vale:

$$I_\ell = \sqrt{3}\cdot\left(\frac{U_\ell}{|Z|}\right) = \sqrt{3}\cdot\frac{220}{50} = 4{,}4\cdot\sqrt{3}\,\text{A}$$

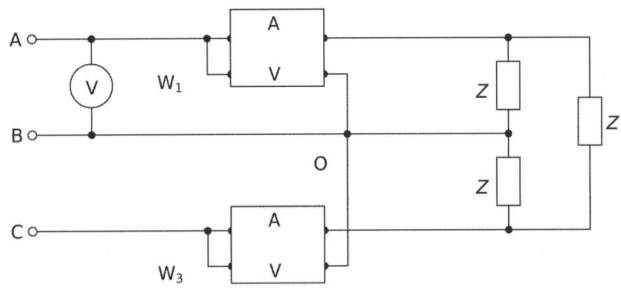

Fig. 7.12 Circuito com motor de indução trifásico

As potências lidas em cada wattímetro correspondem a:

$$P_1 = U_\ell \cdot I_\ell \cos(\varphi + 30°) = -573{,}4\,\text{W}$$

$$P_3 = U_\ell \cdot I_\ell \cos(\varphi - 30°) = 1.077{,}7\,\text{W}$$

A potência ativa trifásica no motor vale:

$$P_{3\varphi} = P_1 + P_3 = 504{,}3\,\text{W}$$

Como P_1 apresenta valor negativo, deve-se inverter a conexão da respectiva bobina de potencial para que a leitura seja feita adequadamente.

7.3 Medição da potência reativa em circuitos trifásicos

A potência reativa em uma carga trifásica é igual à soma das potências reativas de cada fase e pode ser medida por meio de wattímetros convenientemente conectados ao circuito.

O respectivo esquema de ligações dos wattímetros é deduzido para uma carga Y-desequilibrada sem neutro que, consequentemente, apresenta uma diferença de potencial entre o neutro da carga *n* e o neutro da fonte *N* (deslocamento de neutro). Nesse caso, a potência reativa trifásica pode ser expressa por:

$$Q_{3\varphi} = Q_A + Q_B + Q_C = U_{an}\cdot I_A \cdot \text{sen}(\varphi_a) + U_{bn}\cdot I_B \cdot \text{sen}(\varphi_b) + U_{cn}\cdot I_C \cdot \text{sen}(\varphi_c) \quad (7.10)$$

$$Q_{3\varphi} = \text{Im}\left\{\hat{U}_{an}\cdot \hat{I}_A^* + \hat{U}_{bn}\cdot \hat{I}_B^* + \hat{U}_{cn}\cdot \hat{I}_C^*\right\} \quad (7.11)$$

Conforme mostrado anteriormente, as tensões de fase na carga relacionam-se com as tensões de fase da fonte por meio das seguintes expressões:

$$\hat{U}_{an} = \hat{U}_{AN} - \hat{U}_{nN} \qquad (7.12)$$

$$\hat{U}_{bn} = \hat{U}_{BN} - \hat{U}_{nN} \qquad (7.13)$$

$$\hat{U}_{cn} = \hat{U}_{CN} - \hat{U}_{nN} \qquad (7.14)$$

Com a inserção das expressões (7.12) a (7.14) em (7.11), a expressão de $Q_{3\varphi}$ resulta:

$$Q_{3\varphi} = \text{Im}\left\{\left(\hat{U}_{AN} - \hat{U}_{nN}\right) \cdot \hat{I}_A^* + \left(\hat{U}_{BN} - \hat{U}_{nN}\right) \cdot \hat{I}_B^* + \left(\hat{U}_{CN} - \hat{U}_{nN}\right) \cdot \hat{I}_C^*\right\}$$

$$Q_{3\varphi} = \text{Im}\left\{\hat{U}_{AN} \cdot \hat{I}_A^* + \hat{U}_{BN} \cdot \hat{I}_B^* + \hat{U}_{CN} \cdot \hat{I}_C^* - \hat{U}_{nN}\left(\hat{I}_A^* + \hat{I}_B^* + \hat{I}_C^*\right)\right\}$$

Como $\hat{I}_A^* + \hat{I}_B^* + \hat{I}_C^* = 0$:

$$Q_{3\varphi} = \text{Im}\left\{\hat{U}_{AN} \cdot \hat{I}_A^* + \hat{U}_{BN} \cdot \hat{I}_B^* + \hat{U}_{CN} \cdot \hat{I}_C^*\right\} \qquad (7.15)$$

Com tensões da fonte consideradas equilibradas, sequência de fases ABC e a tensão de fase $\hat{U}_{AN}$ como referência angular, tem-se:

$$\hat{U}_{AN} = U_f\angle 0° \qquad \hat{U}_{BN} = U_f\angle{-120°} \qquad \hat{U}_{CN} = U_f\angle 120°$$

$$\hat{U}_{AB} = \sqrt{3}\cdot U_f\angle 30° \qquad \hat{U}_{BC} = \sqrt{3}\cdot U_f\angle{-90°} \qquad \hat{U}_{CA} = \sqrt{3}\cdot U_f\angle 150°$$

A relação entre as tensões $\hat{U}_{AN}$ e $\hat{U}_{BC}$ é:

$$\frac{\hat{U}_{AN}}{\hat{U}_{BC}} = \frac{U_f\angle 0°}{\sqrt{3}\cdot U_f\angle{-90°}} = \frac{1}{\sqrt{3}}\angle 90°$$

Da mesma forma:

$$\frac{\hat{U}_{BN}}{\hat{U}_{CA}} = \frac{1}{\sqrt{3}}\angle 90° \qquad \frac{\hat{U}_{CN}}{\hat{U}_{AB}} = \frac{1}{\sqrt{3}}\angle 90°$$

que, substituídas em (7.15), resultam em:

$$Q_{3\varphi} = \frac{1}{\sqrt{3}} \cdot \left[\text{Im}\left\{\hat{U}_{BC} \cdot \hat{I}_A^* \angle 90° + \hat{U}_{CA} \cdot \hat{I}_B^* \angle 90° + \hat{U}_{AB} \cdot \hat{I}_C^* \angle 90°\right\}\right] \qquad (7.16)$$

Ao se considerar apenas um dos termos da expressão (7.16), tem-se:

$$\text{Im}\left\{\hat{U}_{BC} \cdot \hat{I}_A^* \angle 90°\right\} = U_{BC} \cdot I_A \cdot \text{sen}\left(\angle\hat{U}_{BC} - \angle\hat{I}_A + 90°\right)$$

$$= U_{BC} \cdot I_A \cdot [\text{sen}(\alpha)\cdot\cos(90°) + \text{sen}(90°)\cdot\cos(\alpha)]$$

$$= U_{BC} \cdot I_A \cdot \cos(\alpha) = \text{Re}\left\{\hat{U}_{BC} \cdot \hat{I}_A^*\right\}$$

Assim, a expressão (7.16) pode ser expressa na forma:

$$Q_{3\varphi} = \frac{1}{\sqrt{3}}\left[\text{Re}\left\{\hat{U}_{BC} \cdot \hat{I}_A^* + \hat{U}_{CA} \cdot \hat{I}_B^* + \hat{U}_{AB} \cdot \hat{I}_C^*\right\}\right] \qquad (7.17)$$

Pelo fato de a expressão (7.17) conter somente tensões e correntes de linha, pode-se inferir que ela é igualmente válida para cargas equilibradas ou desequilibradas, tanto em triângulo como em estrela (3 ou 4 fios).

Como em cada parcela da expressão (7.17), o fasor da d.d.p. entre duas fases é multiplicado pelo fasor da corrente da terceira fase, pode-se concluir que o esquema de ligações dos wattímetros para a medição da potência reativa trifásica corresponde ao ilustrado na Fig. 7.13.

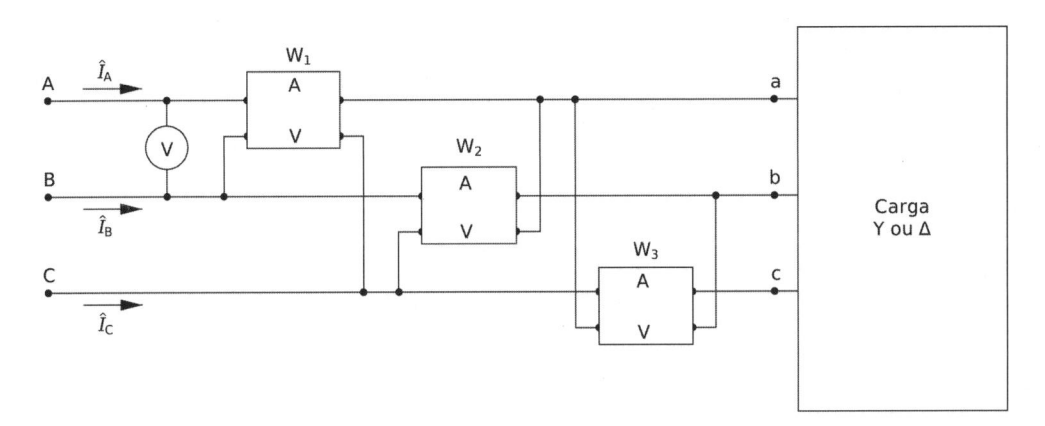

Fig. 7.13 Conexão de wattímetros para medição de potência reativa

Com as leituras dos três wattímetros, pode-se calcular:

$$Q_{3\varphi} = \frac{1}{\sqrt{3}} [L_1 + L_2 + L_3] \qquad (7.18)$$

sendo L_1, L_2 e L_3 as respectivas leituras.

Conclui-se que a soma das três medidas é $\sqrt{3}$ vezes maior que a potência reativa trifásica $Q_{3\varphi}$.

7.3.1 Medição da potência reativa em carga equilibrada

Considere o circuito com carga equilibrada ilustrado na Fig. 7.14.

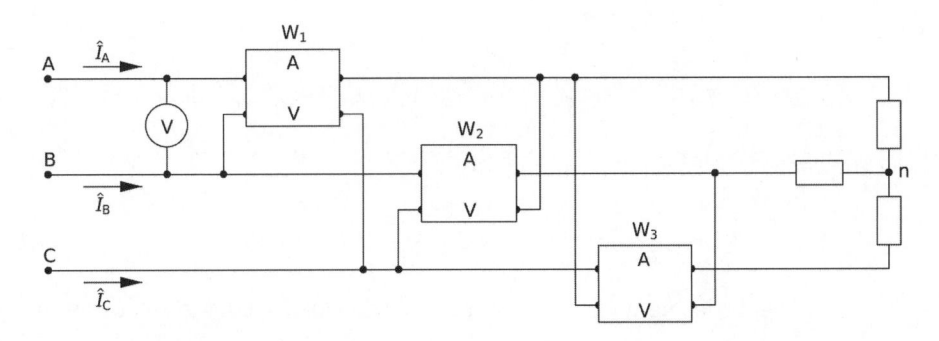

Fig. 7.14 Medição da potência reativa trifásica

Nos wattímetros, têm-se as seguintes indicações:

$$L_1 = U_{BC} \cdot I_A \cdot \cos(\varphi_1)$$
$$L_2 = U_{CA} \cdot I_B \cdot \cos(\varphi_2)$$
$$L_3 = U_{AB} \cdot I_C \cdot \cos(\varphi_3)$$

φ_1 – ângulo entre a tensão de linha U_{BC} e a corrente I_A

φ_2 – ângulo entre a tensão de linha U_{CA} e a corrente I_B

φ_3 – ângulo entre a tensão de linha U_{AB} e a corrente I_C

Do diagrama fasorial da Fig. 7.15, tem-se:

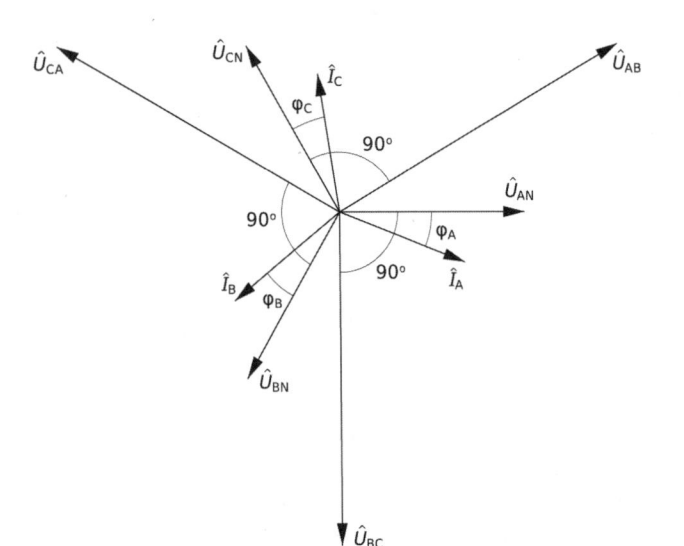

$$\cos\varphi_1 = \cos(90° - \varphi_a) = \text{sen }\varphi_a$$
$$\cos\varphi_2 = \cos(90° - \varphi_b) = \text{sen }\varphi_b$$
$$\cos\varphi_3 = \cos(90° - \varphi_c) = \text{sen }\varphi_c$$

A potência reativa em uma carga trifásica pode ser expressa por:

$$Q_{3\varphi} = U_{AN} \cdot I_A \cdot \text{sen}(\varphi_a)$$
$$+ U_{BN} \cdot I_B \cdot \text{sen}(\varphi_b) \quad (7.19)$$
$$+ U_{CN} \cdot I_C \cdot \text{sen}(\varphi_c)$$

Para carga equilibrada, tem-se:

$$Q_{3\varphi} = 3 \cdot U_f \cdot I_\ell \cdot \text{sen}(\varphi) \quad (7.20)$$

Fig. 7.15 Diagrama fasorial para carga Y-equilibrada

Portanto, a soma das medições pode ser expressa na forma:

$$L_1 + L_2 + L_3 = U_{BC} \cdot I_A \cdot \text{sen}(\varphi_a) + U_{CA} \cdot I_B \cdot \text{sen}(\varphi_b) + U_{AB} \cdot I_C \cdot \text{sen}(\varphi_c)$$

Como as tensões de linha são equilibradas, tem-se:

$$U_{BC} = U_{CA} = U_{AB} = U_L = \sqrt{3} \cdot U_f$$

Assim:

$$L_1 + L_2 + L_3 = \sqrt{3} \cdot \left[U_f \cdot I_A \cdot \text{sen}(\varphi_a) + U_f \cdot I_B \cdot \text{sen}(\varphi_b) + U_f \cdot I_C \cdot \text{sen}(\varphi_c)\right] \quad (7.21)$$

Ao se comparar (7.11) com (7.1), conclui-se:

$$L_1 + L_2 + L_3 = \sqrt{3} \cdot Q \rightarrow Q = \frac{1}{\sqrt{3}} \cdot [L_1 + L_2 + L_3] \quad (7.22)$$

Como deduzido anteriormente, a potência reativa trifásica é igual à soma das indicações dos três wattímetros dividida por $\sqrt{3}$; porém, pelo fato de a carga ser equilibrada, os três termos da expressão de $Q_{3\varphi}$ serão iguais, e somente um wattímetro é necessário. Por exemplo, utilizando-se apenas o wattímetro W_1, a potência reativa trifásica corresponde a:

$$Q_{3\varphi} = \frac{1}{\sqrt{3}} \cdot [L_1 + L_2 + L_3] = \frac{1}{\sqrt{3}} \cdot [3 \cdot L_1] = \sqrt{3} \cdot L_1 \quad (7.23)$$

ou seja, a potência reativa trifásica em uma carga equilibrada é $\sqrt{3}$ vezes a leitura de um wattímetro.

7.3.2 Cálculo prático da potência reativa em carga equilibrada

Se o método dos dois wattímetros estiver sendo utilizado para a medição de potência ativa em cargas equilibradas, é possível obter a potência reativa trifásica utilizando a mesma conexão. Com base no circuito da Fig. 7.10, a operação $(P_3 - P_1)$ fornece:

$$P_3 - P_1 = U_\ell \cdot I_\ell \cdot \cos(\varphi - 30°) - U_\ell \cdot I_\ell \cdot \cos(\varphi + 30°)$$

$$P_3 - P_1 = U_\ell \cdot I_\ell \cdot \left(\frac{\sqrt{3}}{2} \cdot \cos(\varphi) + \frac{1}{2} \cdot \text{sen}(\varphi) - \frac{\sqrt{3}}{2} \cdot \cos(\varphi) + \frac{1}{2} \cdot \text{sen}(\varphi) \right)$$

$$P_3 - P_1 = U_\ell \cdot I_\ell \cdot \text{sen}(\varphi) = \frac{Q_{3\varphi}}{\sqrt{3}} \qquad (7.24)$$

É possível, então, obter o ângulo da impedância da carga:

$$\varphi = \text{arctg}\left(\frac{Q_{3\varphi}}{P_{3\varphi}}\right) = \text{arctg}\left[\frac{\sqrt{3} \cdot (P_3 - P_1)}{P_1 + P_3}\right] \qquad (7.25)$$

Exemplo 7.5

O método dos dois wattímetros foi utilizado para obter a potência ativa trifásica entregue a um motor, e as leituras foram:

$$P_1 = 1.100 \, \text{W} \quad \text{e} \quad P_3 = 2.200 \, \text{W}$$

Se a tensão de linha e a corrente de linha medidas são, respectivamente, 220 V e 10 A, obtenha as potências ativa, reativa e aparente trifásicas no motor, bem como o fator de potência do motor.

A potência ativa trifásica é dada por:

$$P_{3\varphi} = P_1 + P_3 = 3.300 \, \text{W}$$

A potência reativa trifásica vale:

$$Q_{3\varphi} = \sqrt{3} \cdot (P_3 - P_1) = 1.905,3 \, \text{VAr}$$

E assim, o ângulo da impedância do motor pode ser obtido por:

$$\varphi = \text{arctg}\left(\frac{Q_{3\varphi}}{P_{3\varphi}}\right) = \text{arctg}\left[\frac{\sqrt{3} \cdot (P_3 - P_1)}{P_1 + P_3}\right] = 30°$$

que corresponde a um fator de potência 0,866 indutivo.

Finalmente, a potência aparente trifásica é obtida por:

$$|S_{3\varphi}| = \frac{P_{3\varphi}}{fp} = 3.810,5 \, \text{VA}$$

7.4 Demanda e curva de carga

A potência ativa consumida por uma instalação elétrica é extremamente variável e é função do número de cargas ligadas e da potência consumida por cada uma delas, a cada instante. Para a análise de uma instalação, é mais conveniente trabalhar com o conceito de demanda (D), obtida pela expressão (7.26), que corresponde ao valor médio da potência ativa (P) em um intervalo de tempo Δt especificado (Fig. 7.16).

$$D = \frac{1}{\Delta t} \int_{t}^{t+\Delta t} P \cdot dt \qquad (7.26)$$

Obs.: no Brasil, oficializou-se o intervalo de tempo de 15 minutos.

A definição dada pela Eq. (7.26) indica que a demanda é medida em unidades de potência ativa (W, kW). Pode-se também definir uma demanda reativa D_Q (VA, kVA) e uma demanda aparente D_S (VA, kVA).

A área entre a curva $P(t)$ e o eixo dos tempos é, evidentemente, a energia consumida pela instalação no intervalo considerado. Na Fig. 7.16, pela própria definição de demanda, temos que a área hachurada é a energia E consumida durante Δt, isto é:

$$E = D \cdot \Delta t \qquad (7.27)$$

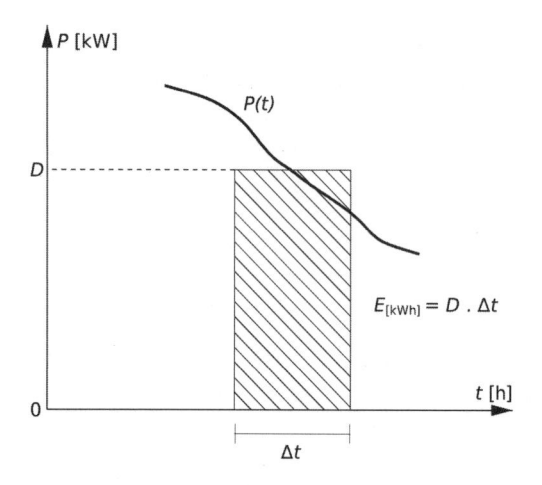

Fig. 7.16 Definição de demanda

Chamamos de curva de carga a curva que dá a demanda em função do tempo, $D = D(t)$, para um dado intervalo de tempo (T). Como se pode ver na Fig. 7.17, ela será, na realidade, constituída por patamares; no entanto, é mais comum apresentá-la como uma curva, resultante da união dos pontos médios das bases superiores do retângulo de largura Δt.

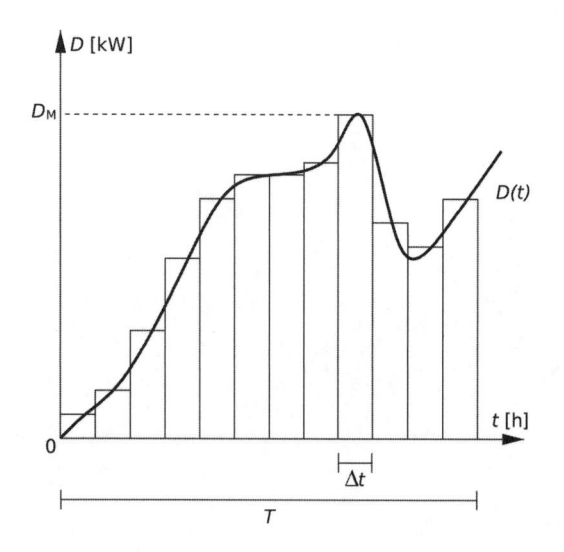

Fig. 7.17 Curva de carga no intervalo T

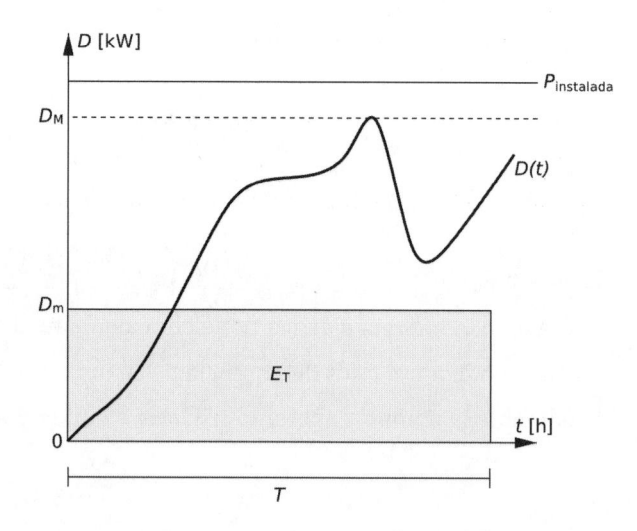

Fig. 7.18 Curva de carga e potência instalada no intervalo T

Para o intervalo T, a ordenada máxima da curva define a demanda máxima D_M. A energia total consumida no período (E_T) será medida pela área entre a curva e o eixo dos tempos, isto é:

$$E_T = \int_0^T D \cdot dt \qquad (7.28)$$

A demanda média D_m é definida como a altura de um retângulo (Fig. 7.18) cuja base é o intervalo T e a área é a energia total E_T, ou seja:

$$D_m = \frac{E_T}{T} \qquad (7.29)$$

Exemplo 7.7

A Fig. 7.19 apresenta uma curva de carga diária típica de uma indústria.

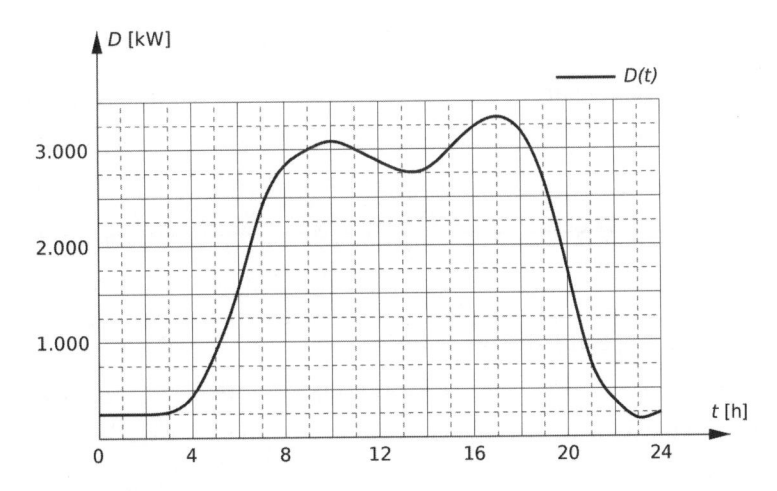

Fig. 7.19 Curva de carga típica em uma indústria

Estime:
a] a energia elétrica consumida por dia;
b] a demanda máxima solicitada;
c] a potência mínima do transformador de entrada.

a] A energia elétrica consumida por dia, pela indústria em questão, pode ser estimada com o cálculo da área abaixo da curva de carga (integral da curva de carga). Como não temos a função que representa essa curva, a integral pode ser aproximada pela soma das áreas limitadas pelas retas, como mostrado na Fig. 7.20.

Assim, a energia elétrica pode ser calculada, de forma aproximada, calculando-se a área abaixo das retas da Fig. 7.20:

$$\text{Área} = 250 \cdot 24 + 2.750 \cdot 4 + 2.750 \cdot 8 + 2.750 \cdot 2 = 44.500 \text{ kWh}$$

b] A demanda máxima corresponde ao valor máximo alcançado pela curva (pico), que neste exemplo vale aproximadamente 3.440 kW.

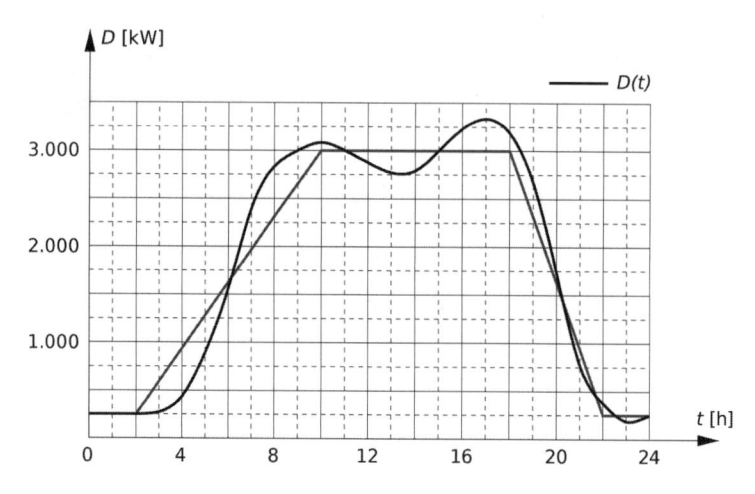

Fig. 7.20 Estimativa do consumo de energia elétrica

c] A especificação da potência nominal do transformador de entrada depende de muitos fatores, mas, para responder exclusivamente à questão deste exercício, a potência mínima do transformador de entrada pode ser estimada em 3.500 kW, pois assim ele suportará a demanda máxima.

7.5 Medição da energia elétrica

A medição da energia elétrica é necessária para possibilitar à concessionária o faturamento adequado da quantidade de energia elétrica consumida por cada usuário, dentro de uma tarifa preestabelecida.

Entre os instrumentos existentes para medir a energia elétrica, há o tipo digital, ainda em uso na maioria dos consumidores, no qual a energia consumida (kWh) é indicada em um mostrador LCD (*liquid crystal display*) com vários dígitos; e o tipo eletromecânico, popularmente conhecido como relógio de luz, constituído essencialmente pelos seguintes componentes:

a] bobina de tensão (ou de potencial) altamente indutiva, com muitas espiras de fio fino de cobre, ligada em paralelo com a carga;

b] bobina de corrente, altamente indutiva, com poucas espiras de fio grosso de cobre, ligada em série com a carga;

c] núcleo de material ferromagnético (ferro-silício), composto de lâminas justapostas, mas isoladas entre si;

d] conjunto móvel ou rotor constituído de disco de alumínio de alta condutividade, com liberdade para girar em torno do seu eixo de suspensão, ao qual é solidário;

e] ao eixo está fixado um parafuso com rosca-sem-fim, o qual aciona um sistema mecânico de engrenagens que registra, num mostrador, a energia elétrica consumida (Fig. 7.21);

f] ímã permanente para produzir um conjugado frenador no disco.

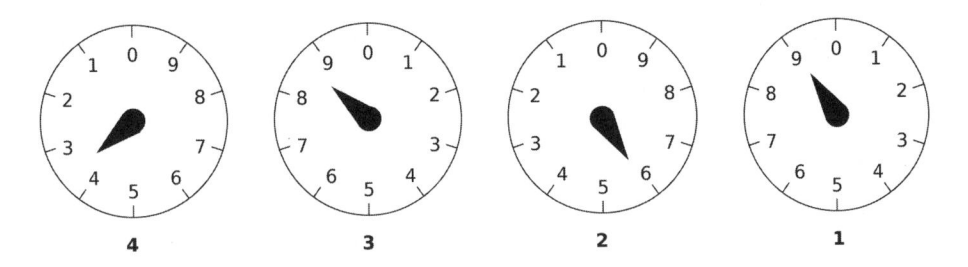

Fig. 7.21 Mostrador do medidor de energia elétrica

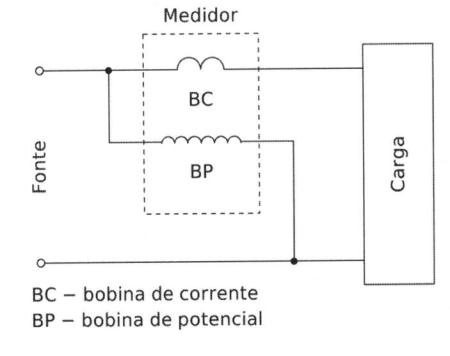

A ligação de um medidor monofásico é mostrada na Fig. 7.22. No mostrador da Fig. 7.21, composto por quatro relógios, a leitura deve ser feita da seguinte maneira:

- O ponteiro de cada relógio gira no sentido crescente dos números.
- A leitura deve ser iniciada pelo relógio à direita (relógio 1), que corresponde à casa das unidades; no relógio 2 tem-se a dezena; no 3, a centena e no 4, o milhar.
- Anota-se o número exatamente indicado ou o último número ultrapassado pelo ponteiro de cada um dos relógios.

BC – bobina de corrente
BP – bobina de potencial

Fig. 7.22 Ligação de um medidor monofásico

Como se pode observar, a começar pelo relógio 1, o sentido dos ponteiros é horário e anti-horário, alternadamente.

Para o cálculo do gasto mensal de energia, deve-se subtrair a leitura do mês anterior da leitura do mês atual.

Exemplo 7.8

Vamos supor que a Fig. 7.21 mostra a leitura do mês atual e a Fig. 7.23, do mês anterior. Determine o gasto mensal da energia elétrica.

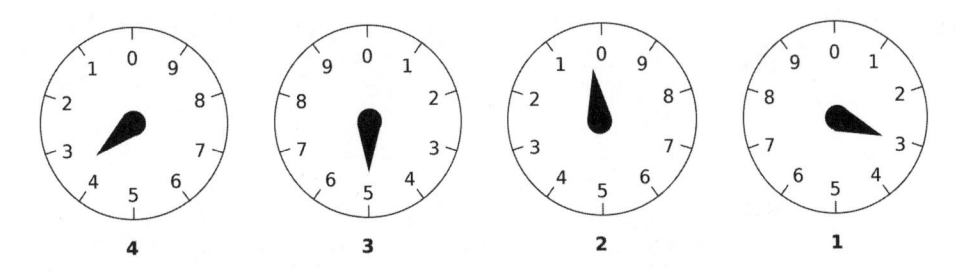

Fig. 7.23 Leitura do mês anterior

As leituras do mês atual e do mês anterior são, respectivamente, 3.859 kWh e 3.503 kWh. Assim, a energia elétrica consumida no período foi de 356 kWh.

Para obter o gasto mensal em reais (R$), deve-se considerar que a tarifa da energia elétrica varia de região para região. Na área de concessão da CPFL-Paulista, onde se situa o município de

Campinas, a tarifa residencial normal homologada em 8/4/2010, com vigência até 7/4/2011, era de R$ 0,30770/kWh (fonte: http://www.aneel.gov.br/).

Ao se multiplicar o consumo de 356 kWh pelo valor da tarifa, obtém-se o valor de consumo (C_C) de R$ 109,54. Para incluir a taxa relativa ao ICMS, cuja alíquota no Estado de São Paulo é de 25%, aplica-se a fórmula:

$$C_P = \frac{C_C}{(1,0 - A)} \tag{7.30}$$

onde:

C_C Consumo (kWh) × Tarifa (R$/kWh);

A alíquota do ICMS (0,25);

C_P valor parcial.

Assim, neste exemplo, o consumidor pagaria (C_T):

$$C_T = R\$146,05 + \text{ os encargos sociais (PIS/Pasep e Cofins)}$$

Na prática, ao olhar a sua fatura (conta de luz), você notará que a tarifa praticada é um pouco maior que R$ 0,30770/kWh, pois neste valor já são agregados os encargos sociais.

Os contratos de concessão estabelecem que as tarifas de fornecimento podem ser atualizadas por meio de três mecanismos:

- reajuste tarifário anual;
- revisão tarifária periódica;
- revisão tarifária extraordinária.

Para mais detalhes, consulte <http://www.aneel.gov.br/>.

7.6 Composição da fatura de energia elétrica

Os itens que compõem uma fatura de energia elétrica, popularmente conhecida como conta de luz, e os seus valores percentuais estimados estão indicados na Tab. 7.1:

TAB. 7.1 Composição da fatura de energia elétrica

Itens	Percentuais (%)
Geração de energia	35,0
Transmissão de energia	3,8
Distribuição de energia	25,0
Encargos setoriais	6,4
Encargos sociais (PIS/Pasep/Cofins)	4,8
Tributo estadual (ICMS)	25,0

As parcelas relativas à geração, à transmissão e à distribuição de energia são destinadas à remuneração das empresas concessionárias. Os encargos setoriais visam financiar programas sociais, subsidiar o setor elétrico e também a atuação da agência reguladora de energia elétrica, a Aneel (Agência Nacional de Energia Elétrica). São os seguintes:

- Cota de Reserva Global de Reversão (RGR): prover recursos para reversão e/ou encampação dos serviços públicos de energia elétrica.
- Cotas da Conta de Consumo de Combustíveis (CCC): cobrir custos anuais de geração termelétrica eventualmente produzida no país.
- Conta de Desenvolvimento Energético (CDE): prover recursos para o desenvolvimento energético dos estados, a fim de viabilizar a competitividade da energia produzida a partir de fontes eólicas, PCHs, biomassa, gás natural e carvão mineral.
- Taxa de Fiscalização de Serviços de Energia Elétrica (TFSEE): constituir a receita da Aneel para a cobertura das despesas administrativas e operacionais.
- Rateio de custos do programa de incentivo às fontes alternativas de energia elétrica (Proinfa): cobrir custos da energia elétrica produzida por empreendimentos de autoprodutores independentes autônomos concebidos com base em fontes eólicas, PCHs e biomassa, participantes do Proinfa.

Exercícios

7.1 Engenheiros do departamento de ensaios de uma determinada indústria obtiveram a potência ativa trifásica de dois equipamentos: o Equipamento A energizado por uma fonte trifásica a 3 fios e o Equipamento B energizado por uma fonte trifásica a 4 fios. Eles optaram por realizar cinco ensaios em cada equipamento, utilizando as quantidades de wattímetros indicadas na Tab. 7.2.

Tab. 7.2 Quantidade de wattímetros nos ensaios

Ensaio	Equipamento A	Equipamento B
1	3	3
2	1	1
3	2	3
4	3	4
5	2	1

a) Em quais dos ensaios eles conseguiram obter corretamente a potência ativa trifásica em ambos os equipamentos? Justifique.

b) Otimizando as quantidades de wattímetros, apresente para cada equipamento um diagrama elétrico padronizado, indicando todas as ligações necessárias.

7.2 Você, como engenheiro(a), foi chamado(a) para verificar se a potência ativa de um motor trifásico correspondia ao valor nominal. Esse motor tem as impedâncias internas conectadas em Δ.

a) Apresente um diagrama elétrico padronizado, indicando todas as ligações necessárias para que a verificação ocorra segundo o Teorema de Blondel.

b) De acordo com o circuito proposto no item (a), como você obteria a potência ativa do motor?

c) Apresente um diagrama elétrico padronizado, indicando todas as ligações necessárias para a obtenção da potência reativa trifásica.

7.3 Você, como engenheiro(a), foi chamado(a) para verificar se um técnico estava obtendo corretamente a potência ativa de um motor trifásico, cujas impedâncias internas estavam conectadas em Y-4fios, e constatou que o técnico estava utilizando apenas um wattímetro.

Você concorda? Justifique e, concordando ou não, desenhe um diagrama elétrico padronizado para a obtenção da potência ativa trifásica e descreva o respectivo procedimento.

7.4 Uma fonte trifásica 4-fios, 220 V, supre energia elétrica a uma carga composta de três impedâncias, cada uma delas: 20∠30° Ω, 127 V.

a) Desenhe o respectivo diagrama de ligações.

b) Calcule as magnitudes das correntes nos condutores que ligam a carga à fonte.

Resp.: 6,35 A

c) Em relação à carga, desenhe o respectivo diagrama fasorial com todas as tensões e correntes.

d) Calcule todas as potências e o fator de potência da carga trifásica.

Resp.: 2.095,5 W; 1.209,8 VAr; 2.419,7 VA e 0,866

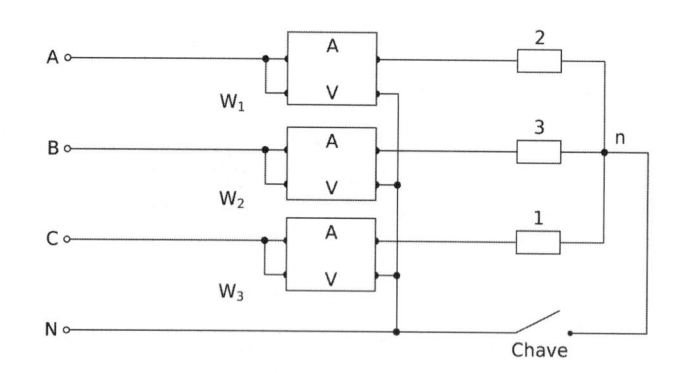

Fig. 7.24 Carga desequilibrada em Y

7.5 Os números indicados na carga da Fig. 7.24 correspondem à quantidade de lâmpadas conectadas a uma fonte trifásica 220 V. Cada lâmpada é de 100 W/130 V.

a) A potência ativa trifásica obtida por meio dos wattímetros terá valores diferentes se a chave estiver fechada ou aberta? Justifique.

b) Com a chave aberta, é possível diminuir a quantidade de wattímetros? Em caso afirmativo, desenhe o esquema com todas as ligações e indicações.

7.6 Com tensão de linha de 220 V, o circuito da Fig. 7.25 contém lâmpadas de 100 W/220 V. O valor da potência ativa trifásica depende de a chave estar fechada ou aberta? Justifique.

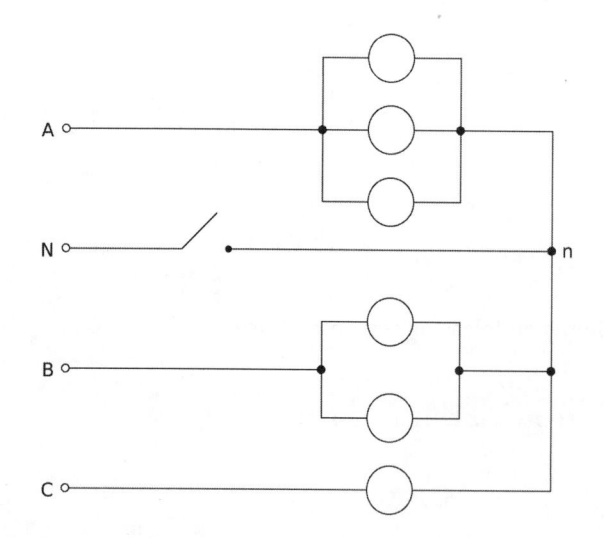

Fig. 7.25 Carga desequilibrada em Y

7.7 Com tensão de linha de 220 V, o circuito da Fig. 7.26 contém lâmpadas de 100 W/220 V. A potência trifásica neste circuito é maior que a do circuito da Fig. 7.25 com a chave fechada? Justifique.

7.8 Considere que em todos os esquemas da Fig. 7.27 com conexões em Y tem-se uma mesma carga desequilibrada, e que na ligação Δ tem-se uma outra carga desequilibrada.

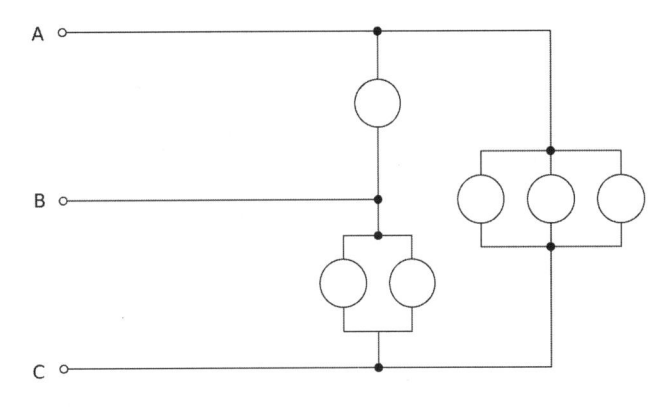

Fig. 7.26 Carga desequilibrada em Δ

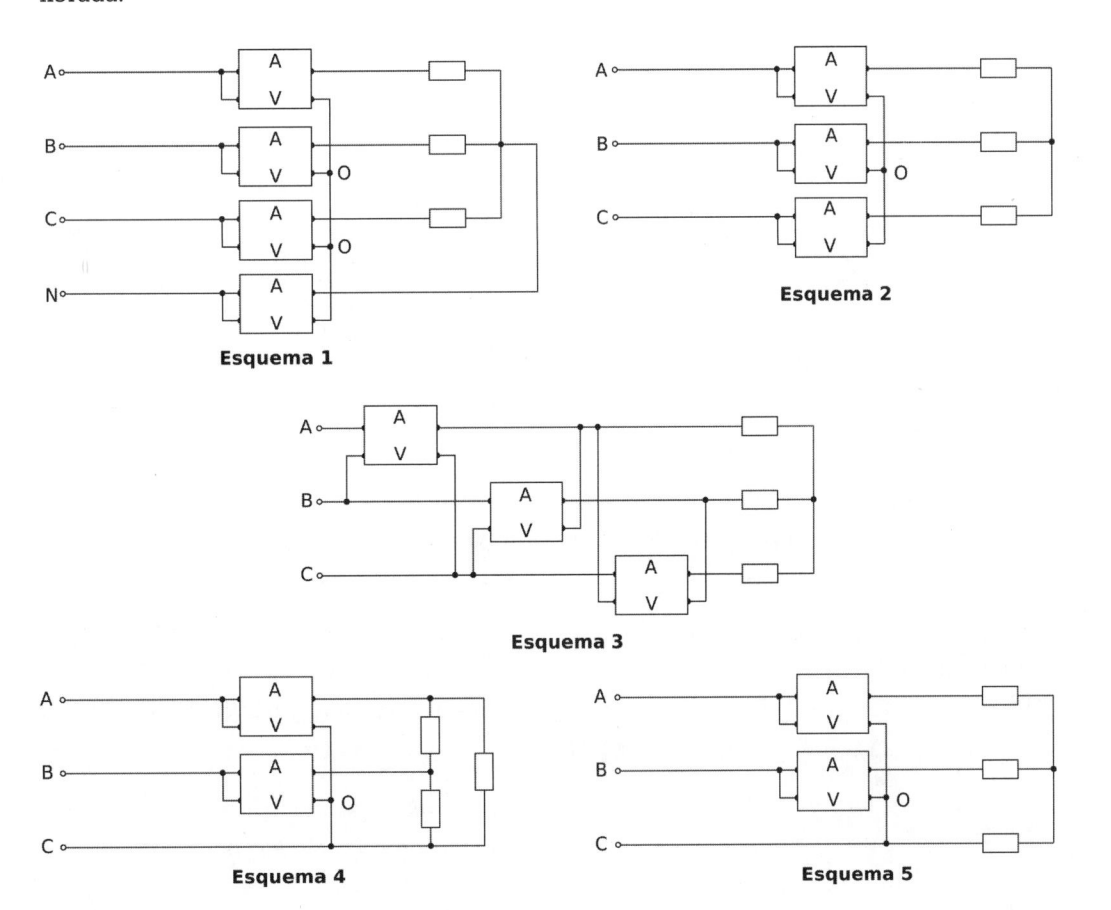

Fig. 7.27 Diferentes esquemas com wattímetros

Com as devidas justificativas, analise se são verdadeiras ou falsas as seguintes frases:
  a) Em todos os esquemas, obtém-se a potência ativa trifásica do circuito.
  b) Somente o esquema 1 está correto para se obter a potência ativa trifásica do circuito.
  c) Os esquemas 1 e 2 resultam em valores diferentes para a potência ativa trifásica do circuito.

d) Os esquemas 2 e 5 resultam em valores diferentes para a potência ativa trifásica do circuito.

e) Os esquemas 2 e 4 resultam em valores iguais para a potência ativa trifásica do circuito.

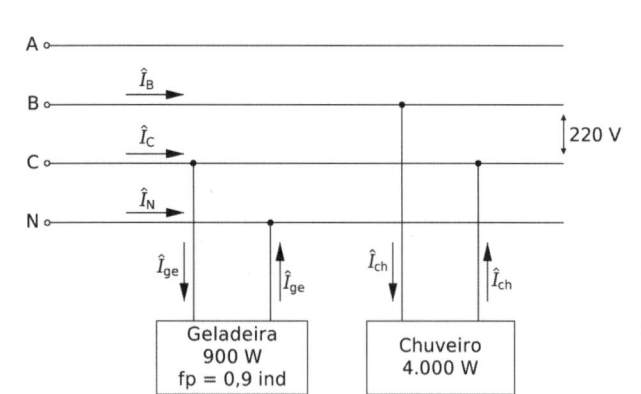

Fig. 7.28 Parte de um circuito residencial

7.9 Esboce um diagrama elétrico padronizado, com a instrumentação mínima necessária para obter, pela soma algébrica de medidas, a potência ativa consumida pela carga representada no circuito da Fig. 7.28, certificando-se do valor da tensão aplicada.

7.10 Um motor trifásico tem os seguintes dados de placa:

- Potência: 3 HP (Obs.: 1 HP = 746 W)
- Tensão de alimentação: 220 V, 60 Hz
- Rendimento: 85%
- Fator de potência: 80%

Explicitando e indicando todos os cálculos:

a) Obtenha todas as potências trifásicas.

Resp.: 2.632,94 W; 3.291,18 VA; 1.974,71 VAr

b) Determine o valor do capacitor para compor um banco Δ que corrija minimamente o fator de potência desse motor. **Resp.:** 15,58 μF

c) Esboce um diagrama elétrico padronizado que instrua um eletricista sobre as conexões do motor e do banco de capacitores à rede elétrica.

7.11 Uma fonte trifásica 4-fios, 220 V, supre energia elétrica a uma carga composta de três impedâncias, cada uma delas: 5∠45° Ω, 220 V.

a) Desenhe o respectivo diagrama de ligações.

b) Calcule as magnitudes das correntes nos condutores que ligam a carga à fonte. **Resp.:** 76,2 A

c) Em relação à carga, desenhe o respectivo diagrama fasorial com todas as tensões e correntes.

d) Calcule todas as potências e o fator de potência da carga trifásica.

Resp.: 20.534,3 W; 20.534,3 VAr; 29.040,0 VA e 0,707

7.12 Uma fonte trifásica 4-fios, 220 V, supre energia elétrica a duas cargas, cada uma delas composta de três impedâncias, e cujos valores correspondem a 20∠30° Ω, 127 V e 5∠45° Ω, 220 V, respectivamente.

a) Desenhe o diagrama de ligações do conjunto.

b) Calcule as magnitudes das correntes nos condutores que ligam o conjunto da carga à fonte. **Resp.:** 82,36 A

c) Em relação ao conjunto da carga, desenhe o respectivo diagrama fasorial com todas as tensões e correntes.

d) Calcule todas as potências e o fator de potência do conjunto da carga.
Resp.: 22.629,6 W; 21.744,1 VAr; 31.383,2 VA e 0,721

7.13 Um motor trifásico tem os seguintes dados de placa:
- Potência: 10 HP (Obs.: 1 HP = 746 W)
- Tensão de alimentação: 220 V, 60 Hz, c/ conexão Δ
- Rendimento: 82%
- Fator de potência: 84%

a) Considerando que estão sendo utilizados dois wattímetros (um na fase A e o outro na fase B), conforme o Teorema de Blondel, esboce um diagrama elétrico padronizado que instrua um eletricista sobre as conexões do motor aos wattímetros e à rede elétrica, para obter a potência ativa trifásica do motor.

b) Obtenha as respectivas leituras nos wattímetros e a potência ativa trifásica do motor. **Resp.:** 6.245,2 W; 2.852,4 W; 9.097,6 W

7.14 Três chuveiros 4.400 W/220 V estão ligados à rede elétrica 220 V.

a) Considerando que estão sendo utilizados dois wattímetros (um na fase A e o outro na fase B), conforme o Teorema de Blondel, esboce um diagrama elétrico padronizado que instrua um eletricista sobre as conexões dos chuveiros aos wattímetros e à rede elétrica, para obter a potência ativa do conjunto.

b) Obtenha as respectivas leituras nos wattímetros, considerando que o chuveiro, entre as fases B e C, está desligado. **Resp.:** 6.600 W e 2.200 W

7.15 Para melhorar o fator de potência em uma indústria em cujo circuito trifásico a tensão é de 380 V, foi instalado um capacitor de 40 kVA junto à carga. Sabendo-se que as correntes antes e após a instalação do capacitor correspondem a 115,47 A e 75,98 A, determine os respectivos valores:

a) das potências aparentes; **Resp.:** 76 kVA e 50 kVA

b) do fator de potência; **Resp.:** 0,597 e 0,908

c) da redução (%) das perdas nos condutores. **Resp.:** 56,71%

Leituras adicionais

BOLTON, W. *Análise de circuitos elétricos*. São Paulo: Makron Books do Brasil, 1994.

CASTRO JR., C. A.; TANAKA, M. R. *Circuitos de corrente alternada* – Um curso introdutório. São Paulo: Editora da Unicamp, 1995.

BURIAN JR., Y; LYRA, A. C. C. *Circuitos elétricos*. São Paulo: Pearson Prentice Hall, 2006.

BARTKOWIAK, R. A. *Circuitos elétricos*. São Paulo: Makron Books do Brasil, 1994.

COTRIM, A. A. M. B. *Instalações elétricas*. São Paulo: Makron Books do Brasil, 1992.

Transformadores

8

Neste capítulo analisa-se o princípio de funcionamento de um transformador. São apresentadas as relações entre tensões e correntes; a importância prática da polaridade dos enrolamentos; as características de operação de um transformador e a associação trifásica de transformadores monofásicos.

8.1 Introdução

Os primeiros sistemas comerciais de fornecimento de energia elétrica foram construídos basicamente para alimentar circuitos de iluminação, e funcionavam com corrente contínua. Como as tensões de fornecimento eram baixas (da ordem de 120 V), altas correntes eram necessárias para suprir grandes quantidades de potência e, assim, as perdas de potência ativa na transmissão (proporcionais ao quadrado da corrente), bem como as quedas de tensão, eram muito grandes. Com isso, a tendência foi construir pequenas centrais de geração distribuídas entre os pontos de carga, as quais, em função da pequena potência gerada, eram ineficientes e caras.

A posterior utilização de corrente alternada na geração, transmissão e distribuição de energia elétrica resultou em grande avanço na operação eficiente dos sistemas elétricos. Os geradores elétricos, que fornecem tensões relativamente baixas (da ordem de 15 a 25 kV), são ligados a transformadores, equipamentos eletromagnéticos que transformam um nível de tensão em outro. A tensão de saída de um transformador elevador ligado a um gerador pode ser de várias centenas de kV. Se a tensão é maior, a mesma potência pode ser transmitida com correntes menores, diminuindo as perdas e as quedas de tensão. Consequentemente, as centrais geradoras podem ser maiores e a transmissão pode ser feita a longas distâncias. Nos pontos de consumo, são ligados transformadores abaixadores, que reduzem as tensões para níveis compatíveis com os equipamentos dos consumidores.

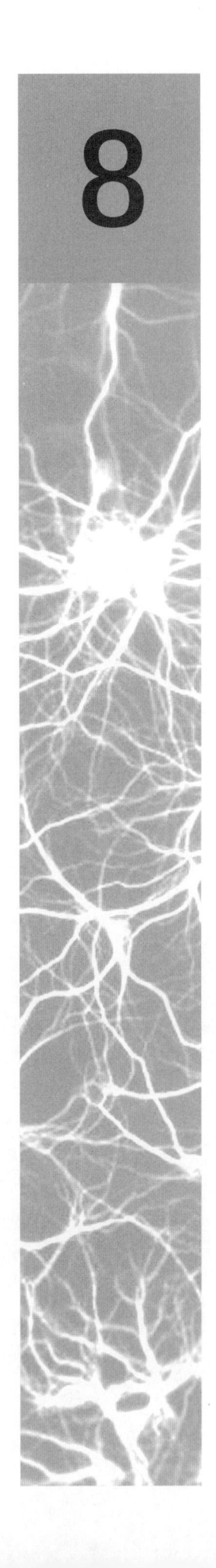

Essencialmente, um transformador é constituído por dois ou mais enrolamentos (bobinas) concatenados por um campo magnético, e a ação desse campo magnético será mais eficiente com um núcleo de ferro ou alguma liga de material ferromagnético porque, assim, a maior parte do fluxo estará confinada em um caminho bem definido. O transformador pode ser entendido como a máquina elementar baseada na "Lei de Indução de Faraday", descrita a seguir.

> Michael Faraday, físico e químico, nasceu em 22 de setembro de 1791, em Newington, Surrey (Londres), e faleceu em 25 de agosto de 1867, em Hampton Court, Inglaterra. Suas descobertas em eletromagnetismo deixaram a base para as pesquisas em Engenharia no fim do século XIX, realizadas por cientistas como Edison, Siemens, Tesla e Westinghouse, que tornaram possível a eletrificação das sociedades industrializadas. Seus trabalhos em eletroquímica são agora amplamente usados em química industrial.

8.2 Lei de Indução de Faraday

Em 1831, Michael Faraday realizava experiências com duas bobinas de fios de cobre envolvendo um único núcleo de material ferromagnético, como ilustrado na Fig. 8.1.

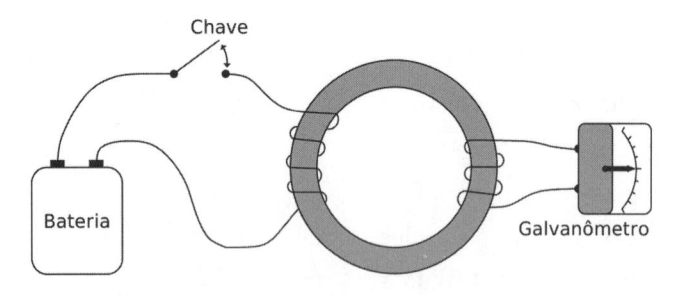

Fig. 8.1 Representação do experimento de Faraday

Ao conectar uma das bobinas a um galvanômetro (medidor de tensão com um zero central), Faraday observou uma oscilação do respectivo ponteiro durante o fechamento e a abertura de uma chave que conectava a outra bobina a uma bateria (fonte de corrente contínua). Com a chave permanentemente fechada ou aberta, não ocorria oscilação do ponteiro, ou seja, ele permanecia na posição zero.

Faraday intuiu que a corrente elétrica que movimentava o ponteiro do galvanômetro teria sido "gerada" por algo que era transmitido pelo campo magnético produzido pela corrente contínua na bobina conectada à bateria.

Até então, já se sabia que corrente elétrica produzia campo magnético e agora se constatava o contrário, o que motivou Faraday a formular as leis da indução eletromagnética. Estas têm como princípio básico a indução de uma tensão quando há movimento relativo entre um campo magnético e um condutor de eletricidade. Daí o fato de se observar a oscilação do ponteiro somente na abertura ou no fechamento da chave, pois é quando havia movimento relativo entre campo magnético e condutor.

A "Lei de Indução de Faraday" pode ser formulada de forma simples pela frase:

"Em qualquer condutor de eletricidade submetido a um campo magnético variável no tempo, tem-se em seus terminais a indução de uma tensão elétrica proporcional à taxa de variação desse campo no tempo".

8.3 Transformador monofásico

Um transformador monofásico é composto por duas bobinas com N_1 e N_2 espiras, respectivamente, como ilustrado na Fig. 8.2.

Com uma fonte de tensão alternada conectada na bobina primária, a corrente i_1 gera um fluxo magnético alternado (oscilante) que, ao se concatenar com a bobina secundária, induz uma diferença de potencial (u_2) que pode ser medida em um voltímetro conectado nessa bobina. Essa tensão é proporcional ao número de espiras N_2 e à taxa de variação do fluxo enlaçado ou fluxo concatenado com ela:

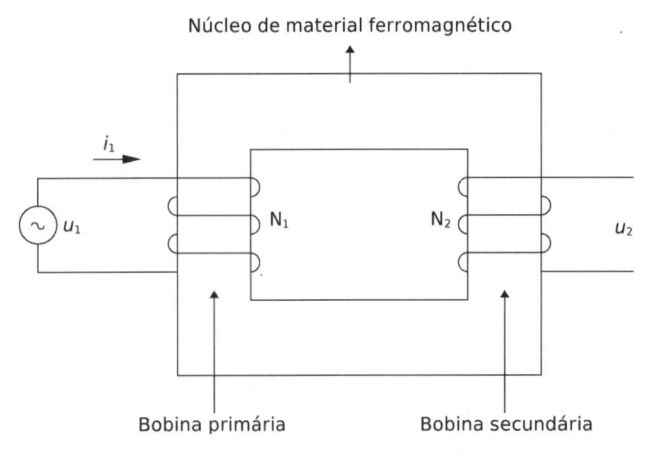

Fig. 8.2 Transformador monofásico

$$u_2(t) = N_2 \cdot \frac{d}{dt}\lambda(t) \qquad (8.1)$$

onde λ é o fluxo concatenado com a bobina secundária, o qual corresponde a uma parcela do fluxo total φ gerado pela bobina primária, como ilustrado na Fig. 8.3.

É denominada fluxo disperso a parcela do fluxo total φ que não contribui para a indução de tensão na bobina secundária.

Em função dessa característica de funcionamento, o transformador é usado para transformar níveis de tensão em um circuito, por meio do ajuste da quantidade (N_1 e N_2) de espiras em cada bobina. Por exemplo, um eletrodoméstico projetado para operar em 127 V pode ser utilizado em uma cidade cuja tensão seja 220 V, bastando para isso conectar, entre a tomada e o eletrodoméstico, um transformador convenientemente projetado para esse fim, como ilustrado na Fig. 8.4.

Independentemente de qual das bobinas é conectada à fonte ou a uma carga, o lado do transformador em que a fonte é conectada é comumente denominado primário, e o lado da

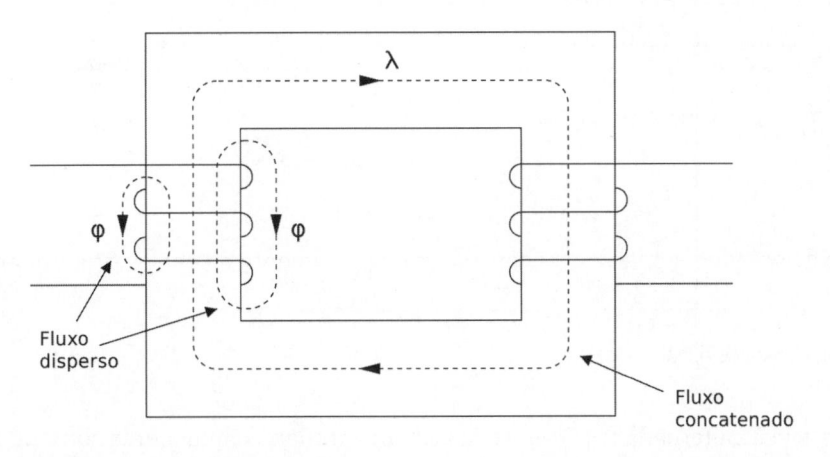

Fig. 8.3 Fluxo magnético no transformador

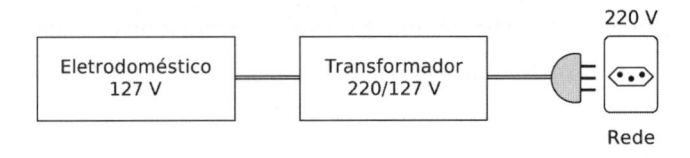

Fig. 8.4 Uso de transformador para a conexão de eletrodoméstico

carga corresponde ao secundário. Uma outra denominação usual, associada à magnitude da tensão em cada bobina, é "lado de alta" e "lado de baixa".

8.4 Transformador ideal

Pode-se considerar como ideal o transformador no qual:
- o fluxo magnético gerado pela corrente no enrolamento primário é totalmente confinado no núcleo ferromagnético e, portanto, enlaça totalmente o enrolamento secundário, ou seja, não há fluxo disperso;
- as perdas no núcleo são desprezíveis;
- as resistências dos enrolamentos primário e secundário são desprezíveis, ou seja, não há perdas ôhmicas ($r \cdot I^2$);
- a permeabilidade do núcleo ferromagnético apresenta um valor muito grande, e a corrente necessária para produzir fluxo magnético é mínima, quase desprezível. Em termos gerais, o fluxo é diretamente proporcional à permeabilidade do núcleo e à corrente pelo enrolamento. Para um mesmo fluxo gerado, quanto maior a permeabilidade magnética, menor a corrente necessária para produzir esse fluxo.

A Fig. 8.5 mostra um transformador monofásico ideal, com uma fonte de tensão alternada conectada à bobina primária e uma impedância Z a ser conectada à bobina secundária.

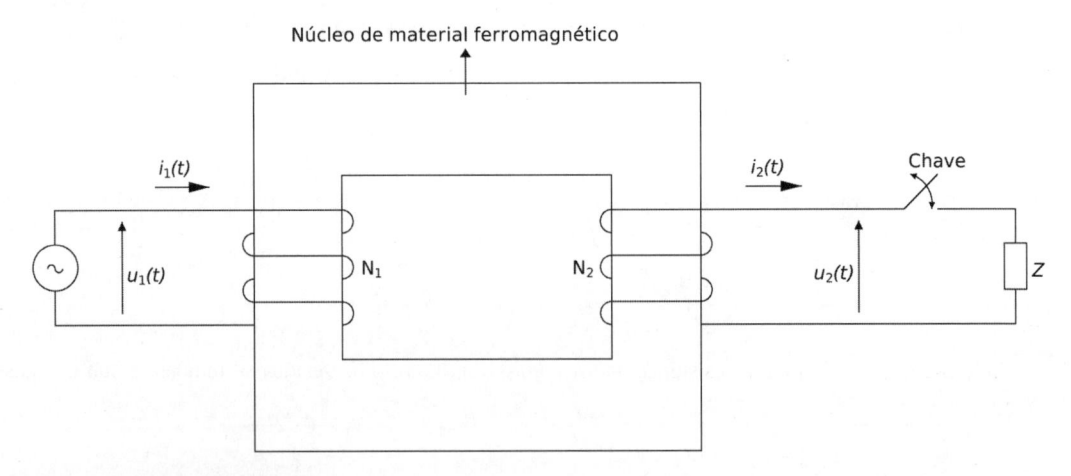

Fig. 8.5 Transformador ideal

Com a tensão alternada $u_1(t)$ aplicada à bobina primária, circula uma corrente alternada e estabelece-se um campo magnético variável φ que, pelo fato de o transformador ser ideal, fica totalmente confinado no núcleo – o que equivale a dizer que se considera que o material do núcleo tem uma permeabilidade magnética infinita. Assim, induz-se uma tensão $u_2(t)$ nos terminais da bobina secundária.

Ao se retomar a expressão (8.1), pode-se estabelecer uma relação do fluxo no núcleo do transformador ideal com a tensão aplicada e com a tensão induzida no secundário:

$$u_1(t) = N_1 \cdot \frac{d}{dt}\varphi(t) \tag{8.2}$$

$$u_2(t) = N_2 \cdot \frac{d}{dt}\varphi(t) \tag{8.3}$$

Dividindo-se a Eq. (8.2) pela Eq. (8.3), termo a termo, obtém-se a relação entre a tensão aplicada no primário e a tensão induzida no secundário:

$$\frac{u_1(t)}{u_2(t)} = \frac{N_1}{N_2} \tag{8.4}$$

Ao se considerar apenas as magnitudes das tensões, tem-se:

$$\frac{U_1}{U_2} = \frac{N_1}{N_2} \tag{8.5}$$

A relação entre N_1 e N_2 expressa em (8.5) é denominada relação de espiras (RE), que também corresponde, para o transformador monofásico, à relação entre a tensão no primário (U_1) e a tensão no secundário (U_2).

Ao se fechar a chave (Fig. 8.5), a carga é conectada ao secundário do transformador, e uma corrente $i_2(t)$ circulará pela carga em função da tensão $u_2(t)$ aplicada em seus terminais, ocorrendo uma transferência de potência para a carga.

A interpretação da Lei de Faraday associada à Lei de Lenz ("ação e reação"), no caso, é a seguinte: a corrente elétrica que circula na bobina secundária devido à conexão da carga tem um sentido tal que o fluxo do campo magnético por ela gerado tende a se opor ao fluxo magnético gerado pela corrente no primário. Há, então, uma reação do primário por meio de um aumento da corrente i_1 para estabelecer o equilíbrio magnético.

> Heinrich Friedrich Emil Lenz nasceu em 12 de fevereiro de 1804, em Dorpat, Rússia (atual Tartu, Estônia), e faleceu em 10 de fevereiro de 1865, em Roma, Itália. Foi o físico, especialista em magnetismo, que determinou a lei do sentido das correntes induzidas, a Lei de Lenz (1833), além de ter formulado a Lei de Joule (1842), que relaciona a resistência elétrica com a temperatura. Destaca-se também a sua pesquisa sobre a condutividade de vários materiais sujeitos à corrente elétrica e o efeito da temperatura sobre a condutividade.

Se a carga e o enrolamento secundário não estão fisicamente ligados à fonte, então a transferência de energia da fonte para a carga ocorre por meio do acoplamento magnético entre os dois enrolamentos. Uma vez que no transformador ideal não há perda de potência, toda a potência fornecida pela fonte é entregue à carga e, dessa forma:

$$S_1 = S_2 \Rightarrow \hat{U}_1 \cdot \hat{I}_1^* = \hat{U}_2 \cdot \hat{I}_2^*$$

$$|S_1| = |S_2| \Rightarrow |\hat{U}_1| \cdot |\hat{I}_1^*| = |\hat{U}_2| \cdot |\hat{I}_2^*| \Rightarrow U_1 \cdot I_1 = U_2 \cdot I_2$$

Portanto:

$$\frac{U_1}{U_2} = \frac{N_1}{N_2} = \frac{I_2}{I_1} \qquad (8.6)$$

Note que, para o transformador monofásico, a relação de espiras (RE) também corresponde ao inverso da relação entre a corrente no primário (I_1) e a corrente no secundário (I_2).

Exemplo 8.1

Obtenha o valor da corrente proveniente da fonte no circuito mostrado na Fig. 8.6.

Neste exemplo, as tensões nominais são 220 V e 110 V, respectivamente. Assim, a relação de espiras (RE) vale:

$$RE = \frac{220}{110} = 2 = \frac{N_1}{N_2}$$

Considerando-se a tensão na fonte como referência angular, ou seja, $\hat{U}_1 = 220\angle 0°$ V, pode-se calcular a tensão fornecida à carga:

$$\hat{U}_2 = \frac{N_2}{N_1} \cdot \hat{U}_1 = \frac{\hat{U}_1}{RE} = 110\angle 0° \text{ V}$$

A corrente no secundário vale:

$$\hat{I}_2 = \frac{\hat{U}_2}{Z} = 366{,}67\angle 0° \text{ mA}$$

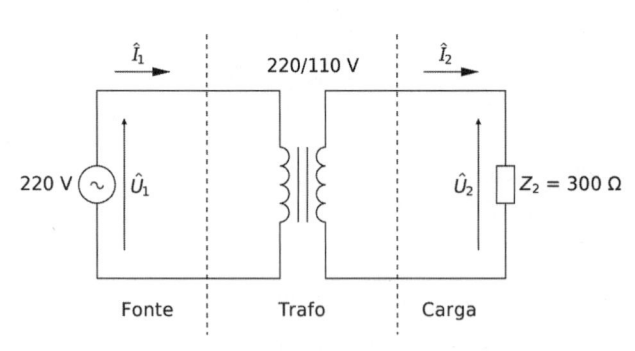

Fig. 8.6 Circuito para o Exemplo 8.1

Finalmente, a corrente fornecida pela fonte vale:

$$\hat{I}_1 = \frac{\hat{I}_2}{RE} = 183{,}33\angle 0° \text{ mA}$$

As potências calculadas no primário e no secundário correspondem a:

$$|S_1| = |\hat{U}_1| \cdot |\hat{I}_1| = 40{,}33 \text{ VA} \quad e \quad |S_2| = |\hat{U}_2| \cdot |\hat{I}_2| = 40{,}33 \text{ VA}$$

Pode-se também resolver esse problema pela aplicação do conceito de impedância refletida.

Seja o circuito mostrado na Fig. 8.7, em que o transformador e a carga estão representados por uma impedância equivalente Z_1, a qual corresponde à impedância vista pela fonte, obtida pela expressão (8.7).

$$Z_1 = \frac{\hat{U}_1}{\hat{I}_1} \qquad (8.7)$$

Ao se reescrever a Eq. (8.7) em função das grandezas elétricas no secundário, chega-se a:

$$Z_1 = \frac{RE \cdot \hat{U}_2}{\hat{I}_2/RE} = RE^2 \cdot \frac{\hat{U}_2}{\hat{I}_2} = \left(\frac{N_1}{N_2}\right)^2 \cdot Z_2$$

$$\Rightarrow \quad Z_1 = \left(\frac{N_1}{N_2}\right)^2 \cdot Z_2 \qquad (8.8)$$

A impedância Z_1, obtida pela Eq. (8.8), é a impedância refletida do lado de baixa para o lado de alta tensão. Para o Exemplo 8.1, Z_1 vale:

$$Z_1 = (2)^2 \cdot 300 = 1{,}2\,\text{k}\Omega$$

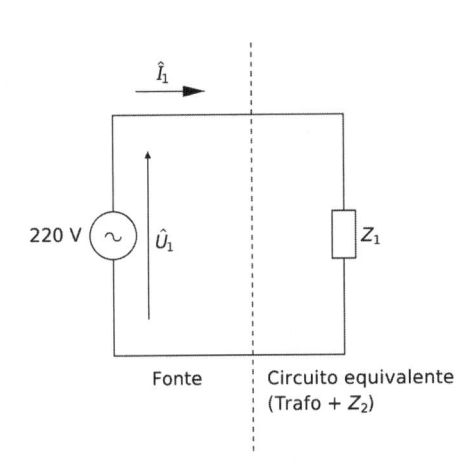

Fig. 8.7 Circuito equivalente

A corrente fornecida pela fonte corresponde a:

$$\hat{I}_1 = \frac{\hat{U}_1}{Z_1} = 183{,}33\angle 0°\,\text{mA}$$

> O vídeo "Transformador-Princípio de Funcionamento" aborda os conceitos apresentados.

8.5 Autotransformador monofásico

O autotransformador caracteriza-se pela existência de uma conexão elétrica entre os lados de alta e de baixa tensão e, portanto, pode ser utilizado somente quando não é necessário o isolamento elétrico entre os dois enrolamentos. No entanto, o autotransformador apresenta algumas vantagens com relação à potência transmitida e à eficiência, conforme demonstrado a seguir.

Um transformador monofásico com relação de espiras N_1/N_2 é apresentado na Fig. 8.8A, ao passo que, na Fig. 8.8B, os mesmos enrolamentos são conectados na forma de um autotransformador monofásico. Deve-se notar que as tensões e correntes em cada enrolamento não mudam nos dois casos.

Para o transformador da Fig. 8.8A, tem-se:

$$S_1 = \hat{U}_1 \cdot \hat{I}_1^* \quad \text{e} \quad S_2 = \hat{U}_2 \cdot \hat{I}_2^* \quad \Rightarrow \quad S_1 = S_2 = S_T$$

A grandeza S_T corresponde à potência complexa nominal do transformador.

Para o autotransformador (Fig. 8.8B), tem-se:

a) potência de entrada: $S_e = \hat{U}_1 \cdot \left(\hat{I}_1^* + \hat{I}_2^*\right)$
b) potência de saída: $S_s = \left(\hat{U}_1 + \hat{U}_2\right) \cdot \hat{I}_2^*$

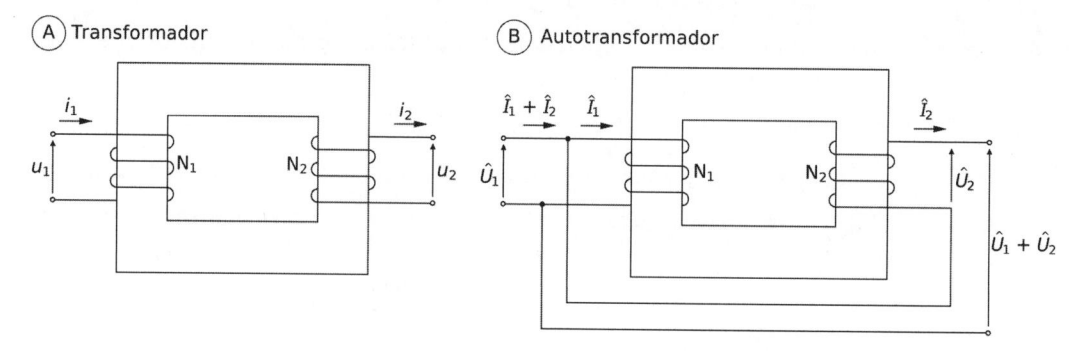

Fig. 8.8 Transformador *vs* autotransformador

Ao se desenvolver a equação para a potência de saída S_s, obtém-se:

$$S_s = (\hat{U}_1 + \hat{U}_2) \cdot \hat{I}_2^* = \hat{U}_1 \cdot \hat{I}_2^* + \hat{U}_2 \cdot \hat{I}_2^*$$

Da expressão da potência de entrada S_e, obtém-se:

$$\hat{U}_1 \cdot \hat{I}_2^* = S_e - \hat{U}_1 \cdot \hat{I}_1^*$$

que, substituída na expressão de S_s, fornece:

$$S_s = S_e - \hat{U}_1 \cdot \hat{I}_1^* + \hat{U}_2 \cdot \hat{I}_2^* = S_e$$

Percebe-se que a transferência de potência entre os dois lados do autotransformador se mantém como no caso do transformador. Analisando-se ainda a expressão para a potência S_s, tem-se:

$$S_s = (\hat{U}_1 + \hat{U}_2) \cdot \hat{I}_2^* = \left(\frac{N_1}{N_2} \cdot \hat{U}_2 + \hat{U}_2\right) \cdot \hat{I}_2^* = \left(\frac{N_1}{N_2} + 1\right) \cdot \hat{U}_2 \cdot \hat{I}_2^*$$

$$S_s = \left(\frac{N_1}{N_2} + 1\right) \cdot S_2 = \left(\frac{N_1}{N_2} + 1\right) \cdot S_T = \frac{N_1}{N_2} \cdot S_T + S_T \quad (8.9)$$

A partir da Eq. (8.9), conclui-se que a ligação como autotransformador amplia a capacidade de transferência de potência da fonte para a carga, de um fator de $(N_1/N_2) + 1$.

A potência de saída pode ser decomposta em duas componentes:

- S_T – potência transmitida pelos campos magnéticos (efeito transformador);
- $(N_1/N_2) \cdot S_T$ – potência transmitida eletricamente, devido à conexão elétrica dos enrolamentos.

Outra característica importante do autotransformador diz respeito à sua eficiência, quando comparada à do transformador. Em geral, a eficiência de um dispositivo pode ser definida como:

$$\eta = \frac{|S|_{saída}}{|S|_{entrada}} \cdot 100\% = \frac{|S|_{entrada} - |S|_{perdas}}{|S|_{entrada}} \cdot 100\% = \left(1 - \frac{|S|_{perdas}}{|S|_{entrada}}\right) \cdot 100\% \quad (8.10)$$

Se os enrolamentos são os mesmos e o núcleo é o mesmo, então as perdas são as mesmas nos dois casos. Como, para o autotransformador, a potência de entrada é maior que para o transformador, conclui-se que a eficiência do autotransformador é maior que a do transformador.

No autotransformador, a relação entre a tensão na fonte e a tensão na carga não corresponde à relação de espiras. Estabelece-se uma nova grandeza, denominada Relação de Transformação (RT) e, assim, a relação de transformação para o autotransformador (RT') é:

$$\text{RT'} = \frac{U_1}{U_1 + U_2} = \frac{\text{RT} \cdot U_2}{\text{RT} \cdot U_2 + U_2} = \frac{\text{RT}}{\text{RT} + 1} \quad (8.11)$$

sendo $\text{RT} = \frac{U_1}{U_2} = \frac{N_1}{N_2}$ (transformador monofásico).

Enquanto a Relação de Espiras (RE) é a relação entre as tensões nas bobinas, a Relação de Transformação (RT) é a relação entre as tensões na fonte e na carga.

Exemplo 8.2

Dispõe-se dos seguintes equipamentos:
- fonte c.a. ajustável de 1,5 kV, 40 kVA;
- transformador monofásico de 30 kVA, 1,5/13,8 kV;
- carga resistiva de 30 kW, 15 kV.

a) Conectar convenientemente os terminais das bobinas do transformador, de forma a conciliar a tensão nominal na carga com a tensão nominal na fonte.

Para conciliar a tensão nominal na carga com a tensão nominal na fonte, o transformador terá as suas bobinas de baixa e de alta tensão conectadas como indicado na Fig. 8.9.

Observe que o transformador está configurado como autotransformador com a fonte conectada à bobina de baixa tensão.

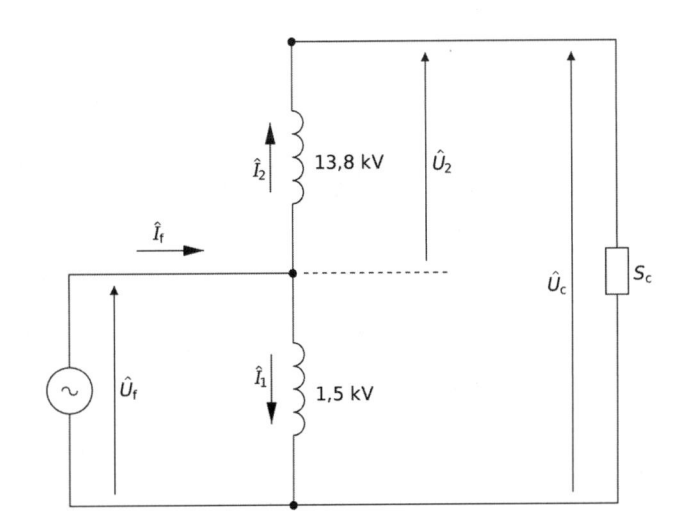

Fig. 8.9 Circuito para o Exemplo 8.2

b) Calcular a corrente e a tensão fornecidas pela fonte, para tensão e potência nominais na carga; a potência fornecida pela fonte; a parcela da potência entregue à carga que é transmitida devido à ligação elétrica dos enrolamentos e a variação percentual de capacidade do transformador na ligação autotransformador.

Para as seguintes condições na carga:

$$\hat{U}_C = 15\angle 0°\,\text{kV} \quad \text{e} \quad S_C = 30\angle 0°\,\text{kVA}$$

a nova relação de transformação para a configuração autotransformador deve ser:

$$\text{RT'} = \frac{1,5}{1,5 + 13,8} = \frac{1,5}{15,3}$$

A tensão fornecida pela fonte vale:

$$\hat{U}_f = \text{RT'} \cdot \hat{U}_C = 1,47\angle 0°\,\text{kV}$$

A corrente na carga é:

$$\hat{I}_c = \hat{I}_2 = \left(\frac{S_c}{\hat{U}_c}\right)^* = 2\angle 0° \text{ A}$$

A tensão no enrolamento de 13,8 kV pode ser calculada por:

$$\hat{U}_2 = \left(\frac{13,8}{1,5}\right) \cdot \hat{U}_f = 13,53\angle 0° \text{ kV}$$

Pode-se agora obter a potência complexa no enrolamento de 13,8 kV, que será igual à potência complexa do enrolamento de 1,5 kV:

$$S_2 = S_1 = \hat{U}_2 \cdot \hat{I}_2^* = 27,06\angle 0° \text{ kVA}$$

A corrente no enrolamento de 1,5 kV corresponde a:

$$\hat{I}_1 = \left(\frac{S_1}{\hat{U}_f}\right)^* = \left(\frac{S_2}{\hat{U}_f}\right)^* = 18,4\angle 0° \text{ A}$$

Finalmente, a corrente fornecida pela fonte é:

$$\hat{I}_f = \hat{I}_1 + \hat{I}_2 = 20,4\angle 0° \text{ A}$$

A potência complexa fornecida pela fonte é igual à potência complexa consumida pela carga, ou seja, 30∠0° kVA. Pode-se também calculá-la por:

$$S_f = \hat{U}_f \cdot \hat{I}_f^* = 30\angle 0° \text{ kVA}$$

Se S_c é a potência consumida pela carga e S_2 é a parcela transmitida por efeito transformador, então a parcela de potência transmitida devido à ligação elétrica é igual à diferença entre S_c e S_2:

$$S_{eletr} = S_c - S_2 = 2,94\angle 0° \text{ kVA}$$

ou, de outra forma:

$$S_{eletr} = \frac{N_1}{N_2} \cdot S_2 = 2,94\angle 0° \text{ kVA}$$

A relação entre as potências como autotransformador e como transformador é:

$$S_c = \left(\frac{N_1}{N_2} + 1\right) \cdot S_2 = \left(\frac{1,5}{13,8} + 1\right) \cdot S_2 = 1,11 \cdot S_2$$

Assim, a capacidade do autotransformador aumentou de 10,87% em relação à conexão como transformador.

8.6 Transformador real – características de operação

Na prática, a operação de um transformador revela algumas características que não são previstas no modelo do transformador ideal apresentado anteriormente. Alguns exemplos das diferenças entre o transformador real e o ideal são:

a) Quando é aplicada uma tensão no primário do transformador ideal, induz-se uma tensão no secundário, e se este não está conectado a uma carga, ou seja, está em vazio (secundário em aberto), obviamente não há corrente circulando no secundário.

Como a relação entre as correntes do primário e do secundário é dada simplesmente pela relação de espiras, conclui-se que a corrente no primário também deveria ser nula. No entanto, para as mesmas condições, observa-se o aparecimento de uma corrente no primário do transformador real. De fato, o enrolamento primário de um transformador real é uma bobina que, portanto, apresenta uma impedância. Logo, deve haver uma corrente no primário, devido à aplicação da tensão, mesmo com o secundário em vazio.

b) A tensão no secundário do transformador real diminui com o aumento da carga (aumento da corrente no secundário), mesmo que a tensão no primário seja mantida constante, indicando que a relação entre as tensões no primário e no secundário não é constante, mas varia de acordo com a carga e, portanto, difere da relação de espiras.

c) Tanto os enrolamentos como o núcleo do transformador real apresentam aquecimento quando em operação contínua. Isso demonstra que parte da potência de entrada do transformador é dissipada no próprio equipamento, o que não é previsto pelo modelo do transformador ideal. Em outras palavras, o transformador real apresenta uma eficiência menor que 100%, e a potência de saída (entregue à carga) é menor que a potência de entrada (fornecida pela fonte).

Assim, é necessária a obtenção de um modelo apropriado para a análise de um transformador real, que leve em conta todos os fenômenos físicos envolvidos na sua operação.

As principais características que diferenciam o transformador real do transformador ideal são:

- a permeabilidade magnética do núcleo não é infinita e, portanto, a corrente necessária para estabelecer um fluxo magnético no núcleo não é desprezível;
- o fluxo magnético não fica totalmente confinado no núcleo, existindo um fluxo disperso, que não contribui para a indução de tensão no secundário;
- as bobinas têm resistência, o que implica perdas ôhmicas (perdas de potência ativa) nos enrolamentos;
- o fluxo magnético variável no núcleo provoca perdas por histerese e por correntes parasitas.

Obs.: as perdas por histerese correspondem à energia necessária para a orientação dos assim denominados domínios magnéticos, durante o processo de magnetização do núcleo de material ferromagnético; e sendo este um material condutor de eletricidade, as perdas por correntes parasitas correspondem ao calor (efeito Joule) gerado pelas correntes induzidas no núcleo, em razão do fluxo magnético variável que por ele circula. São denominadas correntes parasitas porque estão confinadas no núcleo do transformador.

Um modelo apropriado para a análise do transformador monofásico real, levando em conta todos esses efeitos, está representado na Fig. 8.10, que corresponde à conexão de um transformador ideal a resistências e reatâncias relacionadas a cada fenômeno físico que ocorre na operação do transformador real.

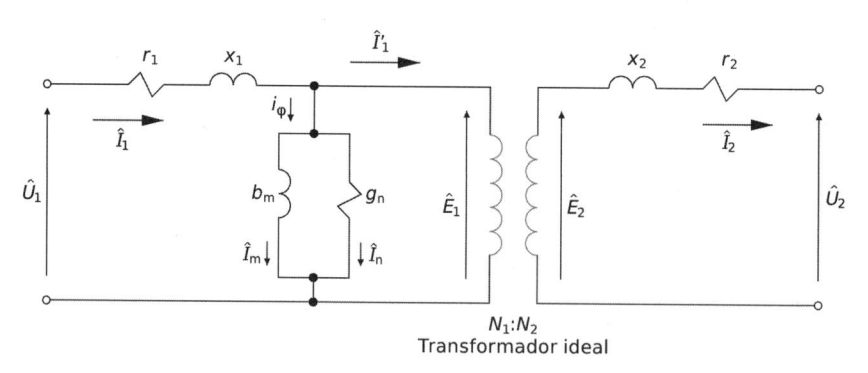

Fig. 8.10 Circuito equivalente do transformador real

Os parâmetros do circuito equivalente são:

- r_1 e r_2 : resistências que levam em conta as perdas ôhmicas dos enrolamentos;
- x_1 e x_2 : reatâncias que levam em conta a dispersão de fluxo;
- g_n : condutância associada às perdas no núcleo;
- b_m : susceptância que leva em conta a magnetização do núcleo.

Uma vez que tais parâmetros são associados a um transformador ideal, a relação de transformação é válida para $\hat{E}_1$ e $\hat{E}_2$, e não para $\hat{U}_1$ e $\hat{U}_2$.

Aplicada uma tensão ao primário, circula pelo enrolamento uma corrente $\hat{I}_\varphi$, denominada corrente de excitação, composta pela corrente de perdas no núcleo ($\hat{I}_n$) e pela corrente de magnetização ($\hat{I}_m$). A corrente $\hat{I}_\varphi$ existe mesmo com o secundário em vazio e, nesse caso, o transformador opera com um baixo fator de potência, em razão da característica fortemente indutiva do ramo de excitação composto por b_m e g_n.

É possível eliminar o transformador ideal do circuito equivalente ao se refletir os parâmetros r_2 e x_2 para o primário, como mostra a Fig. 8.11.

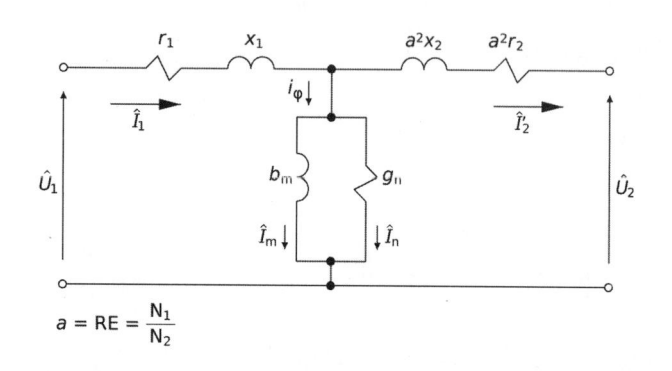

Fig. 8.11 Parâmetros refletidos para o primário

Exemplo 8.3

Um transformador monofásico de 1 kVA, 220/110 V, alimenta uma carga resistiva de 110 V nas condições nominais. Calcule a tensão no primário, considerando os seguintes valores para os parâmetros do respectivo circuito equivalente:

$r_1 = 0{,}5\,\Omega;\quad r_2 = 0{,}125\,\Omega;\quad x_1 = 2{,}0\,\Omega;$

$x_2 = 0{,}5\,\Omega;\quad g_n = 1{,}0\,\text{mS};\quad b_m = -2{,}0\,\text{mS}\quad$ [S Siemens]

A relação de transformação é:

$$\text{RT} = a = \frac{220}{110} = 2$$

A Fig. 8.12 mostra o circuito equivalente para o transformador, já com os parâmetros do secundário refletidos para o primário.

Considerando-se a tensão do secundário como referência angular, ou seja, $\hat{U}_2 = 110\angle 0°$ V, e para $S_2 = 1\angle°$ kVA (carga resistiva), pode-se calcular a corrente no secundário:

$$\hat{I}_2 = \left(\frac{S_2}{\hat{U}_2}\right)^* = 9{,}09\angle 0°\,\text{A}$$

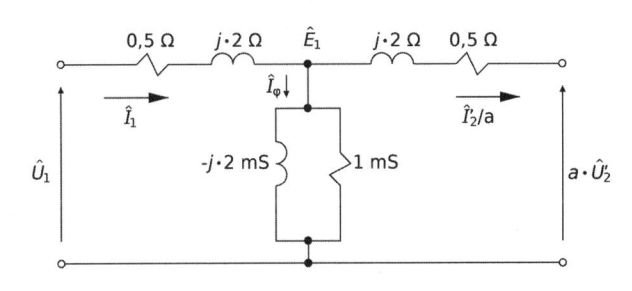

Fig. 8.12 Circuito equivalente do transformador

Ao se refletir a tensão e a corrente do secundário para o primário, obtém-se:

$$\frac{\hat{I}_2}{a} = 4{,}54\angle 0°\,\text{A} \quad \text{e} \quad a \cdot \hat{U}_2 = 220\angle 0°\,\text{V}$$

A tensão $\hat{E}_1$ sobre o ramo de excitação vale:

$$\hat{E}_1 = \hat{U}'_2 + (0{,}5 + j\cdot 2)\cdot \hat{I}'_2 = 222{,}45\angle 2{,}33°\,\text{V}$$

A admitância (inverso da impedância) do ramo de excitação é igual a:

$$Y_\varphi = g_n + j\cdot b_m = 1 - j\cdot 2 = 2{,}24\angle -63{,}43°\,\text{m}\Omega^{-1}$$

A corrente de excitação vale:

$$\hat{I}_\varphi = Y_\varphi \cdot \hat{E}_1 = 0{,}50\angle -61{,}09°\,\text{A}$$

A corrente fornecida pela fonte é calculada por:

$$\hat{I}_1 = \hat{I}_\varphi + \hat{I}'_2 = 4{,}80\angle -5{,}26°\,\text{A}$$

Finalmente, a tensão nos terminais da fonte é:

$$\hat{U}_1 = \hat{E}_1 + (0{,}5 + j\cdot 2)\cdot \hat{I}_1 = 226{,}28\angle 4{,}67°\,\text{V}$$

Note que essa tensão é maior que a tensão nominal (220 V), em função da consideração de todos os fenômenos envolvidos na operação de um transformador real.

A Fig. 8.13 mostra os diagramas fasoriais para o primário e o secundário, nos quais fica evidente que o

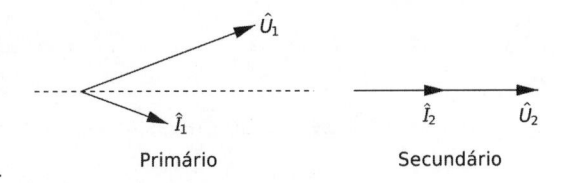

Fig. 8.13 Diagramas fasoriais

transformador é um elemento indutivo, em razão do atraso da corrente no primário em relação à tensão, apesar de a carga ser resistiva.

Alguns cálculos adicionais podem trazer informações importantes. A potência complexa fornecida pela fonte é igual a:

$$S_1 = \hat{U}_1 \cdot \hat{I}_1^* = 1{,}09 \angle 9{,}93° \text{ kVA}$$

que é maior que a potência consumida pela carga, indicando a presença de perdas.

O ângulo de 9,93° resulta em um fator de potência de 0,985 atrasado (corrente primária atrasada em relação à tensão na fonte).

As perdas ôhmicas nos enrolamentos (perdas cobre) são dadas por:

$$P_{\text{cobre}} = r_1 \cdot I_1^2 + r_2 \cdot I_2^2 = 21{,}85 \text{ W}$$

As perdas no núcleo (perdas ferro) valem:

$$P_{\text{ferro}} = g_n \cdot E_1^2 = 49{,}48 \text{ W}$$

8.6.1 Rendimento

No Cap. 1 definiu-se o rendimento (η) de um equipamento como a relação entre a energia consumida por esse equipamento (energia de entrada) e o trabalho que ele produz (energia de saída):

$$\eta = \frac{E_{\text{saída}}}{E_{\text{entrada}}} \cdot 100\%$$

Para o transformador, pode-se calcular o rendimento por meio da medição da potência ativa nos enrolamentos primário e secundário, ou pelos produtos das respectivas medidas de tensão e corrente, que correspondem às potências aparentes no primário e no secundário

Exemplo 8.4

Para um determinado transformador, foram realizadas as seguintes medidas:

TAB. 8.1 Valores medidos

Primário	Secundário
220 V	105 V
5,0 A	9,5 A
935 W	898 W

Com base nas potências ativas, tem-se:

$$\eta_P = \frac{P_{\text{saída}}}{P_{\text{entrada}}} \cdot 100\% = \frac{898}{935} \cdot 100\% = 96{,}04\%$$

Com base na tensão e na corrente, tem-se:

$$\eta_S = \frac{|S|_{\text{saída}}}{|S|_{\text{entrada}}} \cdot 100\% = \frac{105 \cdot 9,5}{220 \cdot 5,0} \cdot 100\% = 90,68\%$$

Obteve-se $\eta_P > \eta_S$ pelo fato de o cálculo de η_S levar em conta as perdas relativas às potências ativa e reativa, enquanto η_P só considera as perdas em potência ativa.

Exemplo 8.5

Para o transformador monofásico de 1 kVA, 220/110 V, do Exemplo 8.3, considerou-se conectada ao secundário uma carga resistiva $S_2 = 1\angle 0°$ kVA e foram obtidas:

- a potência complexa fornecida pela fonte: $S_1 = 1,09\angle 9,93°$ kVA;
- as perdas ôhmicas nos enrolamentos (perdas cobre): $P_{\text{cobre}} = 21,85$ W;
- as perdas no núcleo (perdas ferro): $P_{\text{ferro}} = 49,48$ W

Nesse caso, o rendimento corresponde a:

$$\eta_P = \frac{P_{\text{saída}}}{P_{\text{entrada}}} \cdot 100\% = \frac{1.000}{1.090 \cdot \cos(9,93°) + 21,85 + 49,48} \cdot 100\% = 87,34\%$$

8.6.2 Regulação

A tensão secundária em função da corrente de carga (U_2 vs. I_2) corresponde à curva de regulação do transformador.

Percentualmente, a regulação (Reg) de tensão de um transformador é obtida por:

$$\text{Reg} = \frac{U_{2(\text{vazio})} - U_{2(\text{plena carga})}}{U_{2(\text{plena carga})}} \cdot 100\% \qquad (8.12)$$

Para a obtenção prática da curva de regulação e dos valores a serem inseridos na expressão (8.12), deve-se:

a) realizar a montagem do circuito ilustrado na Fig. 8.14;

b) com a chave fechada, ajustar a fonte c.a. e a carga resistiva, para que a tensão e a corrente medidas no secundário correspondam aos respectivos valores nominais;

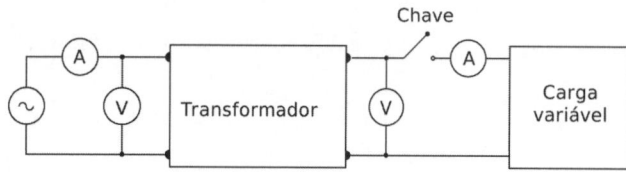

Fig. 8.14 Obtenção da curva de regulação

c) mantendo constante a tensão aplicada ao enrolamento primário, diminuir a carga gradativamente e, simultaneamente, medir a tensão e a corrente no secundário, inclusive para a condição de chave aberta.

Assim, obtêm-se no secundário os valores das tensões a plena carga e em vazio, bem como a respectiva curva de regulação (tensão vs. corrente no secundário), similar à ilustrada na Fig. 8.15.

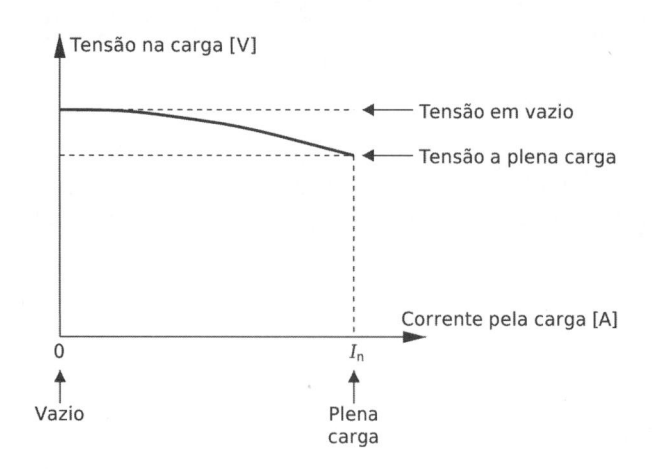

Fig. 8.15 Curva de regulação

Quanto maior a regulação (Reg), maior a tensão no primário em relação ao respectivo valor nominal.

Exemplo 8.6

Para um determinado transformador monofásico 220/110 V inserido no circuito da Fig. 8.14, foram medidas:

$$U_{2\,(vazio)} = 112\,\text{V} \quad I_{2\,(plena\ carga)} = 4,55\,\text{A}$$

Calcule a potência aparente e a regulação desse transformador.

A potência aparente é dada por: $|S| = 110 \cdot 4{,}55 = 500{,}5$ VA

Portanto, pode-se inferir que, nominalmente, o transformador é de 500 VA.

Por meio da expressão (8.12), chega-se ao valor da regulação:

$$\text{Reg} = \frac{112 - 110}{110} \cdot 100\% = 1{,}82\%$$

8.7 Polaridade dos enrolamentos

Para o transformador, o conhecimento da polaridade dos terminais das bobinas é fundamental quando for necessário, por exemplo, conectar as bobinas de transformadores em paralelo ou ligar o terminal da bobina primária ao da secundária, para a configuração de autotransformador, de forma similar à conexão de duas pilhas (baterias) em série ou em paralelo.

Uma notação usual para a identificação da polaridade é mostrada na Fig. 8.16. Observe que não há conexões de fontes, impedâncias ou medidores, tanto na bobina primária como na secundária.

A notação indicada na Fig. 8.16 sugere que as "correntes fictícias" que circulam pelas bobinas, entrando pelos terminais marcados, geram fluxos magnéticos no mesmo sentido (coincidentes), caracterizando que os terminais marcados (•) têm a mesma polaridade (associar com os terminais de uma pilha).

Como, em geral, os enrolamentos não são visíveis, ou o fabricante fornece as respectivas polaridades ou realiza-se algum procedimento prático para obtê-las, como, por exemplo, o sugerido a seguir.

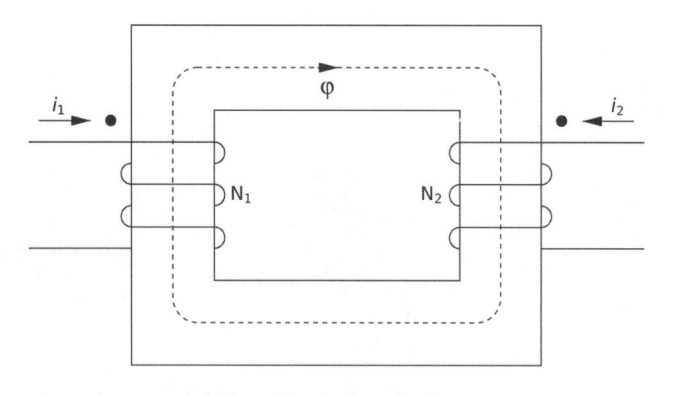

Fig. 8.16 Polaridade em transformador

Realizam-se somente as conexões indicadas na Fig. 8.17, que não incluem voltímetro

Conecta-se um voltímetro para medir V_1 e ajusta-se a fonte c.a. para que V_1 seja menor ou igual ao valor nominal da tensão na respectiva bobina e, em seguida, reposiciona-se o voltímetro para registrar os valores das outras tensões indicadas na Fig. 8.17.

Se V_3 corresponder à soma de V_1 com V_2, conclui-se que os terminais 1 e 4 ou os terminais 2 e 3 podem ser identificados com (•).

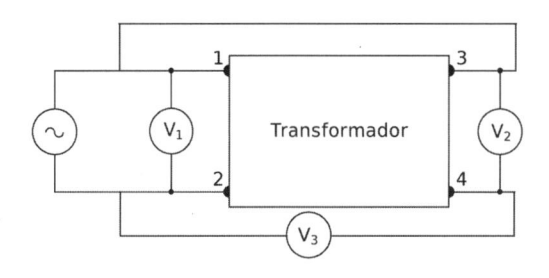

Fig. 8.17 Obtenção experimental da polaridade

Se V_3 corresponder à diferença de V_1 com V_2, conclui-se que os terminais 1 e 3 ou os terminais 2 e 4 podem ser identificados com (•).

8.8 Transformador trifásico

Sejam três transformadores monofásicos idênticos ao mostrado na Fig. 8.18.

A respectiva relação de espiras vale:

$$RE = \frac{U_1}{U_2} = \frac{100}{50} = 2$$

Os três transformadores podem ser conectados de maneira conveniente, resultando em um transformador trifásico. Uma das ligações possíveis é a Y-Y, ilustrada nas Figs. 8.19 e 8.20, destacando-se que a relação de espiras é a mesma:

Fig. 8.18 Transformador monofásico

$$RE = \frac{100}{50} = 2$$

Ao se observar as conexões das bobinas, nota-se que as tensões nos enrolamentos do primário e do secundário correspondem a tensões de fase.

Para a sequência de fases ABC e a fase A como referência angular, pode-se definir as tensões do primário como:

$$\hat{U}_{AN} = 100\angle 0°\,V \quad \hat{U}_{BN} = 100\angle -120°\,V \quad \hat{U}_{CN} = 100\angle 120°\,V$$

$$\hat{U}_{AB} = 100\sqrt{3}\angle 30°\,V \quad \hat{U}_{BC} = 100\sqrt{3}\angle -90°\,V \quad \hat{U}_{CA} = 100\sqrt{3}\angle 150°\,V$$

Consequentemente, no secundário tem-se:

$$\hat{U}_{an} = 50\angle 0°\,V \quad \hat{U}_{bn} = 50\angle -120°\,V \quad \hat{U}_{cn} = 50\angle 120°\,V$$

$$\hat{U}_{ab} = 50\sqrt{3}\angle 30°\,V \quad \hat{U}_{bc} = 100\sqrt{3}\angle -90°\,V \quad \hat{U}_{ca} = 50\sqrt{3}\angle 150°\,V$$

Sendo a relação de transformação, genericamente, o quociente entre a tensão na fonte (primário) e a tensão na carga (secundário), para um transformador trifásico ela

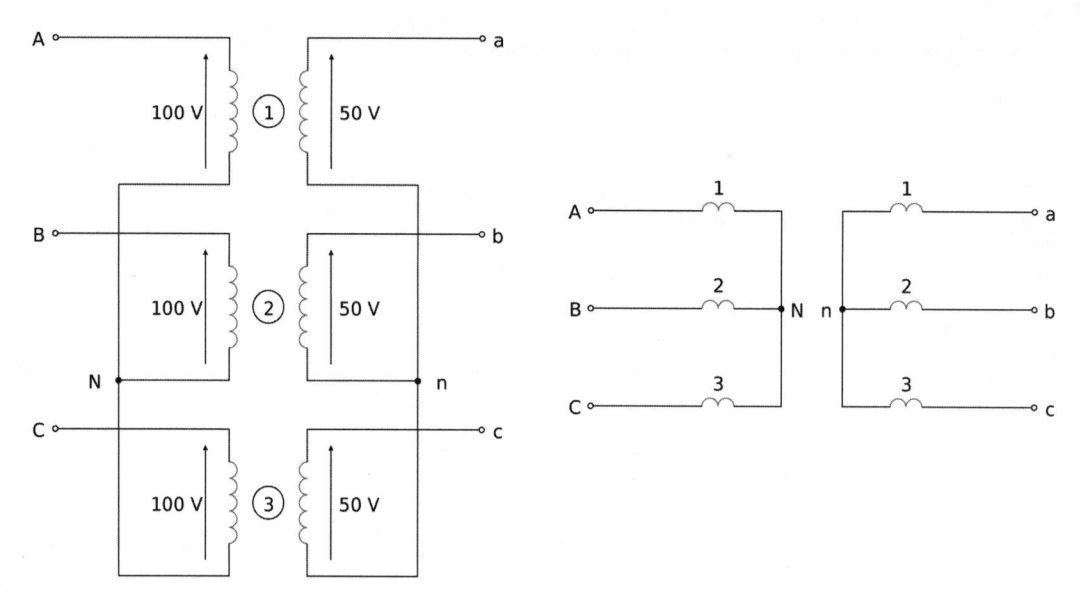

Fig. 8.19 Banco trifásico – ligação Y-Y

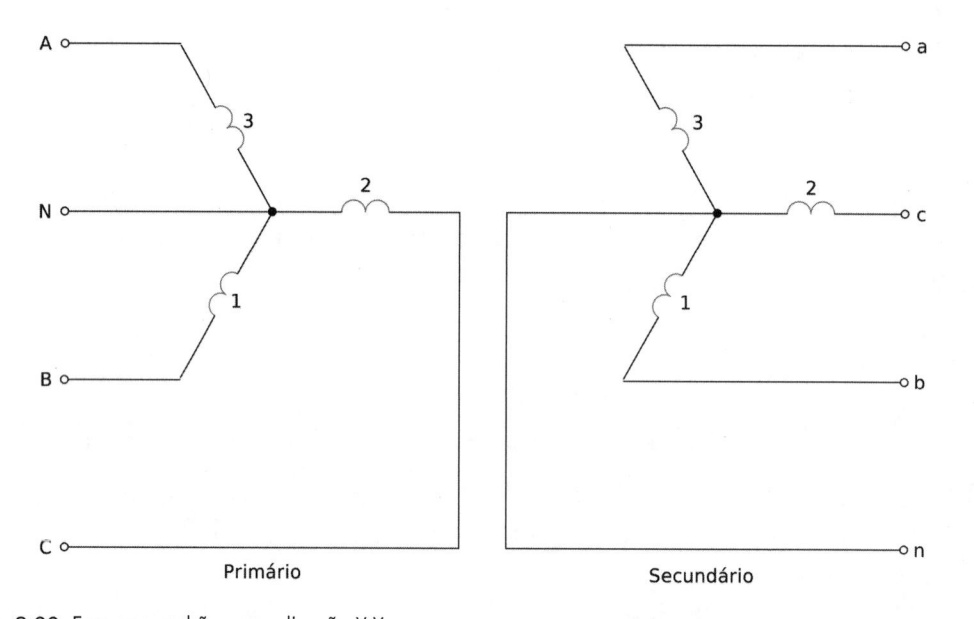

Fig. 8.20 Esquema padrão para a ligação Y-Y

corresponderá à relação entre as tensões de linha do primário e do secundário. Então, para a ligação Y-Y:

$$RT = \frac{\hat{U}_{AB}}{\hat{U}_{ab}} = 2$$

Note que, nesse caso em particular, a relação de transformação trifásica coincide com a relação de espiras de cada transformador monofásico.

Outra ligação possível é a Y-Δ, ilustrada nas Figs. 8.21 e 8.22.

Note que a relação de espiras continua a mesma:

$$RE = \frac{100}{50} = 2$$

Ao se observar as conexões das bobinas, nota-se que a tensão no enrolamento do primário corresponde a uma tensão de fase, e no enrolamento secundário, a uma tensão de linha.

Para a sequência de fases ABC e a fase A como referência angular, podem-se definir as tensões do primário como:

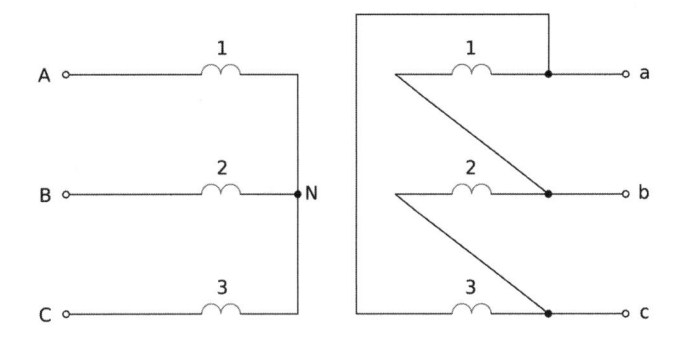

Fig. 8.21 Banco trifásico – ligação Y-Δ

$\hat{U}_{AN} = 100\angle 0°\,\text{V}$ $\hat{U}_{AB} = 100 \cdot \sqrt{3}\angle 30°\,\text{V}$

$\hat{U}_{BN} = 100\angle -120°\,\text{V}$ $\hat{U}_{BC} = 100 \cdot \sqrt{3}\angle -90°\,\text{V}$

$\hat{U}_{CN} = 100\angle 120°\,\text{V}$ $\hat{U}_{CA} = 100 \cdot \sqrt{3}\angle 150°\,\text{V}$

Consequentemente, no secundário tem-se:

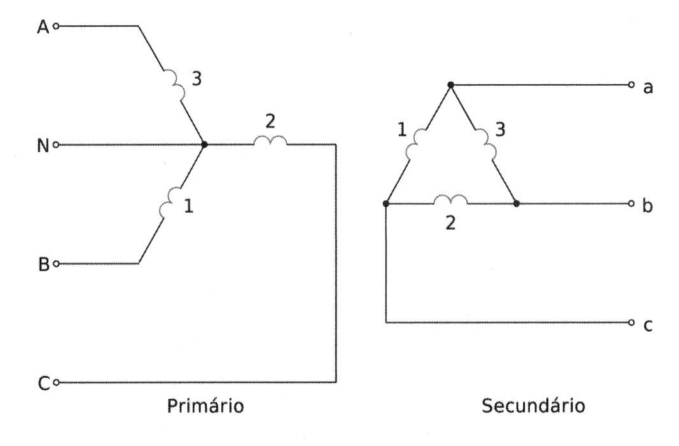

$\hat{U}_{ab} = 50\angle 0°\,\text{V}$

$\hat{U}_{bc} = 50\angle -120°\,\text{V}$

$\hat{U}_{ca} = 50\angle 120°\,\text{V}$

Fig. 8.22 Esquema padrão para a ligação Y-Δ

A relação de transformação para a ligação Y-Δ vale:

$$RT = \frac{U_{AB}}{U_{ab}} = 2 \cdot \sqrt{3} \qquad RT_{3\varphi} = \frac{\hat{U}_{AB}}{\hat{U}_{ab}} = 2 \cdot \sqrt{3}\angle 30°$$

Nesse caso, constata-se que a relação de transformação é $\sqrt{3}$ vezes a relação de espiras e, por meio da relação de transformação trifásica, nota-se que há uma defasagem de 30° entre as tensões de linha no primário e no secundário.

Portanto, uma característica da associação Y-Δ é o deslocamento angular de ±30° que resulta entre as tensões terminais correspondentes ao primário e ao secundário. O sentido da defasagem depende da sequência das fases. Esse deslocamento pode ser percebido por meio do diagrama fasorial apresentado na Fig. 8.23.

A tensão de linha $\hat{U}_{ab}$ no secundário está atrasada de 30° em relação à tensão correspondente $\hat{U}_{AB}$ no primário. Se trocarmos a sequência das fases, a defasagem muda de sinal. Portanto, é necessário tomar cuidado com as defasagens quando, por exemplo, deseja-se conectar dois transformadores trifásicos em paralelo.

Outras ligações são possíveis, como a Δ-Y ou a ΔΔ, e seus modos de operação podem ser deduzidos de forma similar às ligações Y-Y e Y-Δ

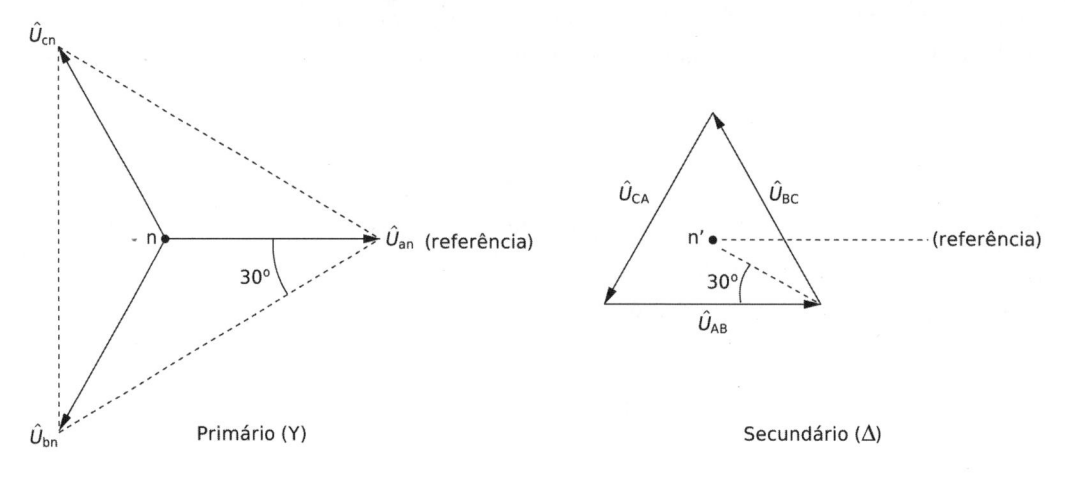

Fig. 8.23 Diagrama fasorial para a conexão Y-Δ

Exemplo 8.7

Considere uma conexão Δ-Y de transformadores monofásicos com 1.000 espiras no primário e 100 no secundário. Se, no primário, a tensão de linha é de 1.270 V e a corrente de linha é de 11 A, obtenha a tensão de linha e a corrente de linha no secundário.

Como a tensão de linha é de 1.270 V no primário em Δ, basta aplicar a relação de espiras 10:1 para obter na bobina secundária uma tensão de fase igual a 127 V e uma tensão de linha igual a 220 V.

Como a corrente de linha é de 11 A no primário em Δ, basta dividir por $\sqrt{3}$ e aplicar a relação de espiras 10:1 para obter no secundário uma corrente de linha igual a 63,5 A.

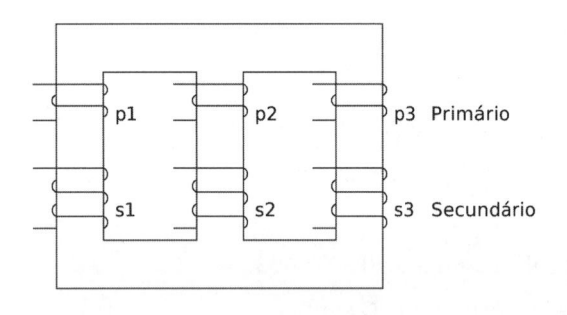

Fig. 8.24 Transformador trifásico

Na prática, os transformadores utilizados também podem ter seus enrolamentos instalados em um mesmo núcleo (Fig. 8.24) e seu funcionamento é idêntico ao do banco trifásico.

A ligação em Y ou Δ dos enrolamentos é estabelecida por meio da conexão dos seus terminais, como indicado na Fig. 8.25.

Para realizar corretamente essa conexão, é fundamental conhecer a polaridade relativa dos enrolamentos (seção 8.7). Qualquer inversão pode colocar duas fases em curto-circuito ou desequilibrar o circuito magnético. Essencialmente, para a conexão em Y, forma-se o neutro com os terminais que têm a mesma polaridade, e para a conexão em Δ, conectam-se os terminais com polaridades contrárias.

8.9 Transmissão e distribuição da energia elétrica

A transmissão da energia elétrica gerada nas diferentes usinas (hidrelétricas, termelétricas etc.) ocorre em alta tensão, e isso é possível porque transformadores estão instalados

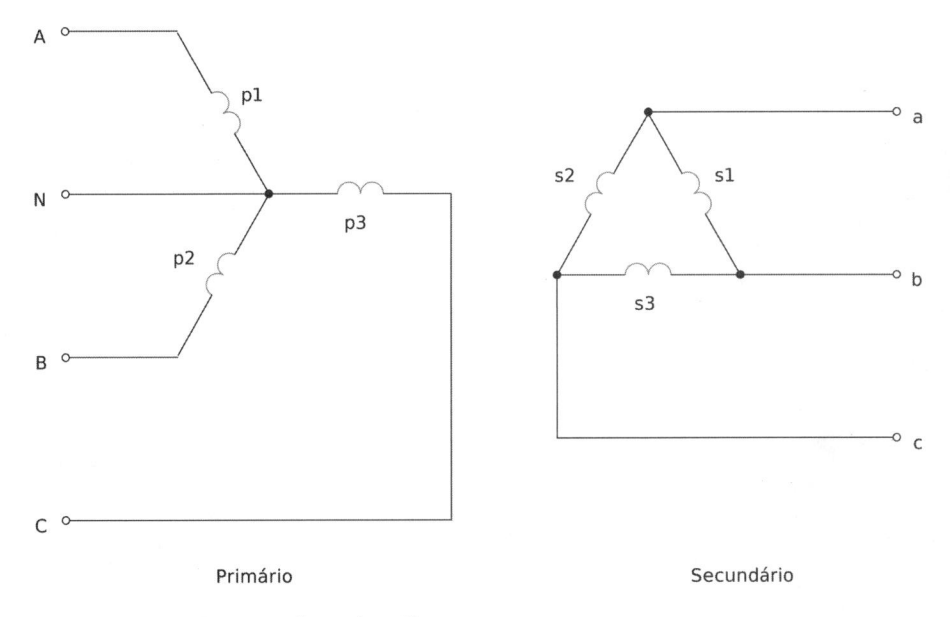

Fig. 8.25 Conexões Y e Δ em transformador trifásico

nas subestações, junto às unidades geradoras, para elevar a magnitude da tensão. Após a elevação do nível de tensão, a energia elétrica é transmitida através das linhas de transmissão e de subtransmissão. Entretanto, para distribuir essa energia aos consumidores (indústrias, casas, apartamentos, casas comerciais etc.), é necessário reduzir a magnitude da tensão para um valor compatível, e isso é possível porque transformadores abaixadores estão instalados nas subestações, geralmente localizadas na periferia dos centros urbanos. Após a redução do nível de tensão, a energia elétrica é transmitida através das linhas de distribuição, que formam as redes primária e secundária. A Fig. 8.26 ilustra um sistema de geração, transmissão e distribuição de energia elétrica.

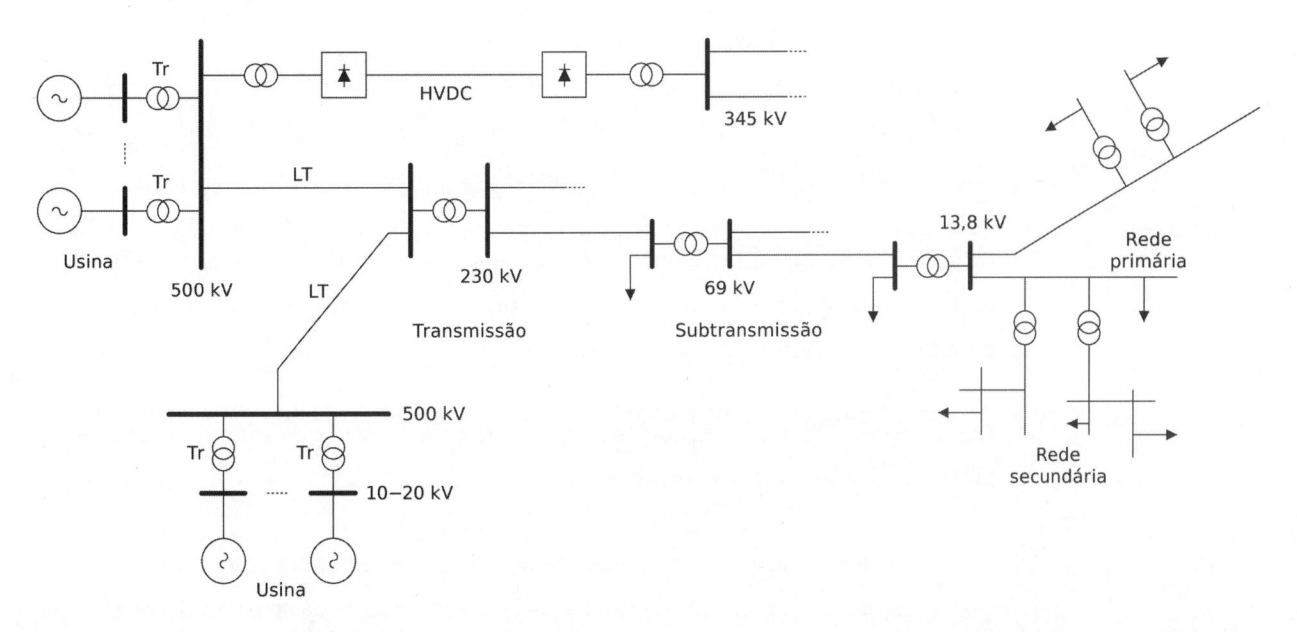

Fig. 8.26 Geração, transmissão e distribuição da energia elétrica

Detalhe: Note que também está ilustrada a transmissão da energia elétrica em corrente contínua (LT CC), como é o caso da transmissão de parte da energia gerada na Usina Hidrelétrica de Itaipu.

A redução da magnitude da tensão na rede primária para a respectiva magnitude da tensão na rede secundária é feita pelo transformador de distribuição, normalmente instalado em um poste (Fig. 8.27).

Portanto, os transformadores desempenham uma função importante nos sistemas de geração, transmissão e distribuição de energia elétrica, elevando ou abaixando as tensões para níveis compatíveis. Como exemplo, podem-se ter as seguintes magnitudes de tensão: 750 kV, 500 kV, 440 kV, 345 kV, 220 kV, 138 kV, 88 kV, 69 kV, 34,5 kV, 22 kV, 13,8 kV, 11,95 kV, 6,9 kV, 480 V, 380 V, 220 V e 127 V. Dá para imaginar quantos transformadores são necessários?

Fig. 8.27 Transformador de distribuição

Exercícios

8.1 Se, em um transformador monofásico, conectarmos uma fonte c.c. a uma das bobinas, haverá tensão induzida na outra bobina? Justifique.

8.2 Um dos enrolamentos de um transformador monofásico é conectado a uma fonte c.a. e, com um voltímetro, é medida uma d.d.p. nos terminais do outro enrolamento. Considerando que não há conexão elétrica do enrolamento conectado ao voltímetro nem com o outro enrolamento, nem com a fonte, ou seja, que há total desacoplamento elétrico, de onde provém a referida tensão?

8.3 Ao se fechar a chave no secundário do transformador da Fig. 8.5, constata-se um aumento na magnitude da corrente no primário. Por que isso ocorre, se os dois circuitos estão eletricamente isolados?

8.4 Como seriam representados os fluxos concatenados e dispersos no transformador da Fig. 8.5 no caso de a chave estar fechada?

8.5 Considerando que um transformador ideal caracteriza-se por não apresentar qualquer tipo de perda, tanto elétrica como magnética, especifique quatro condições para se qualificar um transformador como ideal.

8.6 Para a obtenção de algumas grandezas elétricas relativas a um transformador monofásico 220/110 V, realizaram-se os seguintes ensaios:

Ensaio 1 – medir a corrente de magnetização: 200 mA

Ensaio 2 – medir tensões, correntes e potências ativas

Primário: $U_1 = 220$ V $I_1 = 4,0$ A $P_1 = 500$ W

Secundário: $U_2 = 105$ V $I_2 = 7,5$ A $P_2 = 475$ W

- a) Esboce um diagrama elétrico com instrumentação mínima para o Ensaio 1.
- b) Esboce um diagrama elétrico com instrumentação mínima para o Ensaio 2.
- c) Qual é a respectiva relação de espiras?
- d) Qual é o respectivo rendimento?
- e) Por que a tensão no secundário é menor que o respectivo valor nominal?
- f) Determine o tipo da carga conectada ao secundário no Ensaio 2. (Sugestão: compare o fator de potência do secundário com o do primário.)

8.7 Esboce um diagrama elétrico completo, com todas as indicações necessárias para a conexão correta dos equipamentos e/ou instrumentos de medidas (quantidade mínima), para a realização de um experimento com o objetivo de obter a regulação e o rendimento de um transformador monofásico nas condições nominais (plena carga). Como você obteria os valores de regulação e do rendimento? Explicite as medidas elétricas necessárias. Considere que a fonte é ajustável.

8.8 Em um laboratório de ensaios, realizou-se a montagem indicada na Fig. 8.28. Os respectivos valores medidos são mostrados na Tab. 8.2.

- a) Explique a existência de uma corrente no primário quando não há lâmpada conectada.
- b) Por que P_2 é sempre menor que P_1?
- c) Por que a tensão U_2 diminui com o aumento da carga?
- d) Complete a Tab. 8.2 com os valores do fator de potência e obtenha a potência correspondente às perdas e o rendimento na condição de plena carga.
- e) Qual o inconveniente de se manter em operação um transformador ocioso, por exemplo, com uma demanda de potência inferior a 40% da sua potência nominal?

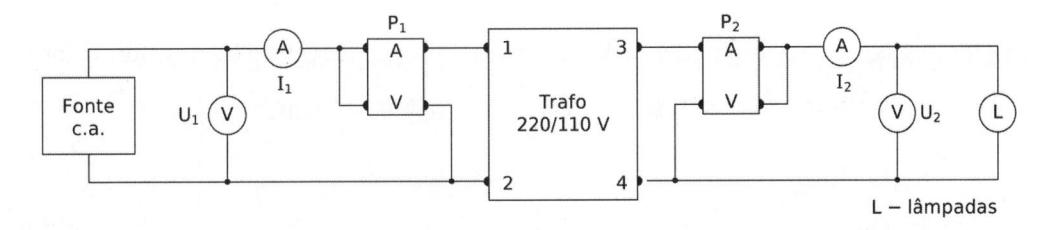

Fig. 8.28 Diagrama de ligações dos instrumentos

TAB. 8.2 Valores medidos

		Quantidade de lâmpadas						
		0	1	2	3	4	5	6
Lado de alta (primário)	U_1 (V)	220 V constante						
	I_1 (A)	0,22	0,40	0,60	0,83	1,00	1,30	1,50
	P_1 (W)	16,6	78,6	125	175	220	277	322
	f.p.							
Lado de baixa (secundário)	U_2 (V)	114	113	112	110	109	108	106
	I_2 (A)		0,45	0,88	1,33	1,78	2,21	2,62
	P_2 (W)		47,7	96	144	192	238	276

8.9 As indicações de polaridade no transformador da Fig. 8.29 estão corretas? Justifique.

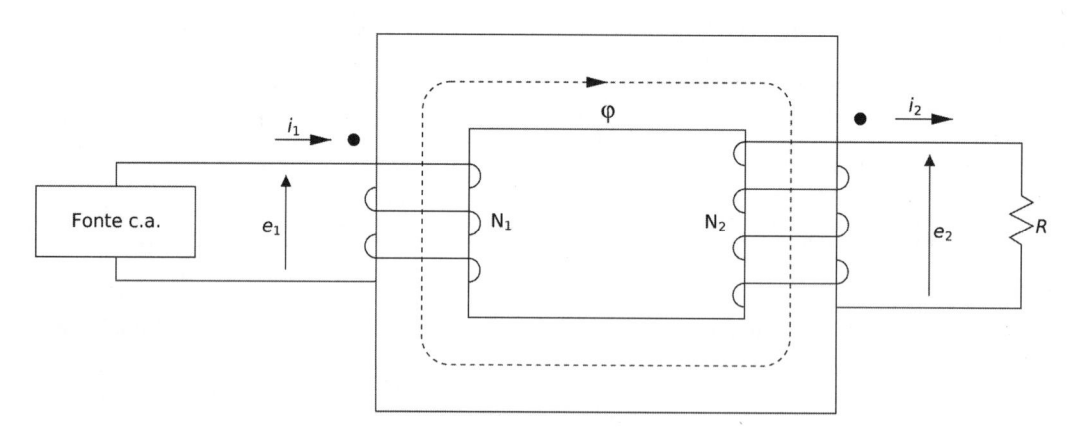

Fig. 8.29 Polaridade em transformador sob carga

8.10 Um transformador monofásico 6.600/220 V com *tap* variável no enrolamento primário (quantidade de espiras variável) está representado na Fig. 8.30. Considerando fixa a tensão da fonte $U_p = 6.300$ V:

a) determine a magnitude da tensão U_s com o *tap* na posição N;   **Resp.:** 210 V

b) determine a posição do *tap* para obter $U_s = 220$ V   **Resp.:** posição 1A

8.11 Um transformador monofásico tem dois enrolamentos secundários. Quais as duas condições para que eles possam ser conectados em paralelo?

8.12 Em uma indústria com tensão de fase 440 V, 60 Hz, estão disponíveis transformadores monofásicos de 1 kVA, 440/220 V, e um motor monofásico de 2,0 CV, 220 V, 60 Hz, f.p. 0,85 e rendimento 90%. (1 CV = 736 W)

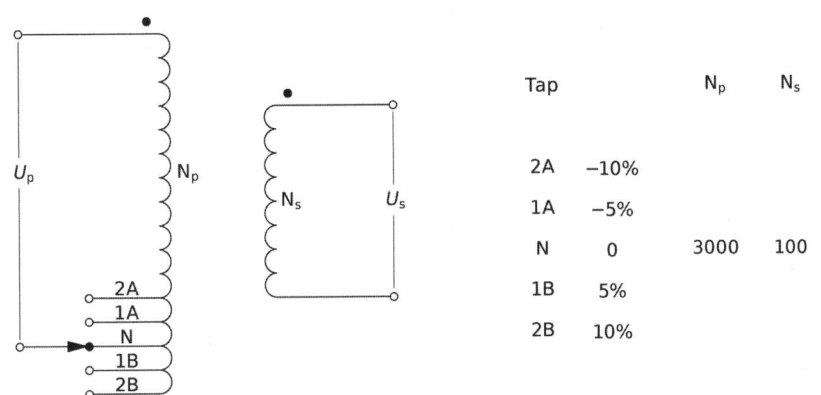

Fig. 8.30 Transformador com *tap* variável

Tap		N_p	N_s
2A	−10%		
1A	−5%		
N	0	3000	100
1B	5%		
2B	10%		

a) Esquematize a ligação do motor à rede elétrica da indústria com todas as indicações de polaridade e respectivas conexões.

b) Obtenha as magnitudes de todas as correntes.

8.13 Nos terminais da carga R (Fig. 8.31), a tensão deve valer 6,0 V. Como seriam as ligações dos enrolamentos à carga?

Obs.: para desenhar os diagramas elétricos dos próximos exercícios, considere a Fig. 8.32, na qual estão ilustrados o primário em Δ e o secundário em Y.

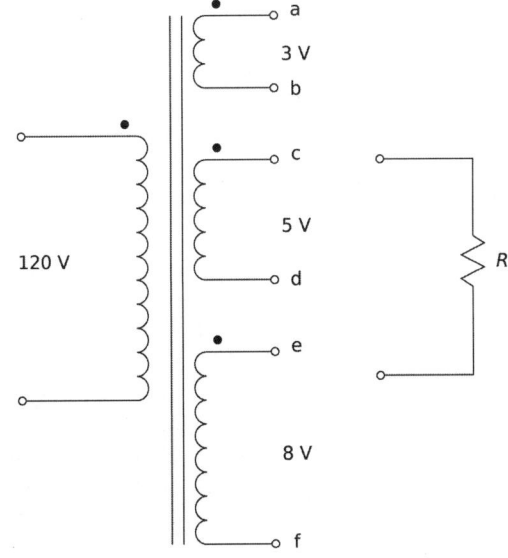

Fig. 8.31 Transformador monofásico

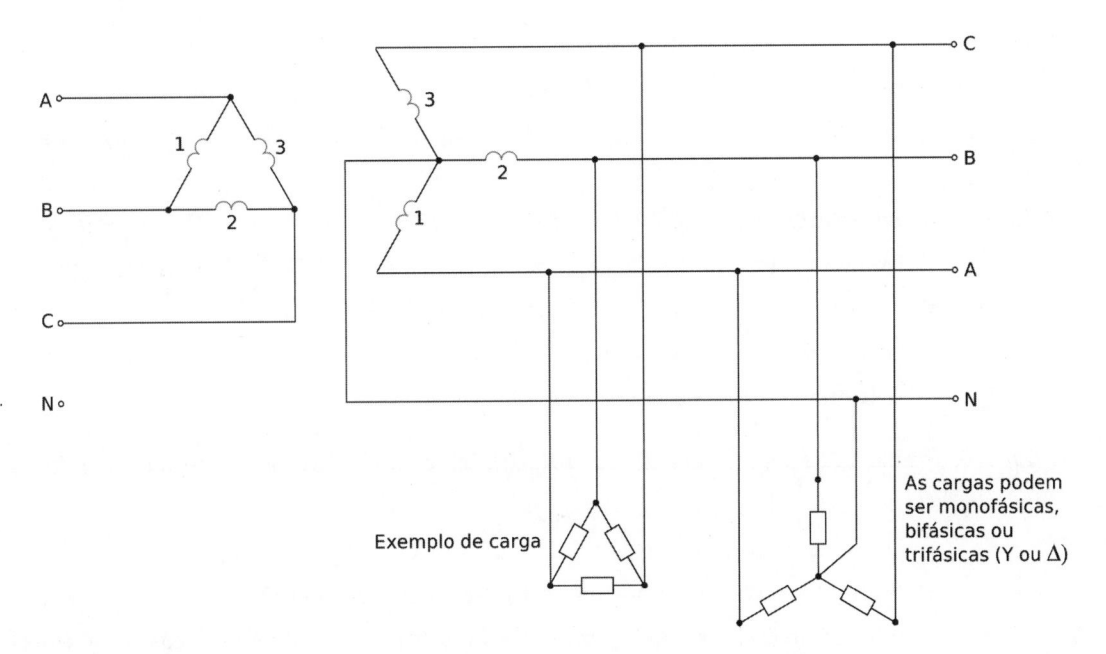

Fig. 8.32 Esquema padrão

As cargas podem ser monofásicas, bifásicas ou trifásicas (Y ou Δ)

Exemplo de carga

8.14 Dispõe-se de uma rede elétrica trifásica 6,6 kV e de três transformadores monofásicos 3.800/220 V. Desenhe um diagrama elétrico, indicando as ligações dos transformadores à rede elétrica e a três lâmpadas 200 W, 127 V conectadas em Y. Obtenha as magnitudes de todas as tensões e correntes, a relação de transformação e a relação de espiras. Indique esses valores no diagrama elétrico.

8.15 Dispõe-se de uma rede elétrica trifásica 6,6 kV e de três transformadores monofásicos 3.800/220 V. Desenhe um diagrama elétrico, indicando as ligações dos transformadores à rede elétrica e a três lâmpadas 200 W, 220 V conectadas em Y. Obtenha as magnitudes de todas as tensões e correntes, a relação de transformação e a relação de espiras. Indique esses valores no diagrama elétrico.

8.16 Especifique a potência e as magnitudes das tensões em cada transformador monofásico que deverá compor um banco trifásico 13.800/220 V, 18 kVA, com ligação Y no lado de alta tensão e ligação Δ no lado de baixa tensão.

8.17 Uma carga composta de três resistores em Δ é conectada a um banco trifásico Δ-Y composto de três transformadores monofásicos que têm relação de espiras 5:1.
  a) Se a corrente na impedância da carga é de 8 A, qual é o valor da corrente de linha no primário? **Resp.: 4,8 A**
  b) Se a tensão de linha no primário é de 220 V, qual é o valor da tensão na impedância da carga? **Resp.: 76,2 V**
  c) Esboce um diagrama elétrico das ligações do banco trifásico a uma rede elétrica e à carga, indicando todos os valores das tensões e correntes, da relação de espiras e da relação de transformação.

8.18 Três transformadores monofásicos compõem um banco trifásico Y-Δ com relação de transformação 10:1, que está conectado a três motores monofásicos em Y.
  a) Se a tensão de linha no secundário é de 220 V, qual é o valor da tensão de linha no primário? **Resp.: 2.200 V**
  b) Se a corrente na impedância da carga é de 15 A, qual é o valor da corrente de linha no primário? **Resp.: 1,5 A**
  c) Esboce um diagrama elétrico das ligações das bobinas dos transformadores conectados à rede elétrica e à carga, indicando os valores da relação de espiras e de todas as tensões e correntes.

8.19 Três transformadores monofásicos 110/220 V são ligados, formando um banco trifásico ΔΔ.
  a) Desenhe o esquema de ligações desse banco.
  b) Supondo que nenhuma carga está sendo alimentada por esse banco e que o primário é alimentado por um sistema trifásico a 3 fios em 220 V, qual é a magnitude da tensão de linha no secundário?

8.20 À rede elétrica de 13,8 kV, deseja-se conectar as seguintes cargas:
- 1 motor trifásico com bobinas em Δ, 15 HP, 220 V, 60 Hz, eficiência de 87% e fator de potência 0,75 atrasado; (1 HP = 746 W)
- 3 luminárias de 1,5 kW, 127 V e fator de potência 1,0.

   Estão disponíveis três transformadores monofásicos 13,8 kV/127 V.
   a) Esboce um diagrama padronizado, representando todas as ligações entre a rede elétrica e todas as cargas.
   b) Obtenha todas as potências trifásicas e o fator de potência do conjunto das cargas. **Resp.:** 17.362,1 W; 11.343,2 VAr; 20.739,1 VA; 0,837
   c) Obtenha as magnitudes de todas as correntes. **Resp.:** 54,43 A; 0,868 A

8.21 Em uma indústria, têm-se três cargas conectadas à rede elétrica 13,8 kV através de três transformadores monofásicos 7,97 kV/220 V. As especificações das cargas são:
- 1 motor trifásico 60 Hz, com bobinas em Y-4fios, 4 HP/220 V, eficiência de 75% e fator de potência 0,8 atrasado;
- 1 motor trifásico 60 Hz, com bobinas em Δ, 5 HP/220 V, eficiência de 80% e fator de potência 0,85 atrasado; (1 HP = 746 W)
- 1 equipamento trifásico de 3 kVA, 60 Hz, Δ-220 V com fator de potência 0,75 adiantado.

   a) Esboce um diagrama elétrico padronizado, representando todas as ligações entre a rede elétrica e todas as cargas.
   b) Obtenha todas as potências trifásicas no secundário.
   Resp.: 11.565 VA; 10.891 W; 3.889 VAr
   c) Obtenha as magnitudes das tensões e das correntes no primário e no secundário. **Resp.:** 0,484 A; 30,35 A

8.22 Uma subestação de distribuição possui um transformador de potência trifásico de 5,0 MVA, 69/13,8 kV, conexão Δ-Y para suprir energia a três circuitos cuja carga total no horário de demanda máxima atinge 3,7 MW com fator de potência 0,75 (indutivo).
   a) Calcule as potências aparente e reativa e as magnitudes das correntes de linha no primário e no secundário.
   Resp.: 4,933 MVA; 3,263 MVAr; 41,276 A; 206,382 A
   b) Especifique os valores dos capacitores que devem ser instalados no secundário para atingir o fator de potência mínimo vigente no Brasil.
   Resp.: (Y) 23,483 μF ou (Δ) 7,828 μF
   c) Calcule as potências aparente e reativa e as magnitudes das correntes de linha no primário e no secundário, após a instalação do banco de capacitores.
   Resp.: 4,022 MVA; 1,576 MVAr; 33,654 A; 168,268 A

8.23 Com relação ao Exemplo 8.7, realize as operações indicadas a seguir, tanto para o primário como para o secundário, e tire as suas próprias conclusões.

$$|S_{1\varphi}| = |U_f| \cdot |I_f| \qquad |S_{3\varphi}| = \sqrt{3} \cdot |U_\ell| \cdot |I_\ell|$$

Leituras adicionais

BOLTON, W. *Análise de circuitos elétricos*. São Paulo: Makron Books do Brasil, 1994.

CASTRO JR., C. A.; TANAKA, M. R. *Circuitos de corrente alternada* – Um curso introdutório. São Paulo: Editora da Unicamp, 1995.

BURIAN JR., Y; LYRA, A. C. C. *Circuitos elétricos*. São Paulo: Pearson Prentice Hall, 2006.

BARTKOWIAK, R. A. *Circuitos elétricos*. São Paulo: Makron Books do Brasil, 1994.

FITZGERALD, A. E.; KINGSLEY JR., C.; UMANS, S. D. *Máquinas elétricas*. Porto Alegre: Bookman, 2006.

BIM, E. *Máquinas elétricas e acionamento*. Rio de Janeiro: Campus/Elsevier, 2009.

OLIVEIRA, J. C. de; COGO, J. R.; ABREU, J. P. G. de. *Transformadores* – Teoria e ensaios. São Paulo: Edgard Blücher, 1984.

Acionamento e proteção em instalações elétricas

9

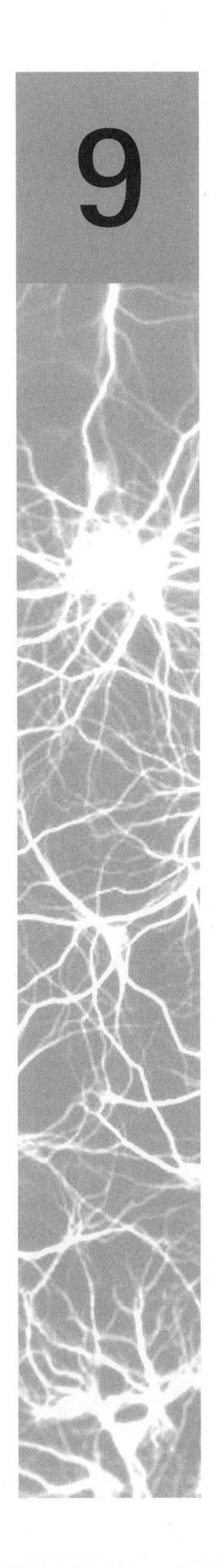

Neste capítulo são apresentados aspectos práticos relativos à distribuição de energia elétrica em baixa tensão. Abordam-se os seguintes tópicos: normas e regulamentos; aterramento das instalações elétricas; choque elétrico; padronização de tomadas e plugues; dispositivos de acionamento e de proteção; e lâmpadas de uso popular.

Importante: este capítulo não contempla todas as normas e todos os dispositivos de acionamento e de proteção pertinentes às instalações elétricas em geral. Portanto, para o desempenho de atividades que envolvem o projeto, o dimensionamento e a execução de instalações elétricas, é imprescindível o conhecimento das respectivas normas e regulamentos, tanto da ABNT como das concessionárias de energia elétrica, além da consulta da literatura específica e dos catálogos dos fabricantes de materiais elétricos.

Reconhecida como único foro nacional de normalização, a Associação Brasileira de Normas Técnicas (ABNT) tem a responsabilidade de gerir a normalização técnica no país.

9.1 Distribuição de energia elétrica em baixa tensão

Para a maioria dos consumidores, a convivência diária com a energia elétrica acontece na baixa tensão, como, por exemplo: prédios residenciais, estabelecimentos comerciais e industriais, setores agropecuários e hortigranjeiros, canteiros de obras, *trailers*, *campings*, marinas e instalações temporárias, como circos e exposições, entre outras.

As instalações elétricas em baixa tensão podem ser alimentadas de várias maneiras:

a] diretamente, por uma rede pública de baixa tensão, por meio de um ramal de ligação, como ocorre em prédios residenciais, comerciais ou industriais de pequeno porte;

b] a partir de uma rede pública de alta tensão, por meio de uma subestação ou de transformador exclusivo, de propriedade da concessionária, como tipicamente acontece em prédios residenciais e/ou comerciais de grande porte;

c] a partir de uma rede pública de alta tensão, por meio de uma subestação ou de transformador de propriedade do consumidor, como ocorre em prédios industriais e propriedades com atividades agroindustriais;

d] por fonte autônoma, como é o caso de instalações situadas fora das áreas servidas por concessionárias.

De modo geral, o fornecimento de energia elétrica para os consumidores residenciais, comerciais e industriais, urbanos ou rurais, com carga instalada até 75 kW, ocorre através da conexão às redes aéreas de distribuição secundárias, obedecidas as normas da ABNT e as legislações vigentes aplicáveis. Isso se aplica também aos loteamentos particulares e aos condomínios fechados. Nos casos de atendimento via rede subterrânea de distribuição, o interessado deve solicitar orientação técnica na respectiva concessionária de energia elétrica.

Usualmente as cargas com consumos superiores a 75 kW são atendidas na tensão primária de distribuição, cujo valor é da ordem de 15 kV, enquanto que a tensão secundária pode ser de 220 ou 380 V (tensão de linha), com frequência nominal de 60 Hz.

Nas áreas de concessão das empresas do Grupo CPFL Energia, por exemplo, que contempla a cidade de Campinas-SP, têm-se tensões secundárias nominais de 127/220 V (U_{fase}/U_{linha}), exceto nas cidades de Lins e Piratininga, onde as tensões são de 220/380 V. Os consumidores atendidos por essa concessionária são classificados em uma das seguintes categorias:

a] Categoria A – Monofásico – Dois fios (fase e neutro) (Fig. 9.1)

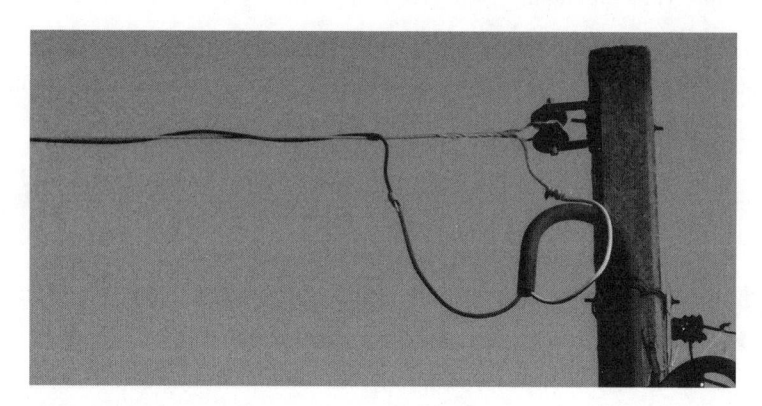

Fig. 9.1 Monofásico (fase e neutro)

Corresponde aos que têm carga instalada até 12 kW sob tensões de 127/220 V, e até 15 kW sob tensões de 220/380 V, não sendo permitida a instalação de aparelhos de raios X ou máquinas de solda a transformador. Para redes de distribuição nas quais o neutro não está disponível, situação esta não padronizada, a carga instalada máxima é de 25 kW e o fornecimento ocorre por sistema monofásico fase-fase.

b] Categoria B – Bifásico – Três fios (duas fases e neutro) (Fig. 9.2)

São os que têm carga instalada entre 12 kW e 25 kW sob tensões de 127/220 V, e entre 15 kW e 25 kW sob tensões de 220/380 V, não sendo permitida a instalação de máquinas de solda a transformador com mais de 2 kVA (127 V) ou acima de 10 kVA (220 V), e de aparelhos de raios X com potência superior a 1.500 W (220 V).

c] Categoria C – Trifásico – Quatro fios (três fases e neutro) (Fig. 9.3)

Corresponde aos que têm carga instalada entre 25 kW e 75 kW sob tensões de 127/220 V ou 220/380 V, não sendo permitida a instalação de máquinas de solda a transformador com mais de 2 kVA (127 V) ou acima de 10 kVA (220 V); de máquinas de solda trifásicas com retificação em ponte, com potência superior a 30 kVA; de aparelhos de raios X com potência acima de 1.500 W (220 V) ou trifásicos com potência superior a 20 kVA.

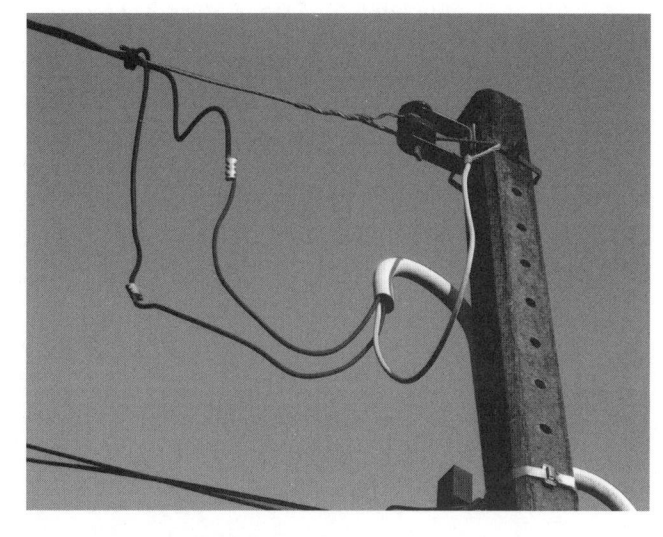

Fig. 9.2 Bifásico (duas fases e neutro)

Aparelhos com carga de flutuação brusca, como solda elétrica, motores com partida frequente, aparelho de raios X, eletrogalvanização e similares ou quaisquer outros causadores de distúrbios de tensão ou corrente, e ainda outros que apresentem condições diferentes das estabelecidas na respectiva Norma Técnica da CPFL Energia, serão tratados como cargas especiais. Caso existam equipamentos com potências superiores às citadas, serão efetuados estudos específicos para as suas ligações.

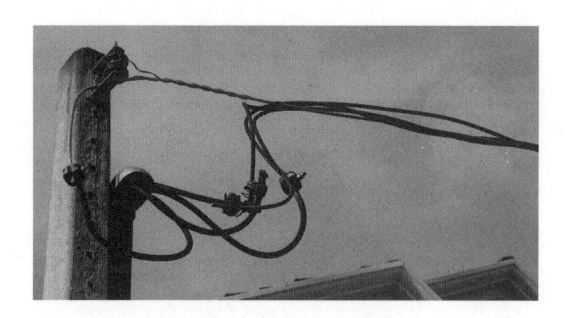

Fig. 9.3 Trifásico (três fases e neutro)

Em todas as categorias, deve existir um ponto de aterramento do condutor neutro do ramal de entrada e também da caixa de medição, quando for metálica.

Se o condutor de proteção (PE) apenas chega até o quadro de distribuição interna da instalação, o barramento de proteção deve ser interligado com o barramento de neutro (sistema PEN - NBR 5410). Outra alternativa é o PE ser interligado à haste de aterramento da entrada consumidora, no ponto de conexão neutro/terra (sistema PE - NBR 5410).

Os consumidores de energia elétrica devem estar atentos às especificidades de cada concessionária, buscando atender aos requisitos existentes nas respectivas normas técnicas para que o uso da energia elétrica ocorra, acima de tudo, de forma segura. No Quadro 9.1 é apresentado o padrão adotado pela empresa Bandeirante Energia S.A.

Detalhe: No sistema delta com neutro, a "Fase Força" (4°FIO) somente deve ser utilizada para alimentação de cargas trifásicas, sendo sua bitola de mesma seção dos condutores das fases.

Os consumidores monofásicos (fase e neutro) são os que têm carga instalada até 10 kW no sistema estrela com neutro e até 5 kW no sistema delta com neutro, não sendo permitida a instalação de aparelhos de raios X e máquinas de solda a transformador.

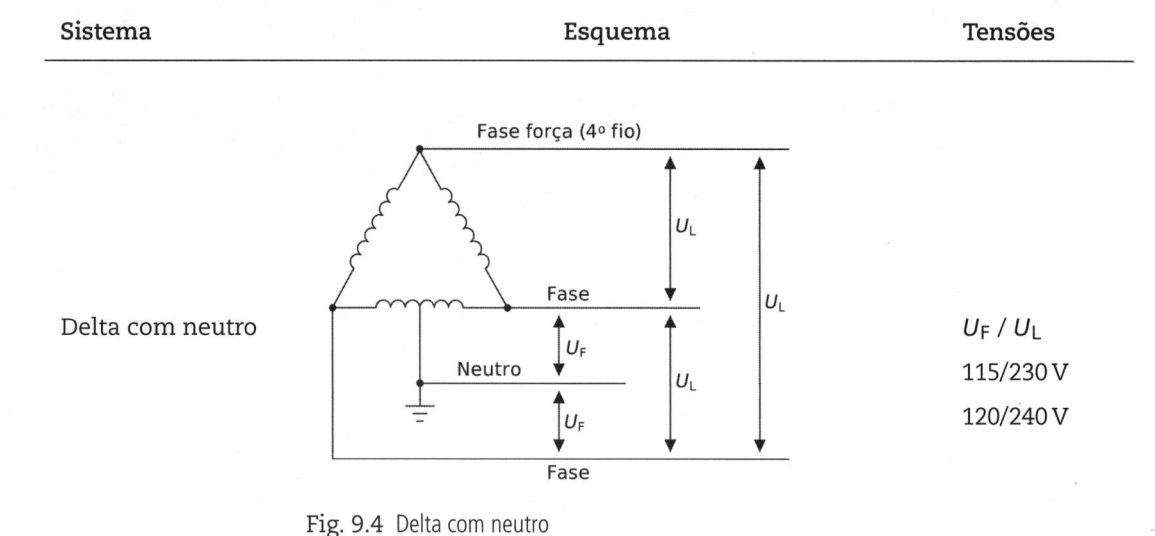

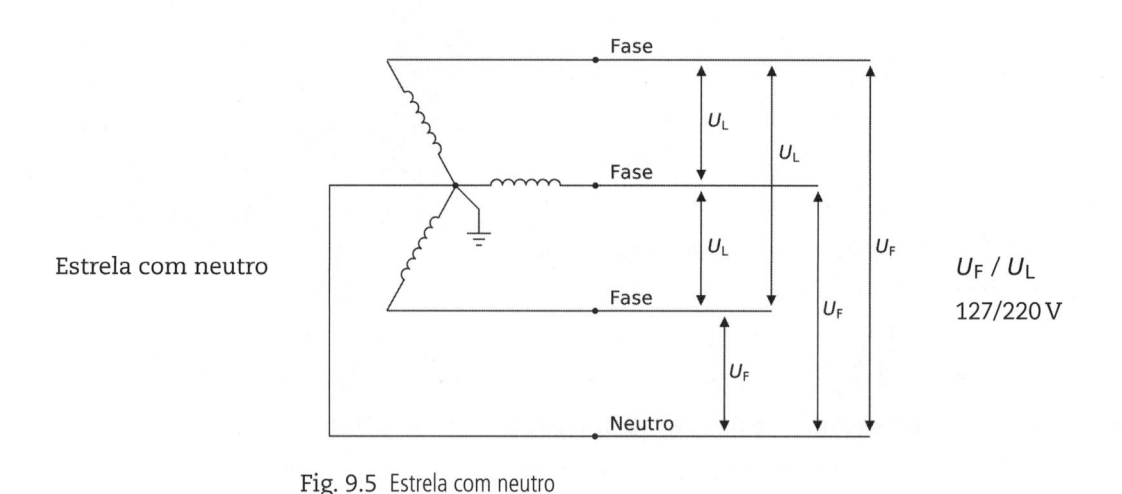

Quadro 9.1 Sistemas e tensões de fornecimento – Bandeirante Energia S.A.

Sistema	Esquema	Tensões
Delta com neutro	Fig. 9.4 Delta com neutro	U_F / U_L 115/230 V 120/240 V
Estrela com neutro	Fig. 9.5 Estrela com neutro	U_F / U_L 127/220 V

Os consumidores bifásicos (duas fases e neutro) são os que têm carga instalada entre 10 kW e 25 kW no sistema estrela com neutro, e entre 5 kW e 75 kW no sistema delta com neutro, não sendo permitida a instalação de máquinas de solda a transformador com mais de 2 kVA (127 V) ou acima de 10 kVA (220 V), e de aparelhos de raios X com potência superior a 1.500 W (220 V).

Os consumidores trifásicos (três fases e neutro) são os que têm carga instalada entre 25 kW e 75 kW no sistema estrela com neutro, e entre 5 kW e 75 kW no sistema delta com neutro somente quando houver equipamentos trifásicos. Não é permitida a instalação de máquinas de solda a transformador com mais de 2 kVA (127 V) ou acima de 10 kVA (220 V); de máquinas de solda trifásicas com retificação em ponte, com potência superior a 30 kVA;

de aparelhos de raios X com potência acima de 1.500 W (220 V) ou trifásicos com potência superior a 20 kVA.

Caso existam aparelhos de potências superiores às citadas, serão efetuados estudos específicos para a sua efetiva ligação. E no sistema estrela, quando o consumidor tiver equipamento bifásico ou trifásico, o enquadramento é efetuado na categoria de atendimento adequada, independentemente da carga instalada.

No Brasil, o mercado de distribuição de energia elétrica é atendido por 64 concessionárias, estatais ou privadas, de serviços públicos que abrangem todo o País. As concessionárias estatais estão sob controle dos governos federal, estaduais e municipais. Em várias concessionárias privadas, verifica-se a presença, em seus grupos de controle, de diversas empresas nacionais, norte-americanas, espanholas e portuguesas. São atendidos cerca de 47 milhões de unidades consumidoras, das quais 85% são consumidores residenciais, em mais de 99% dos municípios brasileiros (fonte: <www.aneel.gov.br/area.cfm?idArea=48&idPerfil=2>).

9.2 Normas e regulamentos

A norma ABNT NBR 5410:2004 [*Instalações elétricas de baixa tensão*] abrange tanto as instalações elétricas novas como a reforma das já existentes e esta edição incorpora tanto a evolução tecnológica como as atualizações ocorridas na norma internacional utilizada como referência, a IEC 60364 (*Electrical Installations of Buildings*), que é uma norma elaborada pela International Electrotechnical Commission, uma organização mundial que tem como principal objetivo elaborar e publicar padrões internacionais para tudo que envolve eletricidade, eletrônica e tecnologias correlatas.

A norma ABNT NBR IEC 60050-826:1997 [Vocabulário eletrotécnico internacional – Capítulo 826 – *Instalações elétricas em edificações*] define termos relacionados a instalações, permanentes ou temporárias, de utilização de energia elétrica, em edificações para uso residencial, comercial, industrial, em locais de afluência de público e outros locais equivalentes.

A Norma Regulamentadora nº 10 [*Segurança em instalações e serviços em eletricidade*], do Ministério do Trabalho e Emprego (MTE), simplesmente conhecida por NR-10, estabelece os requisitos e condições mínimas para a implementação de medidas de controle e sistemas preventivos, de forma a garantir a segurança e a saúde dos trabalhadores que, direta ou indiretamente, interajam em instalações elétricas e serviços com eletricidade. A NR-10 aplica-se às fases de geração, transmissão, distribuição e consumo, incluindo as etapas de projeto, construção, montagem, operação, manutenção das instalações elétricas e quaisquer trabalhos realizados nas suas proximidades, observando-se as normas técnicas oficiais estabelecidas pelos órgãos competentes e, na ausência ou omissão destas, as normas internacionais cabíveis.

Em 26 de junho de 2006, foi promulgada a lei nº 11.337, que determina a obrigatoriedade de as edificações possuírem sistema de aterramento e instalações elétricas compatíveis com a utilização de condutor-terra de proteção, bem como torna obrigatória a existência de condutor-terra de proteção nos aparelhos elétricos que especifica e, com isso, a instalação de tomadas com o terceiro contato, correspondente a esse condutor. Consequentemente, os aparelhos elétricos e eletrônicos com carcaça metálica, comercializados no País, enquadrados na classe I, em conformidade com as normas técnicas brasileiras pertinentes, deverão dispor de condutor-terra de proteção e do respectivo plugue, também definido em conformidade com as normas técnicas brasileiras (redação dada pela Lei nº 12.119, de 2009).

O condutor-terra de proteção, ou simplesmente condutor de proteção (PE) é definido pela norma ABNT NBR IEC 60050-826:1997 e corresponde a um quinto condutor na instalação elétrica destinado a interligar eletricamente todas as massas, terminais de aterramento, eletrodos de aterramento etc. A opção PEN corresponde a se ter um mesmo condutor com as funções PE e neutro. Essa norma também define termos relacionados a instalações, permanentes ou temporárias, de utilização de energia elétrica, em edificações para uso residencial, comercial, industrial, em locais de afluência de público e outros locais equivalentes.

A ligação elétrica intencional com a terra pode ter objetivos funcionais (ligação do condutor neutro à terra) e/ou de proteção (ligação à terra das partes metálicas não destinadas a conduzir corrente elétrica).

Também no âmbito federal, compete à Agência Nacional de Energia Elétrica (Aneel) estabelecer regulamentos e procedimentos pertinentes aos serviços de energia elétrica, expedindo os atos necessários ao cumprimento das normas estabelecidas pela legislação em vigor; estimular a melhoria do serviço prestado e zelar, direta ou indiretamente, pela sua boa qualidade, observado, no que couber, o disposto na legislação de proteção e defesa do consumidor (Código de Defesa do Consumidor).

9.3 Aterramento das instalações elétricas

Um aspecto interessante da superfície da Terra é a sua capacidade de condução de cargas elétricas, como, por exemplo, das descargas atmosféricas (raios). Assim, nas instalações elétricas, o aterramento elétrico de estruturas, carcaças de máquinas ou equipamentos, neutros de transformadores e blindagem de cabos elétricos, entre outros, visa atender a fatores como:

- proteção humana contra choques elétricos quando em contato com partes metálicas acidentalmente energizadas;
- proteção dos equipamentos contra descargas atmosféricas;
- proteção de circuitos integrados de memória de computadores contra a eletricidade estática; e
- eliminação de interferência eletromagnética em circuitos eletrônicos de controle e sinalização.

Um aterramento de proteção consiste na ligação das massas (carcaças) à terra, por meio de eletrodo de aterramento, visando à proteção contra choques elétricos por contato indireto. Para um aterramento adequado devem ser observados:

- local – longe de solos com condutores ou canalização metálica, torres de transmissão e telecomunicações, por exemplo;
- quantidade e diâmetro das hastes de aterramento;
- disposição geométrica da fixação das hastes e suas interligações;
- profundidade das hastes; e
- composição química do solo.

Esses aspectos tornam o valor da resistência de terra (RT) dinâmico e, dessa forma, faz-se necessário estabelecer um valor limite para a RT. Portanto, para que um aterramento desempenhe a sua finalidade, a RT deve ter valor abaixo de 10 Ω, segundo a norma ABNT NBR 5419 [Proteção de estruturas contra descargas atmosféricas], a fim de permitir que uma corrente elétrica que chegue ao eletrodo de aterramento possa circular para a terra. A norma ABNT NBR 7117:1981 [Medição da resistividade de solo pelo método dos quatros pontos (Wenner)] fixa as condições exigidas para a medição de resistividade do solo pelo método dos quatro pontos, conhecido como método de Wenner, que consiste no uso de um Megger ou terrômetro, instrumento adequado para medir os valores de resistência necessários para o cálculo da resistividade do solo.

9.3.1 Esquemas de aterramento

A norma ABNT NBR 5410:2004 especifica cinco esquemas de aterramento, identificados por meio de letras.

- A primeira letra indica a situação da alimentação em relação à terra, e pode ser:
  * T – um ponto diretamente aterrado;
  * I – isolação de todas as partes vivas em relação à terra ou aterramento de um ponto através de uma impedância.
- A segunda letra indica a situação das massas da instalação elétrica em relação à terra, e pode ser:
  * T – massas diretamente aterradas, independentemente do aterramento eventual de um ponto da alimentação;
  * N – massas ligadas diretamente ao ponto da alimentação aterrado (em c.a., o ponto aterrado é normalmente o neutro).
- Outras letras indicam a disposição do condutor neutro e do condutor de proteção, e podem ser:
  * S – funções de neutro e de proteção asseguradas por condutores distintos;
  * C – funções de neutro e de proteção combinadas em um único condutor (PEN).

São estes os cinco esquemas descritos na norma ABNT NBR 5410:2004:

- **TN-S** – o condutor de proteção elétrica (PE) e o condutor neutro (N) são conectados em um mesmo ponto na alimentação do circuito, porém distribuídos de forma independente por toda a instalação, como ilustrado na Fig. 9.6.
- **TN-C** – não há distinção entre os condutores PE e N, isto é, tem-se um único condutor, denominado PEN, que combina as funções de neutro e de proteção (terra) por toda a instalação, como ilustrado na Fig. 9.7.
- **TN-C-S** – esquema que combina o **TN-S** e o **TN-C**, como ilustrado na Fig. 9.8.
- **TT** – o condutor N e as massas (carcaças) são aterrados através de eletrodos de aterramento eletricamente distintos, como ilustrado na Fig. 9.9.
- **IT** – as partes vivas são isoladas da terra ou o ponto de alimentação é aterrado por meio de uma impedância, e as massas são aterradas ou em eletrodos distintos para cada uma delas, como ilustrado na Fig. 9.10. Também é possível um eletrodo comum para o aterramento de todas as massas, ou ainda, partilhar do mesmo eletrodo de aterramento da alimentação, porém sem a impedância em série.

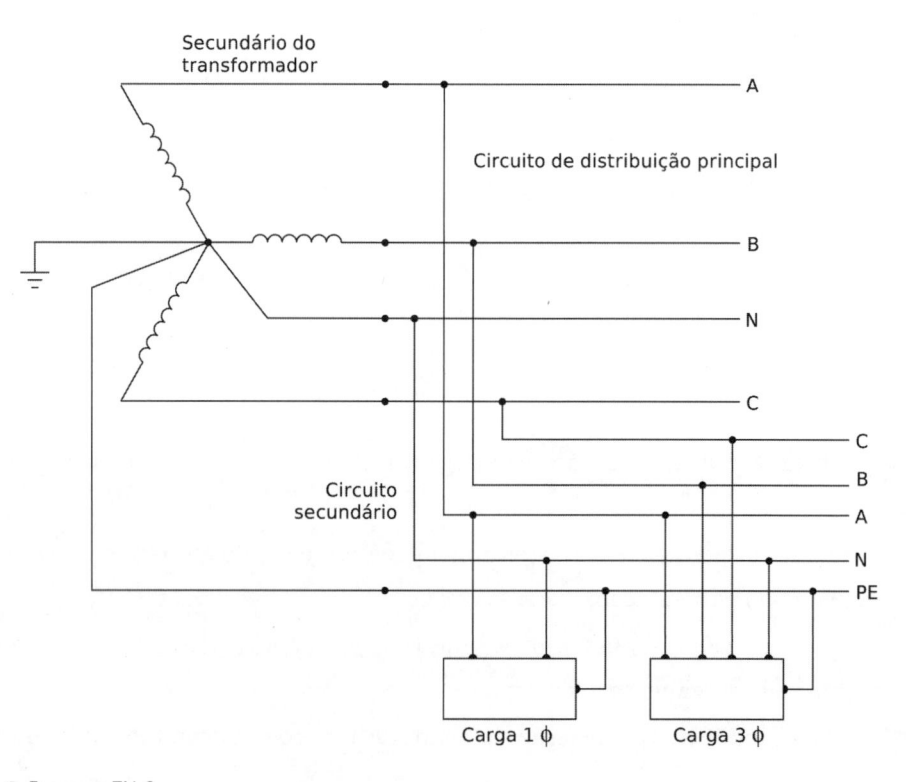

Fig. 9.6 Esquema TN-S

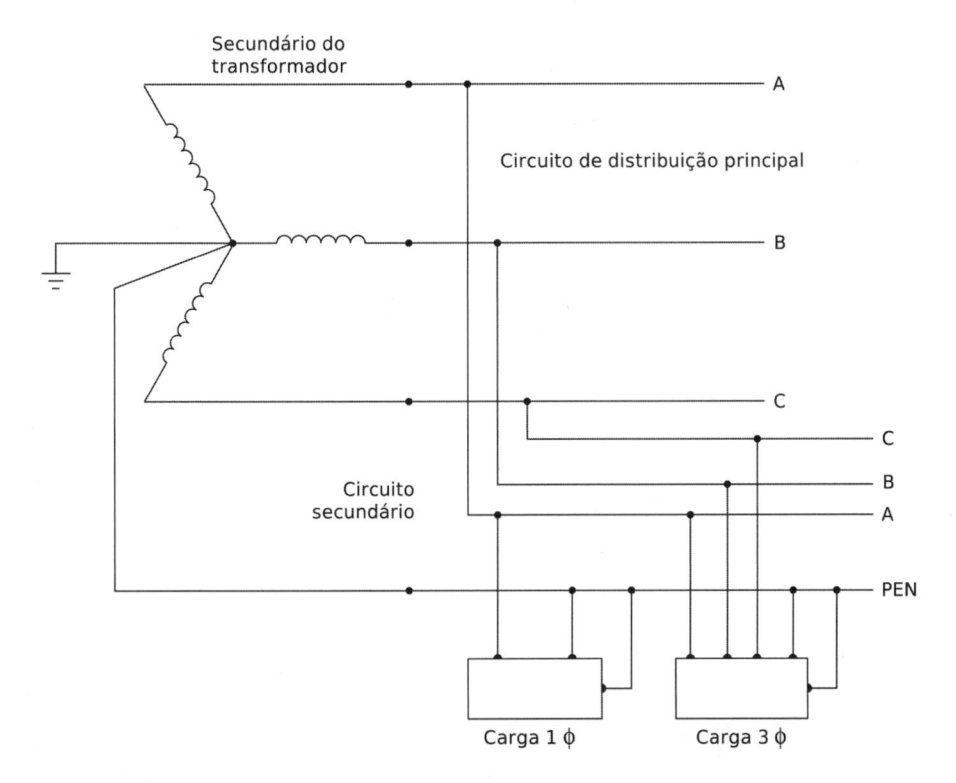

Fig. 9.7 Esquema TN-C

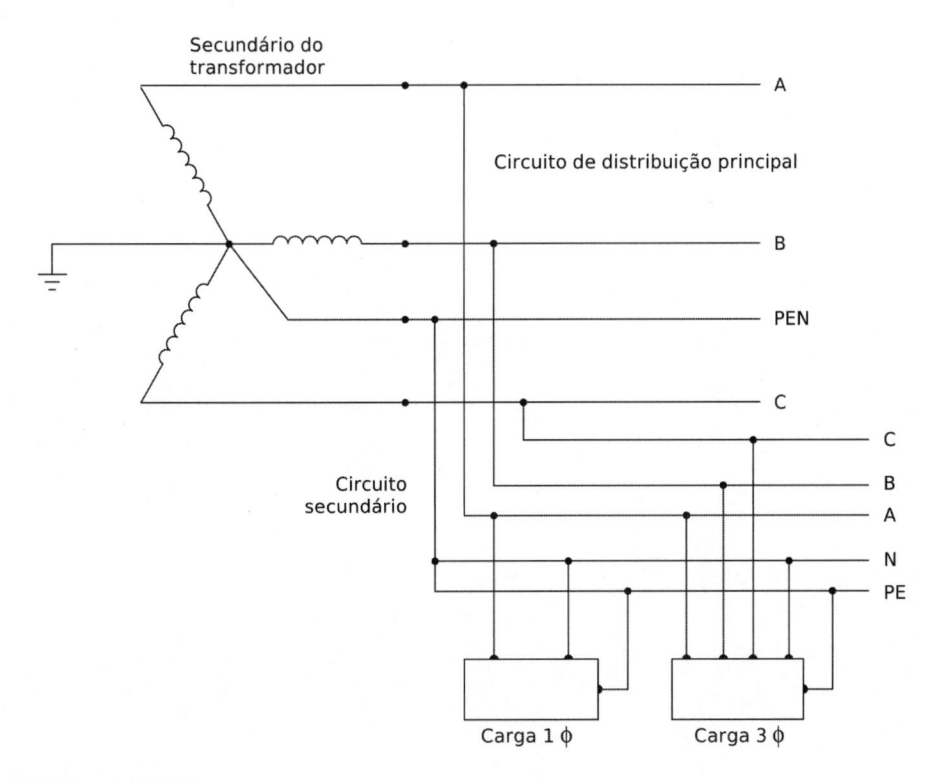

Fig. 9.8 Esquema TN-C-S

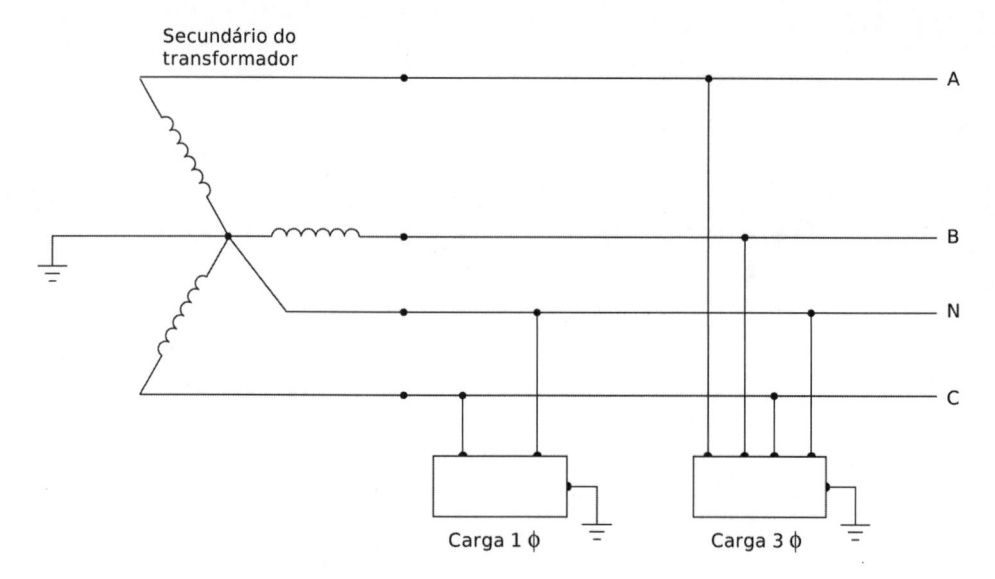

Fig. 9.9 Esquema TT

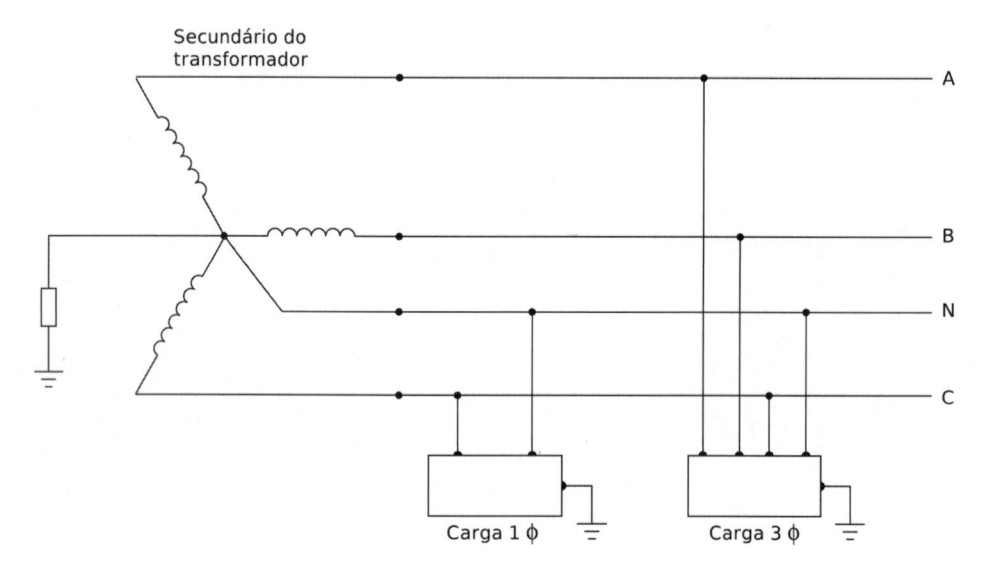

Fig. 9.10 Esquema IT

No Quadro 9.2 tem-se uma síntese das aplicações dos cinco esquemas de aterramento.

QUADRO 9.2 Esquemas de aterramento

Esquemas	Aplicações
TN-S TN-C TN-C-S	São ideais para as instalações alimentadas por subestação ou gerador próprios. O TN-S e o TN-C-S são os mais utilizados em instalações de consumidores energizados em alta tensão e com transformador próprio. O TN-S é muito utilizado em instalações energizadas por redes públicas subterrâneas, em que o consumidor tem o condutor neutro independente do condutor de proteção, o qual é conectado ao neutro aterrado da concessionária. No TN-C, devido à circulação de corrente no condutor PEN, as massas não estão no mesmo potencial do aterramento da fonte e, portanto, há uma d.d.p. entre a mão e o pé da pessoa que toca no equipamento, o que não ocorre com o TNS (condutor PE praticamente no mesmo potencial do aterramento da fonte). O TN-C inviabiliza o uso do dispositivo DR. O TN-C-S é bastante utilizado em instalações de porte, com os circuitos de maior bitola contendo o PEN e os demais circuitos, com bitola inferior a 10 mm², contendo os condutores PE e N.
TT	É ideal para as instalações energizadas por rede pública aérea em baixa tensão, particularmente quando a carga está muito distante do transformador, cabendo ao consumidor instalar o eletrodo de aterramento do condutor de proteção, que é independente do condutor neutro. Nesse esquema, dependendo do valor da resistência de aterramento do PE, a corrente originada por um contato de uma fase com a carcaça de um equipamento (corrente de falta fase-massa) pode circular por uma pessoa em contato com a massa, o que caracteriza uma situação de choque elétrico. A proteção contra contatos indiretos deve ocorrer, preferencialmente, por dispositivos DR.
IT	É utilizado exclusivamente em instalações de consumidores que possuem transformador próprio, particularmente em setores específicos de certos tipos de indústria, onde é fundamental a não interrupção do funcionamento dos equipamentos, pois, devido à impedância no aterramento, uma eventual corrente de curto-circuito terá valor limitado (p.ex., 5 A), sem maiores consequências e permitindo uma posterior manutenção em horário propício.

Fonte: livro *Instalações elétricas*, 5. ed., de Ademaro A. M. B. Cotrim.

9.4 Choque elétrico

O choque elétrico é o efeito fisiológico resultante da passagem de uma corrente elétrica através do corpo humano, cujas principais consequências podem ser: tetanização, parada respiratória, queimadura e fibrilação ventricular (a mais grave).

No estudo da proteção contra choques elétricos, devem-se considerar três elementos fundamentais: parte viva, massa e elemento condutor estranho à instalação.

A parte viva de um componente ou de uma instalação é a parte condutora que apresenta diferença de potencial em relação à terra. É comum associar-se às linhas elétricas a expressão "condutor vivo".

A massa de um componente ou de uma instalação é a parte condutora que pode ser tocada facilmente e que, em geral, não é viva, mas pode tornar-se viva em condições defeituosas. Um exemplo de massa é a carcaça metálica de uma máquina de lavar roupa ou de uma geladeira.

Um elemento condutor estranho à instalação é aquele material condutor que não faz parte da instalação, mas nele pode ser introduzido um potencial, geralmente o de terra. É o caso, por exemplo, de elementos metálicos utilizados na construção de prédios, das canalizações metálicas de gás, água, aquecimento etc.

Os choques elétricos em uma instalação elétrica podem ser causados por dois tipos de contato:

- contato direto, que é o contato de pessoas ou animais com partes vivas sob tensão (Fig. 9.11);
- contato indireto, que é o contato de pessoas ou animais com massas que ficam sob tensão por uma falha de isolação (Fig. 9.12).

Fig. 9.11 Choque elétrico por contato direto

Fig. 9.12 Choque elétrico por contato indireto

Outro exemplo típico de choque elétrico por contato indireto é o do chuveiro. A água é capaz de desviar corrente da resistência para a carcaça ou outras partes da instalação hidráulica; assim, quando alguém tocar no registro, poderá sofrer um choque elétrico. Outra possibilidade de choque elétrico é o eventual contato da fase com a carcaça do chuveiro.

Situações em que há ou não aterramento da carcaça ou de parte interna do chuveiro são ilustradas na Fig. 9.13.

9.5 Padronização de plugues e tomadas

Atendendo a todas as especificações de segurança, qualidade e padronização, a norma ABNT NBR 14136:2002 [*Plugues e tomadas para uso doméstico e análogo até 20 A/250 V em corrente alternada – Padronização*] determina que devem ser instaladas as tomadas e os respectivos plugues 2P+T (dois polos e terra) como ilustrado na Fig. 9.14.

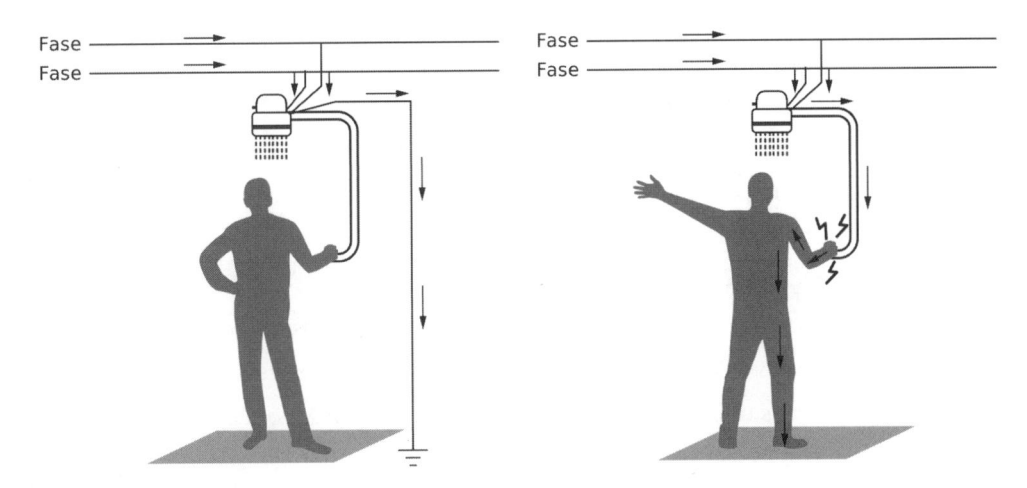

Fig. 9.13 Choque elétrico por contato indireto

Instalada

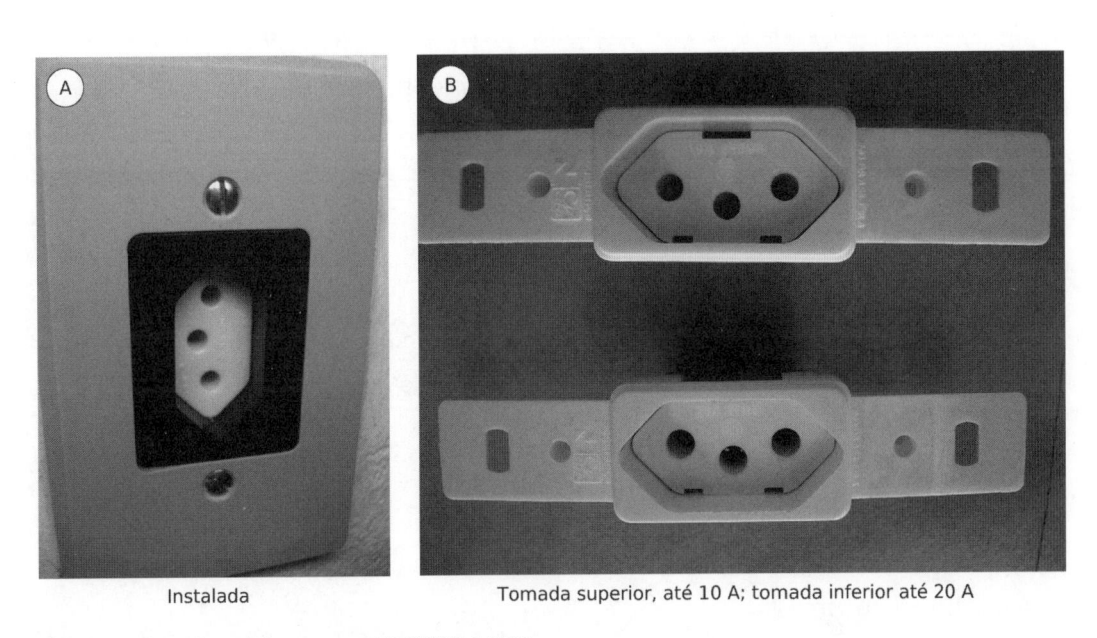

Tomada superior, até 10 A; tomada inferior até 20 A

Fig. 9.14 Tomada padrão – norma ABNT NBR 14136

Essa configuração contempla avanços importantes em relação a outros modelos nos seguintes aspectos:

a) Segurança: devido à existência do rebaixo na face da tomada, não existe o risco de choque elétrico, pois o usuário fica impossibilitado de contato acidental nos pinos do plugue quando este está em contato com a parte viva do terminal. Como o rebaixo também serve como um eficiente guia, fica impossível o usuário levar choque elétrico na tentativa de encaixar o plugue na tomada usando o dedo como guia no movimento de inserção.

b) Contato de aterramento: a obrigatoriedade do contato de aterramento no polo central aumenta a segurança do usuário e atende à exigência da norma de instalações elétricas ABNT NBR 5410.

c] Valores das correntes: a norma ABNT NBR 14136 prevê apenas duas tomadas: uma de 10 A para a inserção de plugues com pinos de diâmetro 4 mm e uma de 20 A para plugues com pinos de diâmetro 4,8 mm, na qual é permitida a inserção de plugues de 10 A.

O diâmetro maior no plugue de 20 A impede que um equipamento com corrente maior que 10 A seja conectado na tomada de 10 A, o que evita possíveis danos materiais e nos protege de acidentes elétricos.

A norma ABNT NBR NM 60884-1:2010 [Plugues e tomadas para uso doméstico e análogo – Parte 1: Requisitos gerais (IEC 60884-1:2006 MOD)] fixa as condições exigidas para plugues e tomadas fixas ou móveis exclusivamente para corrente alternada, com ou sem contato terra, de tensão nominal superior a 50 V mas não excedendo 440 V, e de corrente nominal igual ou inferior a 32 A, destinadas a uso doméstico e análogo, no interior ou no exterior de edifícios.

> O vídeo "ABNT NBR 14136 – Tomadas e Plugues" comenta aspectos práticos desse padrão de tomada e plugue.

9.6 Dispositivos de acionamento

Genericamente, denomina-se chave todo dispositivo de comando que, na posição aberta, isola um equipamento ou um circuito da fonte de energia (em geral, a rede elétrica), e na posição fechada, garante a passagem de corrente elétrica.

Se uma chave atua apenas em uma fase, é chamada de unipolar; em duas fases, bipolar; em três fases, tripolar.

9.6.1 Interruptor

Interruptor é uma chave manual capaz de conduzir e interromper correntes sob condições normais do circuito, e que deve ter capacidade de corrente (ampères) suficiente para suportar a corrente nominal do circuito por tempo indeterminado e, transitoriamente, corrente de curto-circuito. Um curto-circuito caracteriza-se por uma ligação entre dois ou mais pontos de um circuito cuja impedância é praticamente nula e, portanto, a magnitude da corrente assume valores elevadíssimos.

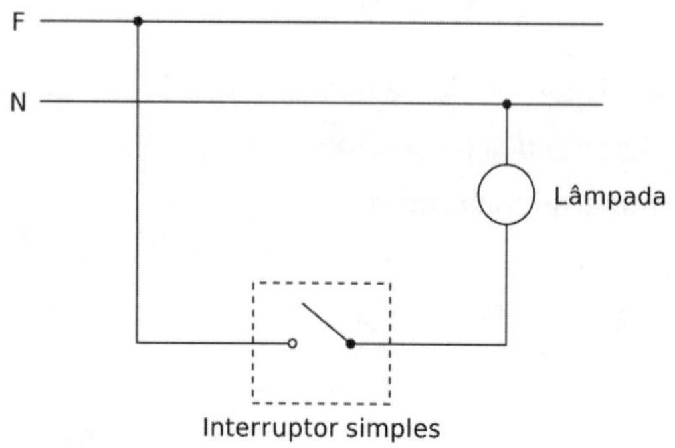

Os interruptores mais comuns são os que se destinam ao comando de luminárias. Eles podem ser:

a] simples: para comandar uma ou mais luminárias de um único local (Fig. 9.15).

b] paralelos: operando aos pares, esse tipo de interruptor possibilita ligar ou desligar, de somente dois locais diferentes, a mesma

Fig. 9.15 Conexão de interruptor do tipo simples

luminária (Fig. 9.16). É útil em escadas e corredores residenciais ou em salas com acesso por mais de uma porta.

c] intermediários: em situações nas quais um mesmo ponto de luz será comandado de mais de dois lugares diferentes, deve-se instalar um interruptor paralelo em cada extremidade do circuito e, nas demais posições, um interruptor intermediário. Útil em escadas e corredores de prédios. Na Fig. 9.17 tem-se uma lâmpada acionada de três lugares diferentes.

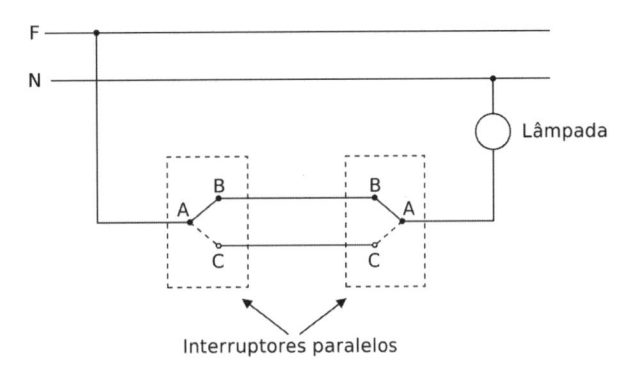

Fig. 9.16 Conexão de interruptor do tipo paralelo

ATENÇÃO: seja qual for o tipo do interruptor, ele deve interromper sempre o condutor fase, e nunca o condutor neutro, em uma instalação. Essa precaução garante um reparo na luminária sem riscos de choque elétrico, desde que se tenha certeza de que o interruptor está, de fato, na posição "desliga"; caso contrário, deve-se, em favor da segurança pessoal, desligar o respectivo disjuntor no quadro de distribuição.

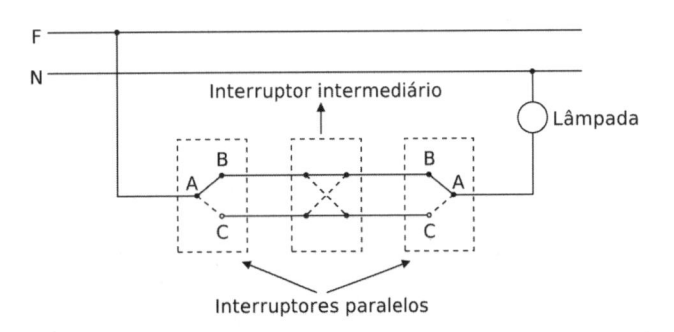

Fig. 9.17 Interruptores dos tipos paralelo e intermediário

Os vídeos "Interruptor simples", "Interruptor paralelo" e "Interruptor intermediário" apresentam as conexões desses interruptores.

9.6.2 Sensor de presença e fotocélula

Sensor de presença é um dispositivo eletrônico que detecta seres vivos ou objetos em movimento (p.ex., automóvel) dentro do seu raio de ação e acende uma ou mais lâmpadas a ele conectadas. Após algum tempo, as lâmpadas são desligadas pelo próprio sensor.

Sem dúvida, trata-se de um dispositivo muito útil, tanto em residências e condomínios como nas indústrias que, ao utilizarem tecnologia inteligente para economizar energia elétrica, também contribuem positivamente com o meio ambiente.

Usualmente, os sensores de presença para fins de iluminação automatizada ou acionamento de alarmes são constituídos de uma matriz de sensores infravermelhos. Quando uma pessoa entra em um ambiente monitorado por um sensor desse tipo, sua presença é detectada por provocar uma variação dessa energia no lugar, ou seja, o calor emitido pelo corpo é interpretado pelo sensor como um sinal elétrico e o respectivo circuito eletrônico faz uma lâmpada acender, um alarme ser ativado ou promove a abertura e o fechamento de uma porta.

Nos automóveis não podem ser instalados sensores infravermelhos, já que o movimento de algo nas proximidades poderia acionar o alarme indevidamente. Nesse caso, são instalados sensores de ultrassom, que são constituídos de uma fonte de ultrassom e um receptor. Caso ocorra algum movimento dentro do carro ou a abertura de uma porta, de uma janela ou a quebra de um vidro, tem-se uma alteração no padrão do sinal refletido e o alarme é ativado.

Um dispositivo conhecido como fotocélula e também como relé fotoelétrico pode estar integrado ao circuito de um sensor infravermelho com a finalidade de que este somente atue em ambiente escuro, pois o circuito da fotocélula interrompe a passagem de corrente elétrica quando há luminosidade incidindo nela. Portanto, este é um dispositivo que, de forma isolada, também pode ser instalado quando o objetivo é apenas promover a energização de lâmpadas ao anoitecer, como ocorre, por exemplo, com a iluminação pública.

9.6.3 Chave de faca sem porta-fusíveis

É uma chave manual cujo contato móvel é constituído por duas ou três lâminas (bifásica ou trifásica) articuladas em uma das extremidades, enquanto que a outra é encaixada em contato fixo para energizar um circuito. Seu principal uso é a interrupção de circuitos quando se requer uma manutenção mais ampla.

Em geral, ela deve ser aberta sem carga no circuito, pois, dependendo da intensidade da corrente, um arco voltaico se formará entre as lâminas e os contatos fixos, podendo causar danos tanto ao usuário como à própria chave.

9.6.4 Contator

É uma chave eletromagnética que possibilita o acionamento à distância de equipamentos cujas intensidades de corrente ultrapassam valores nominais em interruptores do tipo simples, paralelo ou intermediário.

Os contatos elétricos ilustrados na Fig. 9.18 são fechados em decorrência da atração magnética por meio de um campo magnético gerado pela corrente que circula em um eletroímã existente no interior do contator. Para abrir os contatos, tem-se uma mola que atua quando o eletroímã é desligado.

O eletroímã é basicamente uma bobina com núcleo de material ferromagnético, em geral projetada para operar com a tensão da rede elétrica e acionada a distância por um interruptor.

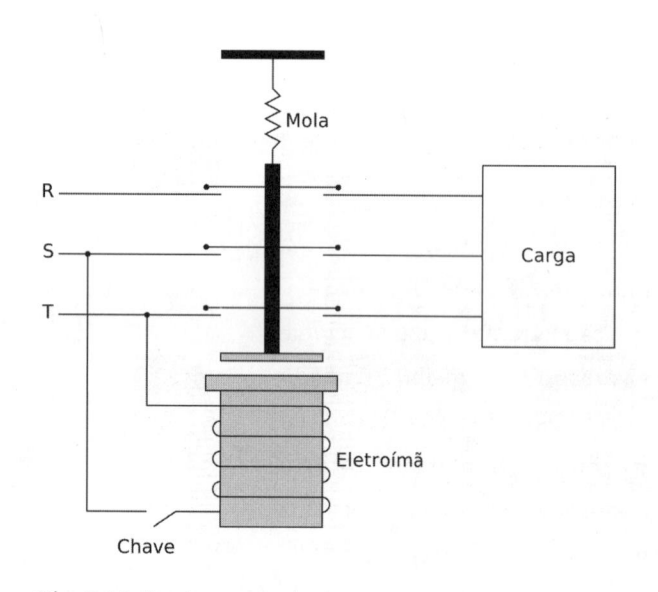

Fig. 9.18 Funcionamento do contator

9.7 Dispositivos de proteção

A proteção de vidas, de instalações elétricas e de equipamentos deve ocorrer automaticamente por meio de algum dispositivo cuja função é interromper a corrente elétrica em um equipamento ou circuito em situações de anormalidade (curto-circuito, p.ex.).

O condutor neutro não deve conter nenhum dispositivo de proteção capaz de causar sua interrupção, assegurando, assim, a sua continuidade, com exceção do dispositivo DR.

Os dispositivos de proteção mais comuns são descritos a seguir.

9.7.1 Fusível

Constitui-se de um condutor que funde, interrompendo a corrente, toda vez que ela ultrapassa a intensidade para a qual foi dimensionado. Em geral, sua atuação é praticamente instantânea somente em situações de curto-circuito. Em situações de sobrecarga, o tempo de fusão pode ser obtido de curvas tempo de fusão *vs.* corrente. Entre os tipos de fusíveis, estão:

a) Cartucho: com formato cilíndrico, pode ter extremidades do tipo virola (contatos cilíndricos) ou faca (contatos em forma de lâminas). Não é preciso quanto ao valor nominal da corrente de fusão. O do tipo virola é fabricado para correntes de 5 a 60 A e o do tipo faca, de 60 a 600 A. Na Fig. 9.19 tem-se uma chave de faca bifásica com fusível cartucho

b) Diazed: com formato cilíndrico, conforme ilustrado na Fig. 9.20, esse fusível apresenta maior precisão no valor da corrente de fusão, podendo ser fabricado para atuar instantaneamente ou com retardo, ou seja, após algum tempo. Por exemplo, se um motor do tipo indução for protegido contra sobrecarga com Diazed, este deve ser com retardo pois, na partida, esse tipo de motor apresenta uma corrente da ordem de 7 vezes a corrente nominal. Esse fusível é fabricado para correntes de 2 a 100 A e possui um indicador que possibilita averiguar se o fusível atuou ou não. Em seu interior, envolvendo o elemento fusível, há certo tipo de areia cuja finalidade é extinguir o arco voltaico que se forma no instante em que o elemento fusível funde.

Fig. 9.19 Chave de faca com fusível cartucho

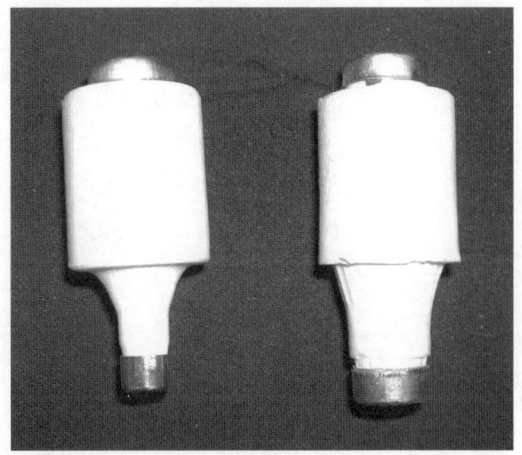

Fig. 9.20 Fusível Diazed

Fig. 9.21 Parte de um quadro de força com disjuntor trifásico e fusíveis NH

c] NH: com formato cúbico e extremidades tipo faca, é bastante preciso e fabricado para correntes de 100 a 1.000 A. Parte de um quadro de força contendo um disjuntor trifásico e fusíveis NH é apresentada na Fig. 9.21.

9.7.2 Disjuntor

É um dispositivo com dupla função: chave e proteção. Como chave, com acionamento manual, seu uso deve ser eventual, apenas para interromper circuitos em situações de emergência e manutenção.

O mais utilizado na indústria e em residências é o disjuntor em caixa moldada de material isolante, que pode ser unipolar, bipolar ou tripolar.

O disjuntor equipado com disparador térmico e eletromagnético é denominado disjuntor termomagnético. O disparador é um dispositivo incorporado na caixa moldada, responsável pelo desarme do disjuntor contra sobrecorrentes (sobrecarga ou curto-circuito), e a sua principal função é a proteção de instalações elétricas e equipamentos.

Assim como no fusível, a atuação de um disjuntor é praticamente instantânea somente em situações de curto-circuito.

Em geral, os disjuntores são instalados em um quadro de distribuição secundária, como ilustrado na Fig. 9.22.

9.7.3 Dispositivo DR

O dispositivo à corrente diferencial-residual, conhecido como dispositivo DR, ou simplesmente DR, tem a função de proteção contra choques elétricos, evitando que correntes perigosas circulem através do corpo humano, interrompendo automaticamente, e no menor tempo possível, a energia elétrica daquele ponto.

O DR basicamente funciona com um sensor que avalia as correntes que entram e saem no circuito. Sendo as duas de mesmo valor, porém com direções contrárias em relação à carga, para o DR a corrente total é nula. Se houver uma alteração resultante de uma fuga de corrente para a terra, esse valor não será nulo, e o DR provoca o desligamento do respectivo circuito.

Pode-se instalar o DR diretamente no quadro de distribuição de energia elétrica, e dada a importância dos seus benefícios, a norma ABNT NBR 5410 determina que o DR seja utilizado em circuitos elétricos pertinentes às áreas perigosas, tais como cozinhas, banheiros e áreas externas de residências, prédios públicos, supermercados, shoppings, hotéis e outras instalações. Entretanto, devido à existência de diferentes esquemas de aterramento, é

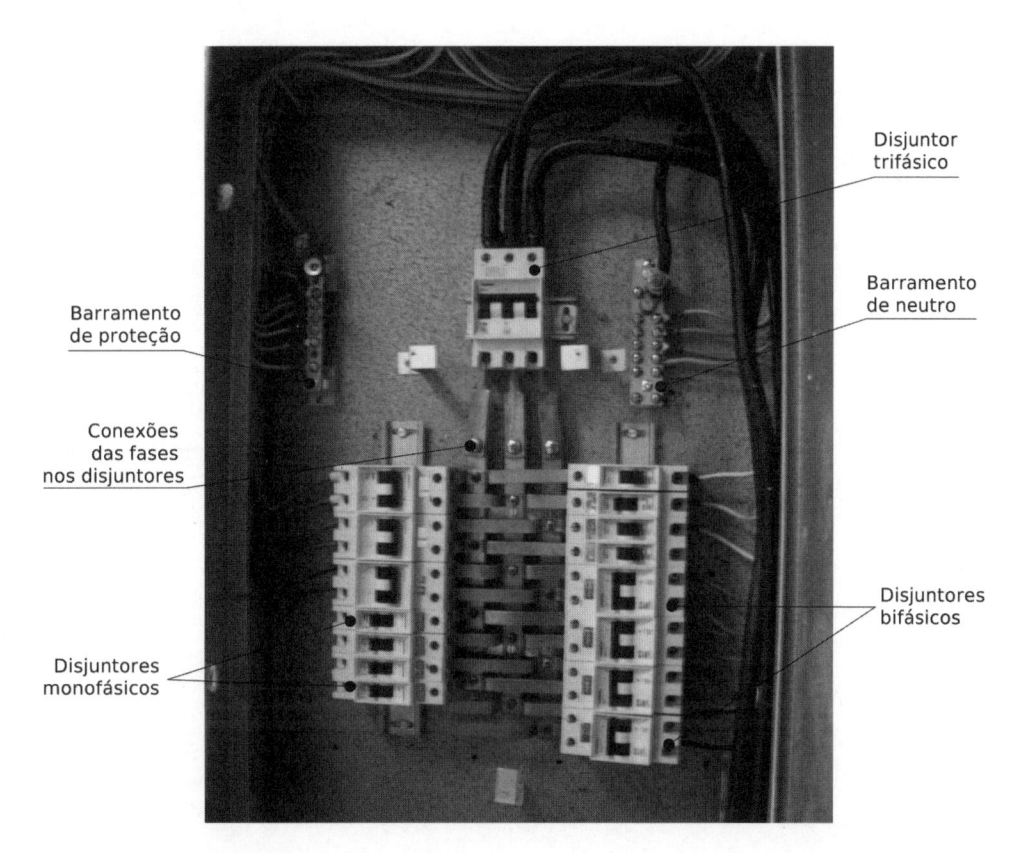

Fig. 9.22 Quadro de distribuição

necessário consultar a literatura técnica e observar o que estabelece a norma ABNT NBR 5410 quanto ao emprego do DR.

9.8 Orientações do Corpo de Bombeiros para o "Programa Casa Segura – Prevenção contra choques e curtos-circuitos"

As instalações elétricas de edificações mais antigas não foram dimensionadas para as atuais necessidades de consumo e, muitas vezes, estão em estado precário. Além de gerar desperdício de energia, elas podem causar choques elétricos ou até mesmo ser o estopim de grandes tragédias, como os incêndios. Em geral, a origem dos problemas nas instalações elétricas inadequadas está em algum curto-circuito, cujas causas mais frequentes são:

- execução inadequada de instalações;
- modificações das características iniciais dos projetos;
- aumento de carga sem supervisão técnica;
- falta de manutenção e mau estado de conservação;
- abuso de aparelhos eletroeletrônicos;
- desequilíbrio de cargas entre ramais;
- maus contatos entre as conexões;
- proteções inadequadas;

- isolações deterioradas.

O Corpo de Bombeiros da Polícia Militar do Estado de São Paulo recomenda:

- Faça o aterramento nos circuitos elétricos dimensionados, para evitar choques elétricos e danos nos eletrodomésticos.
- Execute a instalação elétrica conforme a norma ABNT NBR 5410.
- Utilize disjuntores do tipo DR (dispositivo de proteção à corrente diferencial-residual), especialmente em áreas molhadas (cozinhas, banheiros etc).
- Não execute instalações elétricas provisórias ou precárias (gambiarras), para não ocorrer sobrecarga da rede e possível curto-circuito.
- Quando for realizar reparos nas instalações elétricas, procure sempre um profissional habilitado e credenciado.
- Realize periodicamente manutenção preventiva nas instalações elétricas, pois estas possuem vida útil limitada.
- Não utilize benjamins ou outro tipo de extensão nas tomadas de uso geral ou específica, para não ocorrer sobrecarga na rede e possível curto-circuito.

Mais detalhes podem ser obtidos em <http://www.programacasasegura.org/br>.

9.9 Lâmpadas de uso popular

Desde que Thomas Alva Edison, utilizando um filamento de carvão inserido em um invólucro de vidro selado, inventou a primeira lâmpada elétrica prática, em 1879 (patenteada em 27/1/1880), a tecnologia da iluminação evoluiu para a produção de diferentes tipos de lâmpadas, como se pode constatar por meio dos catálogos dos fabricantes. A seguir, são descritas lâmpadas de uso popular.

9.9.1 Lâmpada incandescente

Os principais componentes do tipo mais comum de lâmpada incandescente estão indicados na Fig. 9.23.

A base serve para conectar a lâmpada ao receptáculo (soquete). Para a iluminação geral, existem no comércio as bases dos tipos rosca (Fig. 9.23) e baioneta, identificadas respectivamente pelas letras E (Edson) e B, seguidas por um número que indica o diâmetro da base em milímetros. O material da base geralmente é latão, alumínio ou níquel. O filamento de uma lâmpada incandescente é colocado em um invólucro de vidro selado, denominado bulbo, disponível em uma grande

Fig. 9.23 Lâmpada incandescente

variedade de formas e que pode ser transparente ou ter acabamento argenta (leitoso). A lâmpada com acabamento argenta proporciona uma boa distribuição do fluxo luminoso, atenuando as sombras e o ofuscamento.

Por se tratar de um tipo de lâmpada que converte energia elétrica em energia radiante (10%) e energia térmica (90%), ou seja, de baixa eficiência energética do ponto de vista de iluminação, e por existirem alternativas mais eficientes, como descrito adiante, a sua produção está sendo interrompida.

9.9.2 Lâmpada halógena

O funcionamento desse tipo de lâmpada segue o mesmo princípio da lâmpada incandescente, sendo considerada uma versão evoluída desta. A diferença está no fato de que o gás halogênio no interior do bulbo devolve ao filamento as partículas de tungstênio que se desprendem com o calor. Com isso, ela ganha estabilidade de fluxo luminoso e um aumento de durabilidade, que pode chegar a cinco mil horas.

Por produzir uma luz branca e brilhante, essa lâmpada é indicada para realçar objetos no ambiente e, por isso, são muito usadas no comércio, para iluminar vitrines, mostruários etc., e nas residências, para destacar objetos de decoração.

9.9.3 Lâmpada fluorescente

A lâmpada fluorescente é um dos tipos de lâmpada de descarga cuja luz é produzida por uma contínua descarga elétrica em um gás ou vapor ionizado, às vezes em combinação com a luminescência de fósforos, que são excitados pela radiação da descarga.

As lâmpadas de descarga são operadas por meio de um reator, cuja principal função é limitar a corrente na lâmpada ao seu valor de operação. Um *starter* ou ignitor é usado para iniciar a descarga. Sozinho ou em combinação com o reator, ele fornece pulsos de tensão que ionizam o caminho da descarga e provocam a partida. A ignição é seguida pela estabilização do gás ou vapor, que poderá demorar alguns minutos, dependendo do tipo de lâmpada. Durante esse tempo, o fluxo luminoso aumenta com o aumento do consumo, até a lâmpada atingir seu valor nominal.

Importante: as lâmpadas fluorescentes não devem ser quebradas e seu descarte exige coleta especial porque utilizam mercúrio em sua fabricação.

a] Lâmpada fluorescente tubular

A lâmpada fluorescente tubular (Fig. 9.24) é uma lâmpada de descarga de baixa pressão, na qual a luz é predominantemente produzida por pós-fluorescentes ativados pela energia ultravioleta da descarga. A lâmpada, geralmente em forma de um bulbo tubular longo, com um eletrodo em cada extremidade, contém vapor de mercúrio sob baixa pressão, com uma pequena quantidade de gás inerte para facilitar a partida. A superfície interna do bulbo é coberta com um pó fluorescente ou fósforo, cuja composição determina a quantidade e a cor da luz emitida.

Fig. 9.24 Lâmpada fluorescente tubular

A lâmpada fluorescente tubular tem sido produzida na faixa de 15 até 110 W e seu acionamento pode ocorrer com ou sem *starter*, dependendo do tipo do reator. Um diagrama elétrico básico de instalação da lâmpada fluorescente com *starter* é apresentado na Fig. 9.25.

Na lâmpada de partida instantânea, a ignição depende exclusivamente da aplicação de uma alta tensão sobre a lâmpada, sendo esta tensão fornecida pelo reator.

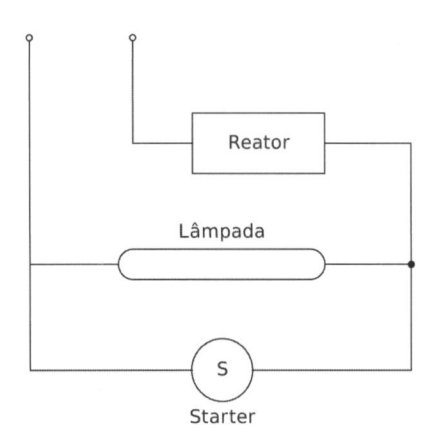

Fig. 9.25 Acionamento de lâmpada fluorescente com *starter*

Os antigos reatores eletromagnéticos, grandes e pesados, que funcionam em 60 Hz, vêm sendo substituídos pelos modelos eletrônicos, que economizam energia e têm menor carga térmica. Os reatores eletrônicos trabalham em 35 KHz, o que evita a intermitência conhecida como cintilação e o efeito estroboscópico, ambos responsáveis pelo cansaço visual. Os reatores de baixa *performance* são os chamados "acendedores" e servem apenas para acender lâmpadas em ambientes residenciais. Os de alta performance são equipados com filtros que evitam interferências no sistema elétrico e são indicados para instalações comerciais, hospitais, bancos, escolas etc. Há ainda os reatores eletrônicos dimerizáveis, que permitem a dimerização de fluorescentes – possibilidade inimaginável há apenas dez anos. Seu uso permite a integração da luz natural com a artificial – quando combinado a sensores, ele vai aumentando ou diminuindo a intensidade luminosa das lâmpadas conforme a necessidade, de modo que a luz artificial seja usada apenas como complemento à luz natural. Também possibilita a criação de diferentes cenários de luz.

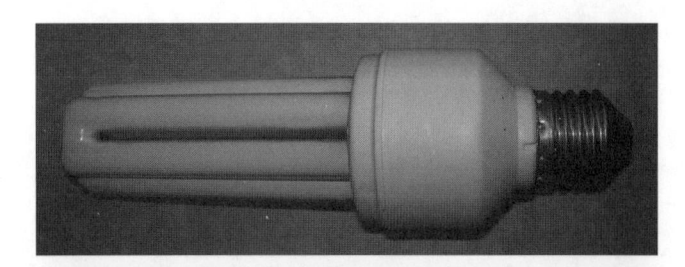

b] Lâmpada fluorescente compacta

Na lâmpada fluorescente compacta (Fig. 9.26), o *starter* é incorporado à base. Essa lâmpada possui as boas características de cor da lâmpada incandescente, porém com um consumo consideravelmente menor (Tab. 9.1). Essas qualidades tornam essa lâmpada adequada para um grande número de aplicações, sem perder as vantagens das lâmpadas fluorescentes.

TAB. 9.1 Equivalência em watts

L.I.	40	60	75	100	120
L.F.C.	7	11	15	20	23

Fonte: Catálogo GE.

Fig. 9.26 Lâmpada fluorescente compacta

9.9.4 Lâmpada de LEDs

O LED (*light emitter diode* – diodo emissor de luz) é um componente eletrônico semicondutor que, como se pode inferir de sua denominação, tem a propriedade de transformar energia elétrica em luz. Tal transformação é diferente da encontrada nas lâmpadas convencionais, que utilizam filamentos metálicos, radiação ultravioleta e descarga de gases, entre outras. No LED, a transformação de energia elétrica em luz é feita na matéria, sendo, por isso, chamada de Estado Sólido (*Solid State*).

Trata-se de um componente do tipo bipolar com um dos terminais denominado ânodo e o outro, cátodo. Dependendo de como é polarizado, o LED permite ou não a passagem de corrente elétrica e, consequentemente, a geração ou não de luz. O componente mais importante de um LED é o *chip* semicondutor, responsável pela geração de luz. Esse *chip* tem dimensões muito reduzidas, como se pode verificar na Fig. 9.27, que apresenta os componentes de um LED convencional. A Fig. 9.28 mostra alguns tipos de LED.

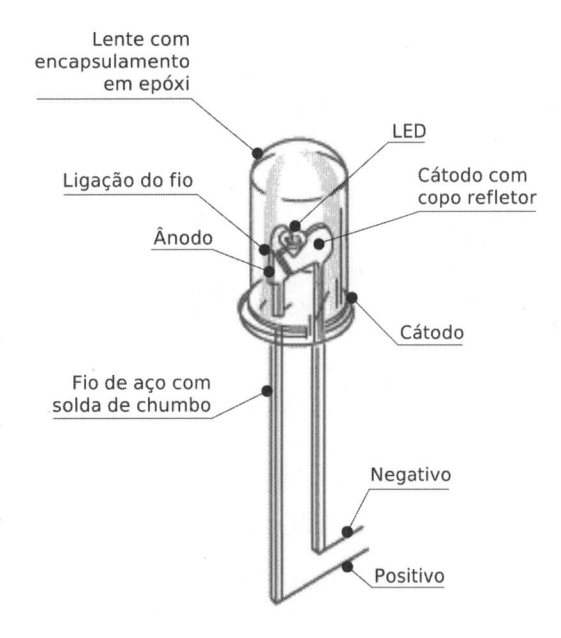

Fig. 9.27 LED convencional

Durante os anos 1980, graças aos avanços da tecnologia, os LEDs das cores vermelha e âmbar conseguiram atingir níveis de intensidade luminosa que permitiram acelerar o processo de substituição de lâmpadas, principalmente na indústria automotiva. Entretanto, somente no início dos anos 1990 é que foi possível obter-se LEDs com comprimentos de onda menores, nas cores azul, verde e ciano, tecnologia que propiciou a obtenção do LED branco, cobrindo, enfim, todo o espectro de cores. No final dos anos 1990, apareceu o primeiro LED de potência Luxeon, responsável por uma verdadeira revolução na tecnologia dos LEDs, pois apresentava um fluxo luminoso (não mais intensidade luminosa) da ordem de 30 a 40 lumens e com um ângulo de emissão de 110 graus.

Hoje em dia, temos LEDs que atingem a marca de 120 lumens de fluxo luminoso, e com potência de 1,0–3,0 e 5,0 watts, disponíveis em várias cores, responsáveis pelo aumento considerável na substituição de alguns tipos de lâmpadas em várias aplicações de iluminação. A lâmpada de LEDs converte em luz até 40% da energia consumida. Inicialmente foi usada para fins decorativos, substituindo as halógenas, mas hoje existem modelos para uso geral. Um exemplo desse tipo de lâmpada é apresentado na Fig. 9.29.

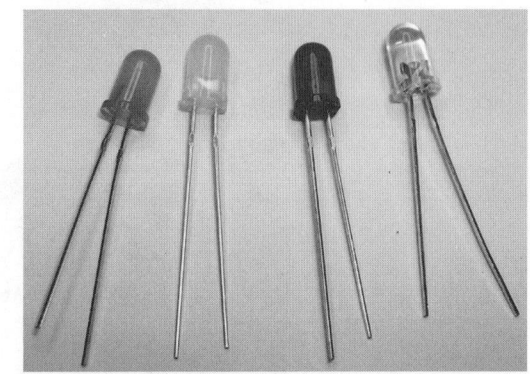

Fig. 9.28 Alguns tipos de LED

Fig. 9.29 Lâmpada de LEDs

Entre os benefícios da lâmpada de LEDs, destacam-se:
- custos de manutenção reduzidos devido à sua longa vida útil;
- apresenta maior eficiência que as lâmpadas incandescentes, halógenas e fluorescentes;
- resistência a impactos e vibrações, pois utiliza tecnologia de estado sólido; portanto, sem filamentos, vidros etc., o que aumenta a sua robustez;
- controle dinâmico da cor, podendo-se obter um espectro variado de cores, incluindo várias tonalidades de branco;
- tem acionamento instantâneo, mesmo quando está operando em temperaturas baixas;
- ecologicamente correta, pois não utiliza mercúrio ou qualquer outro elemento que cause dano à natureza;
- não emite radiação ultravioleta, sendo ideal para aplicações em que esse tipo de radiação é indesejado (p.ex., quadros, obras de arte etc.);
- também não emite radiação infravermelha, fazendo com que o feixe luminoso seja frio;
- ao contrário da lâmpada fluorescente, que tem um maior desgaste da sua vida útil no momento em que é ligada, na lâmpada de LEDs é possível a energização e a desativação rapidamente, possibilitando o efeito *flash*, sem detrimento da vida útil.

9.9.5 Comparações entre lâmpadas

De forma resumida, apresentam-se a seguir algumas informações/comparações relativas às lâmpadas descritas neste capítulo.

Incandescente
Potência: 60 W
Fluxo luminoso: 900 lumens
Vida útil: 1.000 horas
Eficiência luminosa: 15 lumens/watt
Na casa ecológica: não recomendada

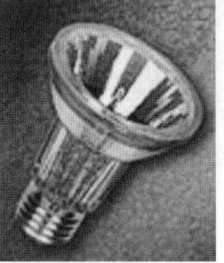

Halógena
Potência: 50 W
Fluxo luminoso: 900 lumens
Vida útil: 2.000 horas
Eficiência luminosa: 18 lumens/watt
Na casa ecológica: não recomendada

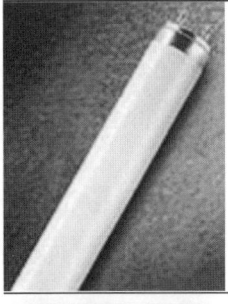

Fluorescente tubular
Potência: 20 W
Fluxo luminoso: 1.000 lumens
Vida útil: 7.500 horas
Eficiência luminosa: 50 lumens/watt
Na casa ecológica: recomendada

Fluorescente compacta
Potência: 15 W
Fluxo luminoso: 900 lumens
Vida útil: 8.000 horas
Eficiência luminosa: 60 lumens/watt
Na casa ecológica: altamente recomendada

Lâmpada de LEDs
Potência: 1,5 W
Fluxo luminoso: 300 lumens
Vida útil: 50.000 horas
Eficiência luminosa: 200 lumens/watt
Na casa ecológica: altamente recomendada

Fonte: <http://www.radames.manosso.nom.br/ambiental/index.php/energia/69-iluminacao-e-lampadas>.

Exercícios

9.1 Desenhe um esquema elétrico com interruptores para ligar/desligar uma lâmpada em dois pontos distintos. Refaça para três pontos distintos.

9.2 Em um disjuntor termomagnético, qual é a função do disparador?

9.3 Analise se são verdadeiras ou falsas as afirmações a seguir. Justifique.
   a) Um interruptor deve ser instalado entre a lâmpada e o condutor neutro.
   b) Em situações em que um mesmo ponto de luz será comandado de mais de dois lugares diferentes, deve-se instalar um interruptor simples em cada extremidade do circuito e, nas demais posições, um interruptor intermediário.
   c) A principal função de um disjuntor é como interruptor.
   d) O contator é um dispositivo que atua sob a ação de uma força de origem eletromagnética que fecha os contatos elétricos rapidamente, minimizando o risco de arcos elétricos.

e) Em painéis de comando em que estão instalados dispositivos para acionamento de equipamentos como motores, por exemplo, são interrompidas correntes elétricas cujas magnitudes são da mesma ordem de grandeza das que circulam nos equipamentos.

f) Um aterramento de proteção consiste na ligação dos neutros das tomadas à terra, por meio de eletrodo de aterramento, visando à proteção contra choques elétricos por contato indireto.

9.4 Como a constituição química do solo afeta o valor da resistência de terra?

9.5 Cite alguns equipamentos elétricos de sua residência que estão aterrados e outros que deveriam estar aterrados. Comente.

9.6 Que tipos de interruptores estão ilustrados no diagrama da Fig. 9.30? Cite uma aplicação.

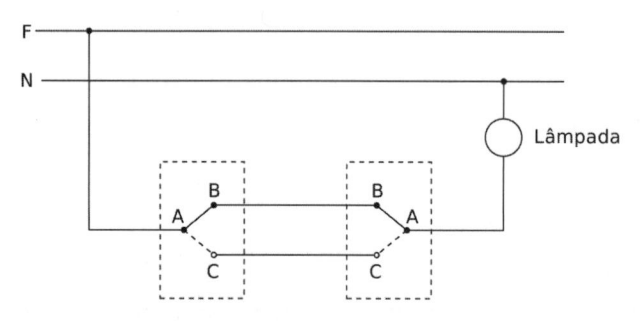

Fig. 9.30 Circuito do Exercício 9.6

9.7 O que representam as Figs. 9.31 e 9.32, e qual a principal diferença?

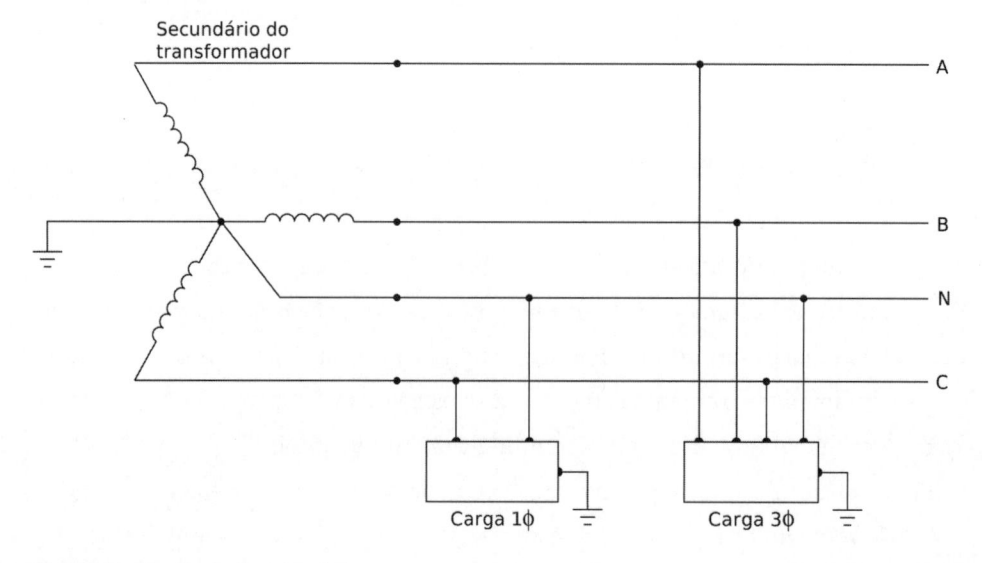

Fig. 9.31 Circuito do Exercício 9.7

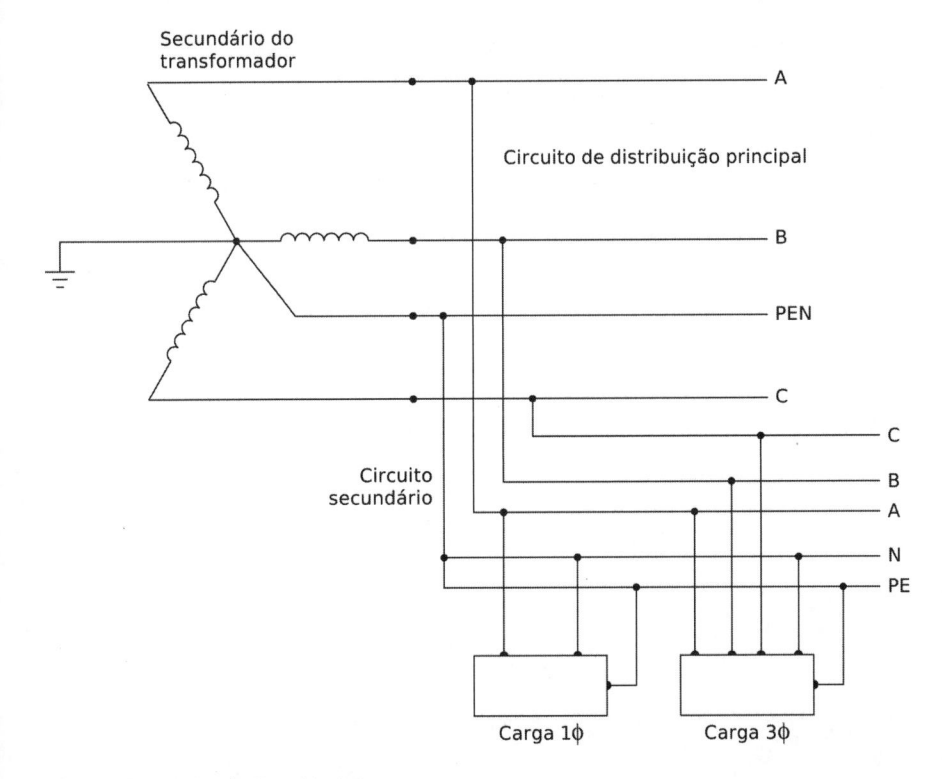

Fig. 9.32 Circuito do Exercício 9.7

9.8 Que tipos de interruptores estão ilustrados no diagrama da Fig. 9.33? Cite uma aplicação.

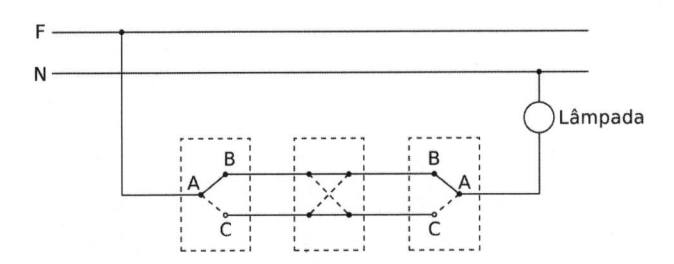

Fig. 9.33 Circuito do Exercício 9.8

9.9 As ligações no diagrama da Fig. 9.34 estão corretas? Justifique.

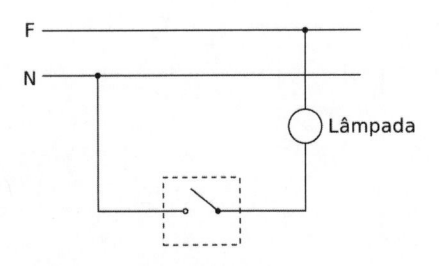

Fig. 9.34 Circuito do Exercício 9.9

9.10 A norma ABNT NBR 14136:2002 determina a instalação das novas tomadas e plugues 2P+T, como ilustrado na Fig. 9.14. Por que o plugue e a tomada para 20 A têm diâmetro maior?

Leituras adicionais

COTRIM, A. A. M. B. *Instalações elétricas*. 5. ed. São Paulo: Pearson Prentice Hall, 2009.

CREDER, H. *Instalações elétricas*. 15. ed. Rio de Janeiro: LTC, 2007.

SOUZA, J. R. A. *Instalações elétricas em locais de habitação*. São Paulo: MM, 2007.

CAVALIN, G; CERVELIN, S. *Instalações elétricas prediais*. 12. ed. São Paulo: Érica, 2005.

LIMA FILHO, D. L. *Projetos de instalações elétricas prediais*. 8. ed. São Paulo: Érica, 2003.

NORMAS ABNT referenciadas:

- NBR 5410:2004 - *Instalações elétricas de baixa tensão*.
- NBR 5419 - *Proteção de estruturas contra descargas atmosféricas*.
- NBR 7117:1981 - *Medição da resistividade de solo pelo método dos quatros pontos (Wenner)*.
- NBR 14136:2002 - *Plugues e tomadas para uso doméstico e análogo até 20 A/250 V em corrente alternada - Padronização*.
- NBR IEC 60050-826:1997 - *Vocabulário eletrotécnico internacional - Capítulo 826 - Instalações elétricas em edificações*.
- NBR NM 60884-1:2010 - *Plugues e tomadas para uso doméstico e análogo - Parte 1: Requisitos gerais (IEC 60884-1:2006 MOD)*.

Motores e geradores

10

Genericamente, motores e geradores, tanto em corrente contínua (c.c.) como em corrente alternada (c.a.), são equipamentos rotativos que, respectivamente, convertem a energia elétrica em mecânica e a energia mecânica em elétrica. Dos diferentes tipos de motores e geradores existentes, neste capítulo são abordados: o motor trifásico mais utilizado na indústria, que é o motor de indução; o gerador de tensões e correntes alternadas (gerador c.a.); o motor de corrente contínua (motor c.c.) e uma importante aplicação desse tipo de motor, que é o motor universal. Para todos esses equipamentos estabeleceram-se como objetivos entender o respectivo princípio de funcionamento e analisar as suas características operacionais.

10.1 Conversão eletromecânica de energia

Sabe-se que o magnetismo é uma propriedade da matéria que pode ser encontrada em determinadas substâncias que transferem aos respectivos corpos (chamados ímãs) a propriedade de atraírem materiais ferrosos por meio da criação de um campo magnético no espaço. Sabe-se também que um dos fatos mais importantes do eletromagnetismo pode ser sintetizado na seguinte frase: "toda corrente elétrica produz um campo magnético no espaço circundante". Esse fato advém do experimento de Öersted (Fig. 10.1), que verificou o deslocamento da agulha de uma bússola colocada próximo a um condutor, quando através deste circulava uma corrente elétrica.

> Hans Christian Öersted (ou Ørsted) nasceu em 14 de agosto de 1777, em Rudkøbing, Dinamarca, e faleceu em 9 de março de 1851, em Copenhague, capital do país. Foi o físico e químico que impulsionou o desenvolvimento do eletromagnetismo ao constatar, em abril de 1820, o movimento de uma agulha magnética quando próxima a um condutor com corrente elétrica. Em 1825, Öersted foi o primeiro a produzir alumínio por meio da redução do cloreto de alumínio

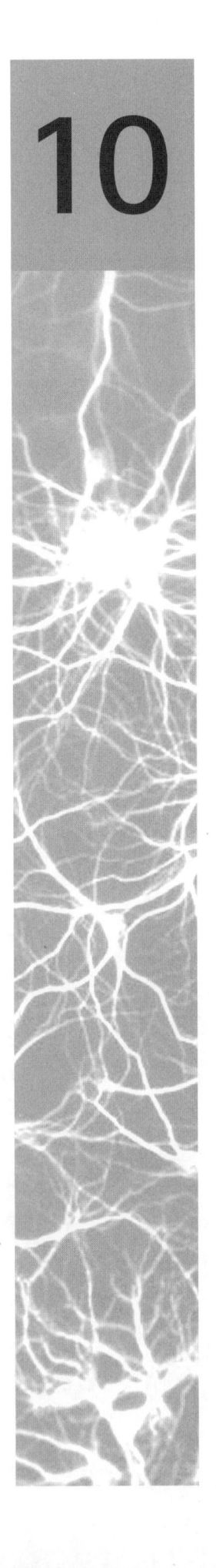

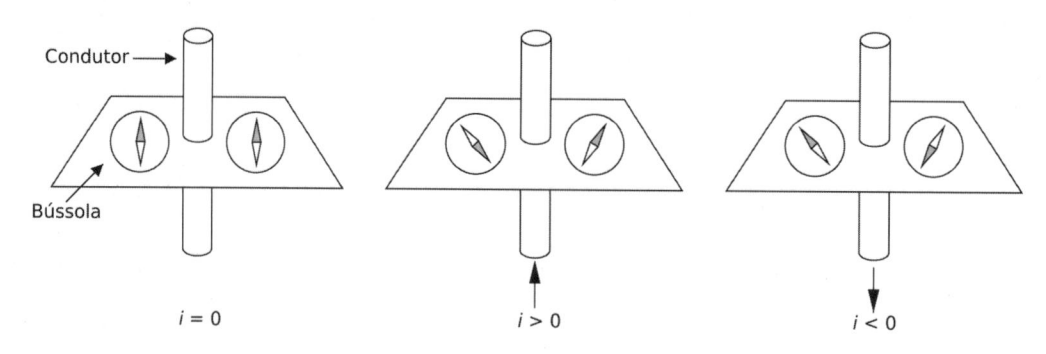

Fig. 10.1 Experimento de Öersted

Assim, um eletroímã (enrolamento com núcleo de material ferromagnético), ao ser energizado, produz os mesmos efeitos magnéticos de um ímã, apresentando igualmente um polo norte e um polo sul, conforme ilustrado na Fig. 10.2.

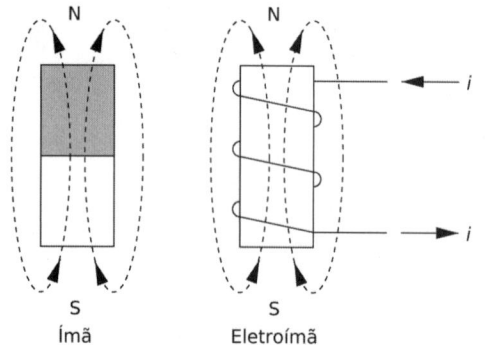

Fig. 10.2 Efeitos magnéticos do ímã e do eletroímã

Portanto, os seguintes fenômenos são facilmente observáveis:

- Ao aproximarmos dois ímãs, ocorrerá um alinhamento na direção do campo magnético, porém com os polos opostos se defrontando.
- Dois eletroímãs, ao serem energizados, também se alinharão de modo que os eixos longitudinais coincidam com a direção do campo, porém com os polos opostos se defrontando.

E sempre que ocorrer o deslocamento de um dos componentes, com o consequente desalinhamento dos campos, surgirá uma força para restabelecer o alinhamento, com a realização de um trabalho mecânico cuja energia necessária é fornecida pela fonte que supre a corrente elétrica que gera o campo magnético. Portanto, ao se impor um desalinhamento de dois eletroímãs energizados, um trabalho mecânico estará sendo realizado, tendo-se um processo de conversão eletromecânica de energia. Pode-se dizer que o dispositivo torna-se um transdutor, isto é, converte uma forma de energia em outra. Ao se construir convenientemente esse transdutor, tem-se um motor elétrico, o qual converte energia elétrica em energia mecânica, ou um gerador, o qual converte energia mecânica em energia elétrica.

10.2 Aspectos construtivos

Nos geradores e motores elétricos, podem-se distinguir duas partes principais: o estator (parte fixa) e o rotor (parte girante).

10.2.1 Motores e geradores trifásicos

Particularmente no motor de indução (M.I.) e no motor síncrono (M.S.) trifásicos, o estator tem a mesma forma construtiva, que consiste em ter os enrolamentos do estator alojados em sulcos (ranhuras) existentes na parte interna da carcaça (núcleo de ferro laminado) e energizados por uma fonte trifásica que fornece correntes senoidais defasadas de 120° elétricos, das quais provém o campo magnético girante descrito mais adiante.

Para o motor de indução, o rotor pode ser dos seguintes tipos básicos:

- com bobina curto-circuitada, cujas espiras são colocadas em ranhuras em uma peça cilíndrica de material ferromagnético;
- gaiola de esquilo, ou simplesmente gaiola (Fig. 10.3), que consiste em uma peça cilíndrica de material ferromagnético, em cuja superfície são incrustadas barras de alumínio ou cobre, curto-circuitadas nas extremidades por meio de anéis condutores, cuja estrutura sem o núcleo está ilustrada na Fig. 10.4.

Fig. 10.3 Motor de indução com rotor gaiola

(A) Princípio construtivo

Barras de material condutor

Anel de curto-circuito

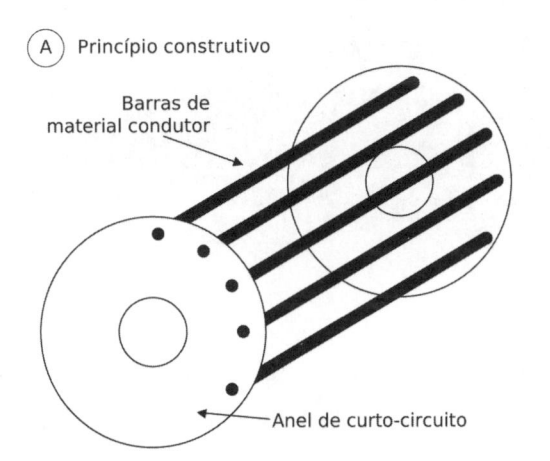

(B) Protótipo didático

Fig. 10.4 Rotor gaiola sem núcleo

No motor síncrono e no gerador c.a., cujos estatores são idênticos, o rotor básico é do tipo bobinado, envolvendo um núcleo de material ferromagnético cujos terminais são soldados em anéis coletores de cobre instalados no eixo do rotor (Fig. 10.5).

Através de escovas de carvão em contato com os anéis coletores, uma corrente contínua circula na bobina do rotor, proveniente de uma fonte c.c. externa, como ilustrado na Fig. 10.6.

10.2.2 Motor de corrente contínua

No motor c.c., o rotor é uma peça cilíndrica de material ferromagnético em cujas ranhuras são colocadas diversas espiras conectadas em série, com seus terminais soldados nos segmentos (lâminas de cobre) que compõem o comutador (Fig. 10.7), sobre o qual se encontram as escovas de carvão que são conectadas à fonte c.c. (Fig. 10.8). Genericamente, esse enrolamento é denominado enrolamento de armadura, e a estrutura que o contém é conhecida por armadura. A finalidade do comutador é descrita mais adiante.

Fig. 10.5 Rotor do motor síncrono

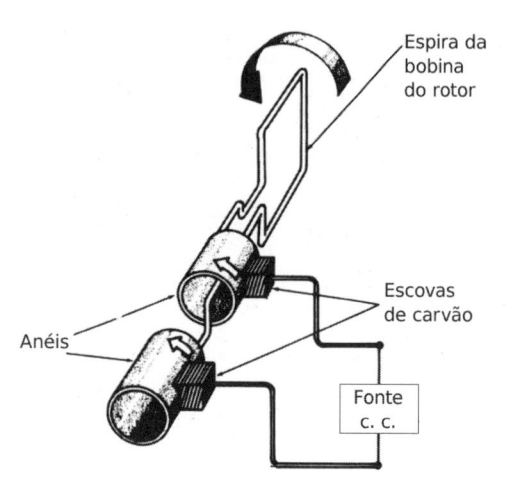

Fig. 10.6 Conexão da fonte c.c. ao rotor do motor síncrono

Fig. 10.7 Rotor de motor c.c.

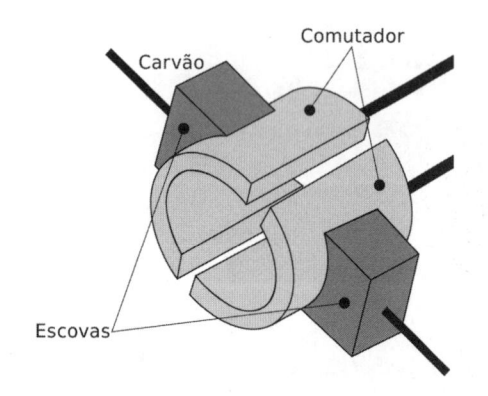

Fig. 10.8 Comutador

Na maioria dos motores c.c., o campo magnético que envolve o rotor é gerado por outro enrolamento (eletroímã), no qual circula uma corrente contínua proveniente da mesma fonte c.c. do rotor ou de outra fonte independente. Esse enrolamento, localizado no estator, é denominado enrolamento de campo ou circuito de campo.

10.3 Princípio de funcionamento dos motores de indução e síncrono

Como já citado, tanto o M.I. como o M.S. trifásicos têm seu funcionamento baseado na existência de um campo magnético que gira em torno do rotor, porém com diferentes formas de interação desse campo com o rotor.

10.3.1 Campo magnético girante

Considere três bobinas idênticas, dispostas geometricamente a 120° entre si e conectadas em Y, como ilustrado na Fig. 10.9.

Sabe-se que na rede de energia elétrica têm-se tensões trifásicas equilibradas, ou seja, três tensões senoidais de mesma amplitude, mesma frequência e defasadas de 120°:

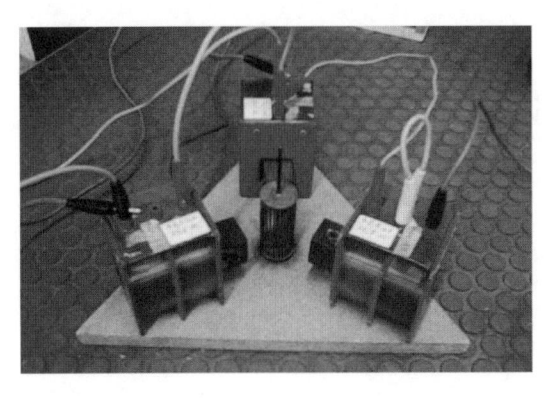

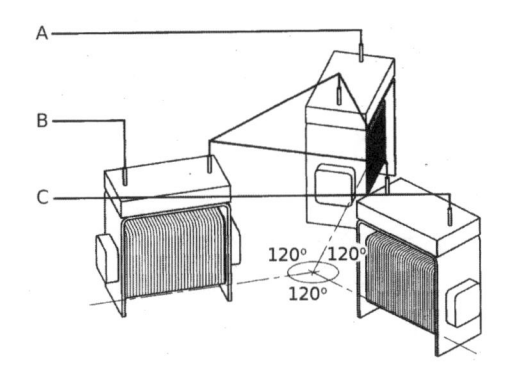

Fig. 10.9 Obtenção de campo magnético girante

$$u_a(t) = U \cdot \text{sen}(\omega \cdot t)$$
$$u_b(t) = U \cdot \text{sen}(\omega \cdot t - 120°)$$
$$u_c(t) = U \cdot \text{sen}(\omega \cdot t - 240°)$$

(10.1)

Ao conectarmos à rede elétrica essas bobinas que compõem o estator do motor de indução, circularão por elas correntes senoidais de mesma magnitude e também defasadas entre si de 120°, que geram os fluxos magnéticos ilustrados na Fig. 10.10A e cujas direções e sentidos, assim como a composição desses campos, que resulta no campo magnético girante representado pela seta maior posicionada no centro geométrico, estão ilustrados na Fig. 10.10B.

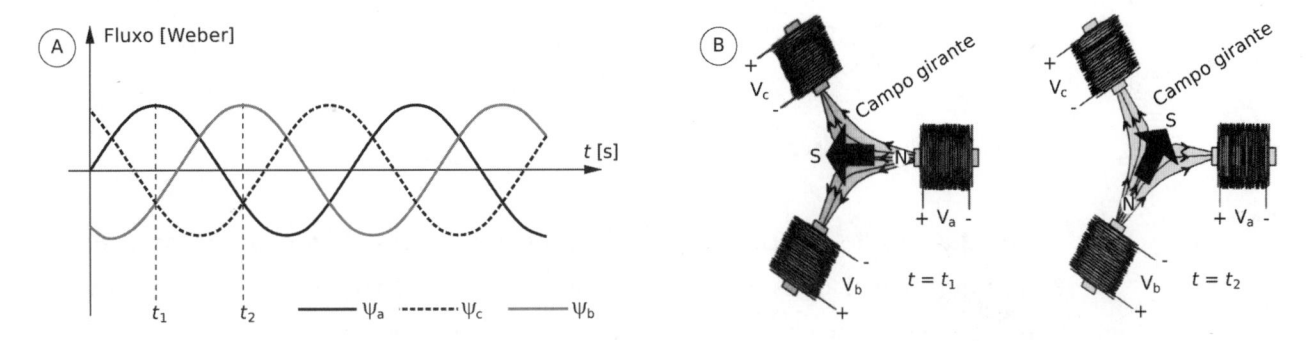

Fig. 10.10 Formação de campo magnético girante

Se uma agulha magnética (bússola) for colocada no centro geométrico das bobinas, ela girará com a mesma velocidade do campo magnético, desde que não existam limitações mecânicas para tal. Diz-se que o rotor está em sincronismo com o campo magnético girante.

> Os vídeos "Motor de indução – Princípio de funcionamento" e "Motores elétricos" possibilitam uma visão prática da formação do campo magnético girante.

A velocidade de rotação do campo magnético girante, também conhecida como velocidade síncrona (n_s), é expressa por:

$$n_S = \frac{120 \cdot f_e}{p} \tag{10.2}$$

em que:

f_e – frequência das correntes trifásicas nas bobinas do estator;

p – quantidade de polos magnéticos;

a constante 120 concilia a unidade de f_e (Hz) com a unidade de n_s (rpm).

A quantidade de polos (p) no estator pode ser alterada como ilustrado na Fig. 10.11, na qual se tem a representação de duas espiras conectadas em série, uma delas instalada nas ranhuras superiores e a outra, nas ranhuras inferiores do estator. Note que a forma como elas são inseridas nas ranhuras determina a quantidade de polos.

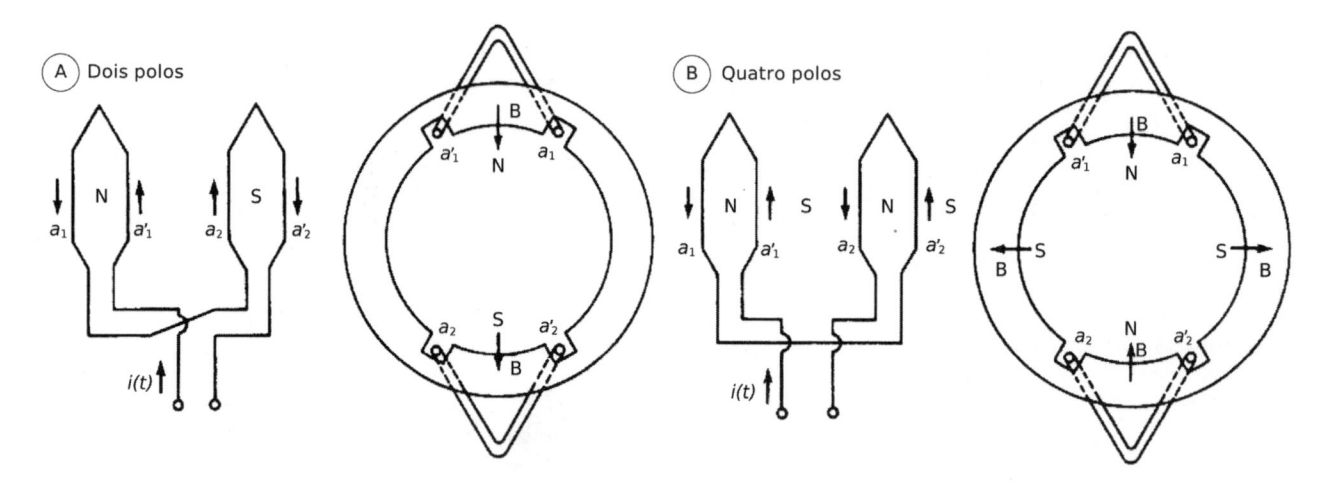

Fig. 10.11 Diferentes quantidades de polos magnéticos

10.3.2 Ação do campo magnético girante no rotor do motor de indução

Para entender melhor o princípio de funcionamento do motor de indução, considere uma espira curto-circuitada que, sob a ação de um campo magnético girante uniforme, será atravessada por uma quantidade de linhas de campo variável com o tempo. O fluxo concatenado pela espira é variável com o tempo e, segundo a "Lei da Indução de Faraday", haverá na espira a indução de uma corrente com um sentido tal que o campo magnético por ela gerado opõe-se às variações do fluxo magnético proveniente do estator, resultando em movimento da espira no mesmo sentido de rotação, com o intuito de, se possível, anular a variação do fluxo magnético. Assim, pode-se intuir que o rotor do motor de indução pode também ser do tipo bobinado, desde que os seus terminais estejam curto-circuitados.

Portanto, em um motor de indução, tem-se nos condutores do rotor a indução de uma corrente elétrica que gera um campo magnético, o qual interage com o campo magnético girante, promovendo o movimento do rotor no mesmo sentido de rotação, de forma acelerada, até estabilizar em uma velocidade próxima da velocidade de rotação do campo magnético girante (velocidade síncrona), pois, se o rotor girasse nessa velocidade, não haveria movimento relativo entre o rotor e o campo magnético girante; consequentemente, o fenômeno de indução de corrente no rotor não aconteceria. Tal característica, peculiar a esse motor, justifica outra denominação: motor assíncrono.

Independentemente do tipo do rotor, à medida que a velocidade do rotor aumenta, a taxa de variação no tempo do fluxo concatenado, ou com a gaiola ou com a bobina no rotor, será menor; consequentemente, menores serão a amplitude e a frequência da corrente elétrica nela induzida, a qual pode ser calculada por:

$$f_r = f_e - \frac{p \cdot n}{120} \quad (10.3)$$

em que:

f_r – frequência da corrente elétrica no rotor;

f_e – frequência da corrente elétrica no estator;

p – quantidade de polos magnéticos;

n – velocidade mecânica (rotor) medida em rpm.

Uma vez que o rotor do motor de indução sempre gira com velocidade menor que a síncrona, define-se uma grandeza, denominada escorregamento, que é obtida pela expressão (10.4):

$$s = \frac{n_s - n}{n_s} \quad (10.4)$$

em que:

s – escorregamento;

n_s – velocidade síncrona (velocidade do campo magnético girante);

n – velocidade do rotor.

Como se pode notar, o escorregamento expressa, em porcentagem o quanto o rotor está girando abaixo da velocidade síncrona, que, em geral, corresponde a um valor entre 1% e 5% da condição de plena carga (potência nominal), dependendo do tamanho e do tipo do motor.

Dessa forma, o valor da frequência da corrente induzida no rotor pode também ser obtido pela expressão (10.5):

$$f_r = s \cdot f_e \quad (10.5)$$

em que:

f_r – frequência da corrente elétrica no rotor;

f_e – frequência da corrente elétrica no estator;

s – escorregamento.

10.3.3 Ação do campo magnético girante no rotor do motor síncrono

Como já citado, na bobina do rotor circula uma corrente contínua; consequentemente, tem-se um campo magnético constante gerado de forma independente da ação do campo magnético girante em torno do rotor. Dessa forma, ocorrerá um alinhamento dos eixos magnéticos dos dois campos, que fará o rotor girar com velocidade constante, ou seja, o rotor do M.S. gira na velocidade síncrona (escorregamento nulo). Portanto, a velocidade do rotor do motor síncrono é função somente da frequência da tensão da fonte à qual as bobinas do estator estão conectadas.

Entretanto, para que esse rotor atinja a velocidade síncrona, é necessário algum artifício para o seu acionamento, pois, pela sua própria característica física, ele não tem partida própria, ou seja, deve-se rotacioná-lo até uma velocidade próxima do valor nominal, quando então os terminais da respectiva bobina são conectados a uma fonte c.c., o que faz com que o rotor gire com velocidade constante e idêntica à velocidade do campo magnético girante (velocidade síncrona).

10.4 Características elétricas

A potência de saída é a potência mecânica no eixo do motor, que é a potência nominal (P_N), geralmente expressa em CV ou HP e, eventualmente, em kW. A potência de entrada (P_E), expressa em kW, é a potência nominal dividida pelo rendimento (η), como indicado em (10.6).

$$P_E(kW) = \frac{P_N(kW)}{\eta} \quad \text{ou} \quad P_E(kW) = \frac{P_N(CV)}{\eta} \cdot 0{,}736 \quad \text{ou} \quad P_E(kW) = \frac{P_N(HP)}{\eta} \cdot 0{,}746 \quad (10.6)$$

A corrente nominal ou corrente de plena carga de um motor (I_N) é a corrente consumida pelo motor quando este fornece a potência nominal a uma carga. Para os motores c.a., as correntes podem ser determinadas pelas expressões (10.7) e (10.8):

a] Monofásico:

$$I_N = \frac{P_N}{U_N \cdot \cos(\varphi) \cdot \eta} = \frac{P_E}{U_N \cdot \cos(\varphi)} \quad (10.7)$$

b] Trifásico:

$$I_N = \frac{P_N}{\sqrt{3} \cdot U_N \cdot \cos(\varphi) \cdot \eta} = \frac{P_E}{\sqrt{3} \cdot U_N \cdot \cos(\varphi)} \quad (10.8)$$

em que:

U_N – tensão de linha nominal;

$\cos(\varphi)$ – fator de potência nominal.

O conjugado eletromagnético (T) pode ser obtido pela expressão (10.9):

$$P_{em} = T \cdot \omega \quad (10.9)$$

em que:

P_{em} – potência eletromagnética (potência no rotor) em watts;

ω – velocidade em rad/s;

a unidade de T é N.m.

Em princípio, nenhum motor deve ser instalado para fornecer uma potência superior à nominal. Entretanto, sob determinadas condições, isso pode vir a ocorrer, acarretando um aumento da corrente que, dependendo da intensidade e da duração da sobrecarga, pode levar à redução da vida útil do motor ou até mesmo à sua queima.

10.5 Identificação (dados de placa)

Algumas características elétricas e mecânicas de um motor elétrico são informadas pelos fabricantes em uma placa fixada no estator, popularmente conhecida como dados de placa (Fig. 10.12). Para instalar adequadamente um motor, é imprescindível que se saiba interpretar esses dados.

Na indústria, podem-se encontrar motores com diferentes códigos nos dados de placa, pois foram fabricados de acordo com uma determinada norma técnica, como, por exemplo:

- ABNT – Associação Brasileira de Normas Técnicas;
- IEC – International Electrotechnical Commission;
- NEMA – National Electrical Manufacturers Association.

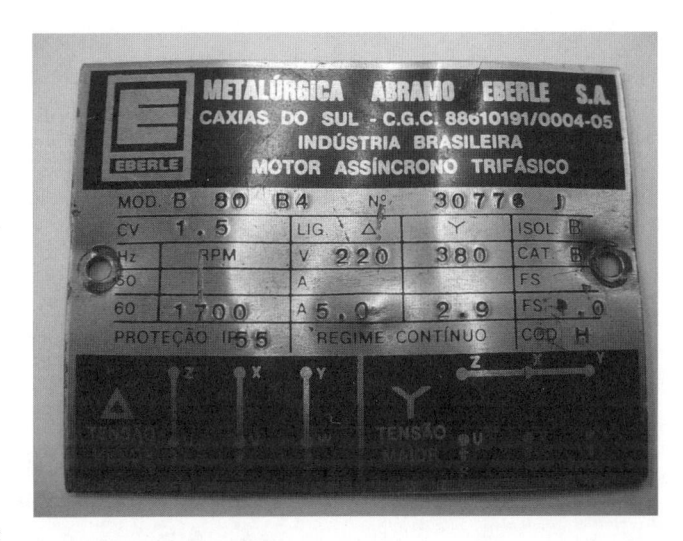

Fig. 10.12 Dados de placa

Em geral, constam dos dados de placa as seguintes informações:

- Nome e dados do fabricante;
- Modelo (MOD);
- Potência (CV, HP, kW);
- Número de fases (p. ex., 3FAS);
- Tensões nominais (V);
- Frequência nominal (Hz);
- Categoria (CAT);
- Correntes nominais (A);
- Velocidade nominal (RPM);
- Fator de Serviço (FS);
- Classe de isolamento (ISOL.CL.);
- Letra-código (COD);
- Regime (REG);
- Grau de proteção (IP);
- Ligações.

10.5.1 Categoria (CAT)

De acordo com as características de conjugado em relação à velocidade e à corrente de partida, as normas técnicas classificam os motores de indução trifásicos em categorias, cada uma adequada a um tipo de carga. Na norma ABNT NBR 17094-1:2008 [*Máquinas Elétricas Girantes – Motores de Indução – Parte 1: Trifásicos*], por exemplo, há a categoria N, que corresponde a motores com conjugado de partida normal, corrente de partida normal e baixo escorregamento, que inclui a maioria dos motores encontrados no mercado e que se prestam ao acionamento de cargas normais, como bombas, ventiladores e máquinas operatrizes.

10.5.2 Fator de serviço

Define-se o fator de serviço (FS) de um motor como sendo o fator que, aplicado à potência nominal, indica a sobrecarga permissível que pode ser aplicada continuamente ao motor, sob condições especificadas. Assim, por exemplo, um motor de 20 CV cujo FS é 1,15 pode operar continuamente com 23 CV. O FS não deve ser confundido com a capacidade de sobrecargas momentâneas (durante alguns minutos). Certos motores podem suportar sobrecargas de até 160% da carga nominal durante 15 segundos.

10.5.3 Classe de isolação

A norma ABNT NBR 7034:2008 [*Materiais isolantes elétricos – Classificação térmica*] designa as classes de temperatura dos materiais isolantes elétricos, ou da combinação destes, utilizados em máquinas, aparelhos e equipamentos elétricos, com base na temperatura máxima que podem suportar em condições normais de operação durante a sua vida útil.

A classe de isolação, indicada por uma letra normalizada (Tab. 10.1), identifica o tipo do material isolante empregado no motor. Os valores expressos na tabela correspondem aos níveis máximos de temperatura em que o motor poderá operar sem que seja afetada a sua vida útil.

TAB. 10.1 Classe de isolação

Classe A	Classe E	Classe B	Classe F	Classe H
105°	120°	130°	155°	180°

10.5.4 Letra-código (COD)

A letra-código (ou código de partida) indica a corrente de rotor bloqueado (rotor parado) sob tensão nominal.

Na partida, um motor solicita da rede elétrica uma corrente muitas vezes superior à nominal. A relação entre a corrente de partida (I_P) e a corrente nominal (I_N) varia com o tipo e o tamanho do motor, podendo atingir valor superior a 8. Essa relação depende também do tipo de carga acionada pelo motor. Os motores de procedência norte-americana com potência nominal superior a 0,5 CV levam a indicação de uma letra-código que fornece a relação aproximada dos kVA consumidos por CV com rotor bloqueado. Evidentemente, o motor nunca opera nessa condição (rotor bloqueado); porém, no instante da partida, ele não está girando e, portanto, essa condição é válida até que ele comece a girar. A Tab. 10.2 fornece a relação kVA/CV para as diversas letras-código.

Tab. 10.2 Letras-código

Letra-código	kVA/CV com rotor bloqueado	Letra-código	kVA/CV com rotor bloqueado
A	abaixo de 3,14	L	9,00 a 9,99
B	3,15 a 3,54	M	10,00 a 11,19
B	3,55 a 3,99	N	11,20 a 12,49
D	4,00 a 4,49	P	12,50 a 13,99
E	4,50 a 4,99	R	14,00 a 15,99
F	5,00 a 5,59	S	16,00 a 17,99
G	5,60 a 6,29	T	18,00 a 19,99
H	6,30 a 7,09	U	20,00 a 22,39
J	7,10 a 7,99	V	22,40 e acima
K	8,00 a 8,99		

Exemplo 10.1

Considere o seguinte motor de indução trifásico:

3 CV   220 V   fator de potência 0,83   rendimento 78%   COD J

Esses dados permitem determinar a corrente nominal: 9,0 A.

A Tab. 10.2 mostra que, para a letra-código J, a relação kVA/CV fica na faixa de 7,10 a 7,99. Ao se tomar o valor 7,55 (valor médio), a corrente de partida é calculada pela expressão (10.10).

$$I_P = \frac{\left(\frac{kVA}{CV}\right) \cdot CV \cdot 1.000}{\sqrt{3} \cdot U_N} \qquad (10.10)$$

Portanto, a corrente de partida será:

$$I_P = \frac{7{,}55 \cdot 3 \cdot 1.000}{\sqrt{3} \cdot 220} = 59{,}5 \, A$$

Assim, a corrente de partida será 6,6 vezes a corrente nominal.

10.5.5 Regime

O regime é o grau de regularidade da carga a que o motor é submetido. Os motores normais são projetados para o regime contínuo, isto é, um funcionamento com carga constante, por um tempo indefinido, desenvolvendo potência nominal. São previstos, por norma, vários tipos de regimes de funcionamento.

10.5.6 Grau de proteção

A norma ABNT NBR IEC 60034-5:2009 [*Máquinas elétricas girantes – Parte 5: Graus de proteção proporcionados pelo projeto completo de máquinas elétricas girantes (Código IP) – Classificação*] estabelece a classificação de graus de proteção providos por invólucros de máquinas elétricas rotativas. Trata-se de um código padronizado (IP + dois algarismos) que define o tipo de proteção do motor contra a entrada de água ou de objetos estranhos.

O primeiro algarismo indica o grau de proteção contra a penetração de corpos sólidos estranhos, que varia de 0 (sem proteção) a 6 (proteção total contra poeira).

O segundo algarismo indica o grau de proteção contra a penetração de líquidos, que varia de 0 (sem proteção) a 8 (proteção total quando em imersão permanente).

Embora, segundo a norma, os algarismos indicativos de grau de proteção possam ser combinados de muitas maneiras, somente alguns tipos de proteção são usualmente empregados, a saber: IP12, IP22, IP23 e IP44. Os três primeiros são motores abertos e o último, totalmente fechado. Para aplicações especiais mais rigorosas, são comuns também os graus de proteção IP54 (ambientes muito empoeirados) e IP55 (casos em que os motores são lavados periodicamente com mangueiras, como, por exemplo, em fábricas de papel e indústrias alimentícias).

10.5.7 Ligações

A placa de identificação do motor contém diagramas de ligações que permitem a ligação correta do motor ao sistema de energia elétrica. As Figs. 10.13 a 10.15 mostram os tipos de ligações.

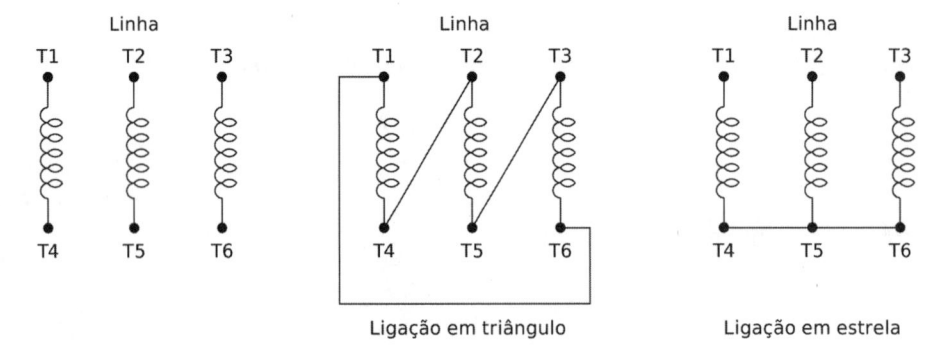

Fig. 10.13 Ligações em Δ e em Y de um motor com bobina simples por fase

10.6 Regulamentação

Em 11 de dezembro de 2002, foi sancionado o Decreto Federal nº 4.508, que dispõe sobre a regulamentação específica que define os níveis mínimos de eficiência energética de motores elétricos trifásicos de indução rotor gaiola de esquilo, de fabricação nacional ou importados, para comercialização ou uso no Brasil:

> Art. 1º Os equipamentos objeto desta regulamentação correspondem aos motores elétricos trifásicos de indução rotor gaiola de esquilo, de fabricação nacional ou importados, para comercialização ou uso no Brasil, incluindo tanto os motores comercializados isoladamente quanto os que fazem parte de outros equipamentos.

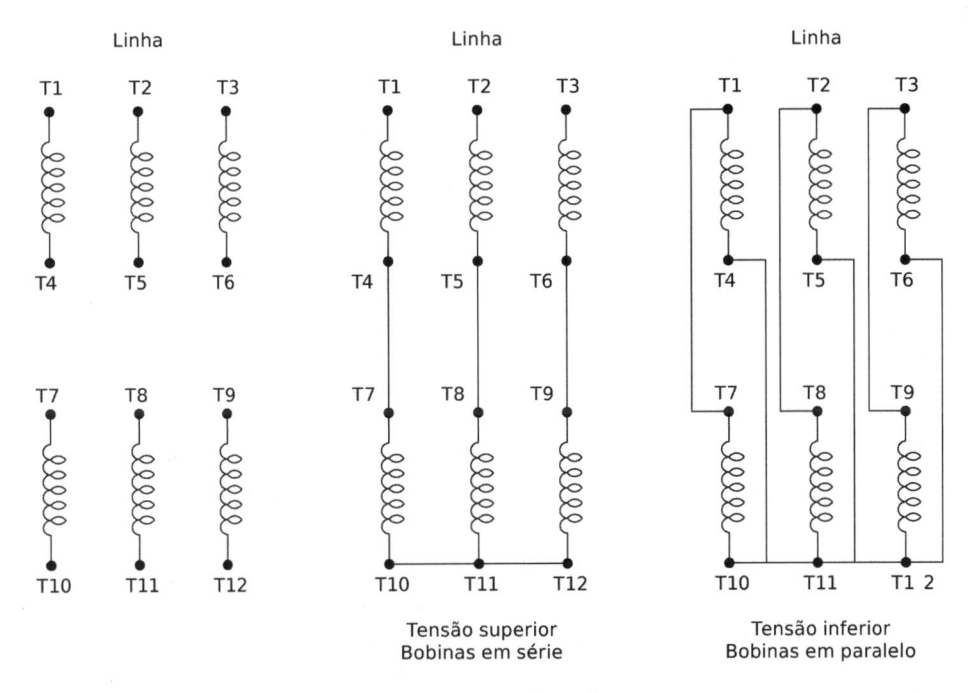

Fig. 10.14 Ligação em estrela de um motor com bobina dupla por fase

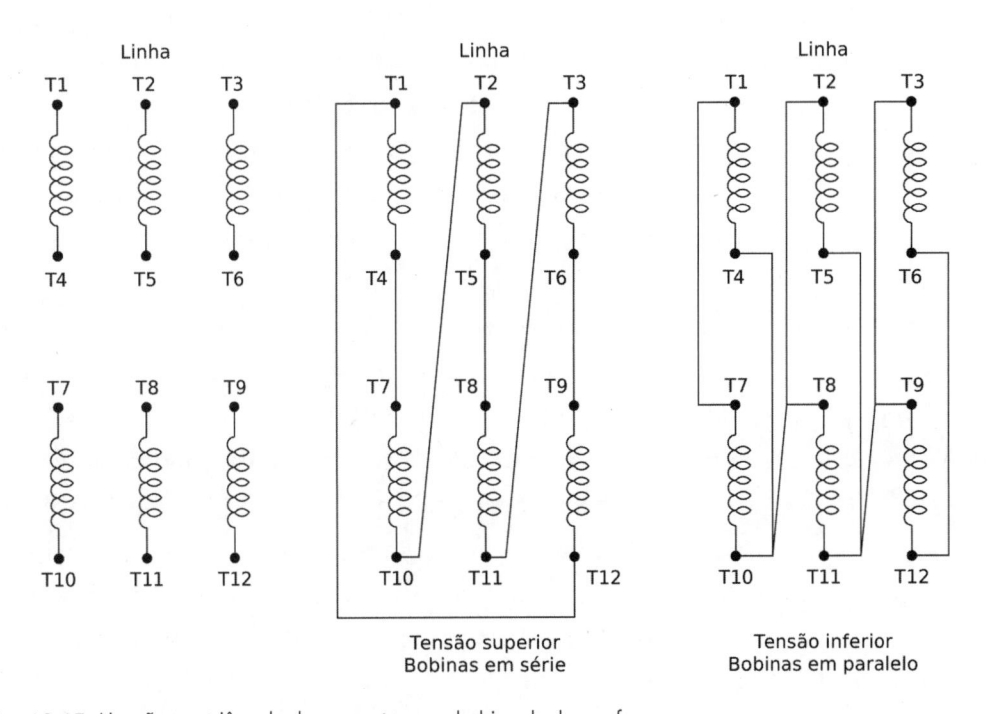

Fig. 10.15 Ligação em triângulo de um motor com bobina dupla por fase

Parágrafo Único. Os motores objeto desta regulamentação possuem as seguintes características:

I – para operação em rede de distribuição de corrente alternada trifásica de 60 Hz, e tensão nominal até 600V, individualmente ou em quaisquer combinações de tensões;

II – frequência nominal de 60 Hz ou 50 Hz para operação em 60 Hz;

III – uma única velocidade nominal ou múltiplas velocidades para operação em uma única velocidade nominal;

IV – nas potências nominais de 1 a 250 CV ou HP (0,75 a 185 kW) nas polaridades de 2 e 4 polos; nas potências de 1 a 200 CV ou HP (0,75 a 150 kW) na polaridade de 6 polos e nas potências de 1 a 150 CV ou HP (0,75 a 110 kW) na polaridade de 8 polos;

V – para operação contínua, ou classificado como operação S1 conforme a Norma Brasileira – ABNT NBR 7094/2000 [*Máquinas elétricas girantes – Motores de indução – Especificação*];

VI – desempenho de partida de acordo com as características das categorias N e H da norma NBR 7094/2000, da ABNT, ou categorias equivalentes, tais como A ou B ou C da National Equipment Manufacturers Association – NEMA; e

VII – seja do tipo totalmente fechado com ventilação externa, acoplada ou solidária ao próprio eixo de acionamento do motor elétrico.

10.7 Acionamento de motor de indução trifásico

No instante de acionamento do motor de indução, este se comporta como um transformador cujo enrolamento secundário corresponde ao do rotor parado e curto-circuitado. Considerando que o circuito do rotor apresenta uma baixa impedância e que a taxa de variação do fluxo magnético concatenado é relativamente alta, tem-se um alto valor da corrente induzida no enrolamento secundário, que se reflete para o circuito do estator, conectado na rede elétrica em tensão nominal.

Em geral, dependendo do porte (potência), a partida de um motor elétrico não deve ocorrer conectando-o diretamente à rede elétrica, ou seja, aplicando tensão nominal em seus terminais, pois, em função do tipo e das características construtivas, a corrente de partida pode atingir de 3 a 6 vezes (ou mais) o valor da corrente nominal – corrente a plena carga – em motores do tipo indução e síncrono trifásicos. Portanto, deve-se dispor de algum tipo de dispositivo que limite a corrente de partida.

Na Fig. 10.16 é indicada a utilização do dispositivo Chave Estrela-Triângulo, cujo princípio de funcionamento está esquematizado na Fig. 10.17.

Fig. 10.16 Utilização da Chave Estrela-Triângulo

O vídeo "Motor de Indução – Acionamento – Chave Estrela-Delta" apresenta o uso desse dispositivo.

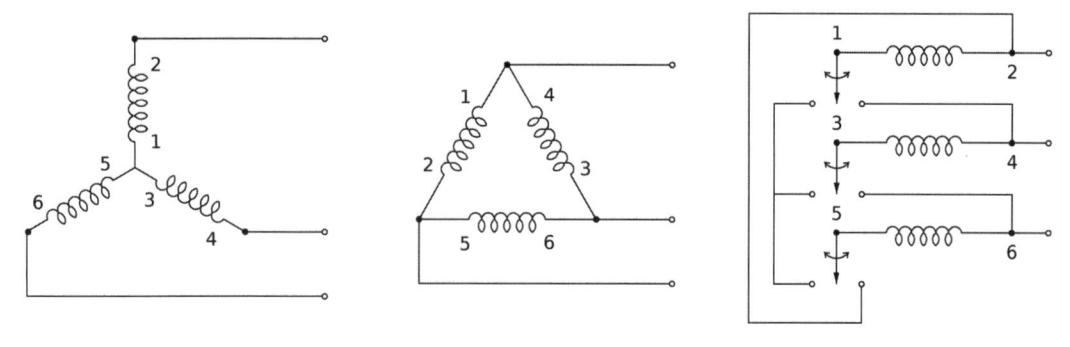

Fig. 10.17 Funcionamento da Chave Estrela-Triângulo

10.8 Princípio de funcionamento do gerador c.a.

No Cap. 8 foi comentado que o cientista Michael Faraday constatou que em qualquer condutor de eletricidade submetido a um campo magnético variável, tem-se em seus terminais a indução de uma tensão elétrica proporcional à variação desse campo. Esse fenômeno também pode ser observado na Fig. 10.18, pois ao girarmos o bastão de ímã permanente, o condutor da bobina ora é percorrido pelas linhas de força do campo magnético de forma crescente, ora de forma decrescente, e essa variação do campo magnético causa a indução de uma d.d.p. no condutor, o que é confirmado pelo movimento do ponteiro no medidor (G) e também por meio da lâmpada que acende. Portanto, conclui-se que há circulação de corrente em função da tensão induzida na bobina, devido ao movimento relativo entre o campo magnético do ímã e o condutor da bobina.

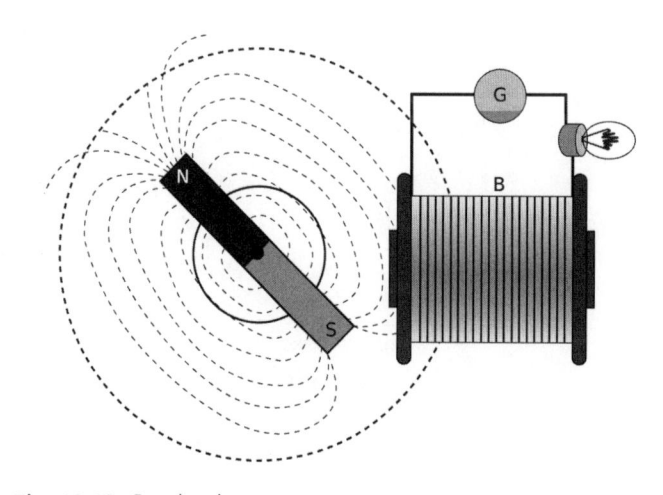

Fig. 10.18 Gerador elementar

A magnitude da tensão e, consequentemente, da corrente varia de acordo com a posição relativa dos polos norte e sul do rotor em relação à bobina, ou seja, nos terminais da bobina tem-se uma tensão alternada com a forma de onda da Fig. 10.19.

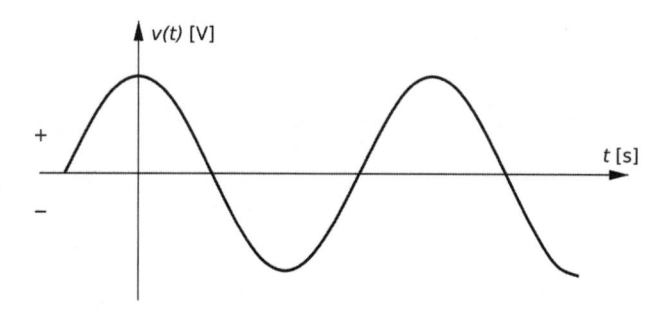

Fig. 10.19 Forma de onda induzida

10.9 Gerador c.a. elementar

O princípio de funcionamento de um gerador c.a. baseia-se nos resultados da Lei de Faraday: instala-se um eletroímã alimentado com corrente contínua no rotor do gerador que é girado por uma turbina; faz-se o campo magnético criado pelo eletroímã, ao ser girado pela turbina, atravessar um conjunto de bobinas de fios de cobre instaladas no estator (parte fixa) do gerador, nas quais são induzidas as tensões. Desse modo, converte-se energia mecânica, produzida pela turbina, em energia elétrica, extraída das bobinas do estator. A Fig. 10.20 ilustra um gerador c.a. elementar.

Os terminais *a* e *b* são da bobina instalada no estator, enquanto que os terminais da bobina do rotor são soldados em anéis coletores de cobre, instalados no eixo do rotor.

A corrente contínua (i_c) que circula na bobina do rotor é denominada corrente de campo e provém de uma fonte c.c. externa ao gerador, sendo injetada na bobina através de escovas de carvão em contato com os anéis coletores, conforme ilustrado na Fig. 10.21.

O valor instantâneo da tensão induzida é proporcional à intensidade do campo magnético gerado por i_c e, portanto, dependente da magnitude dessa corrente e da velocidade de rotação (ω-rad/s) do rotor, pois a taxa de variação do fluxo (dλ/dt) depende de ω.

$$\lambda = N \cdot \varphi \cdot \cos(\omega \cdot t) \qquad (10.11)$$

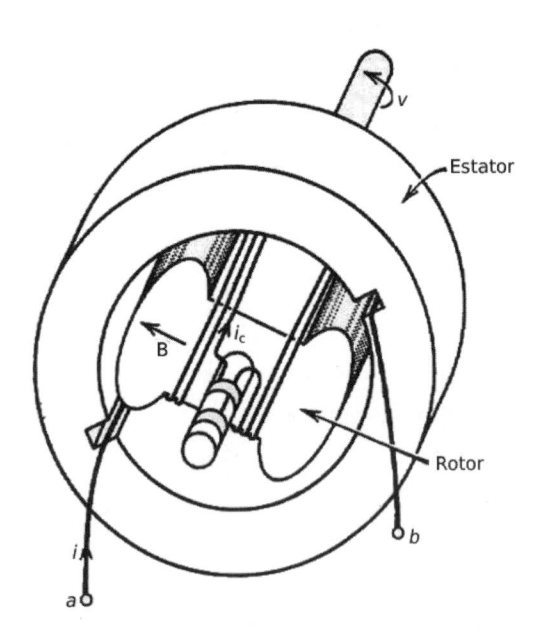

Fig. 10.20 Gerador c.a. elementar

em que:

λ – fluxo enlaçado (concatenado);

N – número de espiras do enrolamento do estator;

φ – fluxo produzido pelo campo (indutor);

ω – velocidade do rotor (rad/s).

Sendo $\phi = KI_c$ (K – constante de proporcionalidade), a tensão gerada E_g no estator é obtida pela expressão (10.12):

$$Eg = -\frac{d\lambda}{dt} = K \cdot N \cdot \omega \cdot I_c \cdot \text{sen}(\omega \cdot t) \qquad (10.12)$$

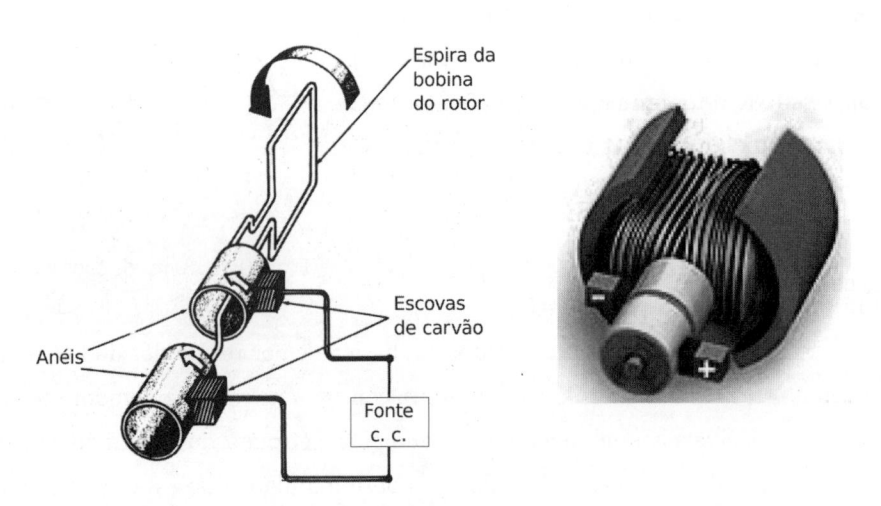

Fig. 10.21 Detalhe do rotor do gerador c.a.

Se o rotor tiver mais de dois polos (Fig. 10.22), cada par de polos induz um ciclo completo de tensão e, dessa forma, para cada giro do rotor são induzidos tantos ciclos de tensão quantos forem os pares de polos.

A quantidade de polos (*p*) e a velocidade de rotação do rotor (*n* – rpm) determinam a frequência (*f*) da tensão gerada nas bobinas do estator, como indicado em (10.13).

$$f = \frac{n \cdot p}{120} \qquad (10.13)$$

Ao se tomar como exemplo o gerador da Fig. 10.22, para $n = 1.800$ rpm e $p = 4$, obtém-se $f = (1.800 \cdot 4)/120 = 60$ Hz.

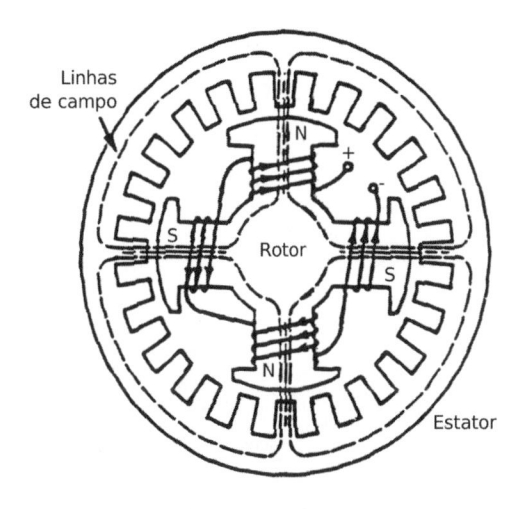

Fig. 10.22 Gerador com 4 polos

10.10 Princípio de funcionamento do motor de corrente contínua

10.10.1 Regra de Fleming

A Regra de Fleming, representada na Fig. 10.23, quando aplicada em cada lado de uma espira envolvida por um campo magnético proveniente de dois ímãs e percorrida por uma corrente contínua fornecida por uma fonte c.c. através das escovas em contato com anéis coletores, resulta em forças ortogonais à espira, conforme indicado na Fig. 10.24.

Dessa forma, a espira começa a girar – no caso, um movimento horário – até que as forças estejam alinhadas, porém em sentidos opostos, cessando o movimento de rotação.

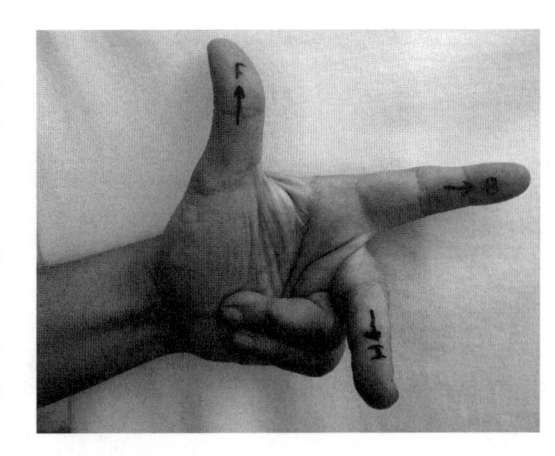

Fig. 10.23 Regra de Fleming

Sir John Ambrose Fleming nasceu em 29 de novembro de 1849, em Lancaster, Lancashire, Inglaterra, e faleceu em 18 de abril de 1945, em Sidmouth, Devon, Inglaterra. Foi o engenheiro elétrico e físico que contribuiu significativamente para os avanços em fotometria, medidas elétricas, telegrafia sem fio e em eletrônica com a invenção da válvula termiônica, primeiro retificador eletrônico de ondas de rádio.

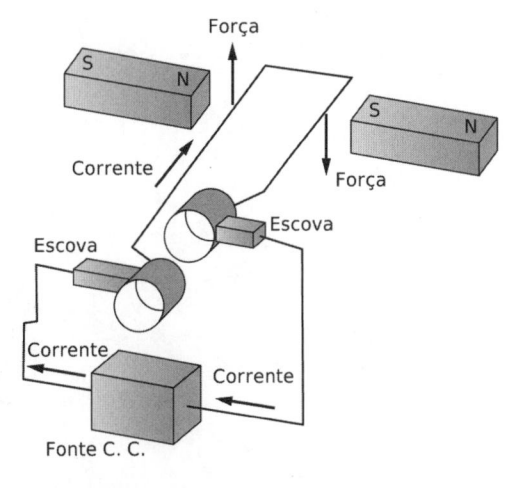

Fig. 10.24 Espira com anéis coletores

10.10.2 Ação do comutador

O que ocorrerá se os anéis coletores forem substituídos por um anel segmentado, denominado comutador, como ilustrado na Fig. 10.25?

Devido à energia cinética existente na espira, ela gira além da posição correspondente ao alinhamento das forças, e o comutador atua invertendo o sentido da corrente na espira e, consequentemente, invertendo também o sentido das duas forças. Dessa forma, a espira continua a girar.

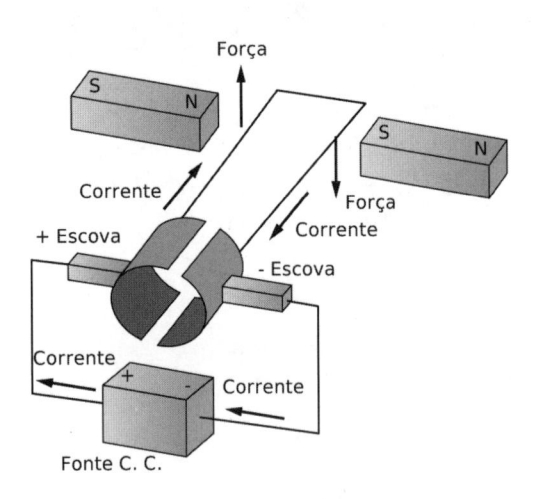

Fig. 10.25 Espira com comutador

10.11 Classificação do motor c.c.

A forma de energização da bobina do estator (excitação da bobina de campo) determina a classificação dos motores c.c.:

- excitação separada (independente) – o enrolamento de campo tem fonte c.c. própria;
- excitação série – o enrolamento de campo está conectado em série ao enrolamento do rotor;
- excitação *shunt* (paralela) – o enrolamento de campo está conectado em paralelo ao enrolamento do rotor;
- excitação composta (mista) – no estator há dois enrolamentos, um em série e outro em paralelo com o enrolamento do rotor.

As representações esquemáticas desses quatro tipos de excitação estão ilustradas na Fig. 10.26A-D.

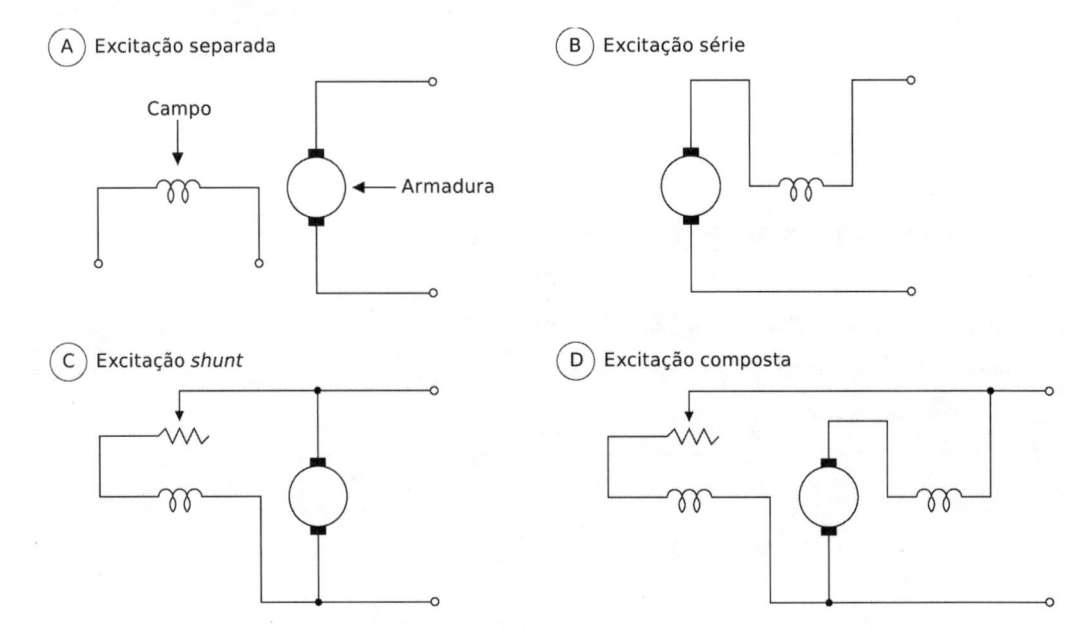

Fig. 10.26 Tipos de excitação do motor c.c.

Circuitos de corrente alternada

Obs.:

a) Com relação à excitação composta, há variações desse tipo de ligação conforme o sentido das correntes que circulam pelos enrolamentos. Para mais detalhes, consultar bibliografia.

b) O motor com excitação série possibilita o seu funcionamento tanto com corrente contínua como com corrente alternada, sendo denominado motor universal.

10.12 Motor universal

Uma representação do motor c.c. série – enrolamento de campo conectado em série com o enrolamento de armadura – está ilustrada na Fig. 10.27.

Seu princípio de funcionamento é o mesmo já descrito na seção 10.10, acrescentando-se que, quando se inverte a polaridade da tensão na fonte (fonte c.a.), invertem-se simultaneamente a polaridade do campo magnético no estator e o sentido da corrente no rotor, continuando a ser produzido conjugado no mesmo sentido. Em razão dessa versatilidade do motor c.c. série em funcionar tanto em c.c. como em c.a., foi-lhe atribuída a denominação de motor universal.

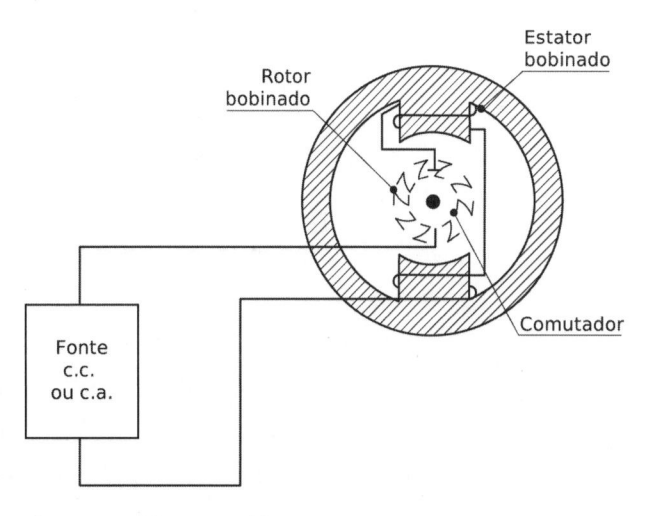

Fig. 10.27 Motor c.c. série

10.13 Características operacionais do motor c.c.

Em um motor c.c., quando o rotor está em movimento, ocorre o fenômeno da indução de uma força eletromotriz (f.e.m.), devido ao movimento das espiras do rotor em uma região com campo magnético gerado pela corrente que circula no enrolamento de campo ("Lei de Faraday"). Com base na "Lei de Lenz", essa f.e.m. (E_g) tem polaridade oposta à da tensão aplicada (U_t) nos terminais da bobina do rotor através da fonte c.c. externa, razão pela qual é denominada força contra-eletromotriz (f.c.e.m.). Assim sendo, tem-se como equação básica para um motor c.c.:

$$U_t = E_g + R_a \cdot I_a \quad \text{ou} \quad I_a = \frac{U_t - E_g}{R_a} \qquad (10.14)$$

em que:

R_a – resistência da bobina do rotor (resistência de armadura);

I_a – corrente de armadura (rotor).

Essa expressão pode ser aplicada diretamente ao motor c.c. com excitação independente. Para outros tipos, como no caso do motor c.c. com excitação série, tem de se considerar, por exemplo, a resistência do enrolamento de campo.

O conjugado eletromagnético (T) pode ser obtido pela expressão (10.15):

$$P_{em} = T \cdot \omega \qquad (10.15)$$

em que:

P_{em} – potência eletromagnética ($P_{em} = E_g I_a$) em watts;

ω – velocidade em rad/s;

a unidade de T é N.m.

Exemplo 10.2

Considere um motor c.c. com as seguintes características elétricas:

$$U_t = 240\,\text{V} \quad I_a = 50\,\text{A} \quad R_a = 0{,}08\,\Omega \quad n = 1.000\,\text{rpm} \quad 1\,\text{rpm} = \frac{2 \cdot \pi}{60}\,\text{rad/s}$$

Nesse caso:

$E_g = 236\,\text{V}$;

Potência fornecida pela fonte c.c.: 12.000 W;

Potência eletromagnética: $P_{em} = 11.800\,\text{W}$;

Desconsiderando as perdas mecânicas: $P_m = 15{,}82$ HP (potência no eixo);

Conjugado eletromagnético: $T = 112{,}68$ N.m.

Outras relações:

A força contra-eletromotriz E_g pode ser obtida pela expressão (10.16):

$$E_g = k \cdot n \cdot \varphi \tag{10.16}$$

em que:

k – constante de proporcionalidade;

n – velocidade em rpm;

φ – valor do fluxo magnético (Wb – weber).

Dessa forma, obtém-se:

$$U_t = k \cdot n \cdot \varphi + R_a \cdot I_a \quad \text{ou} \quad n = \frac{U_t - R_a \cdot I_a}{k \cdot \varphi} \tag{10.17}$$

Conclusão importante: a velocidade de rotação em um motor c.c. é diretamente proporcional à tensão de armadura U_t (rotor) e inversamente proporcional à corrente de campo I_c (detalhe: φ é diretamente proporcional a I_c).

10.14 Acionamento de motores de corrente contínua

Cientes de que em um motor c.c.:

- a corrente de armadura (rotor) é inversamente proporcional à respectiva resistência (expressão 10.14); e
- a velocidade de rotação é inversamente proporcional à corrente de campo;

torna-se necessário o uso de algum dispositivo que limite a corrente de partida (R_a é da ordem de 2,0 Ω) e evite a aceleração excessiva (disparo) do rotor quando há uma diminuição ou interrupção da corrente de campo.

Ao se tomar como exemplo o motor c.c com excitação independente, apresenta-se nas Figs. 10.28 e 10.29 um tipo de dispositivo, aqui denominado DPP (dispositivo de partida e proteção), com dupla função: limitar a corrente de partida e evitar o disparo do rotor.

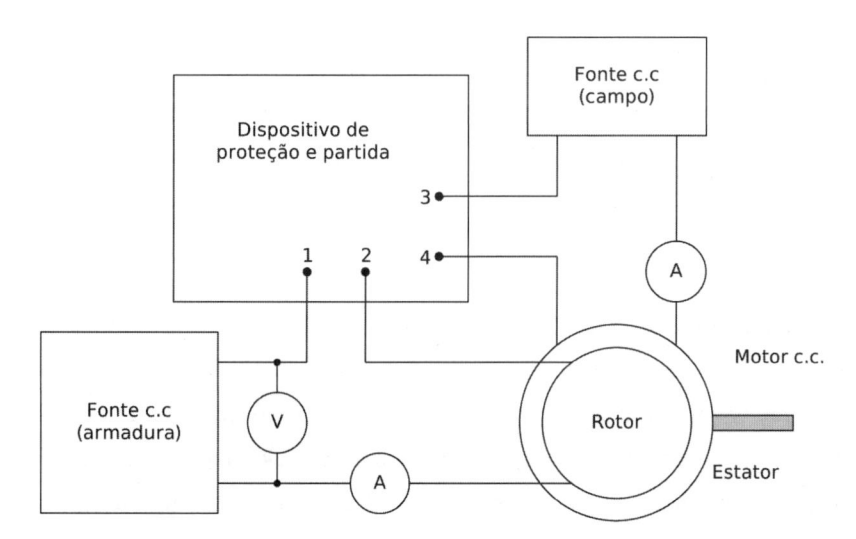

Fig. 10.28 Acionamento de motor c.c. via DPP

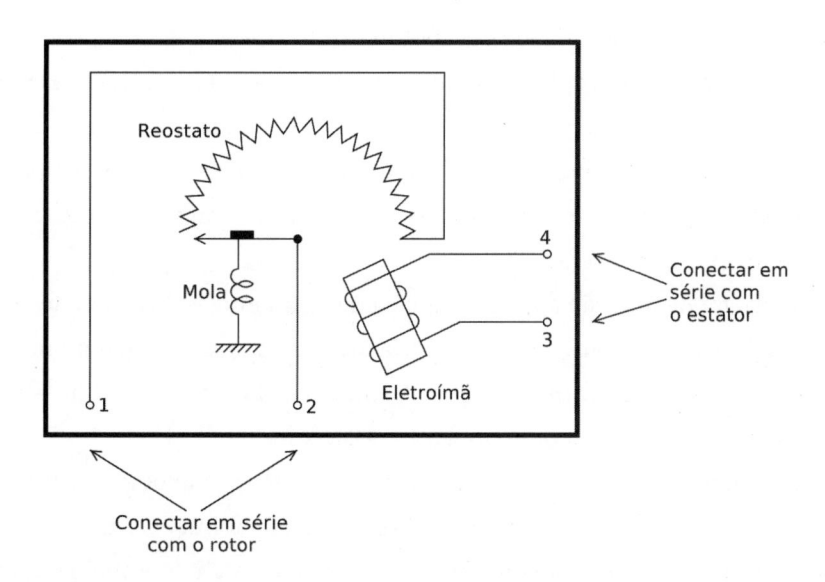

Fig. 10.29 Constituição do DPP

O acionamento (partida) do motor c.c. deve ocorrer da seguinte forma:

1º Ajustar a fonte c.c. (campo) para que no respectivo amperímetro se tenha o valor da corrente nominal do circuito de campo (estator) do motor c.c.

2º Ajustar a fonte c.c. (armadura) para que no voltímetro se tenha o valor da tensão nominal do circuito do rotor do motor c.c.

3º O rotor começa a girar ao variar o reostato gradativamente.

Note que o procedimento de partida estabelece como primeiro passo a energização do enrolamento de campo com corrente nominal, evitando o disparo (aceleração excessiva) do rotor. O uso do DPP evita que a corrente de partida atinja valores entre 50 a 80 vezes (ou mais) o valor da corrente nominal.

> O vídeo "Motor de corrente contínua – Proteção na partida" apresenta o uso do DPP.

10.15 Comentários gerais

Com o advento da corrente alternada, os motores de indução e síncrono sobrepujaram o motor c.c., que foi a primeiro a ser inventado, pois até então só existiam as fontes de corrente contínua. Sem dúvida, os equipamentos a motor constituem a maior parte dos equipamentos industriais e boa parte dos equipamentos não industriais. Neles são utilizados motores de corrente alternada, motores de corrente contínua e motores universais.

Atualmente, com os extraordinários avanços na eletrônica de potência, o motor c.c. passa a ter uma utilização cada vez menor, pois há dispositivos eletrônicos que controlam tanto a corrente de partida como a velocidade dos motores c.a.

Por sua construção mais simples, o motor de indução, também conhecido como motor assíncrono, apresenta um custo menor, e por sua robustez (manutenções menos frequentes), é o motor mais utilizado na indústria, principalmente aqueles com rotor tipo gaiola. A velocidade do rotor depende da frequência da rede elétrica e da carga mecânica (a velocidade decresce ligeiramente com o acréscimo de carga).

Enquanto o motor de indução apresenta um comportamento exclusivamente indutivo, o motor síncrono pode operar com fator de potência indutivo, capacitivo ou unitário, mediante ajustes na magnitude da corrente de campo. A tendência do motor síncrono é apresentar um comportamento capacitivo quanto maior for essa corrente.

Quanto ao gerador c.a., ele está presente em todas as usinas geradoras de energia elétrica, e enquanto a magnitude da tensão gerada pode ser ajustada tanto pela corrente de campo como pela velocidade do rotor, a respectiva frequência é ajustada por meio da velocidade do rotor.

Uma alternativa para a geração de energia elétrica é o gerador de indução, que basicamente corresponde a acoplar algum tipo de turbina no eixo do motor de indução, girar o rotor a uma velocidade superior à velocidade síncrona e, por meio de uma fonte de energia reativa conectada ao estator, garantir a magnetização da máquina. Essa energia pode ser suprida pela própria rede ou por um banco de capacitores conectado em paralelo ao gerador e à rede elétrica.

Os motores c.c. têm custos elevados de aquisição e manutenção, e necessitam da fonte de corrente contínua, podendo funcionar com velocidade ajustável numa larga faixa. São usados em equipamentos que exigem controles de grande precisão e flexibilidade. A utilização dos motores c.c. foi importante não só pela necessidade de motores com velocidade controlável, mas por apresentarem conjugado elevado em rotações baixas, como, por exemplo, no transporte ferroviário.

A versão série do motor c.c., também conhecida por motor universal, é um motor que apresenta um conjugado bastante elevado em rotação baixa (pouca velocidade). O motor universal é bastante utilizado em eletrodomésticos.

Acoplando-se uma turbina ao eixo do motor c.c. e acionando o rotor com qualquer velocidade, ao se energizar a bobina do estator com corrente contínua, uma tensão alternada será induzida na bobina do rotor e retificada pelo comutador, de forma que nos terminais das escovas tem-se uma tensão c.c.

O gerador c.c. foi utilizado até a invenção do gerador c.a. e também, por exemplo, nos automóveis, cuja denominação era dínamo, hoje substituído pelo alternador (gerador c.a.) conectado a um dispositivo eletrônico que converte em tensão c.c.

Exercícios

10.1 Com base na Fig. 10.10, o que se pode concluir a respeito da intensidade e da velocidade de rotação do campo magnético girante? Sugestão: faça a "composição fasorial" dos três campos magnéticos.

10.2 Justifique a diferença na quantidade de polos em cada uma das representações da Fig. 10.11.

10.3 Se o motor de indução for do tipo com rotor bobinado, com acesso aos terminais, deve-se assegurar que estes estejam curto-circuitados. Por quê?

10.4 Em um motor de indução trifásico com rotor tipo gaiola de esquilo, e em outro com rotor do tipo bobinado, a velocidade de rotação do eixo pode ser igual à velocidade de rotação do campo girante? Justifique fisicamente.

10.5 À medida que o rotor acelera, o que ocorre com os valores da intensidade e da frequência da corrente elétrica induzida? Raciocine com base em Faraday: o fenômeno de indução depende do movimento relativo entre campo magnético e condutor.

10.6 Por que a troca de duas fases da alimentação de um motor de indução trifásico produz a inversão no sentido de rotação do rotor? Justifique fisicamente.

10.7 Se, em um processo industrial, houvesse a necessidade de alterar a velocidade do campo girante em um motor de indução trifásico em uso, que procedimento você adotaria? Justifique.

10.8 Existe algum tipo de rotor que pode girar na velocidade do campo girante produzido por correntes trifásicas em um estator? Justifique fisicamente.

10.9 Um motor de indução trifásico, Δ – 220 V, 60 Hz, rotor bobinado, aciona uma bomba d'água.

    a) Qual a importância da sequência de fases na ligação elétrica do motor? Justifique fisicamente.

    b) Descreva um método para limitar a corrente na partida. Justifique fisicamente.

10.10 Com base na Fig. 10.17, descreva o procedimento correto para a utilização da chave estrela-triângulo e justifique como esse dispositivo limita a corrente de partida.

10.11 Com o rotor em movimento, na bobina do estator será induzida uma tensão ou uma corrente? De que tipo será a forma de onda induzida? Justifique sem usar fórmulas.

10.12 Do ponto de vista prático, é possível afirmar que as quantidades de espiras e de polos, a corrente de campo e a velocidade de rotação são efetivamente parâmetros de controle sobre a magnitude e a frequência da tensão gerada? E como eles atuam?

10.13 Para desligar o motor c.c., primeiro desligue a fonte c.c. do rotor e depois a fonte c.c. que alimenta o circuito de campo (estator). Por quê?

10.14 No DPP do motor c.c., inicialmente o reostato está em posição de chave aberta (rotor desligado), e seu cursor é girado no sentido horário até encostar no eletroímã.

    Descreva o procedimento correto para o uso desse dispositivo e justifique como a corrente de partida é limitada, destacando a função do eletroímã no DPP.

10.15 Em um motor de indução trifásico, 4 polos, 60 Hz, o escorregamento é de 5%. Obtenha a velocidade do rotor e a frequência da corrente elétrica nele induzida.

                                                                                            Resp.: 1.710 rpm; 3 Hz

10.16 Em um motor de indução trifásico, 60 Hz, a velocidade síncrona é de 900 rpm. Obtenha a quantidade de polos no estator.   **Resp.:** 8 polos

10.17 Em um motor de indução trifásico, 60 Hz, o eixo gira a 1.140 rpm. Obtenha a velocidade síncrona, a quantidade de polos, o escorregamento e a frequência da corrente elétrica induzida no rotor.   **Resp.:** 1.200 rpm; 6 polos; 5%; 3 Hz

10.18 Em um motor de indução trifásico com rotor tipo gaiola, consta nos dados de placa: 5 HP, 380 V, 60 Hz, rendimento 78%, letra-código L e fator de potência 0,83. Obtenha a relação I_P/I_N.   **Resp.:** 8,3

10.19 Em um motor de indução trifásico com rotor tipo gaiola, constam nos dados de placa: 1 HP, 220 V, 60 Hz, rendimento 77%, fator de serviço 1,25 e fator de potência 0,80. Obtenha a máxima magnitude da corrente de linha. **Resp.:** 3,97 A

10.20 Em um motor de indução trifásico com rotor tipo gaiola de esquilo, consta nos dados de placa: 10 CV, 380 V, 60 Hz, 1.745 rpm, rendimento 82%, letra-código J, fator de serviço 1,15 e fator de potência 0,84. Obtenha a velocidade síncrona, a quantidade de polos, o escorregamento, a frequência da corrente elétrica induzida no rotor, a máxima magnitude da corrente de linha, a corrente nominal, a potência reativa e a magnitude da corrente de partida.
Resp.: 1.800 rpm; 4 polos; 3,06%; 1,83 Hz; 18,66 A; 16,23 A; 5,8 kVA; 114,63 A

10.21 Um motor de indução trifásico com rotor tipo gaiola de esquilo, 60 Hz, 8 polos, aciona uma carga mecânica que exige o respectivo conjugado (torque) máximo, o qual ocorre a 650 rpm. Sabendo que a resistência do rotor, por fase, é de 0,3 Ω, obtenha o respectivo escorregamento e a frequência da corrente elétrica induzida no rotor.
Resp.: 0,278; 16,67 Hz

10.22 Em uma instalação industrial, foi possível identificar, em um motor de indução trifásico, as seguintes características nominais:

$$P_N = 15\,CV \quad U = 220\,V \quad f = 60\,Hz \quad rendimento = 83\%$$

Para obter o respectivo fator de potência (grandeza fundamental para dimensionar os capacitores para a correção do fator de potência), o gerente chamou dois estagiários para resolver o problema. O primeiro disse: "Dê-me um wattímetro que resolverei o problema". O segundo, mais modesto, disse: "Com um amperímetro, consigo obter a resposta".

As ligações realizadas e os valores medidos pelos estagiários estão na Fig. 10.30. Apresente os cálculos feitos pelos dois estagiários para determinar o fator de potência.

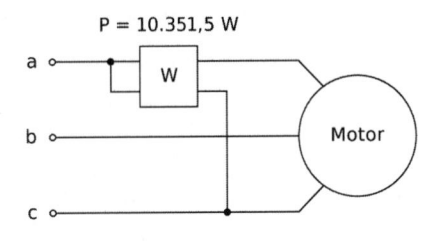

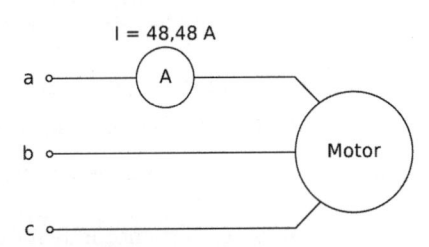

Fig. 10.30 Obtenção do fator de potência

10.23 No seu primeiro dia de trabalho como engenheiro(a), você recebeu a seguinte missão do gerente: orientar um eletricista para instalar um motor de indução num determinado setor da indústria.

Com a placa de identificação do referido motor (Fig. 10.31), e sabendo que o seu rendimento é de 85% no ponto de operação nominal e que deve ser ligado numa rede secundária de 60 Hz cuja tensão de linha é 220 V, obtenha:

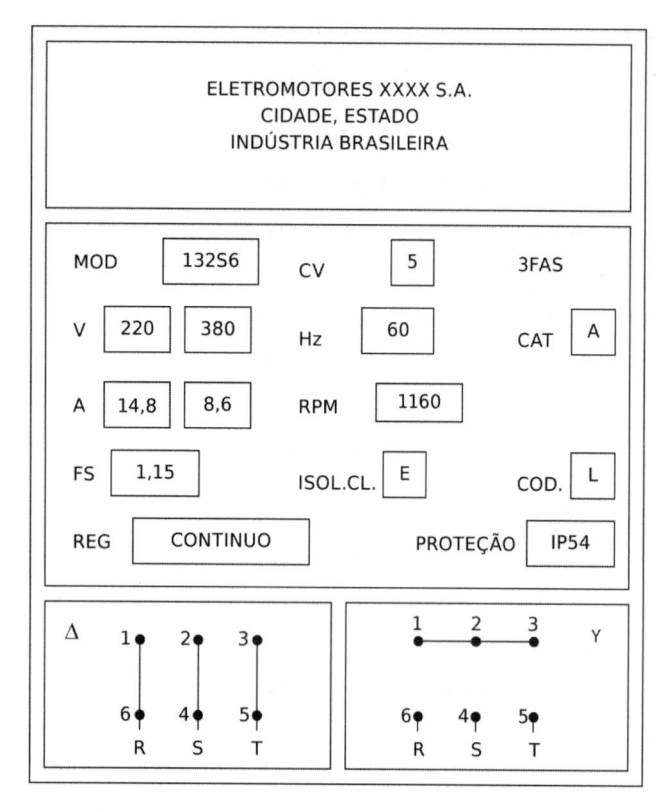

ELETROMOTORES XXXX S.A.				
CIDADE, ESTADO				
INDÚSTRIA BRASILEIRA				

```
MOD  132S6     CV   5        3FAS
V    220  380  Hz   60       CAT  A
A    14,8 8,6  RPM  1160
FS   1,15      ISOL.CL. E    COD. L
REG  CONTINUO          PROTEÇÃO  IP54

Δ   1• 2• 3•           1  2  3   Y
                       •  •  •
    6• 4• 5•           6• 4• 5•
    R  S  T            R  S  T
```

Fig. 10.31 Placa de identificação

a) a ligação do motor (justifique);
b) a velocidade do campo girante, o número de polos, o escorregamento e a frequência da *fem* induzida no rotor;
c) as potências solicitadas da rede elétrica e o seu fator de potência;
d) o torque nominal no eixo do motor;
e) a corrente máxima que pode ser suportada continuamente pelo motor;
f) a corrente de partida direta do motor.

10.24 Do ponto de vista prático, o que se pode afirmar a respeito da variação da frequência e da magnitude da tensão gerada no gerador c.a. quando são alteradas a velocidade do rotor e a intensidade da corrente contínua no circuito de campo?

10.25 Em uma fazenda, está instalado um gerador c.a. cujo rotor é acionado por uma turbina, aproveitando-se uma queda d'água, e o circuito de campo é energizado por um conjunto de baterias em série com um reostato (resistor variável de baixa potência).

a) Descreva as possíveis alternativas de controle da frequência e da magnitude da tensão gerada para esse gerador. Justifique.
b) Considerando que, ao se ligar uma bomba d'água, ocorre uma diminuição simultânea da magnitude e da frequência da tensão gerada, qual o procedimento mais adequado para que sejam restabelecidos os respectivos valores nominais? Justifique.

10.26 Considere que, para um gerador trifásico, com os enrolamentos do estator conectados em Y, adota-se um modelo elétrico, para cada fase, correspondente a um circuito RL série, sendo $R = 2,0\,\Omega$ e $X = 20,0\,\Omega$. Se nos dados de placa consta: 1.000 kVA e 4.600 V, obtenha a tensão (f.e.m.) interna gerada por fase para um fator de potência 0,80.

Resp.: 4.741,7 V

10.27 Com base nas figuras do material didático sobre motor c.c., sob o ponto de vista do funcionamento como gerador e como motor, analise o que ocorre quando as escovas de carvão estão em contato com anéis coletores e quando estão em contato com o comutador. Justifique fisicamente.

10.28 Com relação à seguinte afirmação: "Por meio de um artifício de inversão da corrente em uma das bobinas, pode-se conseguir um movimento contínuo de rotação da bobina móvel":
   a) Esta frase é relativa ao princípio de funcionamento do...
   b) A que bobina o texto faz referência?
   c) Qual o nome técnico do "artifício de inversão"?

10.29 Existe um dispositivo constituído de um eletroímã conectado em série com um rotor bobinado que pode operar tanto em c.c. como em c.a.
   a) Que dispositivo é este?
   b) Explique por que ele funciona tanto em c.c. como em c.a. Justifique fisicamente.

10.30 O que ocorre ao se variar a corrente de campo e a tensão de armadura em um motor c.c. com excitação independente?

10.31 O que ocorreria com o motor c.c. caso ocorresse um desligamento do circuito de campo? Qual a importância de se ter uma proteção contra disparo? Descreva o funcionamento do dispositivo de acionamento e proteção apresentado.

10.32 Analise se são verdadeiras ou falsas as afirmações a seguir.
   a) No motor de indução o rotor gira com velocidade igual à velocidade do campo girante.
   b) O motor universal funciona tanto em c.c. como em c.a.
   c) Na máquina síncrona, o rotor é alimentado com corrente contínua através do dispositivo denominado comutador.

10.33 Um motor de corrente contínua com excitação independente está operando com uma velocidade de 1.200 rpm nas seguintes condições:
   - $U_t = 230\,V$ (tensão aplicada na armadura);
   - $I_a = 100\,A$ (corrente de armadura).

   Sendo $R_a = 0,07\,\Omega$ (resistência de armadura), pede-se:
   a) o esquema do motor;
   b) o torque desenvolvido no eixo do motor; **Resp.:** 177,5 N.m
   c) a velocidade (rpm) e a corrente de armadura quando o conjugado é de 300 N.m, para a mesma excitação. **Resp.:** 1.174 rpm; 169 A

10.34 Um motor de corrente contínua com excitação independente, com valores nominais de 10,0 kW (potência solicitada da fonte) e 100 V (tensão aplicada na armadura), está operando com uma velocidade de 1.000 rpm.

   Sendo $R_a = 0,10\,\Omega$ (resistência de armadura), calcule:

a) a corrente de partida se nenhum reostato externo é utilizado no circuito de armadura; **Resp.: 1.000 A**

b) o valor de um reostato externo que reduz a corrente de partida para duas vezes a corrente nominal. **Resp.: 0,4 Ω**

10.35 A que velocidade deve girar a armadura de um motor de corrente contínua para desenvolver 572,4 kW com um conjugado de 4.605 N.m? **Resp.: 1.187 rpm**

10.36 A armadura de um motor de corrente contínua, girando a 1.200 rpm, é percorrida por uma corrente de 45 A. Se a tensão induzida na armadura é de 130 V, qual é o valor do conjugado? **Resp.: 46,5 N.m**

10.37 Em um motor c.c. com excitação série, tem-se:
- resistência de armadura de 0,1 Ω;
- resistência do enrolamento de campo de 0,15 Ω;
- perdas de 650 W (núcleo + atrito).

Operando sob tensão de 230 V, a corrente é de 48 A e o rotor tem uma velocidade de 720 rpm. Assim, pede-se:

a) o esquema do motor;

b) o conjugado (torque); **Resp.: 138,8 N.m**

c) a potência mecânica; **Resp.: 13,16 HP**

d) o rendimento. **Resp.: 88,9%**

Leituras adicionais

FITZGERALD, A. E.; KINGSLEY JR., C.; UMANS, S. D. *Máquinas elétricas*. Porto Alegre: Bookman, 2006.

BIM, E. *Máquinas elétricas e acionamento*. Rio de Janeiro: Campus/Elsevier, 2009.

KOSOW, I. L. *Máquinas elétricas e transformadores*. Rio de Janeiro: Globo, 1996.

LOBOSCO, O. S.; DIAS, J. L. P. da C. *Seleção e aplicação de motores elétricos*. São Paulo: McGraw-Hill/Siemens, 1988. 2 v.

BOTTURA, C. P.; BARRETO, G. *Veículos elétricos*. Campinas: Editora da Unicamp, 1989.

NORMAS ABNT
- NBR 7034:2008 [*Materiais isolantes elétricos – Classificação térmica*]
- NBR 7094/2000 [*Máquinas elétricas girantes – Motores de indução – Especificação*]
- NBR 17094-1:2008 [*Máquinas elétricas girantes – Motores de indução – Parte 1: Trifásicos*]
- NBR IEC 60034-5:2009 [*Máquinas elétricas girantes – Parte 5: Graus de proteção proporcionados pelo projeto completo de máquinas elétricas girantes (Código IP) Classificação*]

CTP • Impressão • Acabamento
Com arquivos fornecidos pelo Editor

EDITORA e GRÁFICA
VIDA & CONSCIÊNCIA
R. Agostinho Gomes, 2312 • Ipiranga • SP
Fone/fax: (11) 3577-3200 / 3577-3201
e-mail:grafica@vidaeconsciencia.com.br
site: www.vidaeconsciencia.com.br